中国极地科学考察

水文数据图集——南极分册（一）

陈红霞　林丽娜　朱建刚　李升贵　程文芳　编著

海洋出版社

2016年·北京

图书在版编目 (CIP) 数据

中国极地科学考察水文数据图集 . 南极分册 . 1 / 陈红霞等编著 . — 北京 : 海洋出版社 , 2016.3

ISBN 978-7-5027-9397-5

Ⅰ. ①中… Ⅱ. ①陈… Ⅲ. ①南极 – 科学考察 – 水文资料 – 图集 Ⅳ. ① P941.6-64 ② P337-64

中国版本图书馆 CIP 数据核字 (2016) 第 059234 号

责任编辑：鹿　源　王　溪
责任印制：赵麟苏

海洋出版社 出版发行
http://www.oceanpress.com.cn
北京市海淀区大慧寺路 8 号　　邮编：100081
北京朝阳印刷厂有限责任公司印刷　　新华书店经销
2016 年 3 月第 1 版　2016 年 3 月北京第 1 次印刷
开本：889mm × 1194mm　1/16　印张：18
字数：230 千字　　定价：138.00 元
发行部：010-62132549　邮购部：010-68038093　总编室：010-62114335

前言 Foreword

自1984年我国对南极半岛附近海域开展海洋综合调查以来，迄今已完成了31次南极科学考察任务。南大洋考察作为历次南极科学考察的主要内容有力地推动我国南极海洋研究的开展。自“八五”以来，我国制定并实施多项针对南大洋的国家重点科技计划。围绕“南大洋环流与水团变异”、“生物地球化学循环与碳通量”、“南大洋生物生态学”、“南极海冰观测与研究”、“海－冰－气相互作用”等，以普里兹湾及其临近海区为重点调查区域，进行了长期固定断面的调查，使我国成为这一地区掌握资料最全面的国家之一。我国南大洋科学考察的主要范围包括：南大洋德雷克海峡断面、南大洋珀斯/霍巴特－中山站断面、普里兹湾、南极半岛附近海域、威德尔海及其他环南极大陆周边海域。

为了对业已完成的考察工作进行全面的总结，并便于海洋研究人员全面系统掌握和利用水文数据开展相关研究及分析工作，以南北极物理海洋学考察中获得的CTD水文观测数据为基础，编制了中国极地科学考察水文图集。希冀受益者不仅是参加了各次考察的物理海洋组成员，也包括相关专业的科研人员、组织单位与数据管理人员。

水文数据图集南极分册涵盖中国首次至第30次南极考察获得的CTD数据，以记录表、站位图、剖面图、平面图、断面图等形式加以体现，并配以简要的说明文字。

本数据报告的表格和图件经过了反复核对，并从专业视角进行审查。但由于时间仓促，数量巨大，难免存在一些错误；另外，数据是基于中国南北极数据中心提供的原始数据进行初步处理，并非最终分析结果，仅供参考。

在撰写与出版本书的过程中，极地专项“南极周边海域物理海洋和海洋气象考察（CHINARE-01-01）”、国家海洋公益性科研专项“极地海洋环境监测网系统研发及应用示范（201405031）”、极地专项“南极周边海域海洋环境综合分析与评价（CHINARE-04-01）”、国家科技基础条件平台地球系统科学数据平台等项目予以热情资助，中国极地研究中心李升贵、汪大力、张洁、李丙瑞等专业人士给予了大力支持。对此，笔者一并表示衷心谢意！

囿于篇幅限制，对于中国南极科学考察一般性概述、中国历次南极科学考察水文数据介绍、中国首次至第15次南极科学考察水文图集收录在南极分册（一）中，中国第16次至第25次南极科学考察水文图集收录在南极分册（二）中，极地专项启动以来的第26次至第30次南极科学考察水文图集收录在南极分册（三）中。

所有分册中：在站点要素剖面图中，纵轴为水深，单位是m，横轴代表不同要素，不同要素的剖面曲线及坐标由要素示意图表示；在各要素断面图中，纵坐标为水深，单位是m，横坐标为距离断面起始站点的距离，单位是km；在各要素的大面图中，纵横坐标分别为经纬度。温度单位是℃、密度单位是 $\times 10^3$ kg/m^3、声速单位是m/s。

限于作者知识水平与资料关系，书中错误之处，请读者不吝批评指正！

陈红霞(Email: chenhx@fio.org.cn)

2015年6月于国家海洋局第一海洋研究所（青岛）

目 录
Contents

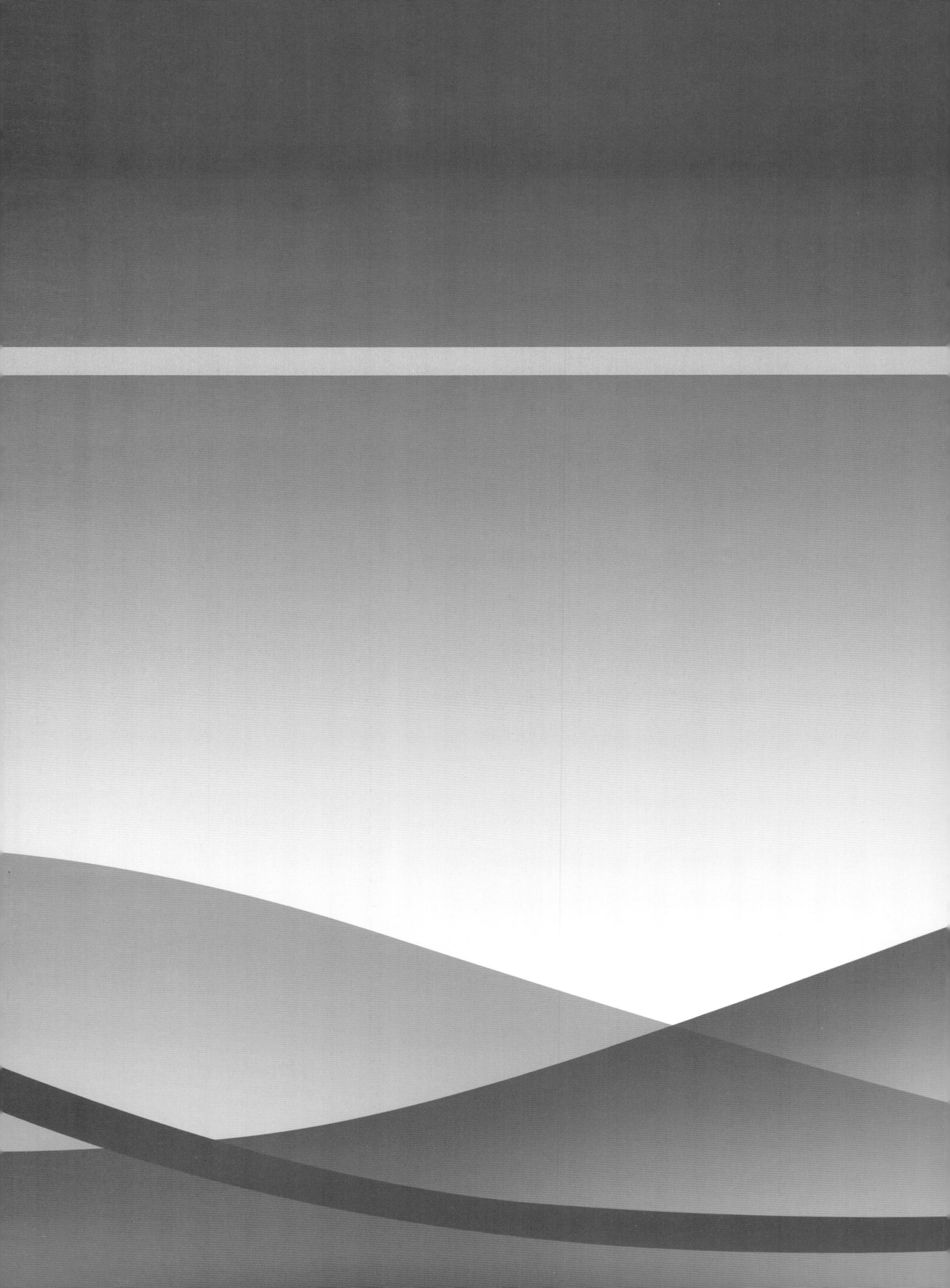

第一章 中国南极科学考察概述

第一节　中国南极科学考察的意义

极地是地球表面的冷极，在全球气候系统中起着重要的调节作用。作为地球系统的重要组成部分，南极和北极系统包含大气、冰雪、海洋、陆地和生物等多圈层的相互作用过程，又通过全球大气、海洋环流的径向热传输与低纬度地区紧密联系在一起，极地环境的变化与地球其他区域的变化息息相关，极地在全球变化中具有重要的地位和作用。已有研究表明，南极气候环境过程与我国的气候变化存在遥相关；极地气候环境变化对我国气候有着直接的影响，与我国的工农业生产、经济活动和人民生活息息相关。加强南北极环境资源综合考察，深化极地系统和全球变化研究，揭示极地在全球气候环境变化中的地位和作用，切实提高应对气候变化的能力，是关系到我国的国计民生、防灾减灾、国民经济和社会可持续发展的大事。

进入 21 世纪，资源与环境问题已成为各国发展的瓶颈。与此同时，全球变暖，极地快速变化特别是海冰的加速融化使得极地资源的价值和开发前景日益突出，极大地刺激了各国对极地资源的争夺和开发利用，两极的战略地位迅速提高，南北极地区已成为当今国际政治、经济、科技和军事竞争的重要舞台。

当前，随着全球气候变暖和极地海冰的快速消融，气候与环境变化加剧，国际极地事务日益复杂。在南极地区，一些大国出台新的战略性举措，决心重振其南极强国地位。与此同时，极地考察与研究是一个国家海洋战略的重要组成部分，涉及海洋经济、海洋政治、海洋外交、海洋军事和海洋技术等诸方面，是一个国家综合国力、高科技水平在国际舞台上的展示和角逐。

面对当前国际极地形势和国家重大战略需求，“南北极环境综合考察与评估”专项获得国家批准并进入正式实施阶段。该专项以科学发展观为统领，由国家统一部署和投入，国家海洋局极地考察办公室负责组织实施。这一专项充分调动国内外优势资源与力量，加强南北极环境综合考察，优先掌握极地的环境状况，揭示极地在全球气候环境变化中的地位和作用，切实提高应对气候变化的能力，不仅能促进我国极地科技和事业的跨越式发展，还有助于维护南北极的共同发展和我国的极地国家利益，提升我国在国际极地事务中的话语权。

第二节 中国历次南极科学考察概述

中国首次参与极地科学考察是从南极开始的，成规模开展极地科学考察也是从南极开始的。

最早登陆南极开展科学考察的两位中国科学家是董兆乾与张青松。他们于 1980 年 1 月 3 日搭乘飞机经美国麦克默多站、新西兰斯科特站和法国的迪蒙迪威尔站前往澳大利亚凯西站进行度夏考察。次年张青松再赴澳大利亚戴维斯站，这是中国第一次派出科学家进行南极越冬考察。此时我国尚没有在南极建立考察站，也没有派出考察船，南极考察主要是搭载澳大利亚的科学考察平台完成的，参与科学考察的人数较少，没有正式列入中国极地考察的序列内。

首次中国南极考察活动于 1984 年 11 月 20 日开始实施，1985 年 4 月 10 日结束，共有 591 人参加了本次考察，考察船只为“向阳红 10”号远洋科学考察船和“J121”号打捞救生船。本次考察完成了对南极半岛西北海域的海洋综合考察，获取了水文、气象、生物、化学、地质、地球物理等六个专业的综合观测资料和样品；同时还完成了在南极半岛建立长城站的任务。

第二次南极考察于 1985 年 11 月 20 日开始，1986 年 3 月 29 日离开长城站，共有 42 名队员搭乘飞机前往南极。主要进行了长城站附近的地质学、地貌、高空大气物理、地震、地磁脉动、生物学、气象学、冰川学、天文学考察和观测。由于没有派出科学考察船，没有进行船基海洋学综合考察。

1986 年 10 月 31 日至 1987 年 5 月 17 日，搭乘我国第一艘极地科学考察船“极地”号考察船实施了中国第三次南极考察活动，共有 128 人参加。科学考察内容由陆上考察、南大洋考察和环球海洋考察三部分组成，南极海洋学综合考察主要在南极半岛附近海域进行。

中国第四次南极考察于 1987 年 11 月 1 日至 1988 年 3 月 19 日开展，共有 38 人搭乘飞机前往长城站执行站区附近陆上考察任务，没有开展海洋作业。

1988 年 11 月 1 月至 1989 年 3 月 9 月，中国第五次南极考察队 116 人搭乘“极地”号从青岛启程赴东南极大陆执行中山站建站任务和站区附近陆上考察任务。这是我国首次进行东南极考察，在途经的南大洋和普里兹湾海域未执行综合海洋调查任务。

1989 年 10 月 30 日至 1990 年 4 月 6 日，中国进行了第六次南极考察。考察队共 139 人，此次南极考察首次实施了“一船两站”考察任务，并首次在普里兹湾及其邻近海域 4 条经向断面的 19 个测站上进行了海洋水文、化学、生物学等海洋综合观测。

中国第七次南极考察活动自1990年11月16日开始实施，至1991年4月6日结束，共233人参加。自此次考察活动开始，中国南极考察工作由建站为主转入以科学考察为主。此次南大洋调查海域为普里兹湾及其西部海域南极大陆冰缘区，共完成36个站点的多学科综合观测，并开展中国、加拿大合作的碳循环调查工作。

中国第八次南极考察活动自1991年11月9日开始实施，至1992年4月6日结束，共151人参加。主要进行了长城站科学考察、中山站陆地科学考察和南大洋科学考察。南大洋科学考察在普里兹湾及其西部海域南极大陆冰缘区共完成综合测站30个，主要包括物理海洋、化学海洋、海洋生物等学科调查。

共144人参加了1992年11月20日至1993年4月6日的中国第九次南极考察。本航次主要进行了长城站科学考察、中山站陆地科学考察和南大洋科学考察。南大洋科学考察以走航观测和定点观测两种方式较圆满地完成了有关学科的观测与采样。特别是充分利用本航次环绕南极冰缘航行的机会，以走航观测和抛弃式观测首次获得环南极冰缘区较完整的第一手资料。开展了南斯科舍海和普里兹湾及其邻近海域39个站位的物理海洋、化学海洋、海洋生物等综合海洋考察，本次水文CTD探测达到的水深是中国在南大洋考察中最大的。

中国第10次南极考察队于1993年11月15日开始，分别搭乘澳大利亚“南极光”号考察船到达中山站和直接飞达长城站执行越冬考察任务，共37人参加。没有执行海洋考察任务。

中国第11次南极考察活动自1994年10月28日开始实施，至1995年3月6日结束。此次考察是“雪龙”号首赴南极地区进行考察，共有128人参加。完成的南大洋考察工作主要集中在普里兹湾，工作主要包括：物理海洋学、海冰与气象、海洋地质、海洋生物、海洋化学。

1995年11月20日，中国第12次南极科学考察队搭乘“雪龙”号考察船远赴南极执行“一船两站”任务，1996年4月1日返回。共有128人参加了此次科学考察，此次科学考察除了陆上科学考察外，未进行海洋综合考察。

中国第13次南极考察活动自1996年11月18日开始实施，至1997年4月20日结束，是执行“九五”国家重点科技计划项目的第一年，也是中国首次进行内陆冰盖考察，共有149名考察队员。海洋综合调查除完成中山站—上海往返航线的走航观测外，重点完成了普里兹湾4条断面的23站位的调查作业。主要作业学科包括：物理海洋学、海洋化学、生物海洋学。

中国第14次南极考察活动自1997年11月15日开始实施，至1998年4月4日结束，共计133名考察队员参加了此次考察任务。本航次海洋考察以埃默里冰架边缘缘区和普

里兹湾为重点，沿冰缘设置了 1 条断面，在湾内设置了 3 条主断面，共计 15 个站位。另外还充分利用"一船两站"、环绕南极航行的机会，加强航渡期间的走航观测。此次南极考察是中国南极考察史上第一次在陆缘冰附近海域进行综合海洋考察。

中国第 15 次南极考察总人数 139 人，自 1998 年 11 月 5 日开始实施，至 1999 年 4 月 2 日结束。本航次实施"一船一站"考察，即长城站队员乘机前往长城站，中山站及其他考察队员乘"雪龙"号船赴中山站考察。在南大洋及普里兹湾开展了 ADCP 走航观测，完成中美合作 XBT、XCTD 的投放。在普里兹湾的 28 个站位上进行了物理海洋学、海洋化学和生物海洋学综合调查，并首次在普里兹湾布放沉积物捕获器锚系潜标。

中国第 16 次南极考察活动自 1999 年 11 月 1 日开始实施，至 2000 年 4 月 5 日结束。考察队由长城站考察队、中山站考察队、格罗夫山综合考察队、南大洋考察队和"雪龙"船共 158 人组成。本次考察实施"一船两站"方案，创造了我国南极考察以来航程最远，破冰距离最长，一个航次 4 过西风带的记录；圆满完成了格罗夫山考察、大洋考察以及站区度夏考察任务。综合海洋调查主要集中在普里兹湾，作业内容包括物理海洋学、化学海洋学、生物地球化学、海洋生物学调查，顺利回收并再次布放了锚系沉积物捕获器。

中国第 17 次南极考察队分别于 2000 年 12 月初和 2001 年 1 月初乘飞机赴长城站和中山站执行考察任务，共有考察队员 39 人。没有执行海洋调查任务。

共 143 人参加了中国第 18 次南极考察，考察队执行"一船二站"任务，是我国"十五"期间的第一个南极航次。自 2001 年 11 月 15 日开始实施，至 2002 年 4 月 2 日结束。本次南大洋重点海域综合调查主要集中在普里兹湾及其外海，共完成 69 个站位的综合海洋调查任务。本次考察我国考察队员首次在在南极冰盖最高点——冰穹 A 钻取了 1 支百米冰芯，并首次安装了实时数据传送的自动气象站。

中国第 19 次南极考察活动自 2002 年 11 月 20 日开始实施，至 2003 年 3 月 20 日结束，共有考察队员 109 人。本次考察的亮点工作包括：在埃默里冰架取得了包括 301.8 m 冰芯，回收陨石 2 000 多块，对格罗夫山地区进行了 1∶10 万比例尺的遥感测图，完成了大量的走航观测与抛弃式剖面观测工作。海洋综合调查集中在普里兹湾与埃默里冰架前缘，共完成 3 个经向断面和 1 个冰架前缘断面 43 个站位的考察任务，这也是首次在埃默里冰架前缘系统开展断面调查工作。

中国第 20 次南极考察长城站队员于 2003 年 12 月从北京启程，中山站暨埃默里冰架考察队员搭乘澳大利亚"南极光"号前往，共有考察队员 45 人。其中 3 名考察队员和澳大利亚、美国考察队一起开展了埃默里冰架热水钻孔、冰架及冰架下海洋观测任务。

中国第 21 次南极考察活动自 2004 年 10 月 25 日开始实施，至 2005 年 2 月 18 日结束，共有 132 人参加。此次考察实现了人类首次从地面进入冰穹 A 并开展系统科学考察活动。

在海洋调查中首次在东印度洋投放的 6 枚 Argo 浮标，并完成普里兹湾、埃默里冰架前缘 4 个断面上 46 个站点的综合海洋调查任务。

中国第 22 次南极考察活动自 2005 年 11 月 20 日开始实施，至 2006 年 3 月 20 日结束，考察队由 144 人组成。本次考察完成了南大洋、中山站和格罗夫山地区综合考察三大块现场考察任务。其中格罗夫山考察中，共发现收集到陨石 5 354 块，其中包括我国科学家发现的第一块月球陨石。本次海洋调查主要集中在普里兹湾、埃默里冰架前缘区，此外在澳大利亚西南部的南印度洋也布设了海洋站位，作业次数 96 个，作业站位 48 个，在冰架前缘的 2 个站位 IS–02 和 IS–11 上分别进行了间隔 1 小时的周日观测，并首次成功布放 2 套冰上浮标。

根据国家海洋局的统一部署，中国第 23 次南极考察只执行站基考察任务，“雪龙”船没有前往南极执行南大洋考察任务。

中国第 24 次南极考察活动自 2007 年 11 月 20 日开始实施，至 2008 年 3 月 20 日结束。183 名考察队员开展了中山站—冰穹 A 断面综合考察、埃默里冰架考察、南大洋普里兹湾—南印度洋断面调查等考察任务。大洋考察实现了横跨太平洋、印度洋、大西洋，环绕南极洲的海洋综合观测，完成了埃默里冰架边缘断面、普里兹湾 37 个站位的定点调查。

196 人参加了自 2008 年 10 月 20 日开始实施，至 2009 年 4 月 15 日结束的中国第 25 次南极考察。本次考察在冰穹 A 地区建成中国第一个内陆考察站——中国南极昆仑站，并执行了国际极地年中国 PANDA 计划。在普里兹湾的 4 个经向断面和 1 个埃默里冰架前缘断面上完成了 57 个站点的综合海洋考察。

中国第 26 次南极考察活动自 2009 年 10 月 11 日开始实施，至 2010 年 4 月 10 日结束。来自全国数十家单位的 250 名科研工作者在海洋、冰川、天文、地质、高空物理等科研领域取得进展。此次考察在冰穹 A 地区钻取了一支超过 130 m 长的冰芯，创造了冰穹 A 地区浅冰芯钻探的新纪录；在昆仑站安装了一台太赫兹傅立叶频谱仪；在中山站附近海域建立了一座验潮站。在海洋考察方面，首次实现了在普里兹湾的水文潜标的成功布放和回收工作，获取了为期两个月的温度、盐度、流速等连续观测数据；并在普里兹湾和埃默里冰架前缘完成了 55 个站位的综合海洋调查任务。

中国第 27 次南极考察活动自 2010 年 11 月 11 日开始实施，至 2011 年 4 月 1 日结束。来自 73 个单位的 190 名队员圆满完成了各项科学考察任务。大洋科学考察涉及物理海洋、海洋生物、海洋化学、大气化学等学科，调查站位达 64 个，并首次对冰架前缘陆架区进行了高密度的调查，布放了我国第一套普里兹湾冰间湖锚碇潜标。

依据国家海洋局批准的中国第 28 次南极考察总体方案，2011 年 10 月 29 日至 2012 年 4 月 8 日“雪龙”船承担了“一船三站”的后勤保障与大洋考察任务。本航次首次开

展中国极地环境综合调查与评价专项任务，在包括南极半岛附近海域和普里兹湾在内的2个重点作业海区完成67个站位的综合海洋调查任务，并首次系统开展规模锚碇长期观测，共回收水文潜标1套，布放水文潜标4套，布放与回收OBS潜标2套。

2012年11月5日，中国第29次南极科学考察队从广州启程，四度经受狂暴西风带，历经162天，2013年3月9日返回上海考察基地，航程近3万海里。考察队有239人组成，队员来自全国64个单位，是历次南极考察参加人数最多的一次。中国第29次南极考察是“南北极环境综合考察专项”实施以来的第一个南极航次，在考察学科、项目、时间、航程、范围等方面，均创造了中国南极考察南大洋调查近30年的历史新纪录。考察船首次到达75° 7.2′ S，开创了我国南极考察史上大洋作业最南维度的新纪录。完成了6个断面64个站位上的海洋水体综合调查，完成地质取样41站，最长超过6 m，回收、布放潜标各2套，布放5套OBS，地球物理侧线覆盖面积25 000 km^2。完成了在的新站选址工作，获得罗斯海区、内陆中继站和毛德皇后地大量第一手资料。

中国第30次南极考察于2013年11月07日开始实施至2014年04月15日结束，共有257名科学考察队员参加了此次考察。在南大洋考察中，以南极半岛海域、普里兹湾海域为重点，完成了南极半岛调查的6个断面33个站点和普里兹湾调查2个断面14个站点及罗斯海8条测线总长度为300 km的地球物理测线调查任务；首次完成环南极航行考察，总航程32 000 n mile，并抵达75° 20′ S开展大洋科学考察。

中国第31次南极考察于2014年10月30日从上海基地码头启程。本次考察队由281名队员组成，执行“一船三站”（中山站、泰山站、昆仑站）任务。在2014年11月，国家主席习近平在访问澳大利亚期间登上“雪龙”船，慰问考察队员。本次考察历时163天，于2015年4月10日左右返回上海港，总航程约30 000 n mile。这次考察是“十二五”收官、谋划“十三五”关键之年的一次重要极地考察任务。

在此次考察活动中，我国首次在罗斯海地区进行地质勘探和地球物理考察，共完成68站、7条断面的CTD/LADCP全深度观测，29站的湍流观测，在南大洋和赤道海域，投放177个XBT/XCTD探头和40个探空气球，在普里兹湾内投放7枚表层漂流浮标，开展了全航程的表层温盐自动观测、走航ADCP观测、海冰（水）皮温观测、气象观测，回收第29次、第30次南极考察队布放在普里兹湾海域的3套锚系潜标和5套海底地震仪，全面完成了新建站地勘工作。

第二章 中国历次南极科学考察水文数据介绍

第一节　中国南极水文数据的一般性说明

中国极地科学考察的30年，是海洋调查技术与极地科学考察设备快速发展的30年。随着极地考察队伍的年轻化，人员组成、知识结构已经发生了较大的变化。此外，作为极地区域数据中心的中国南北极数据中心于2005年正式运行，在此以前科学考察数据多数分散在不同科学考察单位的队员手中。

在“雪龙”船装备SBE 911 CTD以前，用于水文调查的主要设备存在多种类型，有时使用船上的自带设备，有时为派出单位自备设备。相同海洋要素不同计量设备获取到的原始数据类型差异较大，对后续处理的要求也不相同。即便是同一计量设备，鉴于在多个处理步骤中有数处需要人工干预，个别参数的不同选择会使得最终数据处理结果有所差异。

此外，即便忽略对极地科学考察规范性管理以前在设备检定上的强制性要求，因采样设备不同、现场负责人员不同、数据归档管理的要求不同，最终提交的数据格式上差异较大。有的是处理后数据，有的是原始数据。即便是处理后的数据，有的是1分巴（1 bar＝100 kPa）一个记录，有的是整个剖面上只有几个特定层面上的记录，有的可读但并不规范的数据。对于原始数据，特别是配备SBE 911 plus CTD以前的原始数据，由于数据处理软件和处理人员已经变化，在现有条件下有些已经难于进行标准化数据处理。

另外，对于现场发现的记录问题有些可以从考察队员自行编写的日志文件或者报告文件中追溯到，有些是队员口头相传的，而有些则单纯反映在处理出来的数据上但却没有更多的依据，这为数据的可靠性验证与后期研究使用上带来较大的困难。实际上，自从第24次南极考察“雪龙”船采用SBE 911 plus CTD以来，特别是极地专项试启动航次的第26次南极考察以来，各个南极考察航次报告不仅详实地记录了现场调查时的情况，客观上也对现场数据的质量保证提供了一定的约束。

在中国南北极数据中心的大力支持下，在国家海洋局第一海洋研究所历届参加极地科学考察人员的帮助下，本文尽可能完备地收集各个南极航次的各类水文调查数据。并依据数据是否为原始记录、后处理结果，并根据航次的现场记录情况或者航次执行人的口头描述，按照不同设备的数据处理要求进行了规范到1分巴1个记录的处理。为了支撑海洋化学、海洋生物等海洋学科对水样采集的要求，通常CTD剖面观测时是带有采水器的，并且一般在仪器上升过程中进行采水。为了避免采水时带来的干扰以及压力传感器在上升过程中存在回复较慢的特点，数据处理时也尽可能采用下降过程的原始记录。因仪器自身的原因造成的数据整体偏差、原始数据记录不完整或者有误、或者只具备若干层面上记录则尽可能完整和真实地反应原始信息。

因此，本文中列出的数据及结果仅供各位研究人员参考，并不作为权威数据发布。

第二节　中国南极水文数据的整体情况

一般来讲，水文调查中最为常规的作业内容是 CTD 剖面观测，这一部分记录也是本图集详细表述的重点。为了支撑海洋化学、海洋生物等海洋学科对水样采集的要求，通常 CTD 剖面观测在每个海洋站上都进行；条件允许时，在进行冰站观测时往往也进行船基 CTD 剖面观测。由于现场作业条件、作业要求不同，水深不同，CTD 剖面记录并非均为全剖面记录。

另外，在“雪龙”船装备 LADCP 以后，或者调查参加单位自带这一设备时，往往和 CTD 剖面观测一起同步进行了流速剖面观测。限于极地低温条件、电池筹备等条件，即便是有 LADCP 剖面记录的航次也未必是每个海洋站位均进行了流速剖面观测。

对于数据记录数据量最大的是走航 ADCP 海流观测。近年来，由于设备的老化以及未及时更新，目前“雪龙”船上并没有走航 ADCP 观测内容。

另一走航观测内容是海表水温、盐度走航观测。这是通过水泵自动从水面下取水，并由自记式 SBE 21 CT 来完成的。由于取水口位于海表 5 m 层附近，随着船只的吃水深度变化，根据相关海洋调查规范这并不是严格意义上的海表 CT 观测。另外受冰区低温及冰块的影响，有时水循环遇到阻滞甚至停止，这也使得数据的连贯性受到影响。

开展较为系统的另外一项水文作业内容是 XCTD/XBT 抛弃式观测，通常是在调查船往返重点作业海区或者执行站基任务时完成的。一方面这部分数据的质量远低于站点 CTD 剖面观测，另一方面在相对位置上也难以控制一定的连贯性。

最近还重点开展了以锚碇潜标、浮标为平台的水文长期观测。这部分数据的时间连续性较好，对于研究局地海洋过程有很高的价值。但限于投入成本较高，目前我国完成的这类观测还非常有限。

其他如 ARGO 浮标、Argos 漂流浮标、冰漂流浮标布放以及以冰站、直升机和水下机器人为平台的海洋学观测也皆有开展。

在数据收集与处理过程中，作者根据原始记录文件、航次说明文件以及数据提供者的转述，详细汇总了中国极地水文数据特别是最为常用的科学考察 CTD 数据情况，如表 2.1 所示。

在本图册中，纳入了从首次至第 15 次南极科学考察所有的 CTD 观测记录，纳入的观测记录合计为 266 个。在第二分册中纳入了从第 16 次至第 25 次南极科学考察所有的 CTD 观测记录，纳入的观测记录合计为 433 个。在第三分册中纳入了从第 26 次至第 30 次南极科学考察所有的 CTD 观测记录，纳入的观测记录合计为 280 个。由于第 31 次南极考察于 2015 年 4 月结束，数据尚未完成处理和对外发布，将于以后的分册中予以详细给出。

表2.1 中国南极考察CTD记录统计表

航次名称	CTD类型	数据类型	站位数	联系人	主要作业区域	备注
第一次南极	MRK3	DAT/EXL	34	孙　松	南极半岛附近海域	多个重复站，周日站
第三次南极	未标示	EXL	28	未标示	南极半岛附近海域	
第六次南极	未标示	DAT	19	未标示	普里兹湾及其外部	
第七次南极	未标示	DAT	37	未标示	普里兹湾及其东部	
第八次南极	未标示	DAT	32	未标示	普里兹湾及其东部	
第九次南极	未标示	DAT	38	未标示	普里兹湾及其外部，南极半岛附近	6个位于德雷克海峡
第11次南极	MRK3	EXL	7	孙　松	普里兹湾及其外部	1个重复站
第13次南极	MRK3	ICE/DAT	24	葛人锋	普里兹湾及其外部	
第14次南极	未标示	DAT	15	未标示	普里兹湾内部	
第15次南极	未标示	ICE/DAT	21	葛人锋	普里兹湾及其外部	首次布放沉积物捕获器锚碇潜标
第16次南极	MRK3	RAW/DAT/PRS	19	未标示	普里兹湾及其外部	1个周日站，回收并布放沉积物捕获器
第18次南极	MRK3	RAW/DAT	68	未标示	普里兹湾及其外部	
第19次南极	MRK3/SBE25	DAT/DOC/PRS	44	矫玉田	普里兹湾及其外部，冰架前缘断面	至少有33个站位由SBE25完成
第21次南极	MRK3	RAW	94	矫玉田	普里兹湾及其外部，中山一长城两站航线	1个周日站，一个位置记录错误
第22次南极	MRK3	RAW	48	项宝强	普里兹湾及其外部，澳大利亚以南ACC	2个周日站
第24次南极	ALEC/SBE25	RAW/EXL	50	葛人峰	普里兹湾及其外部，站间航线站位	6个重复站位
第25次南极	SBE 911	RAW/CNV	47	高立宝	普里兹湾及其外部	1个周日站
第26次南极	SBE 911	RAW/CNV	52	薛宇欢	普里兹湾及其外部	首次布放水文潜标
第27次南极	SBE 911	RAW/CNV	62	葛人峰	普里兹湾及其外部，冰架前缘断面	首次进行潜标年周期水文调查

续表2.1

航次名称	CTD类型	数据类型	站位数	联系人	主要作业区域	备注
第 28 次南极	SBE 911	RAW/CNV	67	连　展	普里兹湾及其外部，冰架前缘断面，南极半岛附近	首次规模潜标作业，OBS 潜标
第 29 次南极	SBE 911	RAW/CNV	66	高立宝	普里兹湾，罗斯海	首次到达 75° 7.2′ S
第 30 次南极	SBE 911	RAW/CNV	47	高立宝	普里兹湾，罗斯海	首次实现环南极航行考察，抵达 75° 20′ S 进行大洋考察
第 31 次南极	SBE 911	RAW/CNV	68	高立宝	普里兹湾及其外部，冰架前缘断面	回收的 3 套锚系潜标和 5 套海底地震仪

说明：

1. 未标示设备类型最大可能为“MRK3”型；
2. 当有 2 种 CTD 的数据记录同时存在时，按记录的个数进行先后排序；
3. 当存在不能直接打开的原始数据时，在数据类型一栏优先标注 RAW；当有其他可以直接打开格式的记录时，将其文件类型也标注在数据类型一栏里；
4. 当航次报告或者航次记录中出现站位数目时，以报告为准；否则以站位不重复的数据个数为准；
5. 由中国南北极数据中心提供的数据，联系人一栏根据其标示的人员为准；由国家海洋局第一海洋研究所（海洋一所）直接参加航次并获取到的数据，联系人以该所水文作业带队人员为准；
6. 主要作业海区以海洋站点所在的海区为主，并结合航次报告和材料确定，在具体海区的描述上可能不尽确切，以实际站位为准。

鉴于从第三章起主要以图件为主，相应类别的图件归入相应章节内，且包括断面分布、各要素剖面图、各要素断面图、各要素平面分布图、TS 点聚图在内图件数量非常多，这里把从首次至第 30 次南极科学考察的历次 CTD 站位图按顺序从图 2.1 至图 2.23b 逐一给出。从第三章起不再给出图件标号，图件相应的要素、位置、类别信息从相应章节、标题和图件内的标注上可以看出。

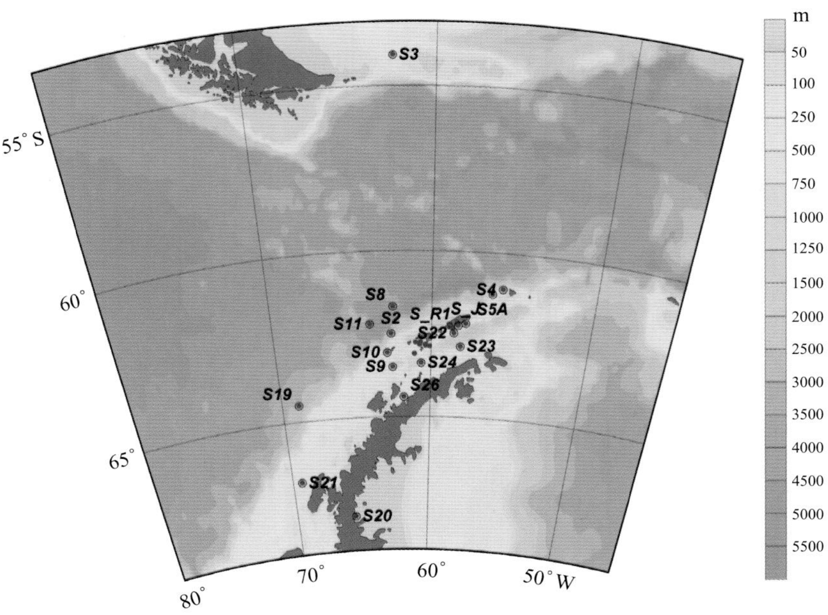

图2.1　中国首次南极考察CTD观测站位图

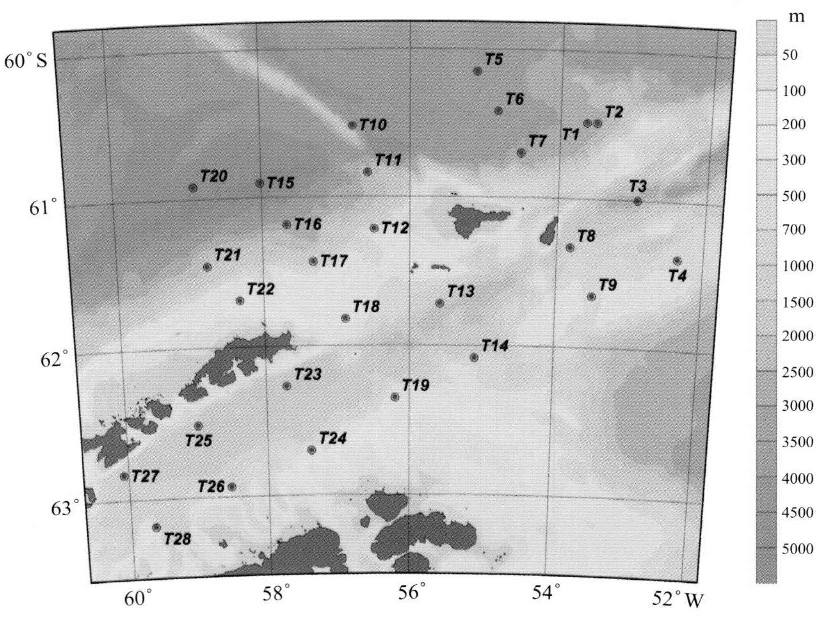

图2.2　中国第三次南极考察CTD观测站位图

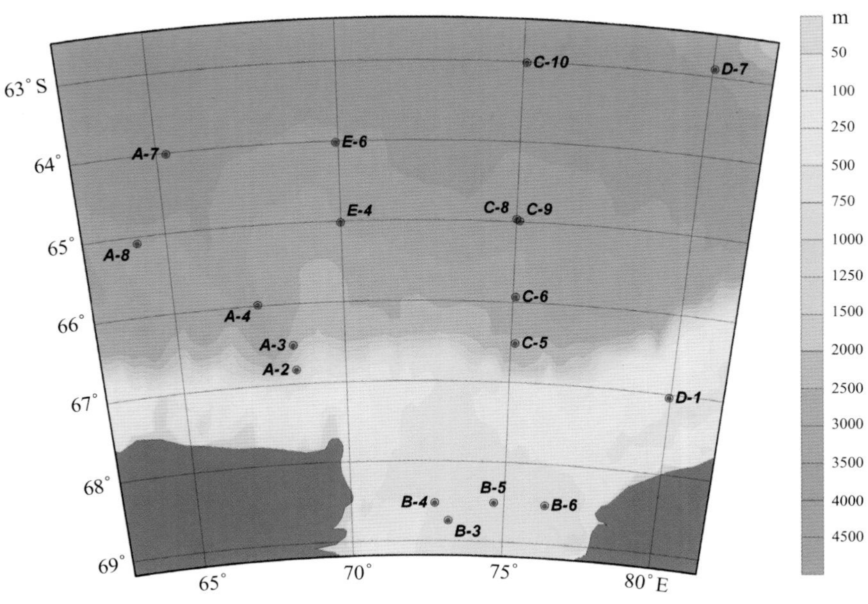

图2.3　中国第六次南极考察CTD观测站位图

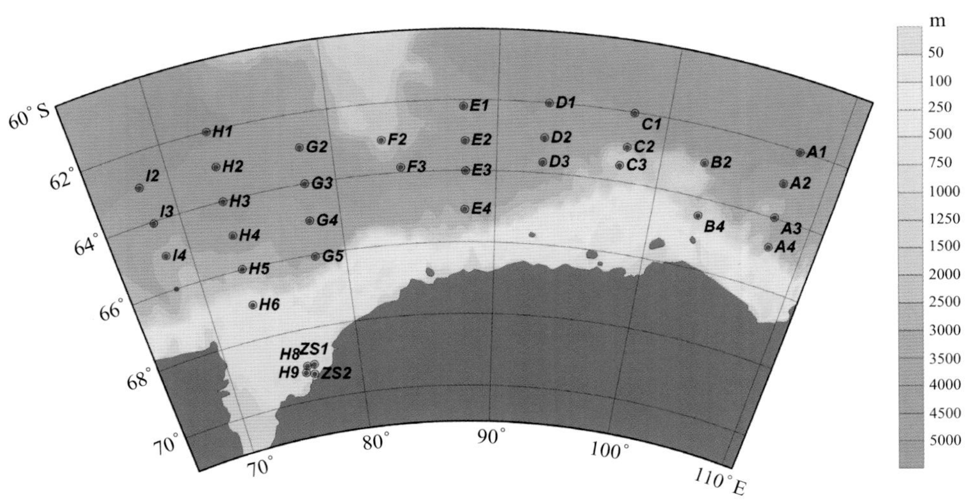

图2.4　中国第七次南极考察CTD观测站位图

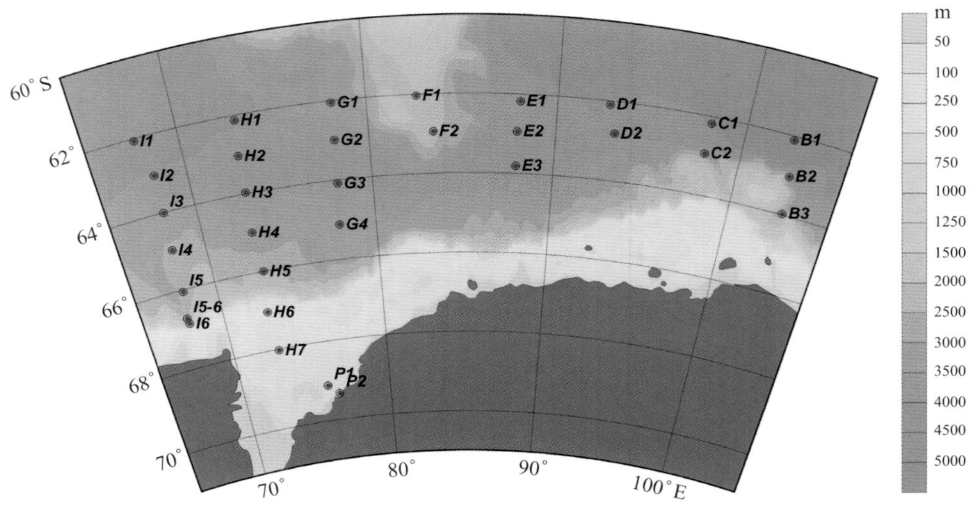

图2.5　中国第八次南极考察CTD观测站位图

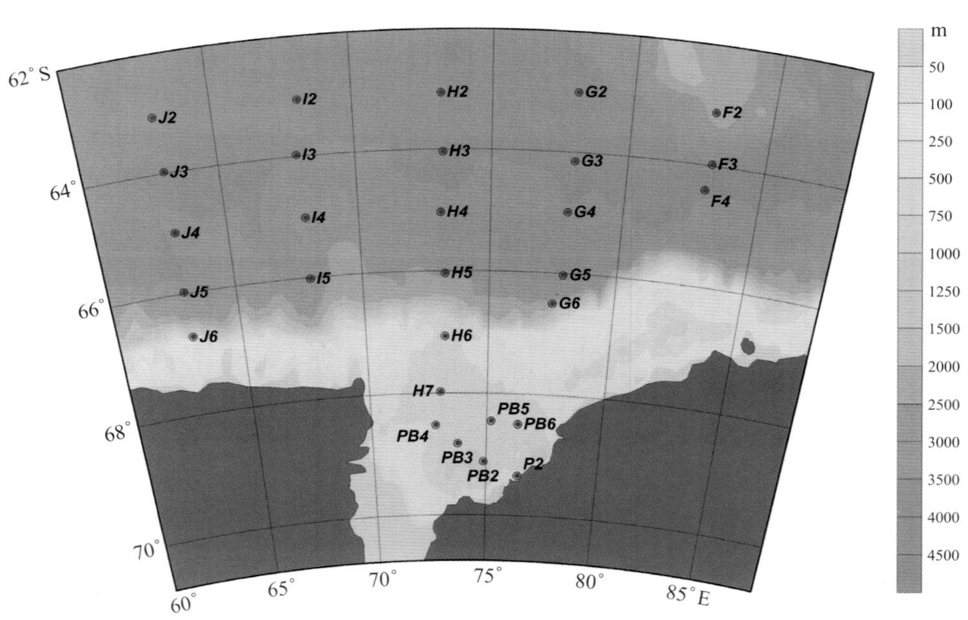

图2.6a　中国第九次南极考察普里兹湾CTD观测站位图

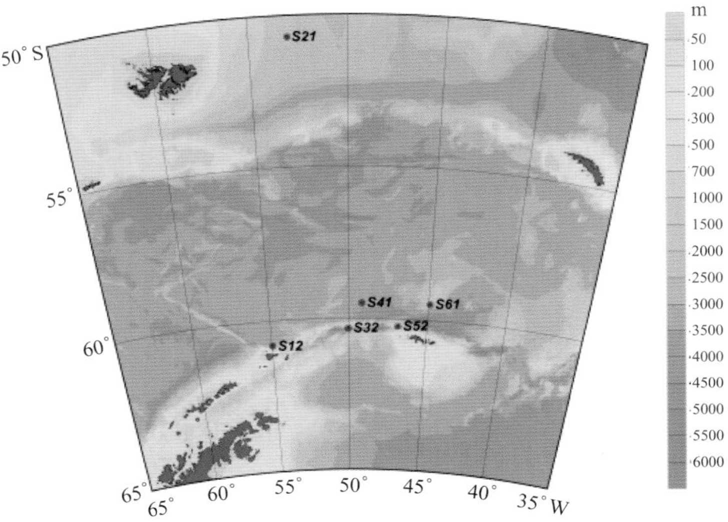

图2.6b 中国第九次南极考察南极半岛CTD观测站位图

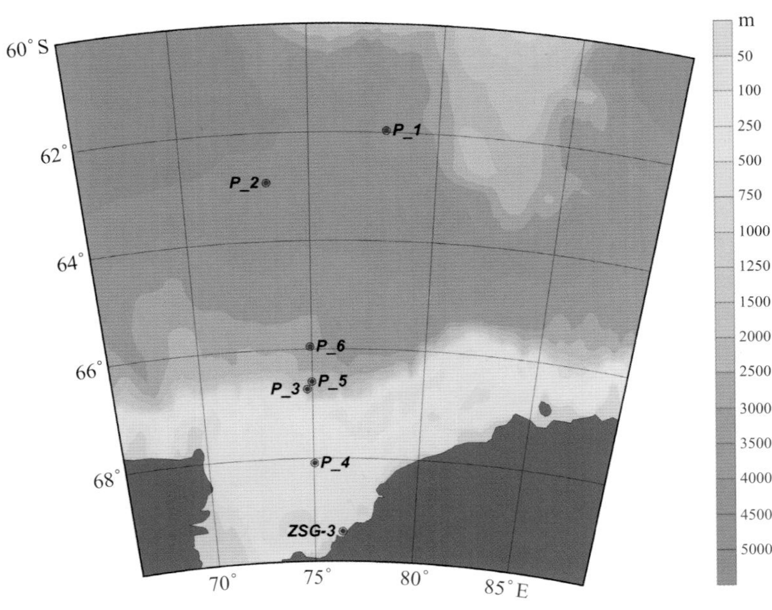

图2.7 中国第11次南极考察CTD观测站位图

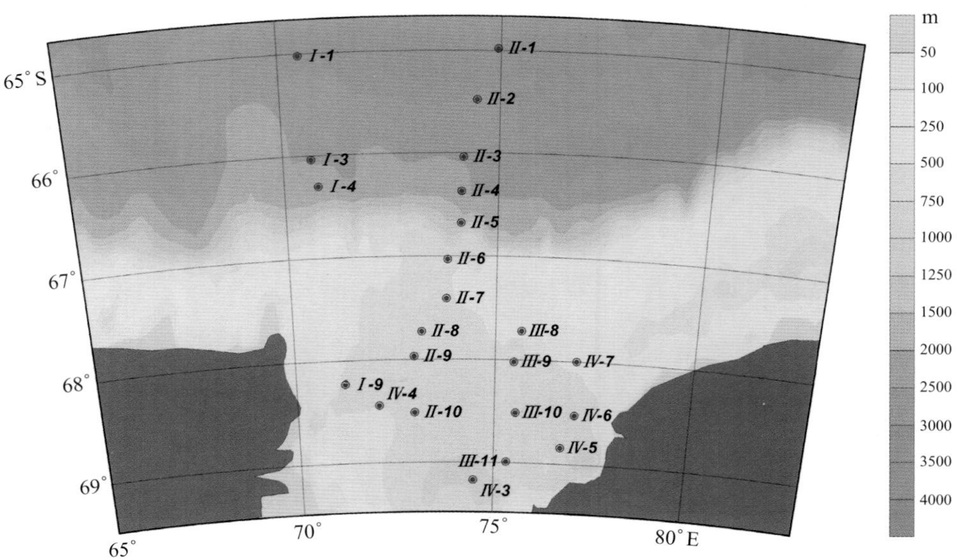

图2.8　中国第13次南极考察CTD观测站位图

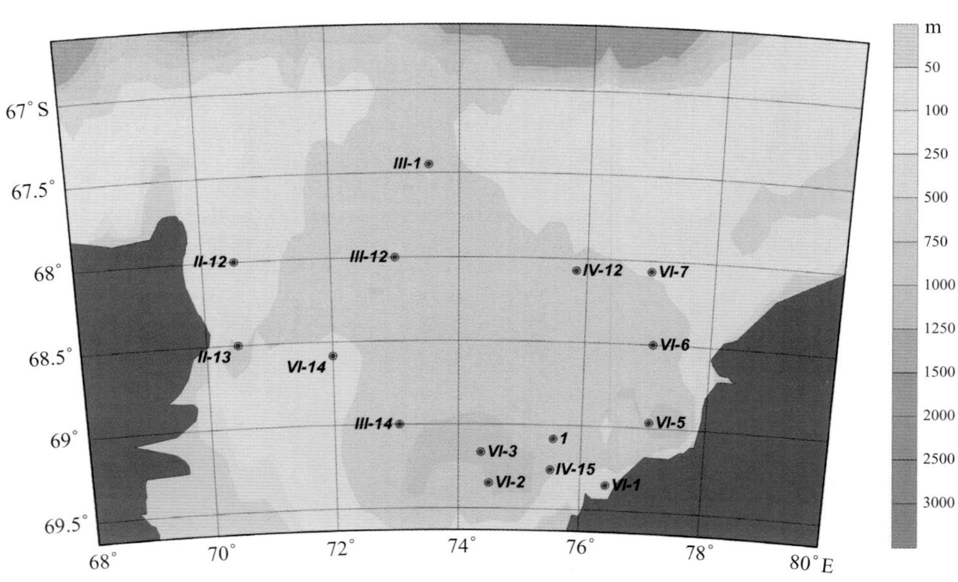

图2.9　中国第14次南极考察CTD观测站位图

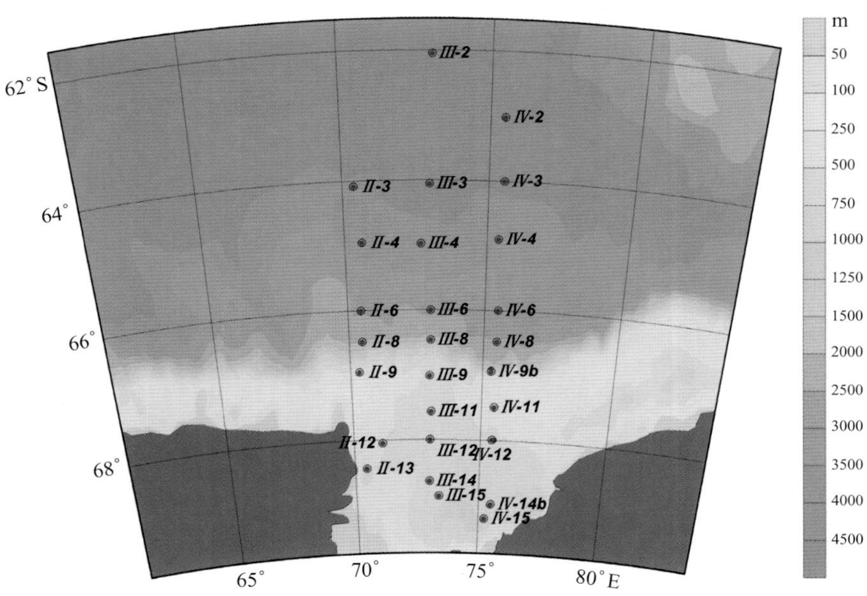

图2.10 中国第15次南极考察CTD观测站位图

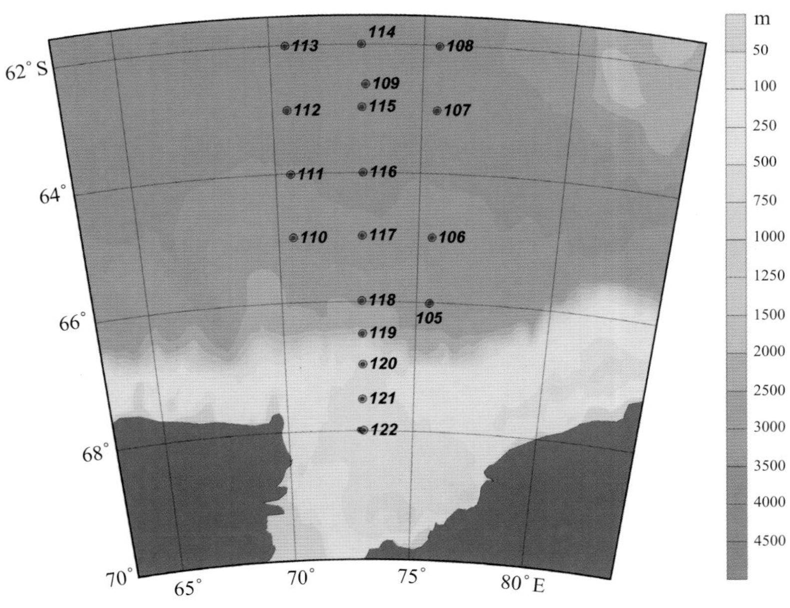

图2.11 中国第16次南极考察CTD观测站位图

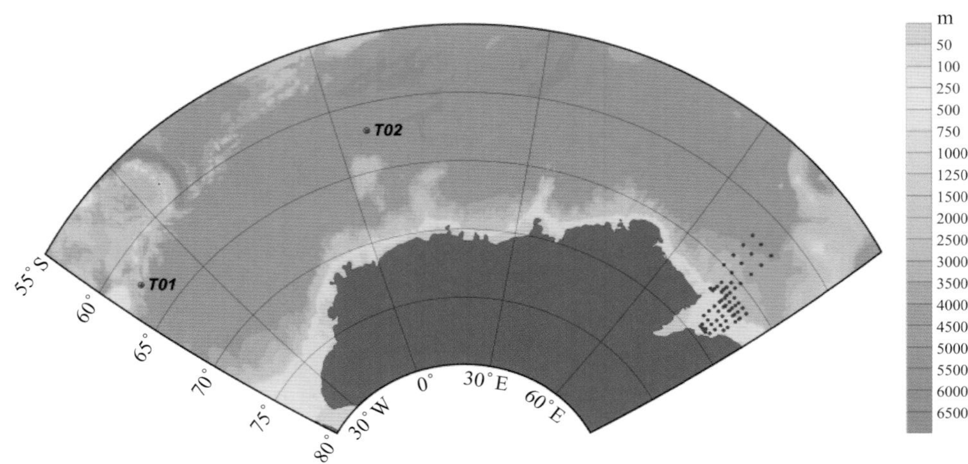

图2.12　中国第18次南极考察CTD观测站位图

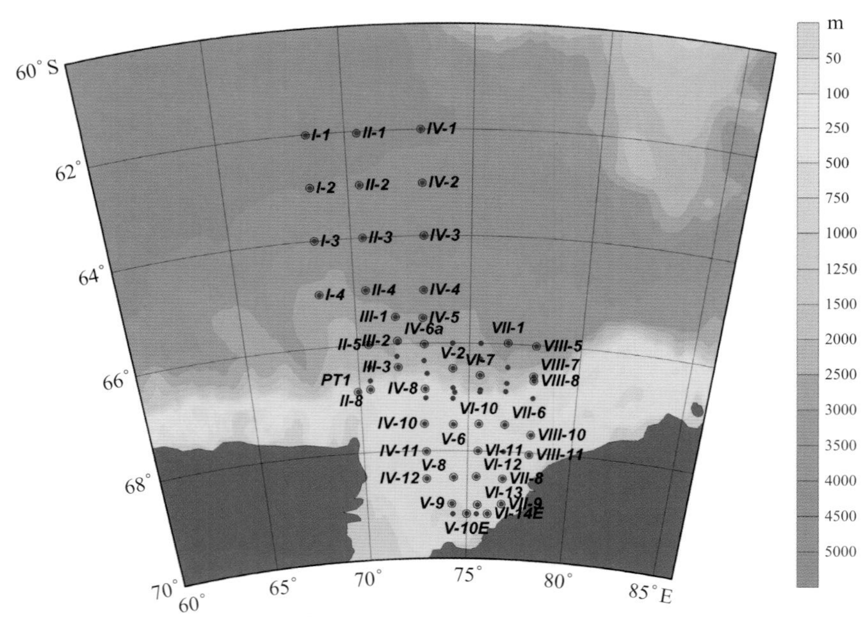

图2.13　中国第18次南极考察普里兹湾CTD观测站位图

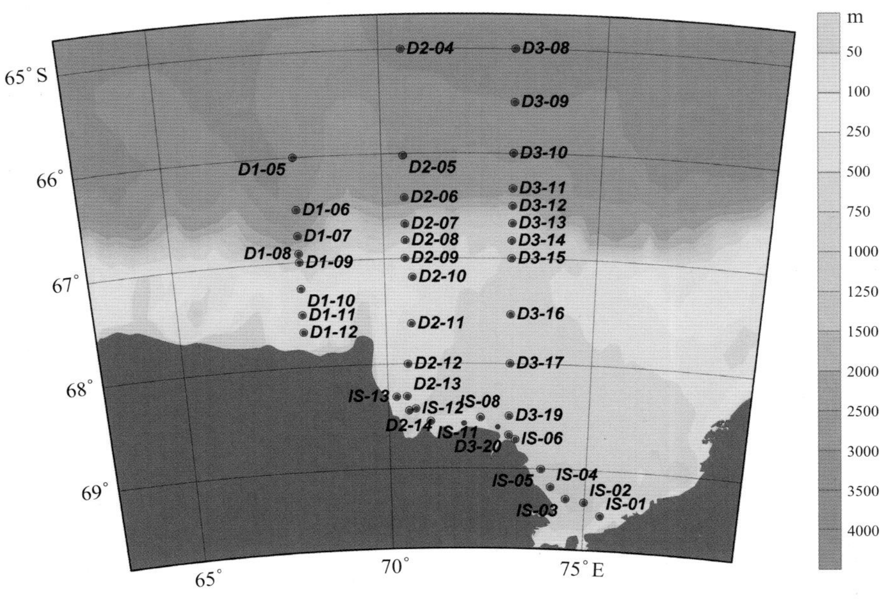

图2.14　中国第19次南极考察CTD观测站位图

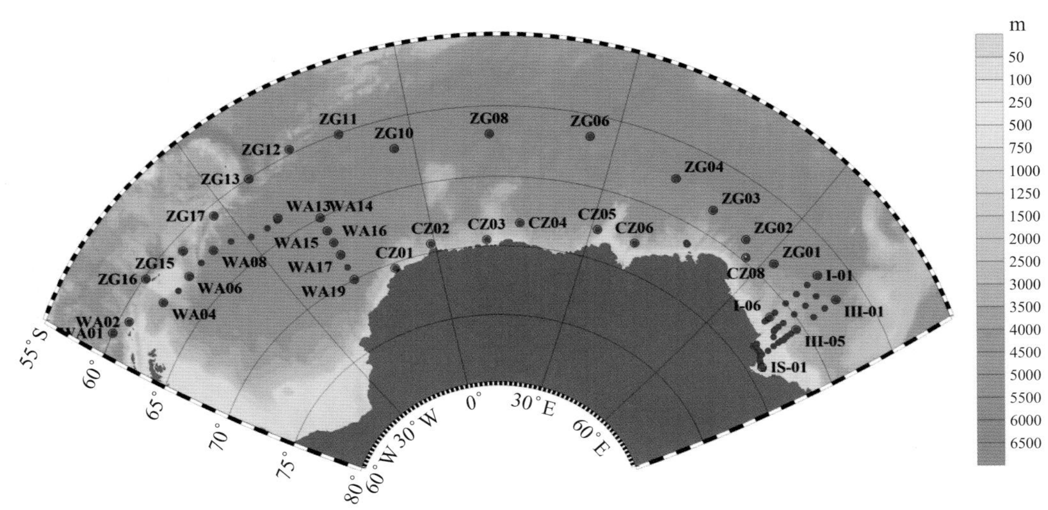

图2.15a　中国第21次南极考察CTD观测站位图

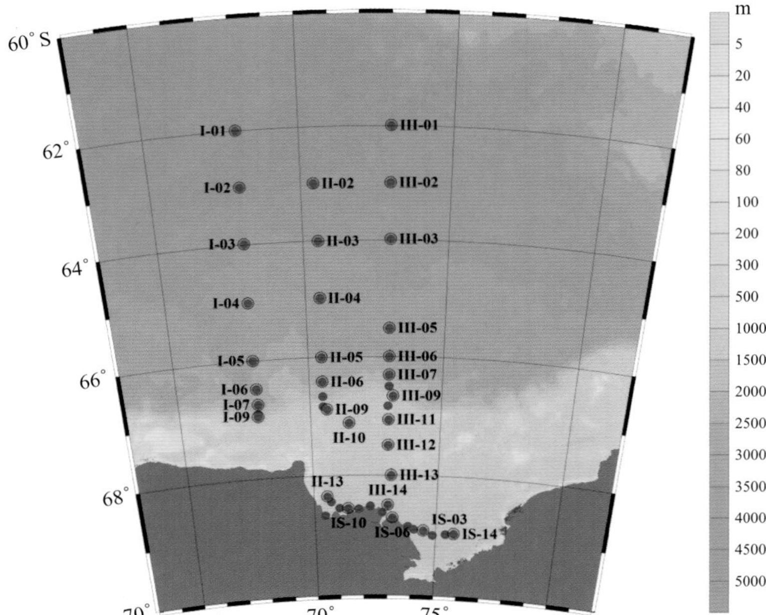

图2.15b　中国第21次南极考察普里兹湾CTD观测站位图

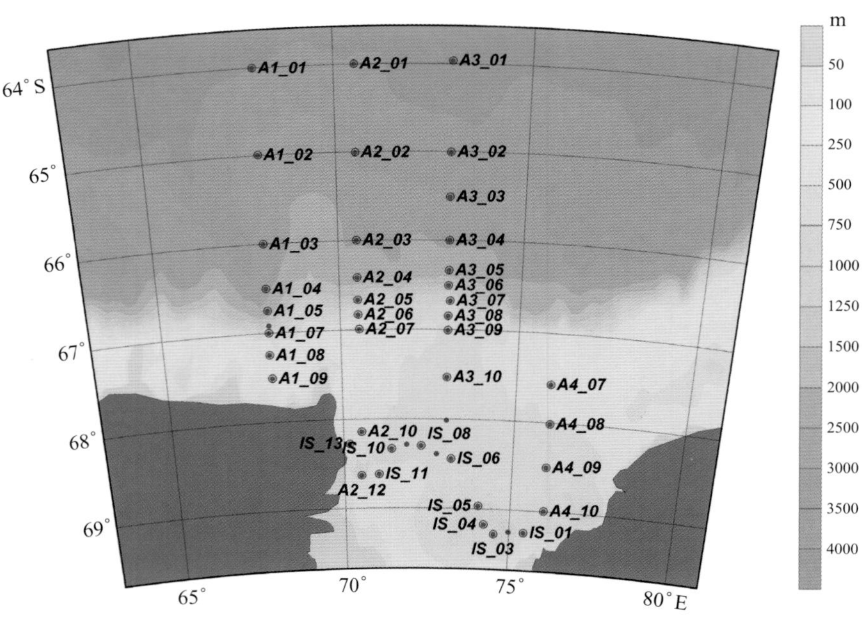

图2.16　中国第22次南极考察CTD观测站位图

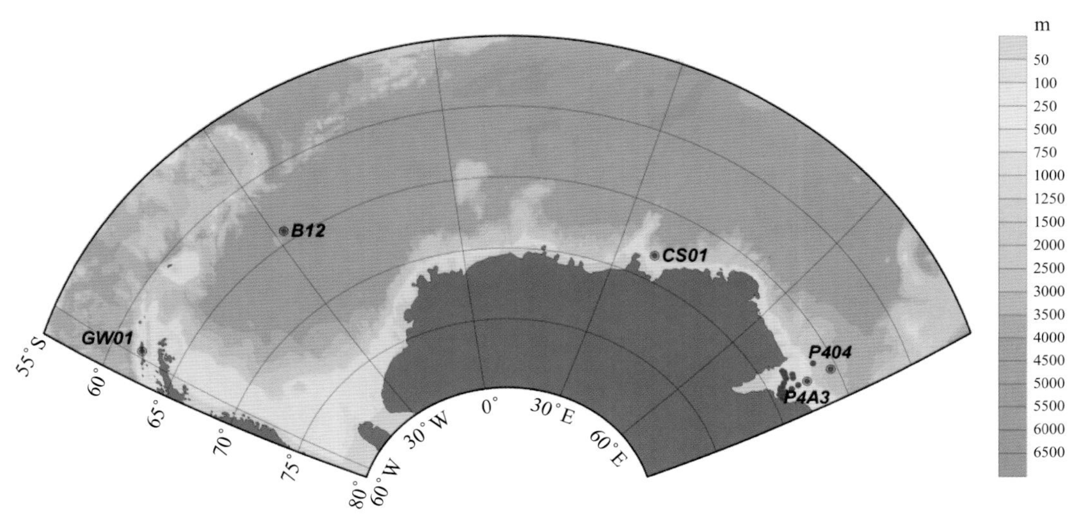

图2.17a　中国第24次南极考察CTD观测站位图

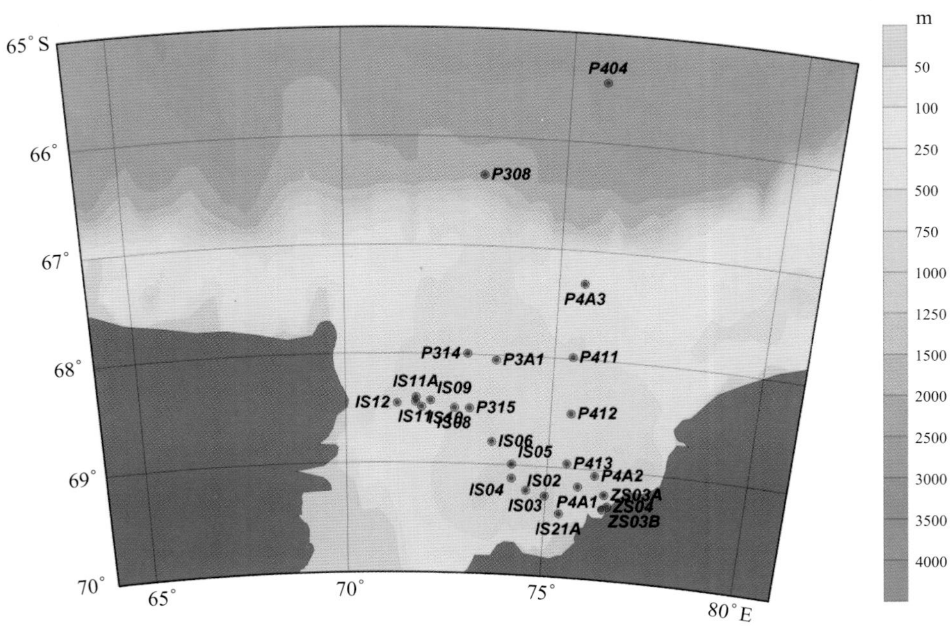

图2.17b　中国第24次南极考察普里兹湾CTD观测站位图

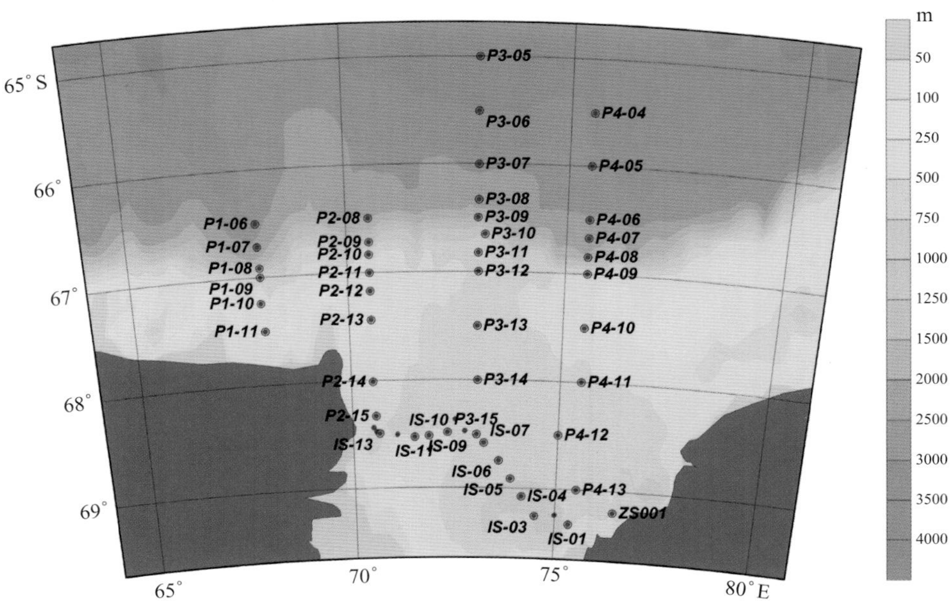

图2.18 中国第25次南极考察CTD观测站位图

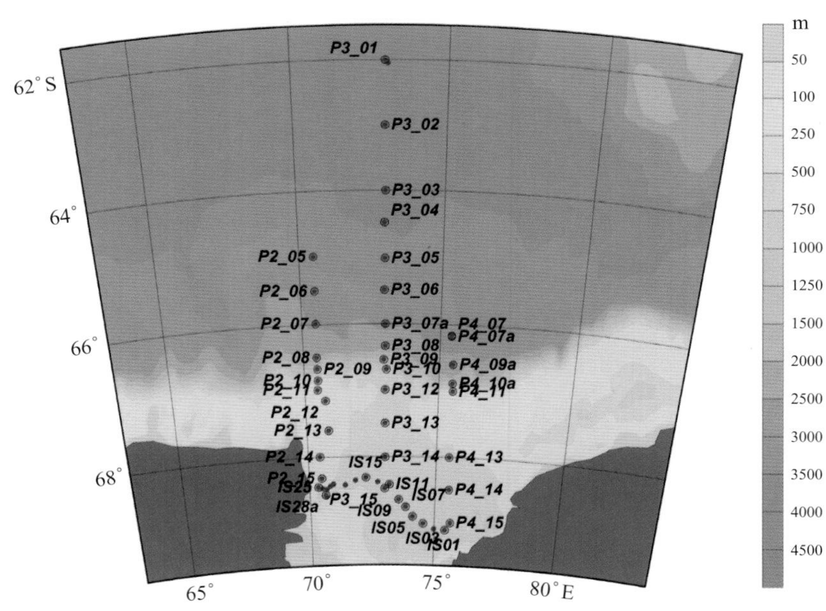

图2.19 中国第26次南极考察CTD观测站位图

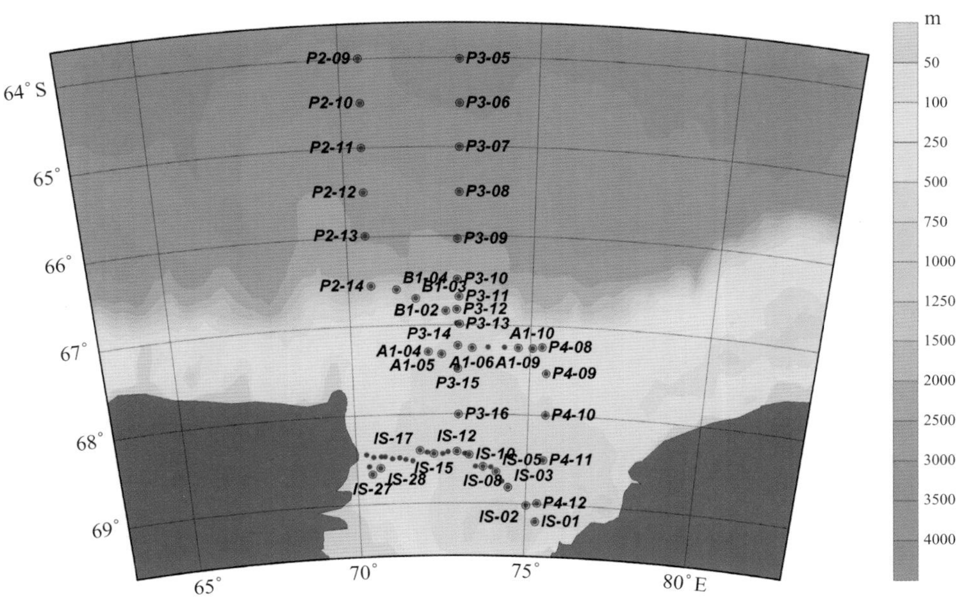

图2.20　中国第27次南极考察CTD观测站位图

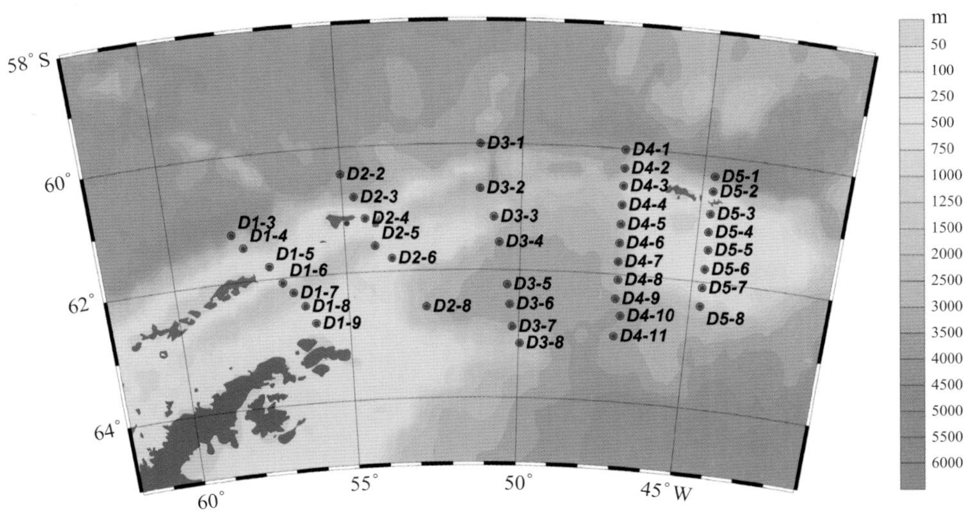

图2.21a　中国第28次南极考察南极半岛附近海域CTD观测站位图

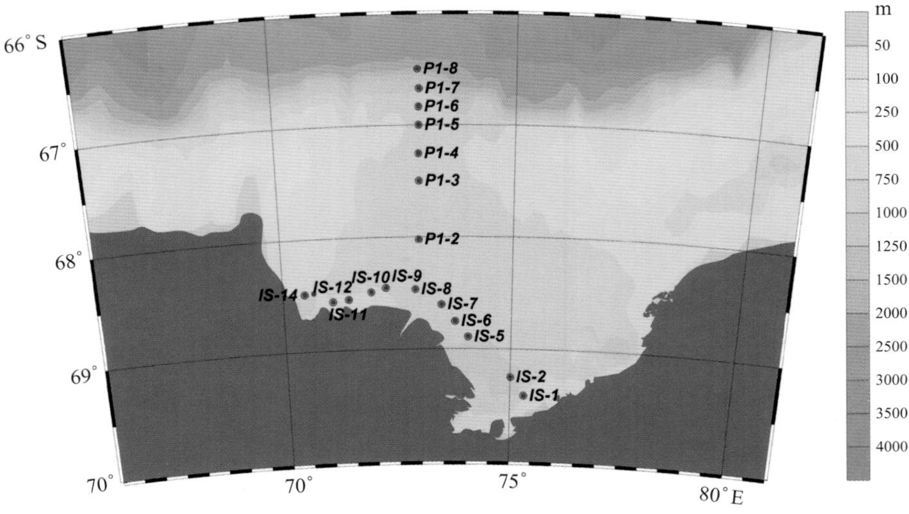

图2.21b　中国第28次南极考察普里兹湾CTD观测站位图

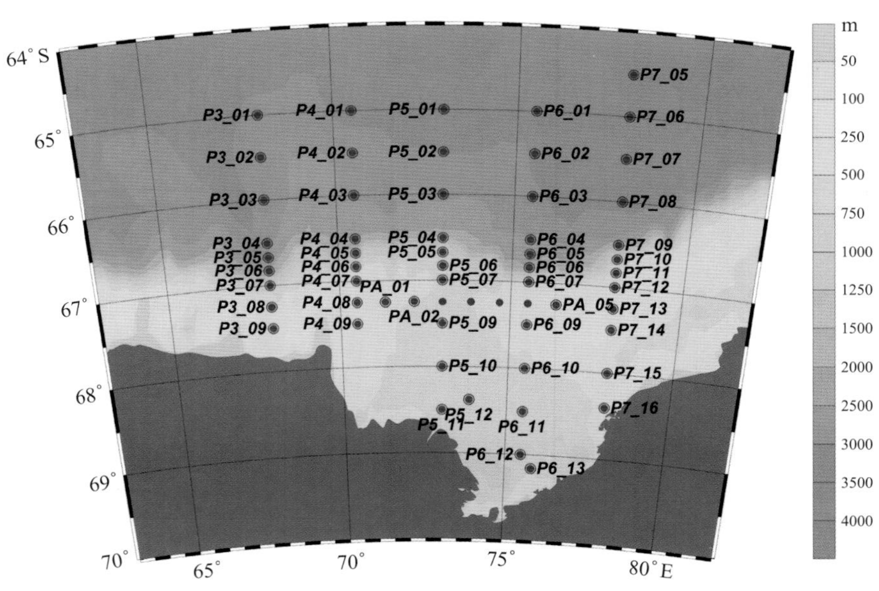

图2.22　中国第29次南极考察CTD观测站位图

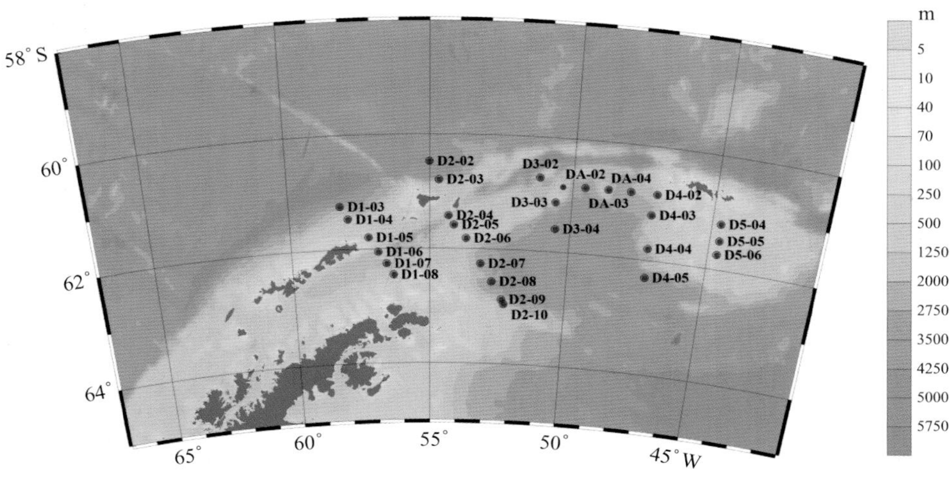

图2.23a　中国第30次南极考察南极半岛海域CTD观测站位图

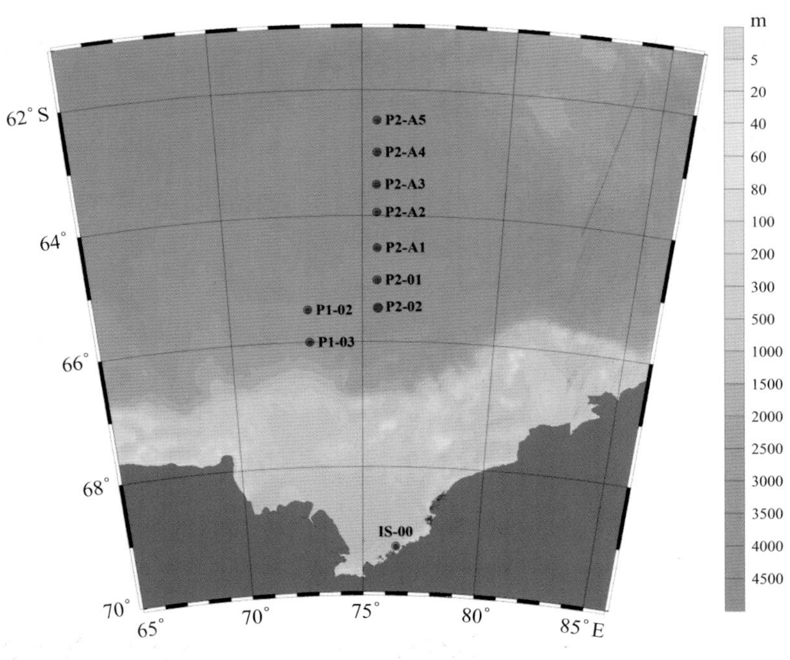

图2.23b　中国第30次南极考察普里兹湾海域CTD观测站位图

第三节　中国南极水文数据技术指标

首先介绍当前国内大型项目应用最为广泛、大型考察船上最为常用的，技术参数最高、“雪龙”船常备的 SBE 911 plus CTD。自中国第 25 次南极考察航次起，“雪龙”船开始装备并使用这一 CTD 开展水文调查，特别是自 2011 年以来在开展境外合作的基础上，雪龙船 SBE 911 plus CTD 重要的传感器已经进行了双份安装，这进一步确保了数据的可靠性。

SBE 911 plus CTD 是由美国海鸟公司生产的，主要水文要素参数是温度、电导率和压力。它由 SBE 9 plus 水下单元、SBE 11 plus 甲板单元和 SBE 32 采水器模块等几部分组成。通过铠装缆实现水下与甲板单元的连接，并将采集到的数据直接存储在操作间电脑上，可以实现记录的直接显示。其主要技术指标如表 2.2 所示。这里 psia 是仪器生产厂家常用的压力计量单位，是 Pound Per Squre Inch Absolute 的缩写，表示磅 / 平方英寸（绝对值），1 psia= 6 895 Pa =0.068 9 Bar。

表2.2　SBE 911 plus CTD技术性能表

传感器	电导率（S/m）	温度（℃）	压力（psia）
测量范围	0 ~ 7	-5 ~ 35	0 ~ 10 000
准确度	0.000 3	0.001	0.015%FS
稳定度（每月）	0.000 3	0.000 2	0.001 5%FS
分辨率	0.000 04	0.000 2	0.001%FS
响应时间（s）	0.065	0.065	0.015

SBE 25 CTD 是另外一款由美国海鸟公司生产的常用于沿海、河口等海区的便携式 CTD。这一设备在极地调查时通常由海洋一所提供，进行剖面观测时多不配置采水模块，并使用自记式模式进行记录，待设备回收到甲板上时进行数据回读。常用的水文要素参数技术指标如表 2.3 所示，其电导率传感器技术指标与 SBE 911 plus CTD 完全相同，温度传感器的指标略低。

FSI CTD 由美国 Falmouth 公司生产，技术指标除了压力传感器精度为 0.025%FS 以外，其他指标与 SBE 25 CTD 相同。

表2.3　SBE 25 CTD技术性能表

传感器	电导率（S/m）	温度（℃）	压力（psia）
测量范围	0 ~ 7	-5 ~ 35	0 ~ 1 000

续表2.3

传感器	电导率（S/m）	温度（℃）	压力（psia）
准确度	0.000 3	0.002	0.1%FS
分辨率	0.000 04	0.000 3	0.015%FS

ALEC CTD 是日本 ALEC 公司生产的一款体积较小的便携式 CTD，采用自记式观测，通常在极地考察中作为辅助 CTD，容易在融池、冰洞等狭小的水域开展作业，主要技术指标比其他类型略低（表 2.4）。

表2.4　ALEC CTD技术性能表

传感器	电导率（S/m）	温度（℃）	压力（psia）
测量范围	0 ~ 6	-5 ~ 40	0 ~ 600
准确度	0.000 1	0.001	0.01
分辨率	0.002	0.01	0.3%FS

MRK3 型 CTD 是早期中国南极科学考察常用的一款 CTD，近年来在国内已经逐渐被海鸟公司的产品替代（表 2.5）。

表2.5　MRK 3型CTD技术性能表

传感器	电导率（S/m）	温度（℃）	压力（psia）
测量范围	1 ~ 6.5	-3 ~ 32	0 ~ 6 500
准确度	0.000 1	0.000 5	0.001 5%FS
分辨率	0.000 3	0.003	0.03%FS

有时也利用 RBR CTD 开展极地水文观测，但主要作为参照和备份，其站点观测记录尚未列入正式科学考察数据中（表 2.6）。

表2.6　RBR CTD主要技术指标

参数	深度（m）	温度（℃）	电导率（S/m）
量程	0 ~ 600 m	-5 ~ 35	0 ~ 7
分辨率	0.001% 全量程	0.000 05	0.001
精度	0.05% 全量程	0.002	0.02

第三章

中国首次南极科学考察水文图集

第一节　航次站位情况及TS点聚图

中国首次南极科学考察共完成海洋考察 CTD 站位 33 个，站位信息见表 3.1。

表3.1　中国首次南极考察CTD观测站位信息表

序号	站位	日期	时间	纬度 (° S)	经度 (° W)	水深 (m)	最大观测深度 (m)
1	S2	1985-01-20	04:25:00	62.477	62.547	285	219
2	S3	1985-01-20	12:50:00	54.075	62.197	510	480
3	S4	1985-01-20	22:58:00	61.072	55.725	1 080	969
4	S5	1985-01-21	09:12:00	61.242	56.345	610	549
5	S5A	1985-01-21	14:30:00	61.243	56.318	480	441
6	S21	1985-01-25	00:15:00	66.841	69.338	290	245
7	S20	1985-01-25	11:00:00	67.992	65.503	330	289
8	S19	1985-01-25	20:10:00	64.507	68.865	3 100	1 500
9	S22	1985-02-04	16:53:00	62.453	58.595	1 400	1 290
10	S23	1985-02-05	00:15:00	62.855	58.148	650	551
11	S24	1985-02-05	08:15:00	63.372	60.630	470	431
12	S25	1985-02-05	13:15:00	63.098	61.068	970	363
13	S-L5	1985-02-05	17:00:00	62.860	60.113	260	220
14	S-L4	1985-02-05	20:07:00	62.815	60.740	190	160
15	S-L1	1985-02-05	21:33:00	62.845	60.342	849	701
16	S-L2	1985-02-06	00:48:00	62.817	60.378	154	124
17	S-L3	1985-02-06	02:09:00	62.730	60.682	115	97
18	S-L8	1985-02-06	04:06:00	62.753	60.998	128	111
19	S8	1985-02-06	20:14:00	61.670	62.408	190	171
20	S10	1985-02-07	01:26:00	63.058	62.802	1 700	1 000
21	S9	1985-02-07	10:36:00	63.490	62.470	187	160
22	S26	1985-02-07	17:36:00	64.405	61.758	371	340
23	S11	1985-02-09	03:12:00	62.190	63.867	4 100	1 199
24	S_J	1985-02-10	13:13:00	62.158	57.880	330	303
25	S_R4	1985-02-10	18:23:00	62.128	58.430	398	381
26	S_R2	1985-02-10	21:00:00	62.175	58.357	450	403
27	S_R1	1985-02-11	13:04:00	62.223	58.345	526	501
28	S_M6	1985-02-11	20:05:00	62.320	58.672	484	464
29	S_M4	1985-02-11	22:20:00	62.270	58.788	502	483
30	S_M5	1985-02-12	12:44:00	62.292	58.722	338	322
31	S_M3	1985-02-12	14:00:04	62.272	58.840	374	353
32	S_M2	1985-02-12	15:10:00	62.200	58.833	206	192
33	S_M1	1985-02-12	17:25:00	62.203	58.922	100	71

本航次的 TS 点聚图如图 3.1 所示。

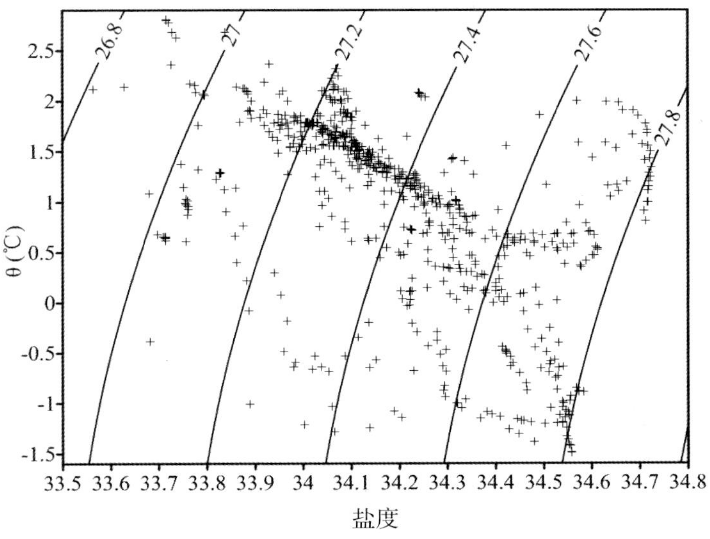

图3.1 中国首次南极考察TS点聚图

第二节 航次站点剖面图

本航次各站点的 CTD 测量要素温度、盐度、密度、声速剖面分布如图 3.2 所示。

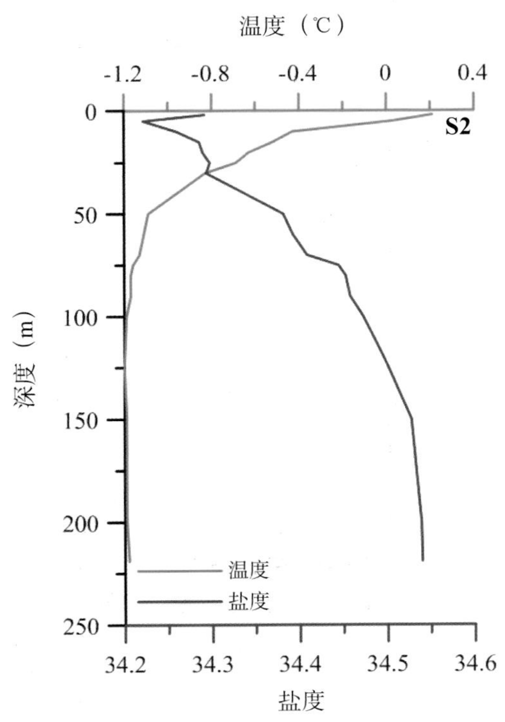

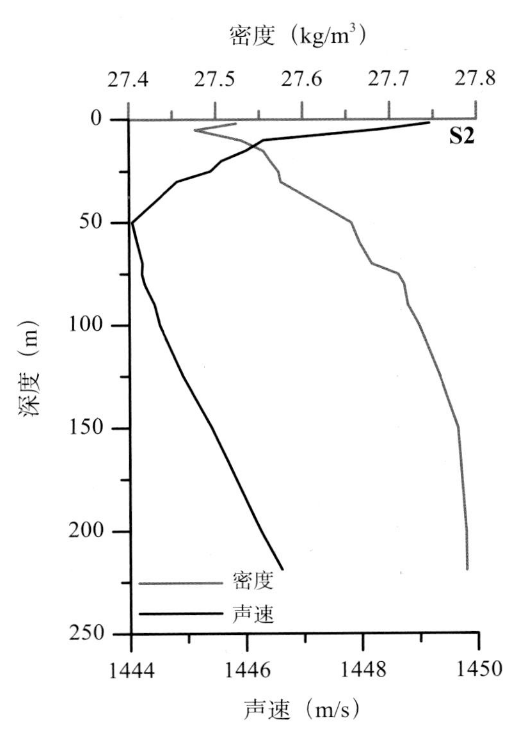

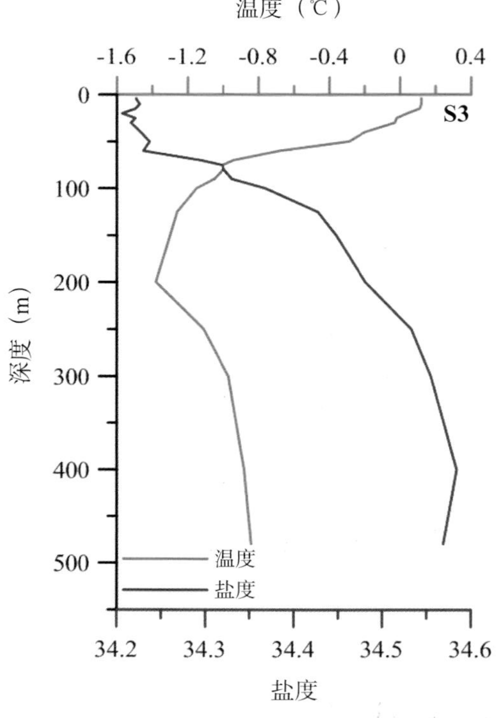

温度（℃）
-1.6
-1.2
-0.8
-0.4
0
0.4
S3
深度（m）
0
100
200
300
400
500
温度
盐度
34.2
34.3
34.4
34.5
34.6
盐度

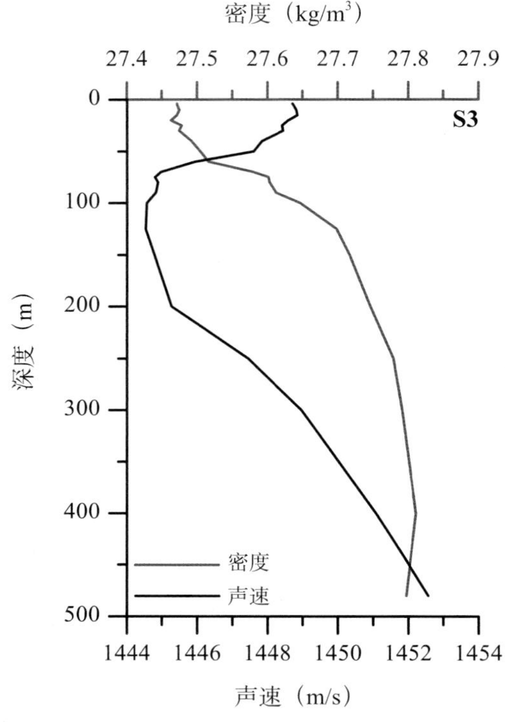

密度（kg/m³）
27.4
27.5
27.6
27.7
27.8
27.9
S3
深度（m）
0
100
200
300
400
500
密度
声速
1444
1446
1448
1450
1452
1454
声速（m/s）

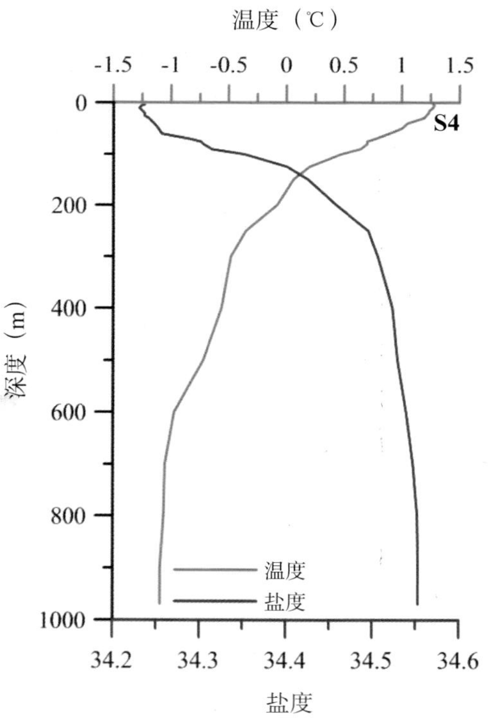

温度（℃）
-1.5
-1
-0.5
0
0.5
1
1.5
S4
深度（m）
0
200
400
600
800
1000
温度
盐度
34.2
34.3
34.4
34.5
34.6
盐度

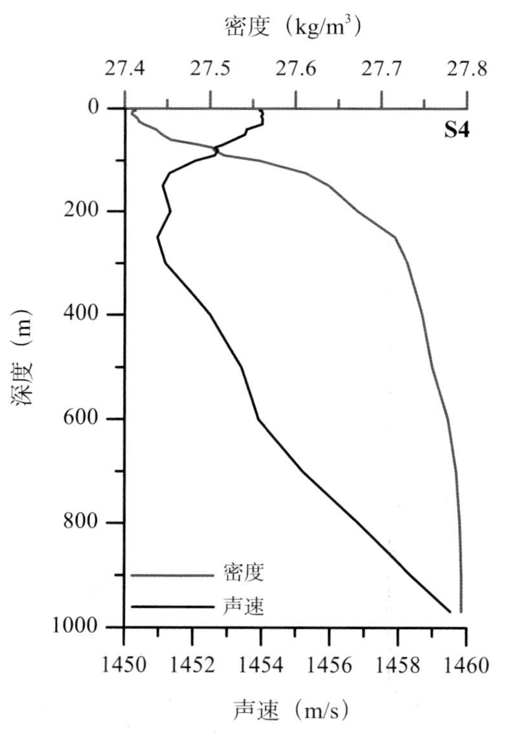

密度（kg/m³）
27.4
27.5
27.6
27.7
27.8
S4
深度（m）
0
200
400
600
800
1000
密度
声速
1450
1452
1454
1456
1458
1460
声速（m/s）

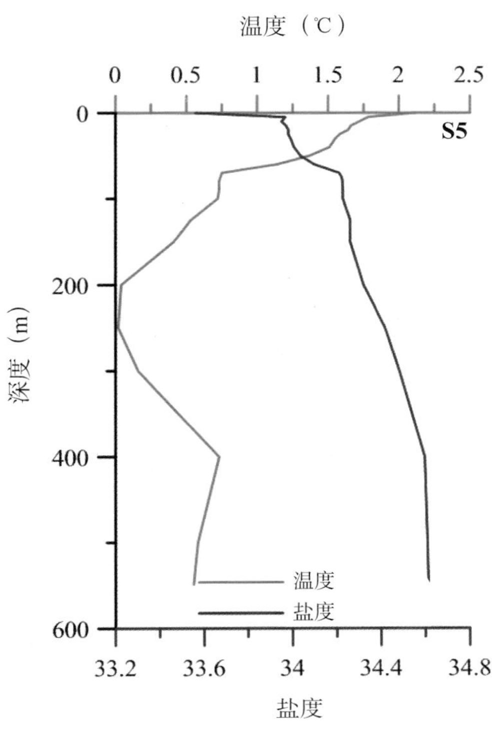
温度（℃）
0 0.5 1 1.5 2 2.5
S5
0
200
400
600
深度（m）
温度
盐度
33.2 33.6 34 34.4 34.8
盐度

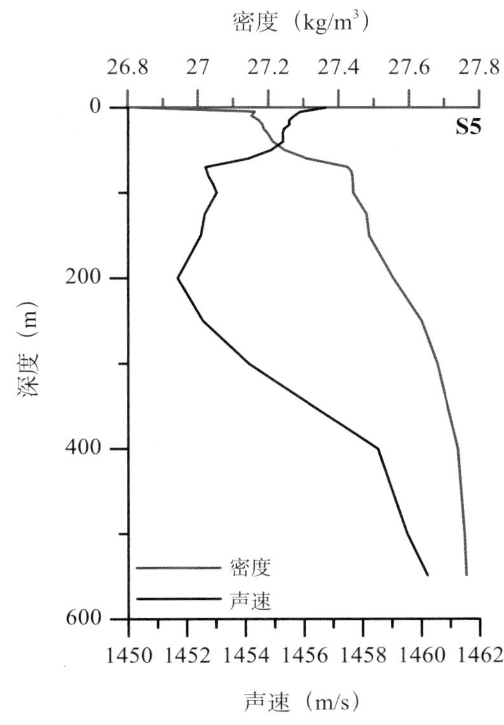
密度（kg/m³）
26.8 27 27.2 27.4 27.6 27.8
S5
0
200
400
600
深度（m）
密度
声速
1450 1452 1454 1456 1458 1460 1462
声速（m/s）

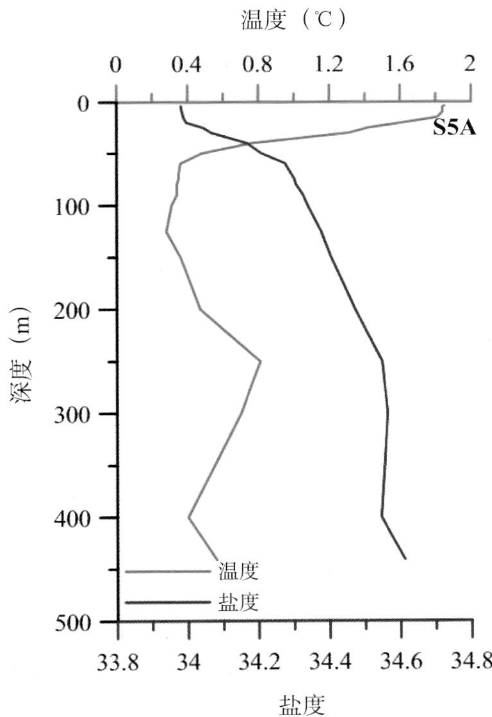
温度（℃）
0 0.4 0.8 1.2 1.6 2
S5A
0
100
200
300
400
500
深度（m）
温度
盐度
33.8 34 34.2 34.4 34.6 34.8
盐度

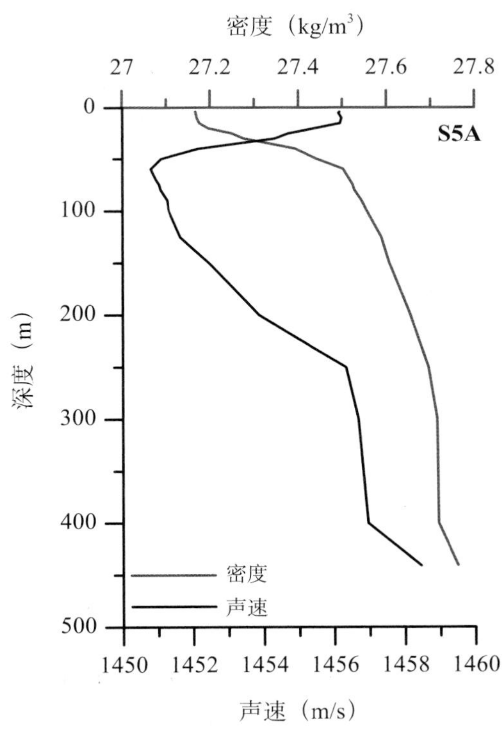
密度（kg/m³）
27 27.2 27.4 27.6 27.8
S5A
0
100
200
300
400
500
深度（m）
密度
声速
1450 1452 1454 1456 1458 1460
声速（m/s）

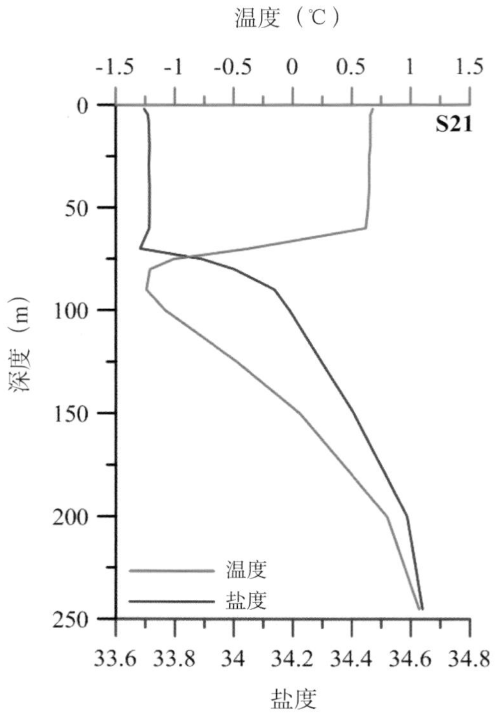
温度（℃）
-1.5 -1 -0.5 0 0.5 1 1.5
S21
深度（m）
0 50 100 150 200 250
温度
盐度
33.6 33.8 34 34.2 34.4 34.6 34.8
盐度

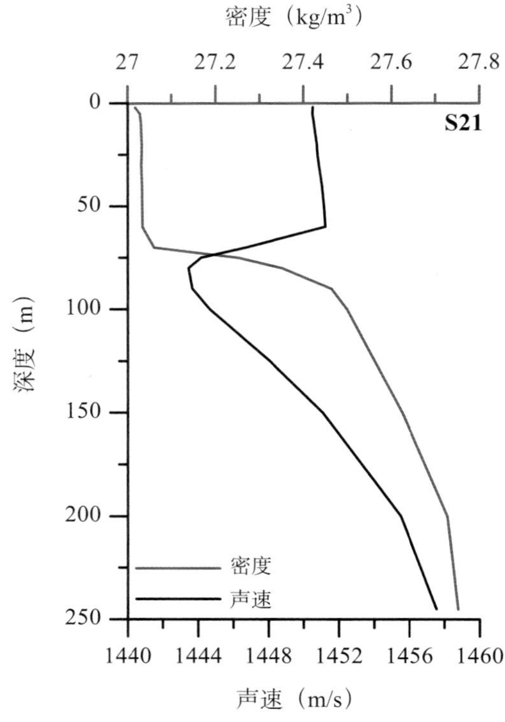
密度（kg/m³）
27 27.2 27.4 27.6 27.8
S21
深度（m）
0 50 100 150 200 250
密度
声速
1440 1444 1448 1452 1456 1460
声速（m/s）

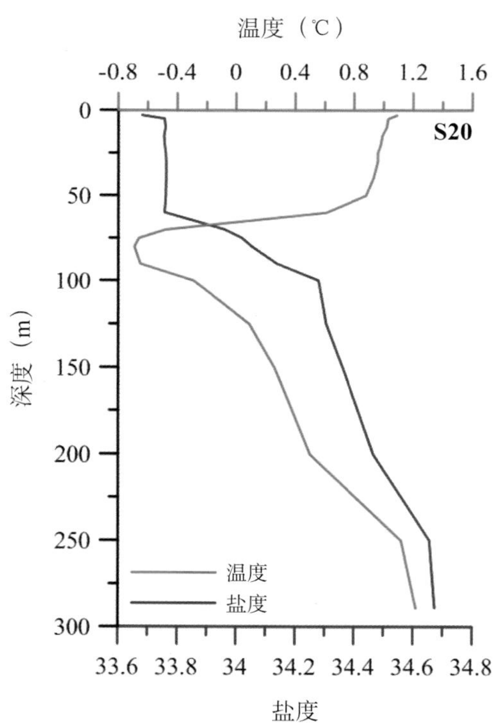
温度（℃）
-0.8 -0.4 0 0.4 0.8 1.2 1.6
S20
深度（m）
0 50 100 150 200 250 300
温度
盐度
33.6 33.8 34 34.2 34.4 34.6 34.8
盐度

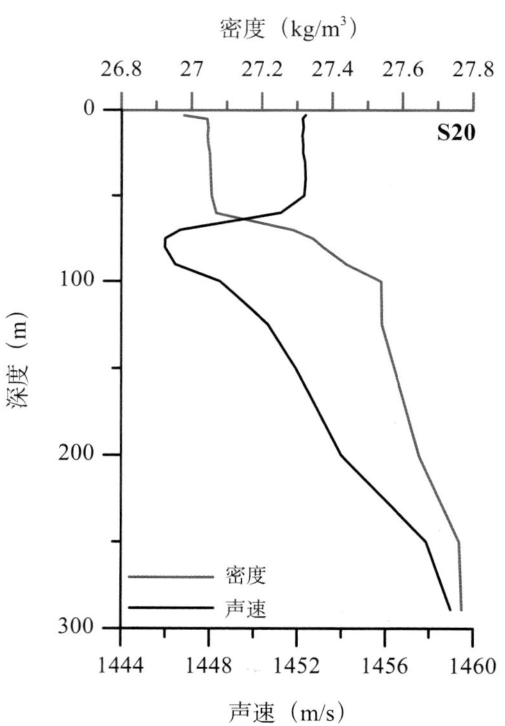
密度（kg/m³）
26.8 27 27.2 27.4 27.6 27.8
S20
深度（m）
0 100 200 300
密度
声速
1444 1448 1452 1456 1460
声速（m/s）

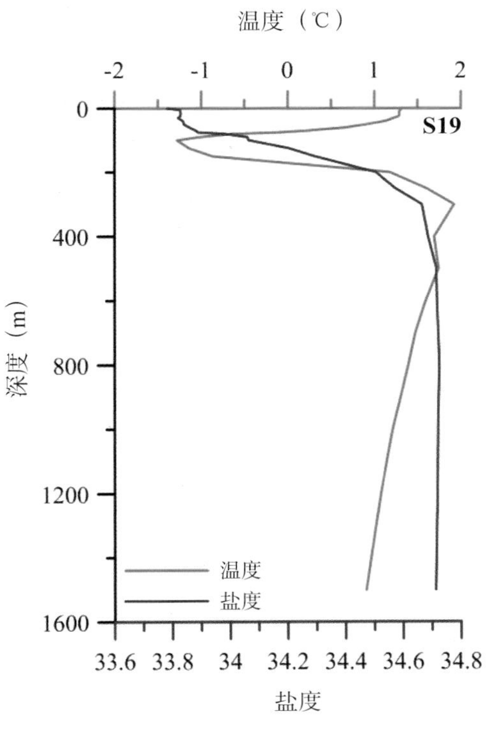
温度（℃）
-2 -1 0 1 2
S19
深度（m）
0 400 800 1200 1600
温度
盐度
33.6 33.8 34 34.2 34.4 34.6 34.8
盐度

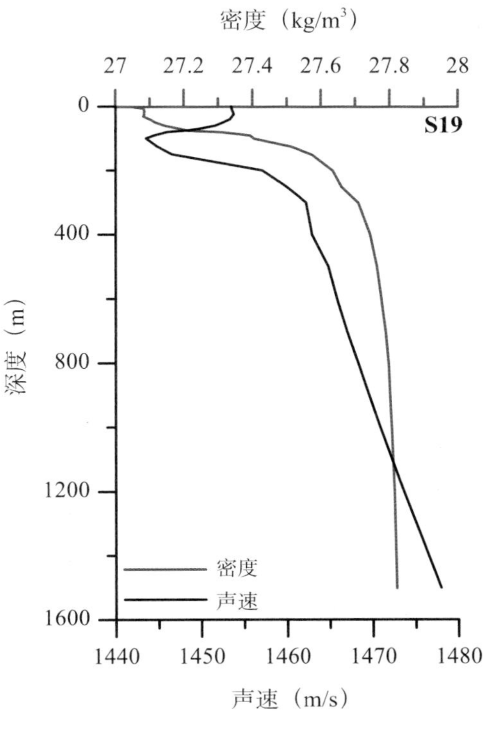
密度（kg/m³）
27 27.2 27.4 27.6 27.8 28
S19
深度（m）
0 400 800 1200 1600
密度
声速
1440 1450 1460 1470 1480
声速（m/s）

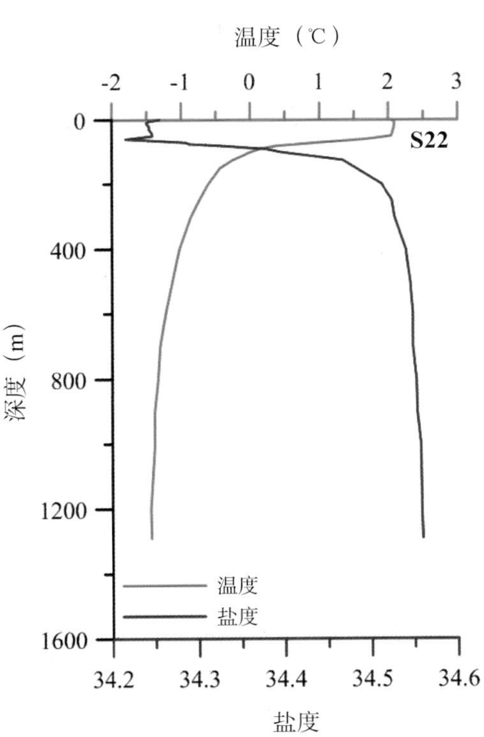
温度（℃）
-2 -1 0 1 2 3
S22
深度（m）
0 400 800 1200 1600
温度
盐度
34.2 34.3 34.4 34.5 34.6
盐度

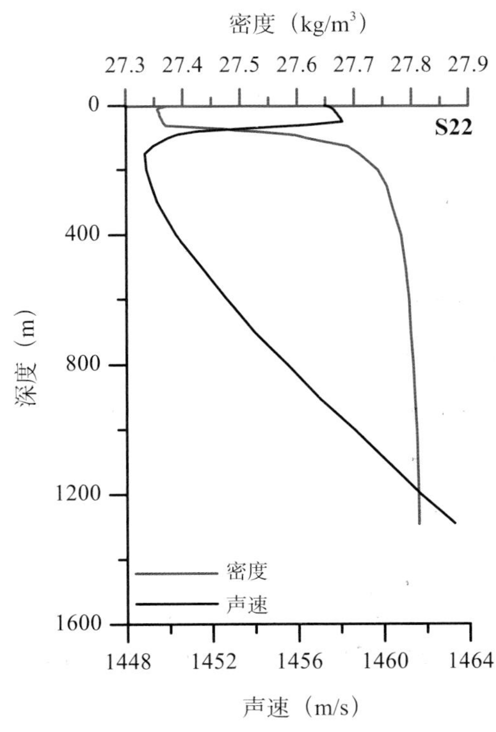
密度（kg/m³）
27.3 27.4 27.5 27.6 27.7 27.8 27.9
S22
深度（m）
0 400 800 1200 1600
密度
声速
1448 1452 1456 1460 1464
声速（m/s）

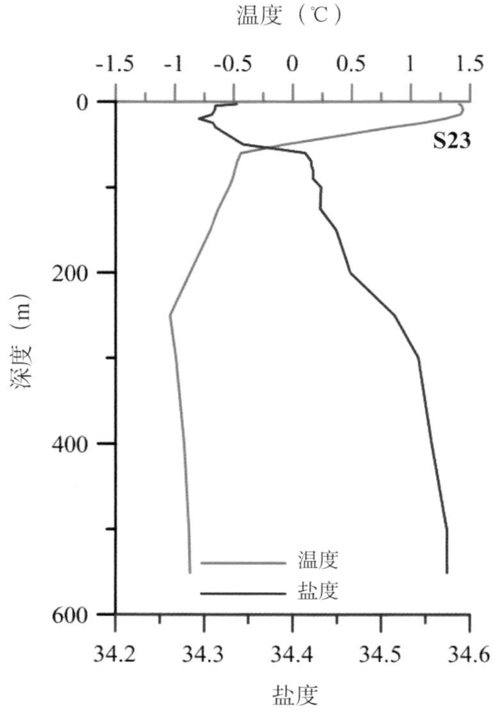
温度（℃）
-1.5 -1 -0.5 0 0.5 1 1.5
0
200
400
600
深度（m）
S23
温度
盐度
34.2 34.3 34.4 34.5 34.6
盐度

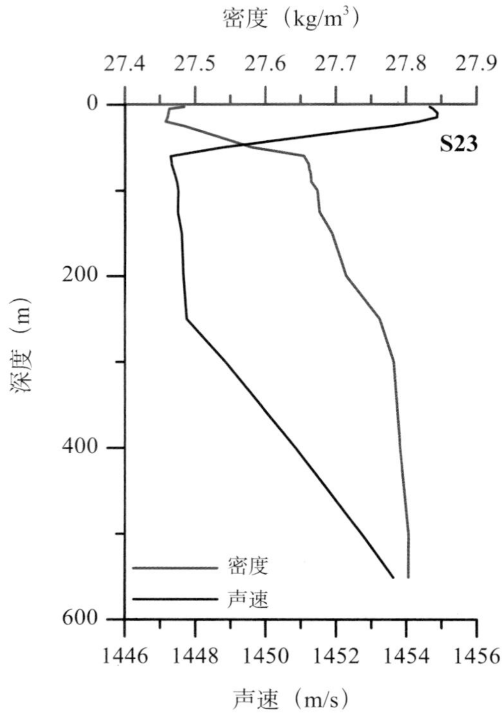
密度（kg/m³）
27.4 27.5 27.6 27.7 27.8 27.9
0
200
400
600
深度（m）
S23
密度
声速
1446 1448 1450 1452 1454 1456
声速（m/s）

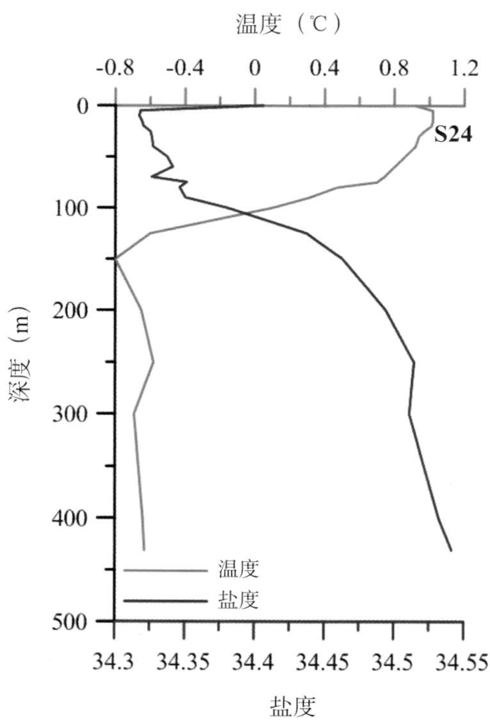
温度（℃）
-0.8 -0.4 0 0.4 0.8 1.2
0
100
200
300
400
500
深度（m）
S24
温度
盐度
34.3 34.35 34.4 34.45 34.5 34.55
盐度

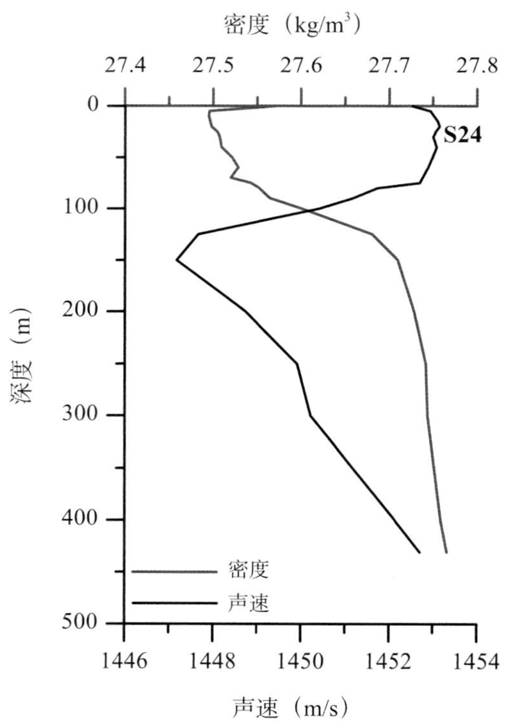
密度（kg/m³）
27.4 27.5 27.6 27.7 27.8
0
100
200
300
400
500
深度（m）
S24
密度
声速
1446 1448 1450 1452 1454
声速（m/s）

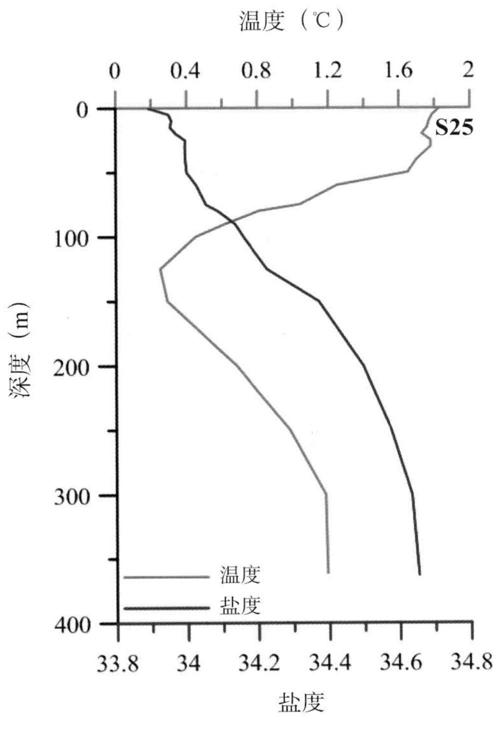
温度（℃）
0
0.4
0.8
1.2
1.6
2
S25
深度（m）
0
100
200
300
400
温度
盐度
33.8
34
34.2
34.4
34.6
34.8
盐度

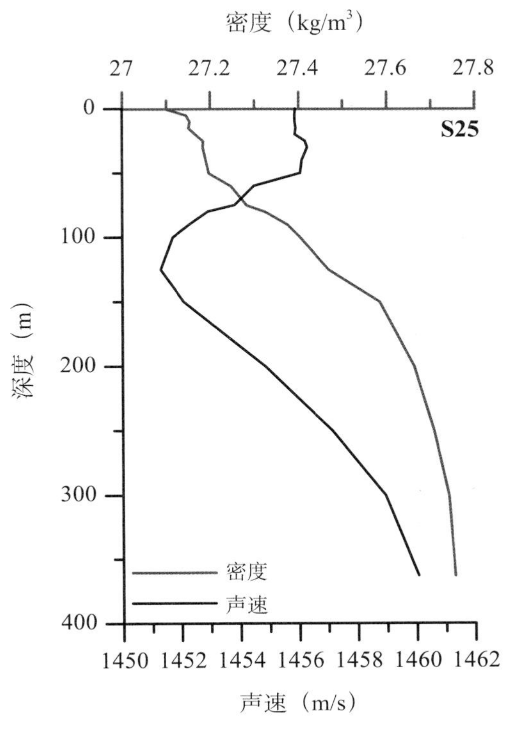
密度（kg/m³）
27
27.2
27.4
27.6
27.8
S25
深度（m）
0
100
200
300
400
密度
声速
1450
1452
1454
1456
1458
1460
1462
声速（m/s）

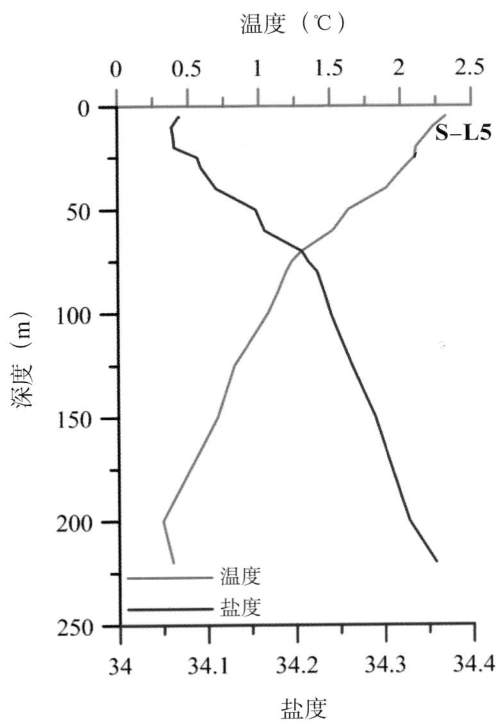
温度（℃）
0
0.5
1
1.5
2
2.5
S-L5
深度（m）
0
50
100
150
200
250
温度
盐度
34
34.1
34.2
34.3
34.4
盐度

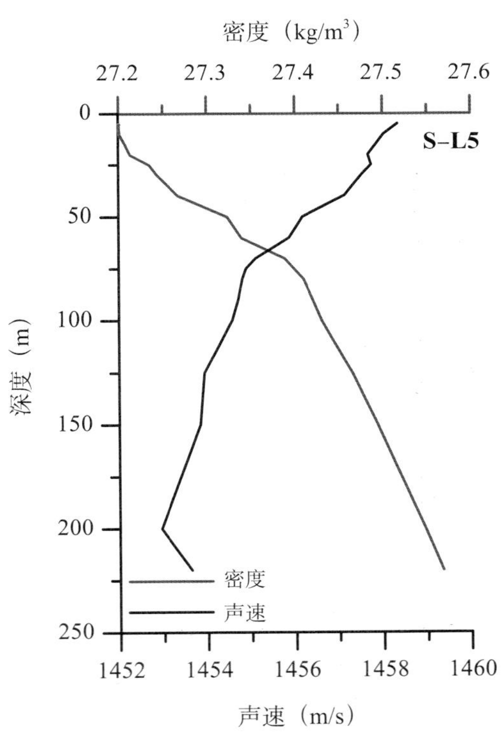
密度（kg/m³）
27.2
27.3
27.4
27.5
27.6
S-L5
深度（m）
0
50
100
150
200
250
密度
声速
1452
1454
1456
1458
1460
声速（m/s）

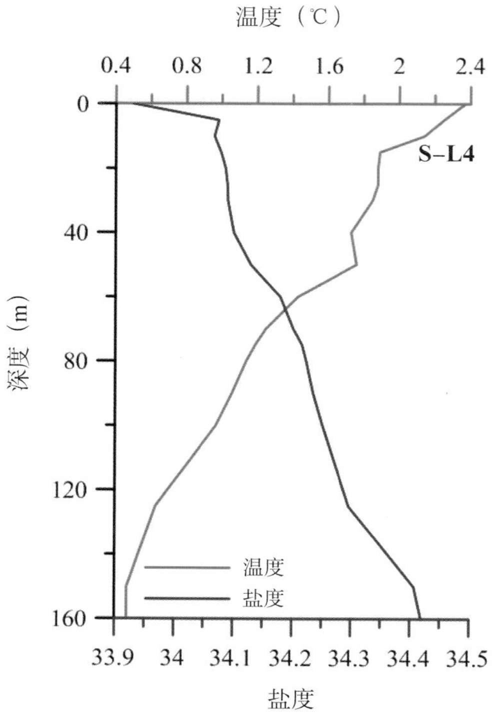

温度（℃）
0.4 0.8 1.2 1.6 2 2.4
S–L4
深度（m）
0 40 80 120 160
温度
盐度
33.9 34 34.1 34.2 34.3 34.4 34.5
盐度

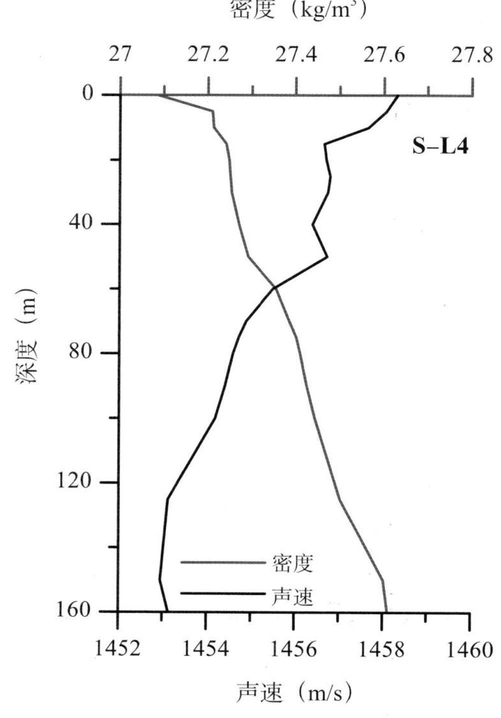

密度（kg/m³）
27 27.2 27.4 27.6 27.8
S–L4
深度（m）
0 40 80 120 160
密度
声速
1452 1454 1456 1458 1460
声速（m/s）

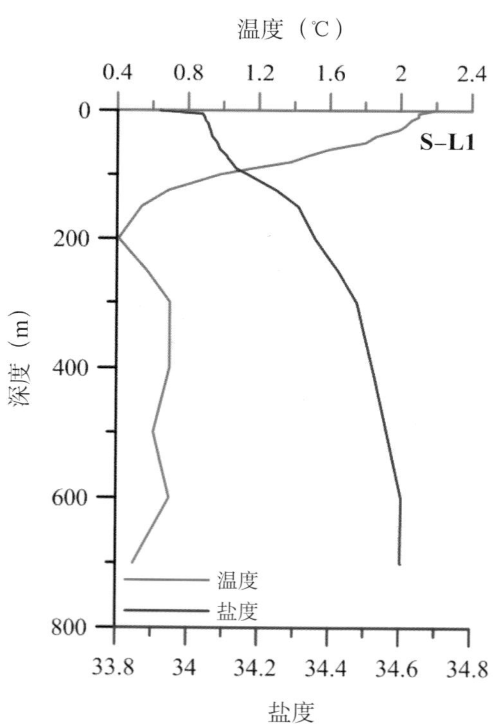

温度（℃）
0.4 0.8 1.2 1.6 2 2.4
S–L1
深度（m）
0 200 400 600 800
温度
盐度
33.8 34 34.2 34.4 34.6 34.8
盐度

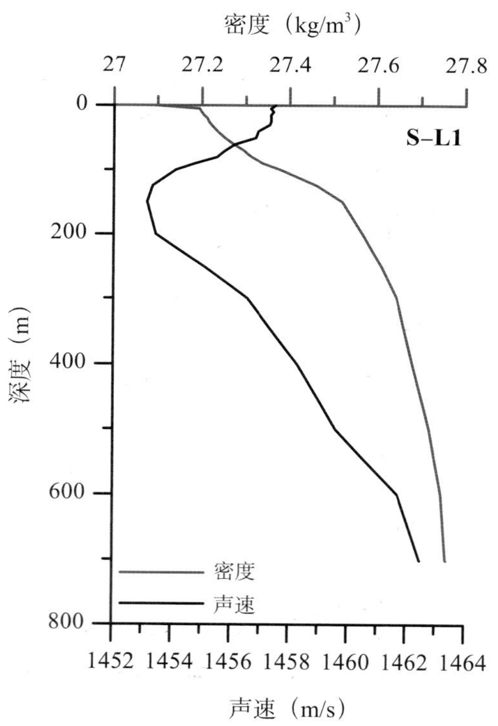

密度（kg/m³）
27 27.2 27.4 27.6 27.8
S–L1
深度（m）
0 200 400 600 800
密度
声速
1452 1454 1456 1458 1460 1462 1464
声速（m/s）

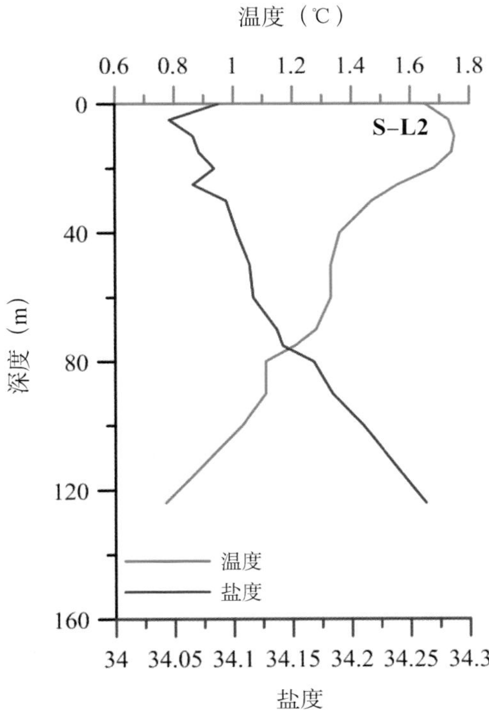
温度（℃）
0.6 0.8 1 1.2 1.4 1.6 1.8
S-L2
深度（m）
0 40 80 120 160
温度
盐度
34 34.05 34.1 34.15 34.2 34.25 34.3
盐度

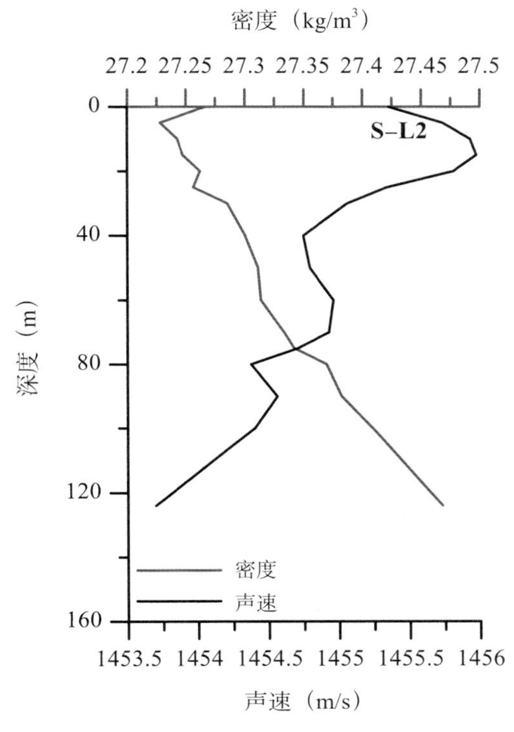
密度（kg/m³）
27.2 27.25 27.3 27.35 27.4 27.45 27.5
S-L2
深度（m）
0 40 80 120 160
密度
声速
1453.5 1454 1454.5 1455 1455.5 1456
声速（m/s）

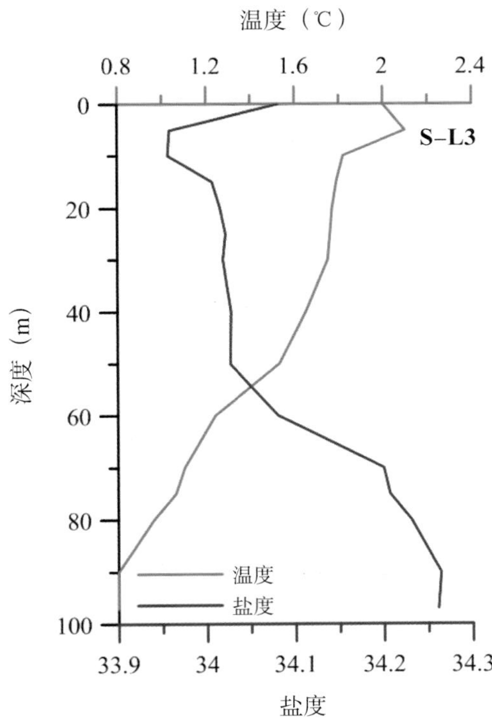
温度（℃）
0.8 1.2 1.6 2 2.4
S-L3
深度（m）
0 20 40 60 80 100
温度
盐度
33.9 34 34.1 34.2 34.3
盐度

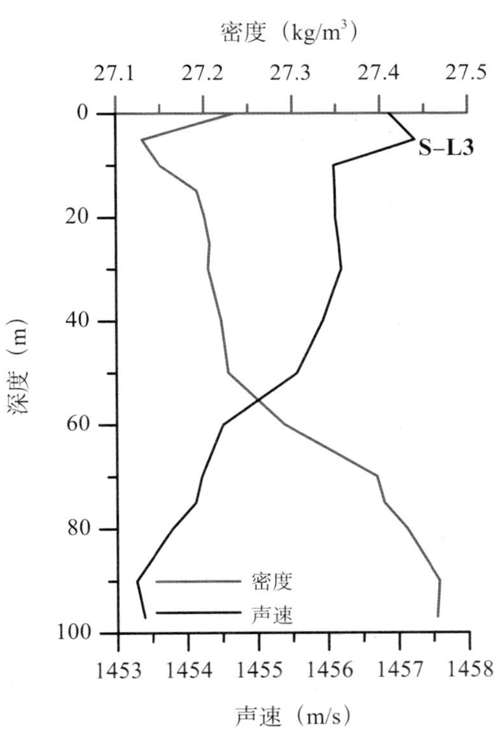
密度（kg/m³）
27.1 27.2 27.3 27.4 27.5
S-L3
深度（m）
0 20 40 60 80 100
密度
声速
1453 1454 1455 1456 1457 1458
声速（m/s）

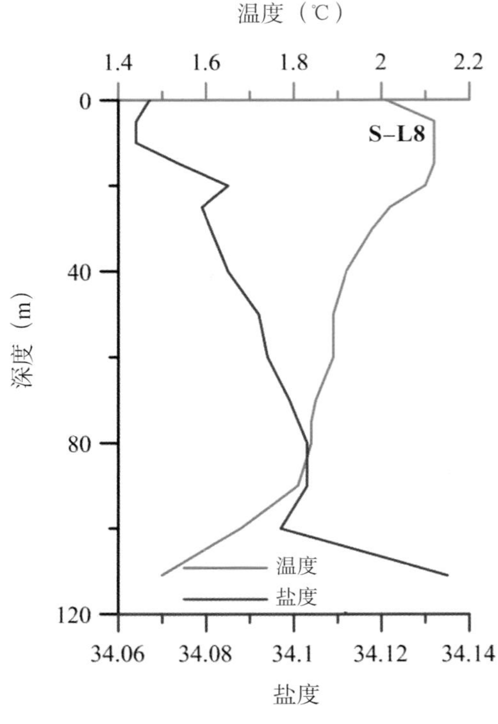
温度（℃）
1.4
1.6
1.8
2
2.2
0
40
80
120
深度（m）
S–L8
温度
盐度
34.06
34.08
34.1
34.12
34.14
盐度

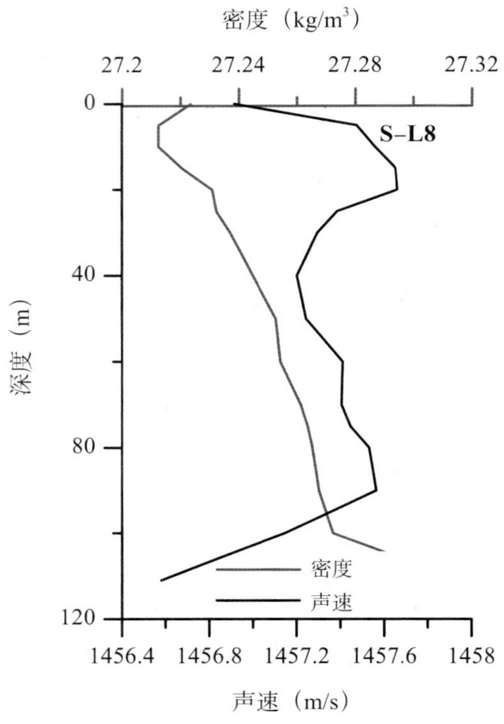
密度（kg/m³）
27.2
27.24
27.28
27.32
0
40
80
120
深度（m）
S–L8
密度
声速
1456.4
1456.8
1457.2
1457.6
1458
声速（m/s）

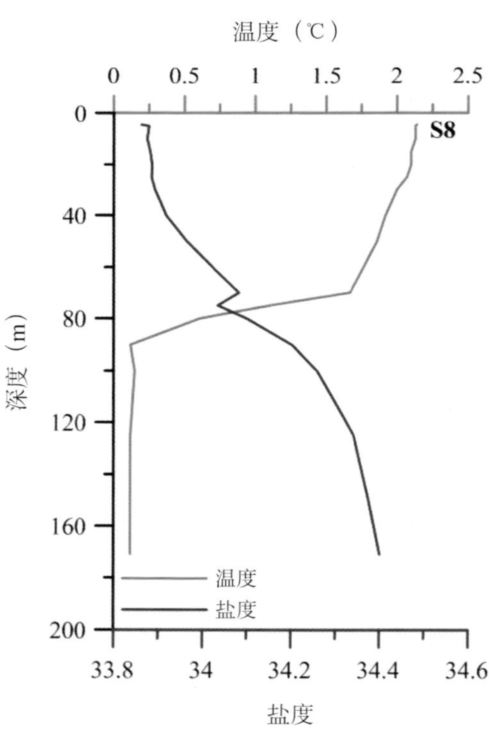
温度（℃）
0
0.5
1
1.5
2
2.5
0
40
80
120
160
200
深度（m）
S8
温度
盐度
33.8
34
34.2
34.4
34.6
盐度

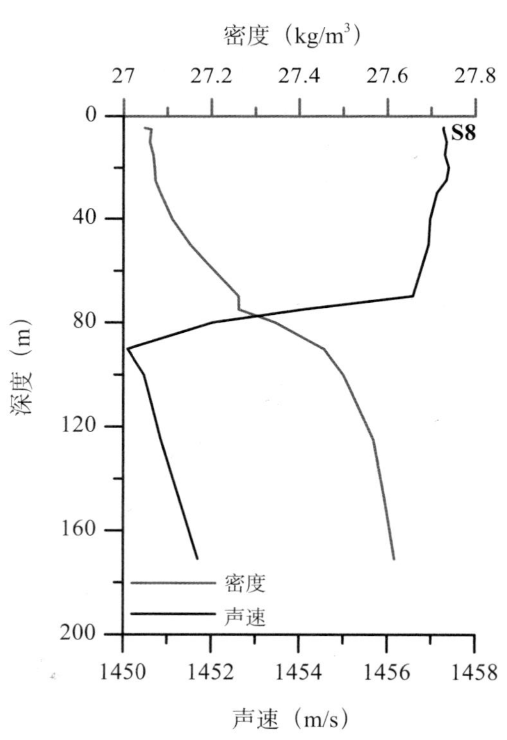
密度（kg/m³）
27
27.2
27.4
27.6
27.8
0
40
80
120
160
200
深度（m）
S8
密度
声速
1450
1452
1454
1456
1458
声速（m/s）

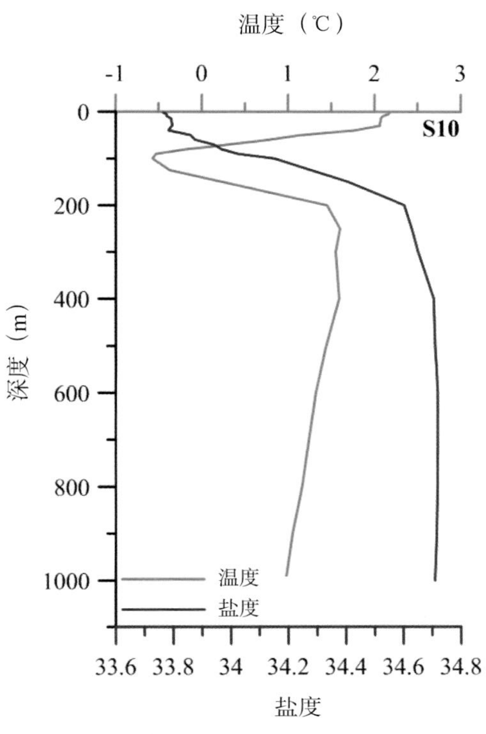
温度（℃）
-1
0
1
2
3
0
200
400
600
800
1000
深度（m）
S10
温度
盐度
33.6
33.8
34
34.2
34.4
34.6
34.8
盐度

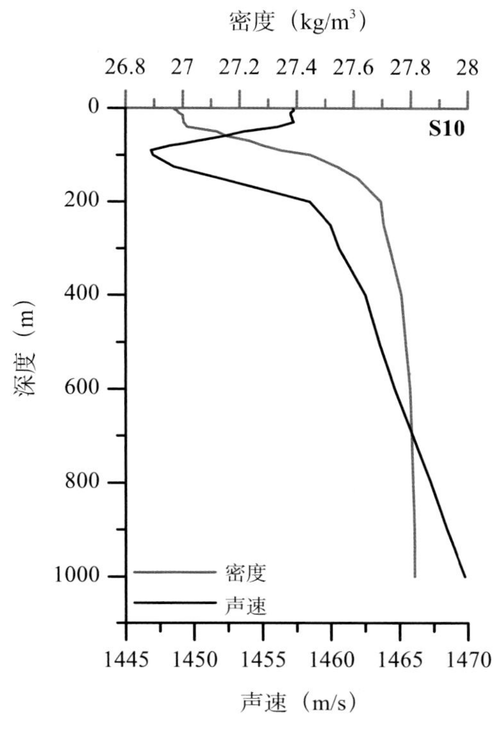
密度（kg/m³）
26.8
27
27.2
27.4
27.6
27.8
28
0
200
400
600
800
1000
深度（m）
S10
密度
声速
1445
1450
1455
1460
1465
1470
声速（m/s）

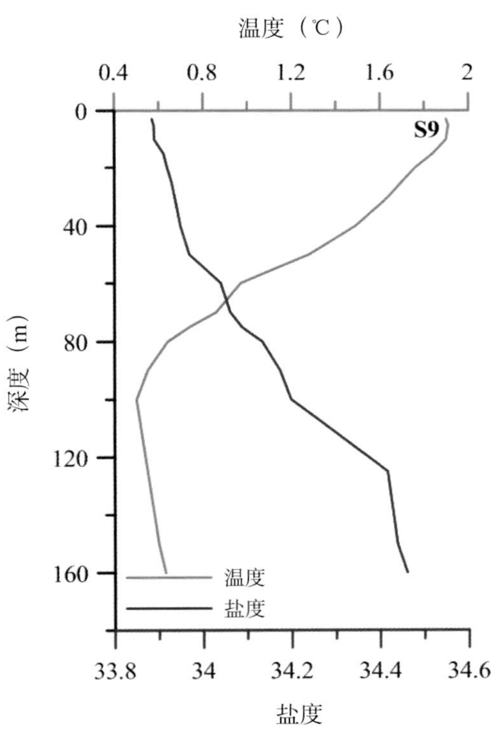
温度（℃）
0.4
0.8
1.2
1.6
2
0
40
80
120
160
深度（m）
S9
温度
盐度
33.8
34
34.2
34.4
34.6
盐度

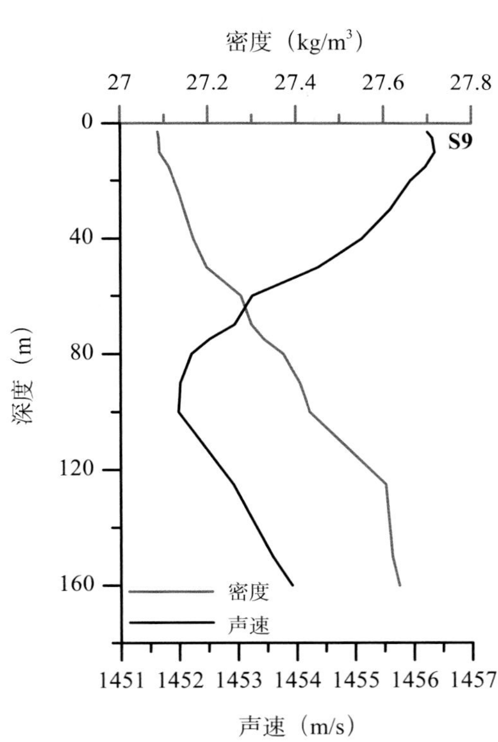
密度（kg/m³）
27
27.2
27.4
27.6
27.8
0
40
80
120
160
深度（m）
S9
密度
声速
1451
1452
1453
1454
1455
1456
1457
声速（m/s）

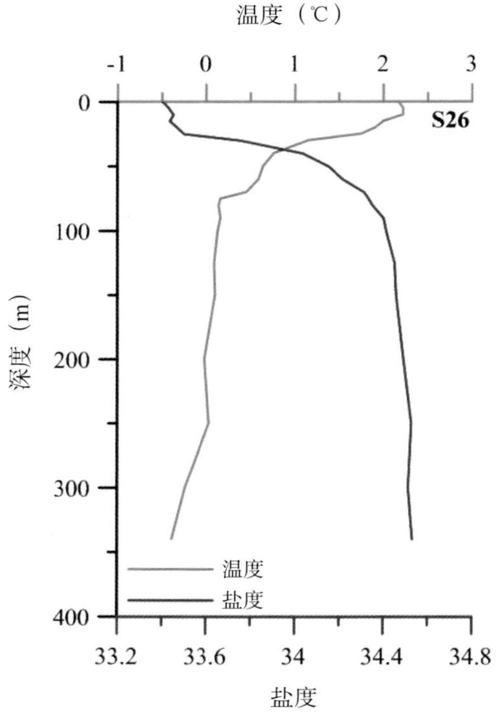
温度（℃）
-1
0
1
2
3
0
100
200
300
400
S26
深度（m）
温度
盐度
33.2
33.6
34
34.4
34.8
盐度

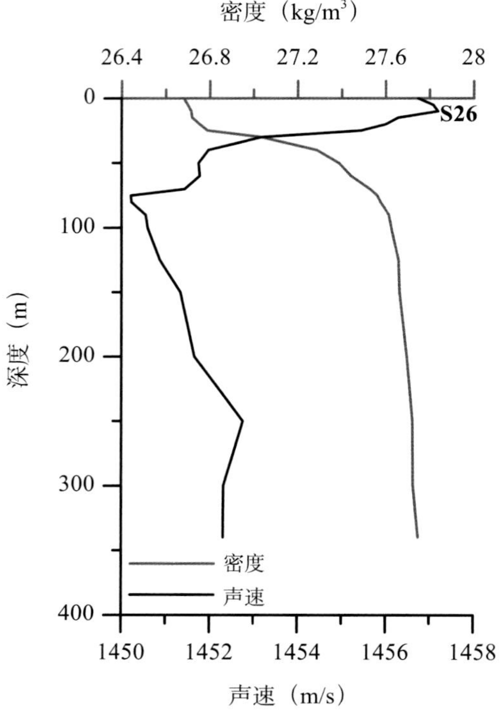
密度（kg/m³）
26.4
26.8
27.2
27.6
28
0
100
200
300
400
S26
深度（m）
密度
声速
1450
1452
1454
1456
1458
声速（m/s）

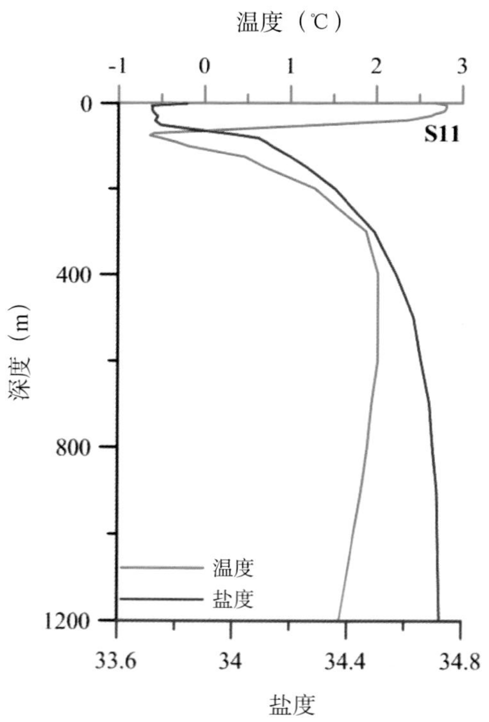
温度（℃）
-1
0
1
2
3
0
400
800
1200
S11
深度（m）
温度
盐度
33.6
34
34.4
34.8
盐度

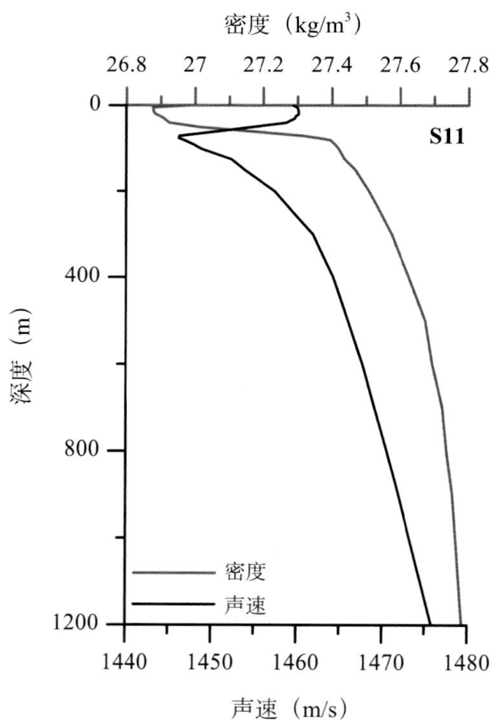
密度（kg/m³）
26.8
27
27.2
27.4
27.6
27.8
0
400
800
1200
S11
深度（m）
密度
声速
1440
1450
1460
1470
1480
声速（m/s）

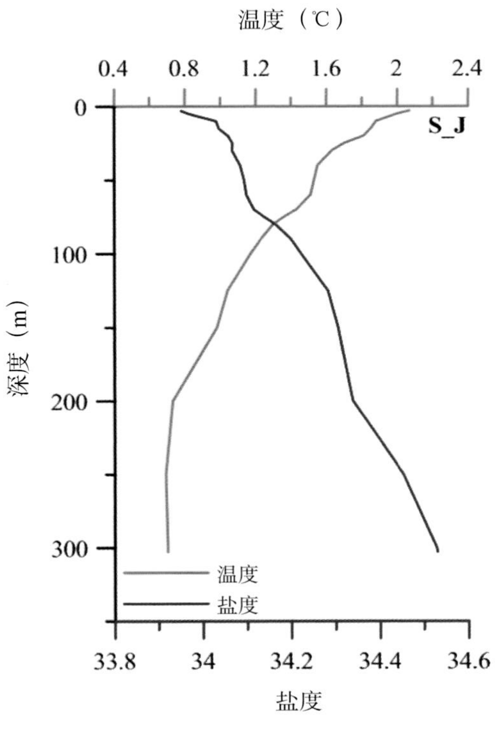
温度（℃）
0.4
0.8
1.2
1.6
2
2.4
S_J
0
100
200
300
深度（m）
温度
盐度
33.8
34
34.2
34.4
34.6
盐度

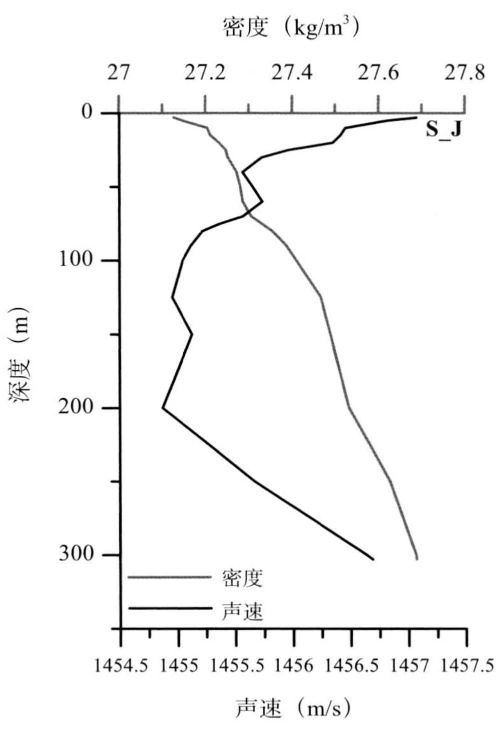
密度（kg/m³）
27
27.2
27.4
27.6
27.8
S_J
0
100
200
300
深度（m）
密度
声速
1454.5
1455
1455.5
1456
1456.5
1457
1457.5
声速（m/s）

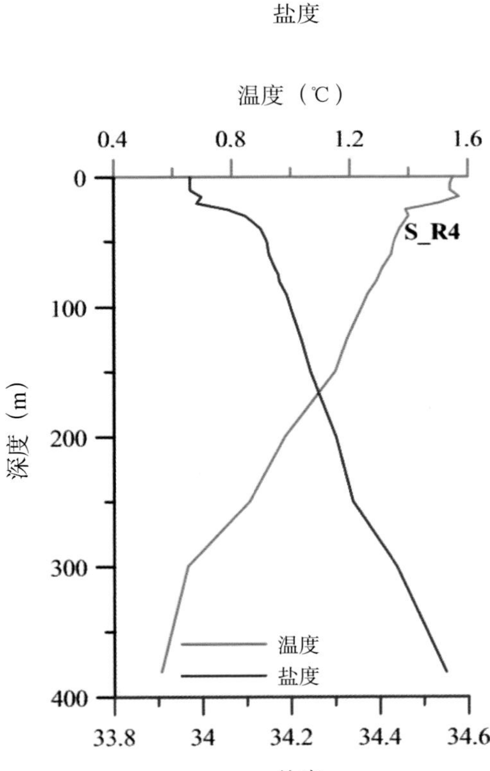
温度（℃）
0.4
0.8
1.2
1.6
S_R4
0
100
200
300
400
深度（m）
温度
盐度
33.8
34
34.2
34.4
34.6
盐度

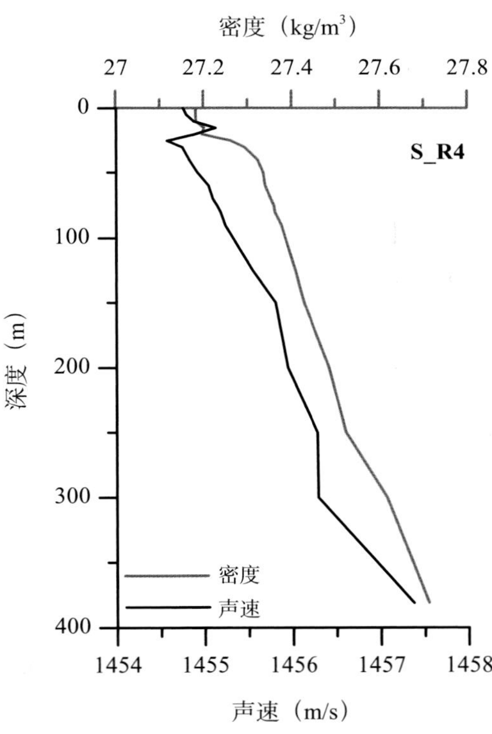
密度（kg/m³）
27
27.2
27.4
27.6
27.8
S_R4
0
100
200
300
400
深度（m）
密度
声速
1454
1455
1456
1457
1458
声速（m/s）

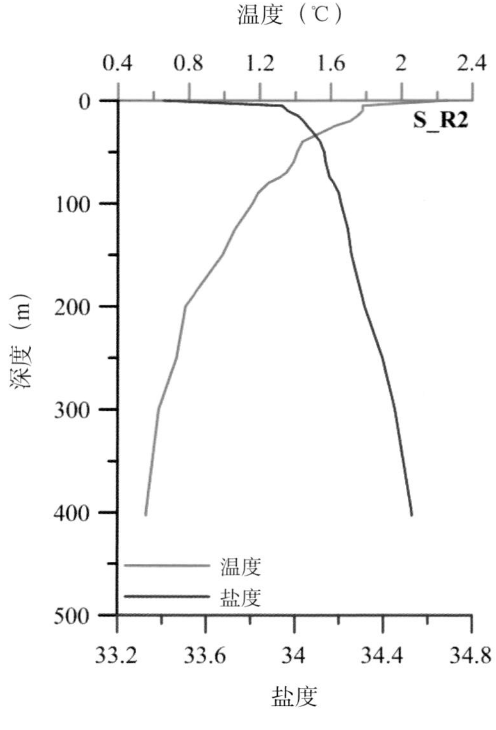
温度（℃）
0.4
0.8
1.2
1.6
2
2.4
S_R2
深度（m）
0
100
200
300
400
500
温度
盐度
33.2
33.6
34
34.4
34.8
盐度

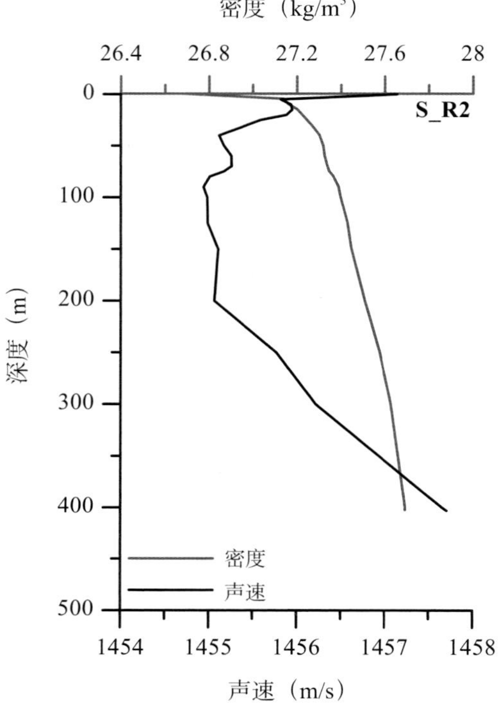
密度（kg/m³）
26.4
26.8
27.2
27.6
28
S_R2
深度（m）
0
100
200
300
400
500
密度
声速
1454
1455
1456
1457
1458
声速（m/s）

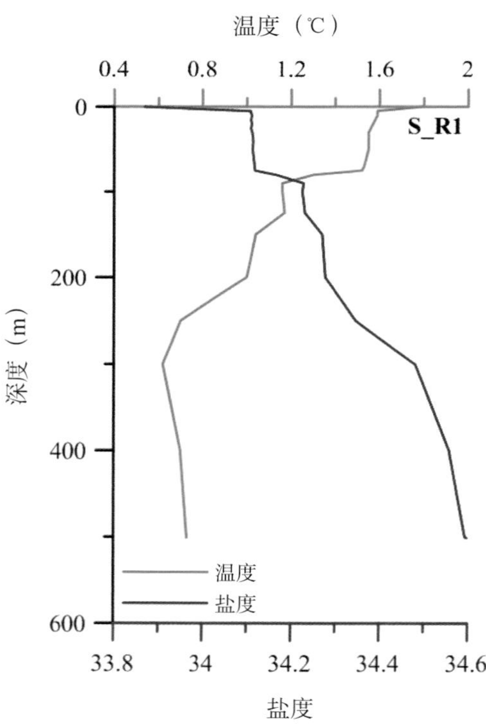
温度（℃）
0.4
0.8
1.2
1.6
2
S_R1
深度（m）
0
200
400
600
温度
盐度
33.8
34
34.2
34.4
34.6
盐度

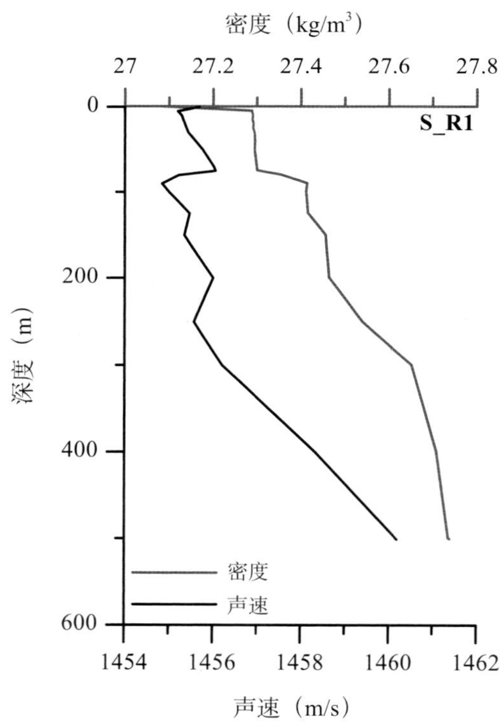
密度（kg/m³）
27
27.2
27.4
27.6
27.8
S_R1
深度（m）
0
200
400
600
密度
声速
1454
1456
1458
1460
1462
声速（m/s）

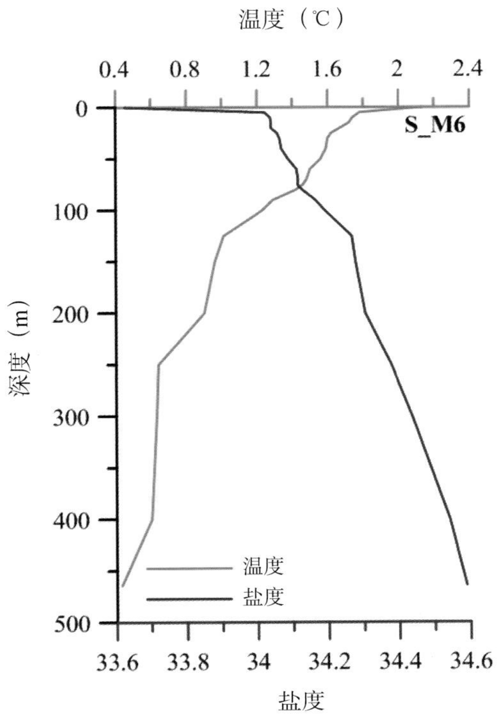
温度（℃）
0.4
0.8
1.2
1.6
2
2.4
0
100
200
300
400
500
深度（m）
S_M6
温度
盐度
33.6
33.8
34
34.2
34.4
34.6
盐度

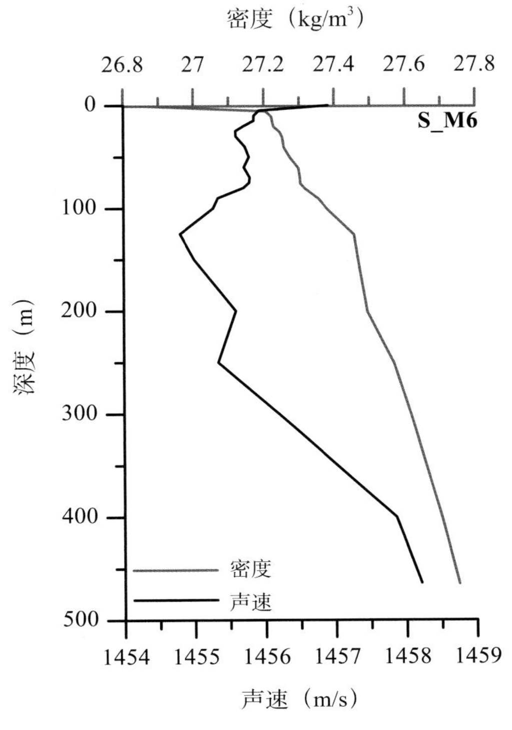
密度（kg/m³）
26.8
27
27.2
27.4
27.6
27.8
0
100
200
300
400
500
深度（m）
S_M6
密度
声速
1454
1455
1456
1457
1458
1459
声速（m/s）

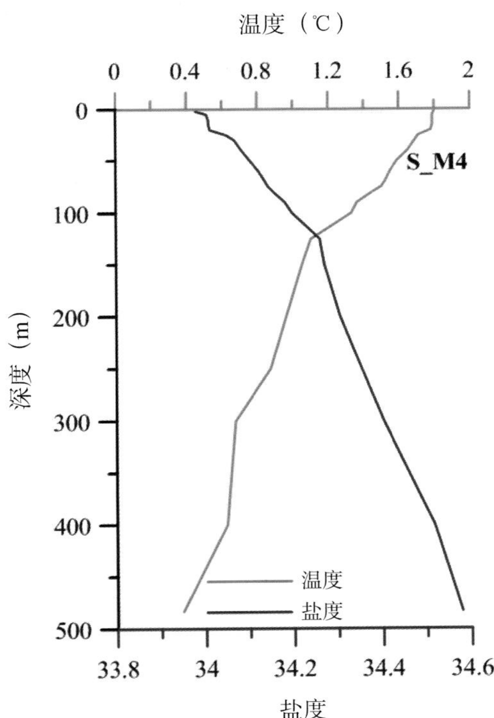
温度（℃）
0
0.4
0.8
1.2
1.6
2
0
100
200
300
400
500
深度（m）
S_M4
温度
盐度
33.8
34
34.2
34.4
34.6
盐度

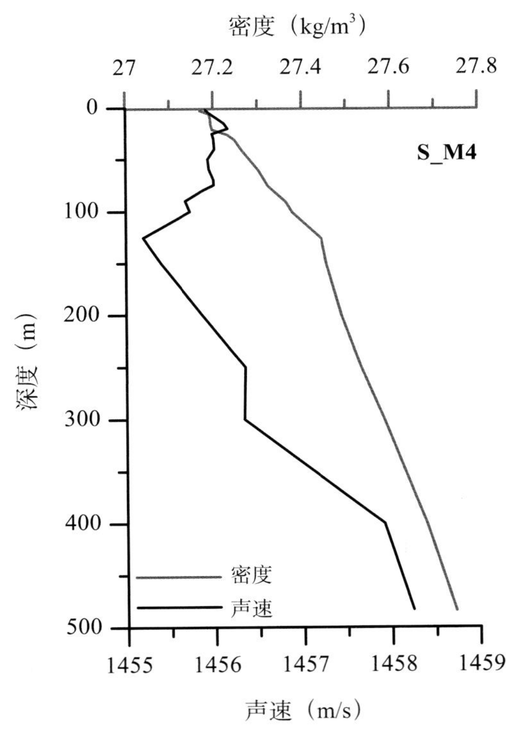
密度（kg/m³）
27
27.2
27.4
27.6
27.8
0
100
200
300
400
500
深度（m）
S_M4
密度
声速
1455
1456
1457
1458
1459
声速（m/s）

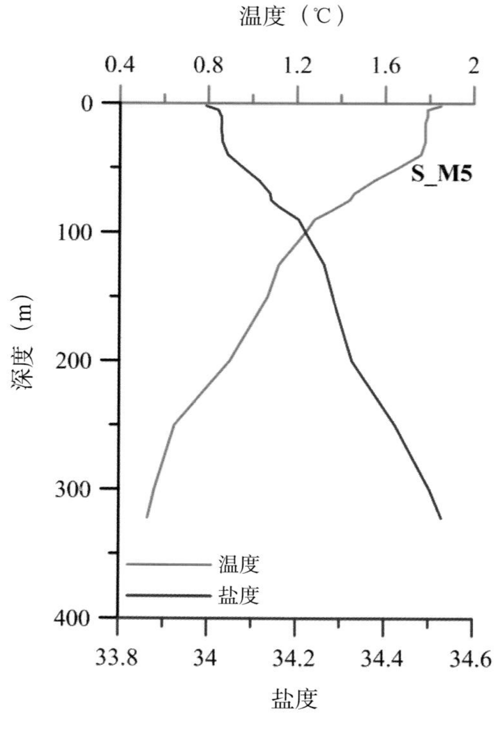

温度（℃）
0.4
0.8
1.2
1.6
2
S_M5
深度（m）
0
100
200
300
400
温度
盐度
33.8
34
34.2
34.4
34.6
盐度

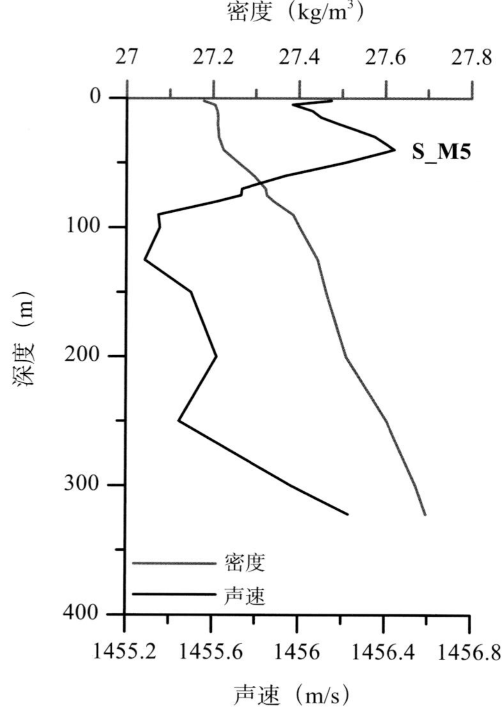

密度（kg/m³）
27
27.2
27.4
27.6
27.8
S_M5
深度（m）
0
100
200
300
400
密度
声速
1455.2
1455.6
1456
1456.4
1456.8
声速（m/s）

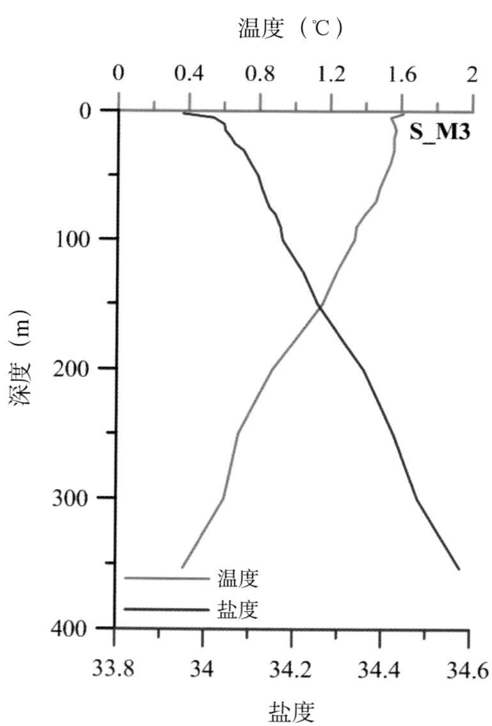

温度（℃）
0
0.4
0.8
1.2
1.6
2
S_M3
深度（m）
0
100
200
300
400
温度
盐度
33.8
34
34.2
34.4
34.6
盐度

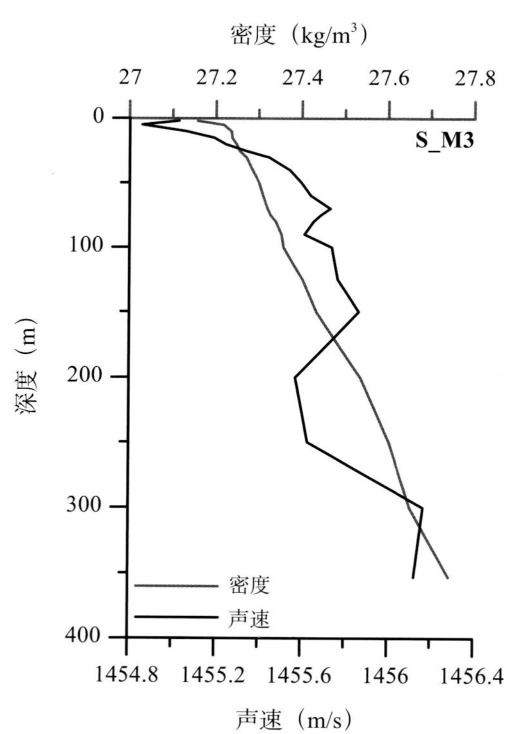

密度（kg/m³）
27
27.2
27.4
27.6
27.8
S_M3
深度（m）
0
100
200
300
400
密度
声速
1454.8
1455.2
1455.6
1456
1456.4
声速（m/s）

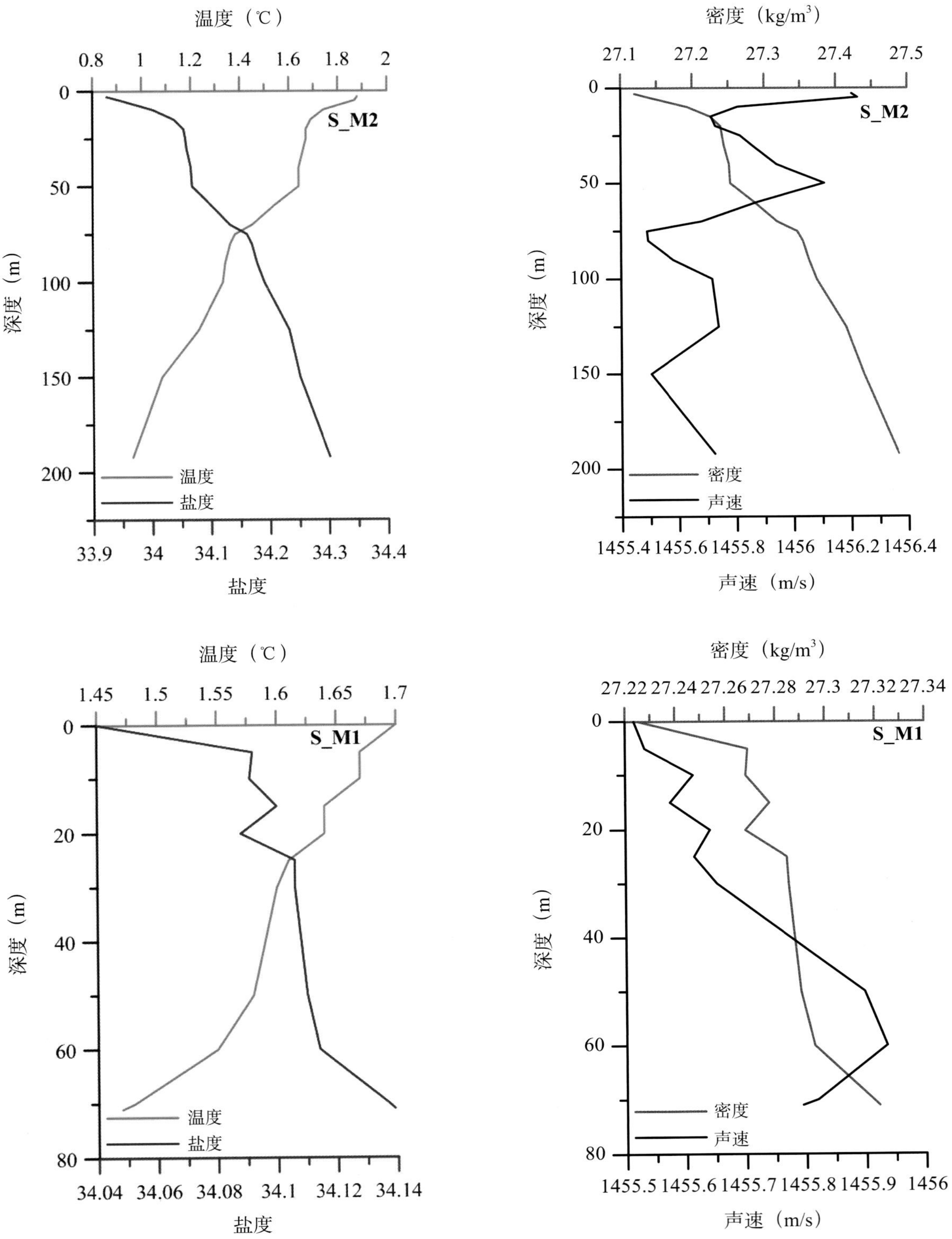

温度（℃）
0.8 1 1.2 1.4 1.6 1.8 2
S_M2
深度（m）
0 50 100 150 200
温度
盐度
33.9 34 34.1 34.2 34.3 34.4
盐度

密度（kg/m³）
27.1 27.2 27.3 27.4 27.5
S_M2
深度（m）
0 50 100 150 200
密度
声速
1455.4 1455.6 1455.8 1456 1456.2 1456.4
声速（m/s）

温度（℃）
1.45 1.5 1.55 1.6 1.65 1.7
S_M1
深度（m）
0 20 40 60 80
温度
盐度
34.04 34.06 34.08 34.1 34.12 34.14
盐度

密度（kg/m³）
27.22 27.24 27.26 27.28 27.3 27.32 27.34
S_M1
深度（m）
0 20 40 60 80
密度
声速
1455.5 1455.6 1455.7 1455.8 1455.9 1456
声速（m/s）

图3.2 CTD 测量要素温度、盐度、密度、声速剖面分布图

第三节　航次断面图

本航次调查站位 S11、S10、S9、S26 从北向南构成一横跨陆架陆坡的断面，这条断面上全深度和 500 m 以上的温度、盐度、密度、声速断面分布如图 3.3 所示。

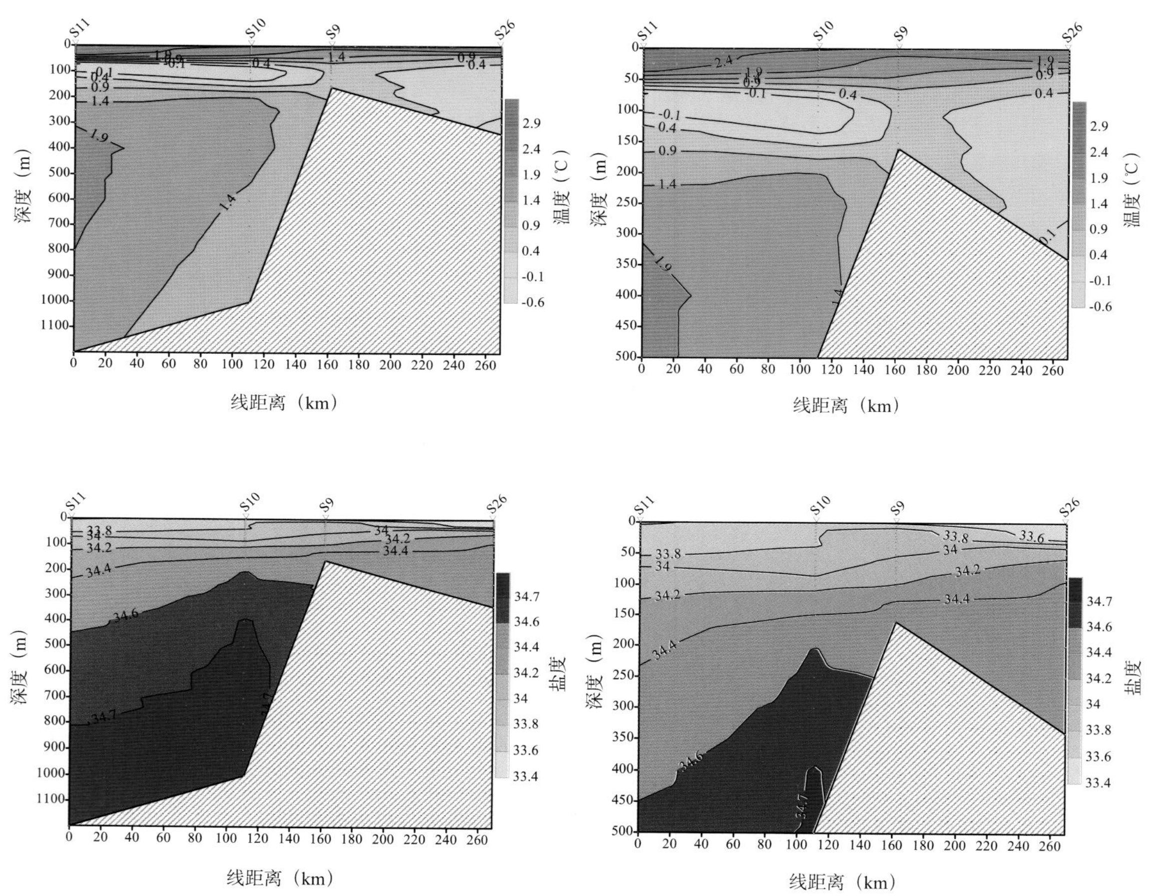

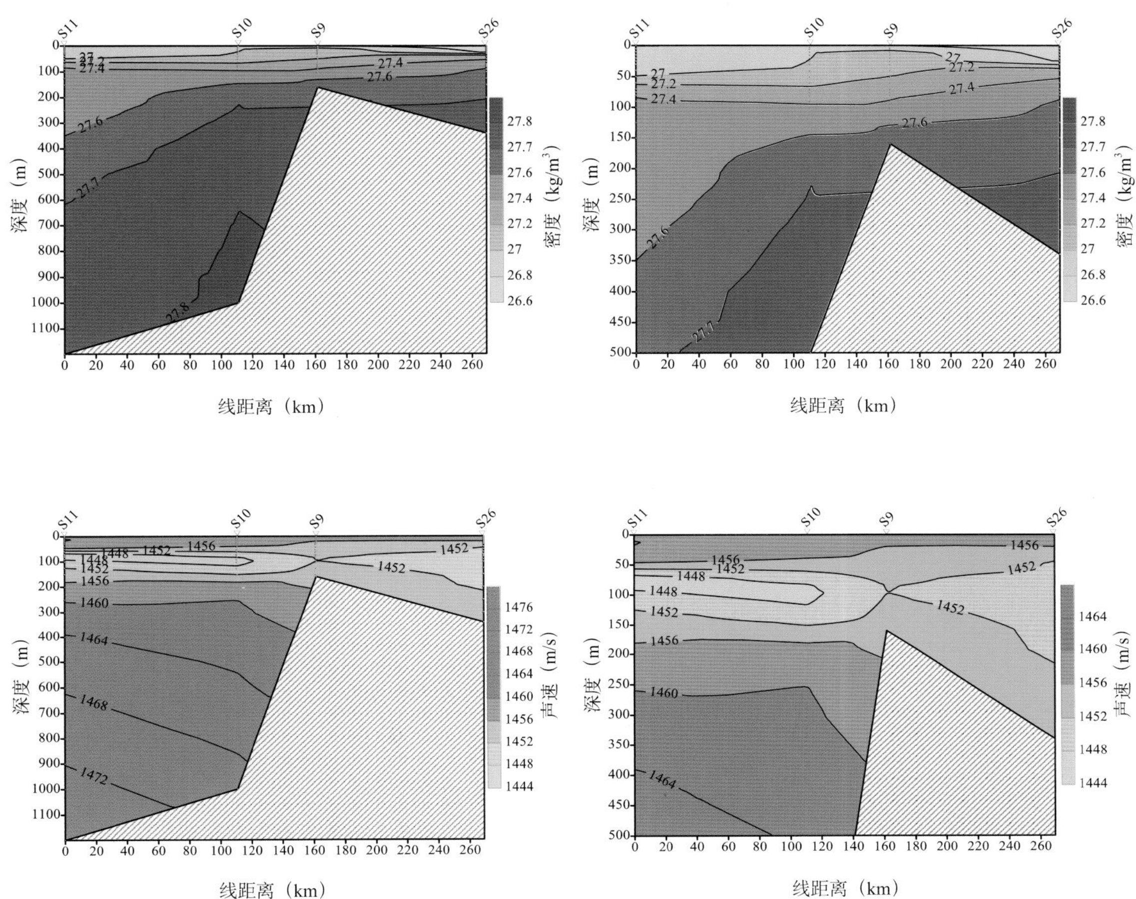

图3.3　断面温度、盐度、密度、声速分布图

第四章 中国第三次南极科学考察水文图集

第一节　航次站位情况及TS点聚图

中国第三次南极科学考察共完成海洋考察 CTD 站位 28 个，站位信息见表 4.1。

表4.1　中国第三次南极考察CTD观测站位信息表

序号	站位	日期	时间	纬度 (° S)	经度 (° W)	水深 (m)	最大观测深度 (m)
1	T13	1987-01-02	03:50:00	61.718	55.584	869	520.0
2	T19	1987-01-17	08:20:00	62.351	56.200	1 000	425.0
3	T18	1987-01-17	14:47:00	61.818	56.885	420	365.0
4	T17	1987-01-17	20:03:00	61.434	57.319	1 000	580.0
5	T16	1987-01-18	04:08:00	61.186	57.668	3 000	915.0
6	T15	1987-01-18	08:00:00	60.902	58.019	5 000	1 920.0
7	T21	1987-01-18	21:03:00	61.452	58.768	2 500	1 535.0
8	T22	1987-01-19	04:55:00	61.685	58.334	400	285.0
9	T23	1987-01-19	10:45:00	62.269	57.717	1 000	532.5
10	T24	1987-01-19	16:20:00	62.703	57.385	800	415.0
11	T26	1987-01-19	21:50:00	62.933	58.535	900	490.0
12	T27	1987-01-20	10:50:00	62.833	60.069	1 000	615.0
13	T25	1987-01-20	20:50:00	62.519	58.983	1 100	1 000.0
14	T14	1987-01-29	23:30:00	62.083	55.100	800	580.0
15	T28	1987-01-30	03:10:00	63.184	59.651	500	315.0
16	T9	1987-01-30	07:30:00	61.652	53.500	240	255.0
17	T8	1987-01-30	11:00:00	61.333	53.817	640	580.0
18	T4	1987-01-30	17:20:00	61.385	52.350	540	415.0
19	T3	1987-01-30	22:00:00	61.000	52.933	2 000	1 140.0
20	T2	1987-01-31	04:00:00	60.485	53.517	2 700	880.0
21	T20	1987-01-31	04:00:00	60.917	58.917	5 000	1 480.0
22	T1	1987-01-31	08:50:00	60.485	53.651	1 900	517.5
23	T7	1987-01-31	14:00:00	60.701	54.517	2 000	1 360.0
24	T6	1987-01-31	20:30:00	60.417	54.833	3 180	1 220.0
25	T5	1987-02-01	04:35:00	60.151	55.119	3 400	1 277.5
26	T10	1987-02-01	10:50:00	60.519	56.769	2 000	1 480.0
27	T11	1987-02-01	15:20:00	60.836	56.567	2 285	1 160.0
28	T12	1987-02-01	20:20:00	61.217	56.483	500	320.0

本航次的 TS 点聚图如图 4.1 所示。

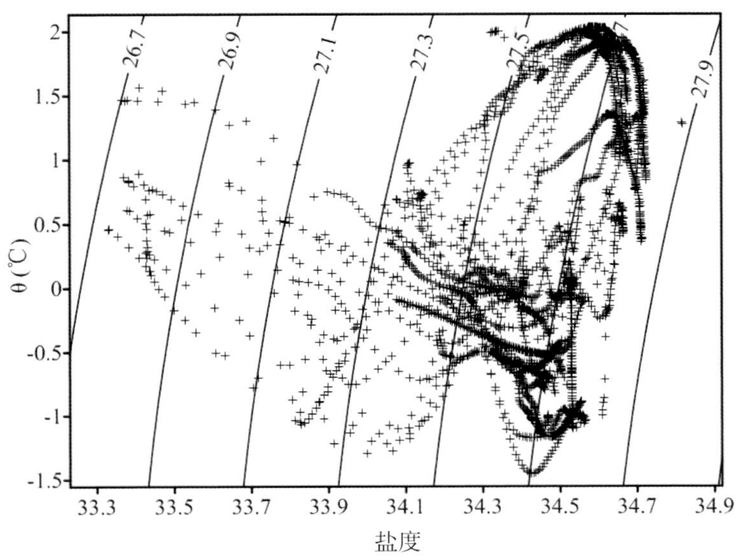

图4.1　中国第三次南极考察TS点聚图

第二节　航次站点剖面图

本航次各站点的 CTD 测量要素温度、盐度、密度、声速剖面分布如图 4.2 所示。

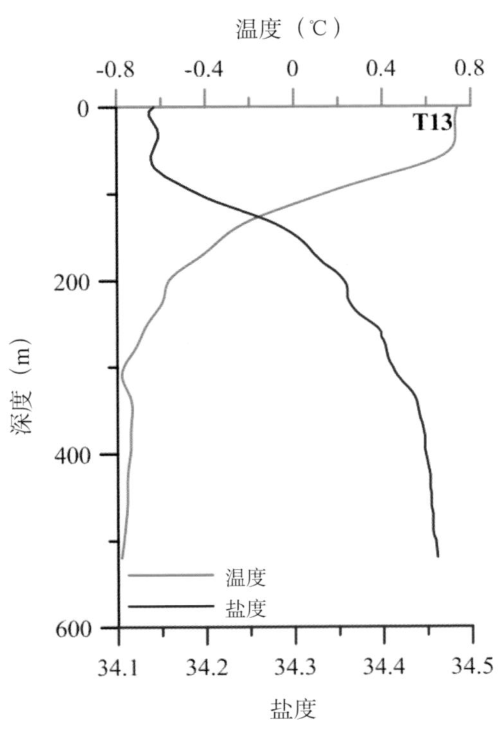

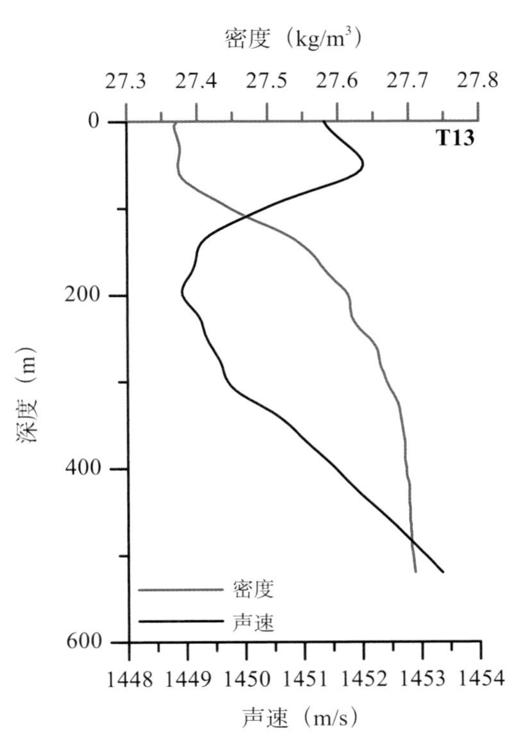

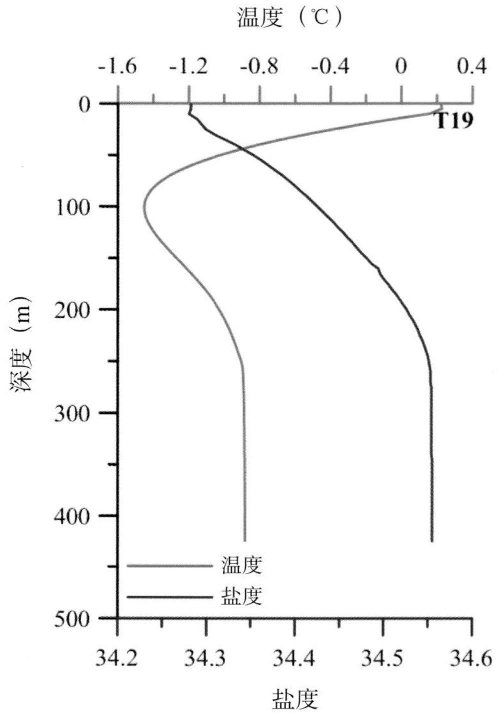
温度（℃）
-1.6
-1.2
-0.8
-0.4
0
0.4
T19
深度（m）
0
100
200
300
400
500
温度
盐度
34.2
34.3
34.4
34.5
34.6
盐度

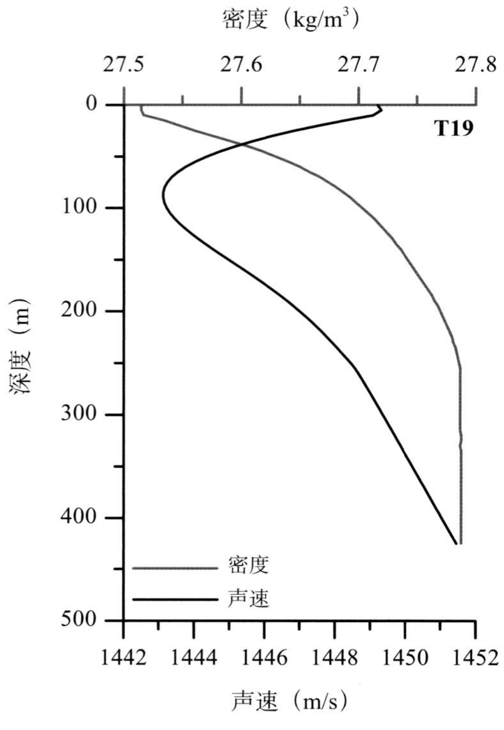
密度（kg/m³）
27.5
27.6
27.7
27.8
T19
深度（m）
0
100
200
300
400
500
密度
声速
1442
1444
1446
1448
1450
1452
声速（m/s）

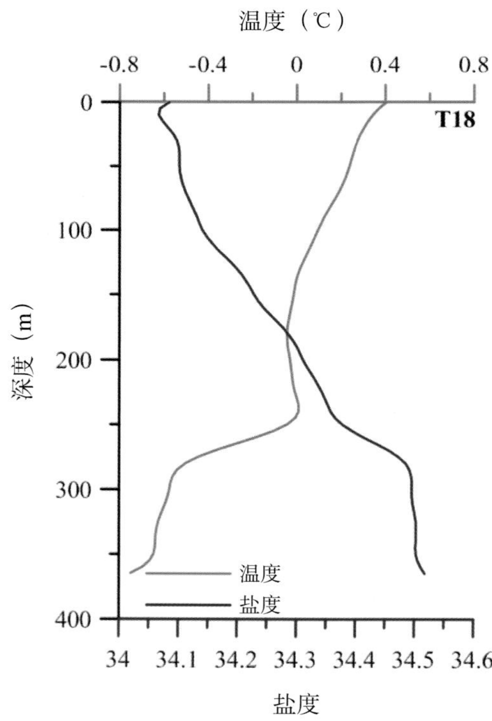
温度（℃）
-0.8
-0.4
0
0.4
0.8
T18
深度（m）
0
100
200
300
400
温度
盐度
34
34.1
34.2
34.3
34.4
34.5
34.6
盐度

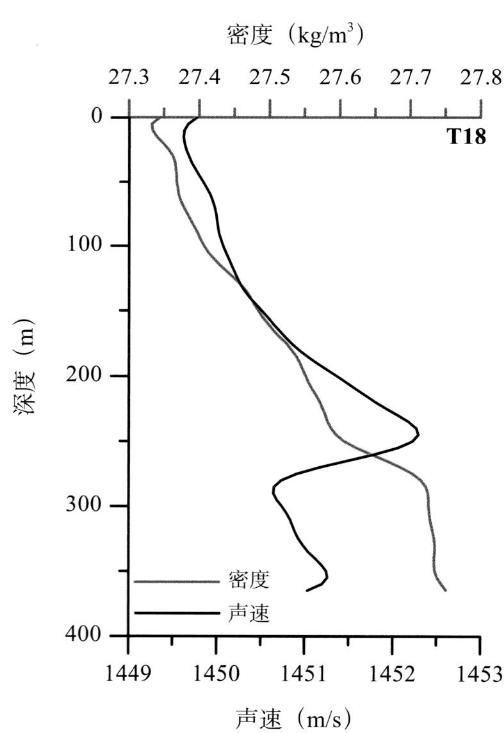
密度（kg/m³）
27.3
27.4
27.5
27.6
27.7
27.8
T18
深度（m）
0
100
200
300
400
密度
声速
1449
1450
1451
1452
1453
声速（m/s）

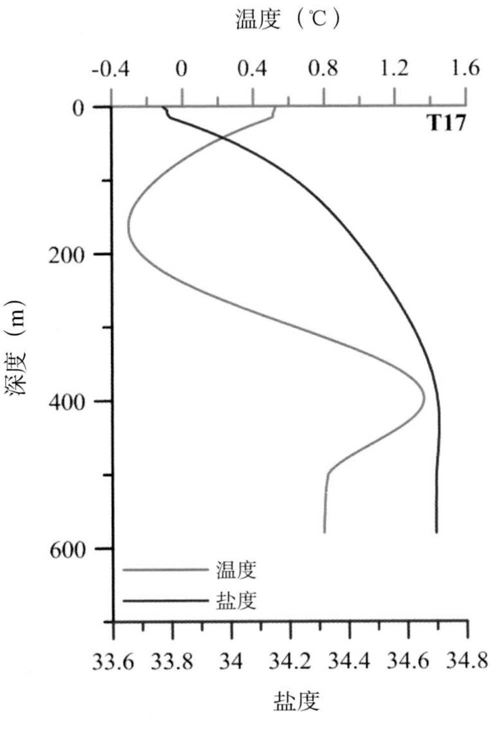
温度（℃）
-0.4
0
0.4
0.8
1.2
1.6
T17
0
200
400
600
深度（m）
温度
盐度
33.6
33.8
34
34.2
34.4
34.6
34.8
盐度

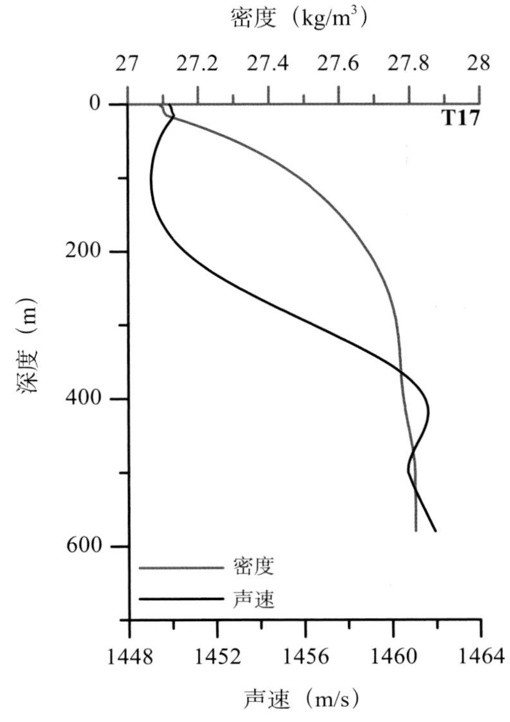
密度（kg/m3）
27
27.2
27.4
27.6
27.8
28
T17
0
200
400
600
深度（m）
密度
声速
1448
1452
1456
1460
1464
声速（m/s）

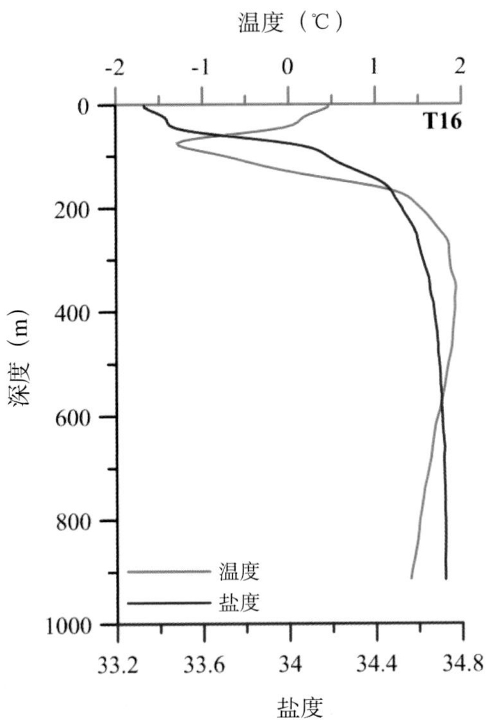
温度（℃）
-2
-1
0
1
2
T16
0
200
400
600
800
1000
深度（m）
温度
盐度
33.2
33.6
34
34.4
34.8
盐度

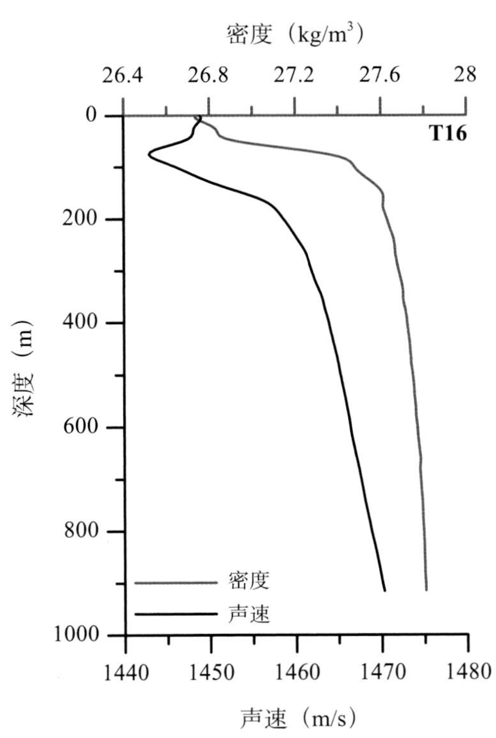
密度（kg/m3）
26.4
26.8
27.2
27.6
28
T16
0
200
400
600
800
1000
深度（m）
密度
声速
1440
1450
1460
1470
1480
声速（m/s）

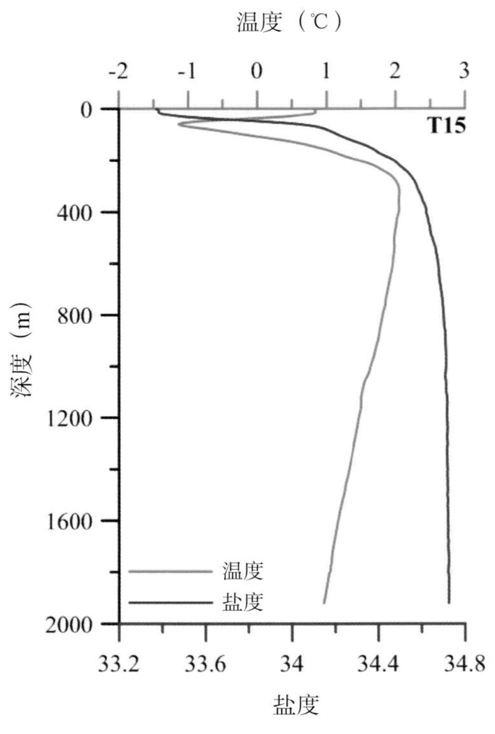
温度（℃）
-2 -1 0 1 2 3
T15
0 400 800 1200 1600 2000
深度（m）
温度
盐度
33.2 33.6 34 34.4 34.8
盐度

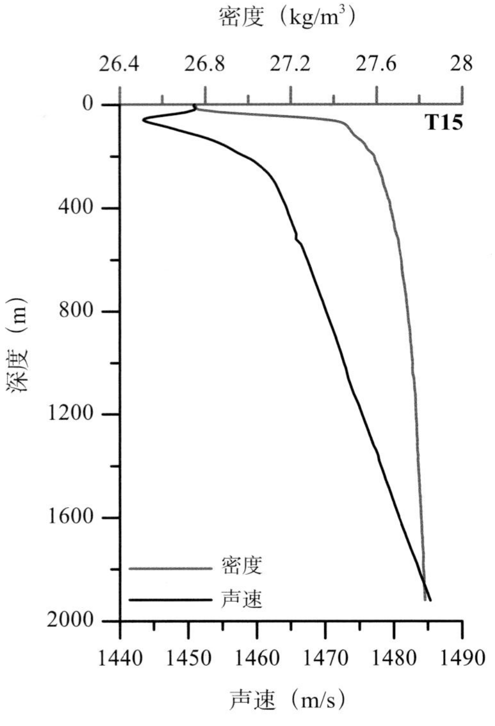
密度（kg/m³）
26.4 26.8 27.2 27.6 28
T15
0 400 800 1200 1600 2000
深度（m）
密度
声速
1440 1450 1460 1470 1480 1490
声速（m/s）

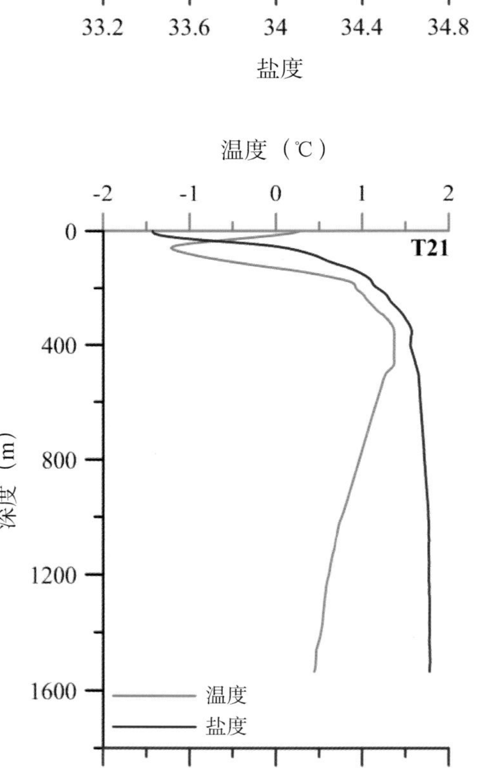
温度（℃）
-2 -1 0 1 2
T21
0 400 800 1200 1600
深度（m）
温度
盐度
33.2 33.6 34 34.4 34.8
盐度

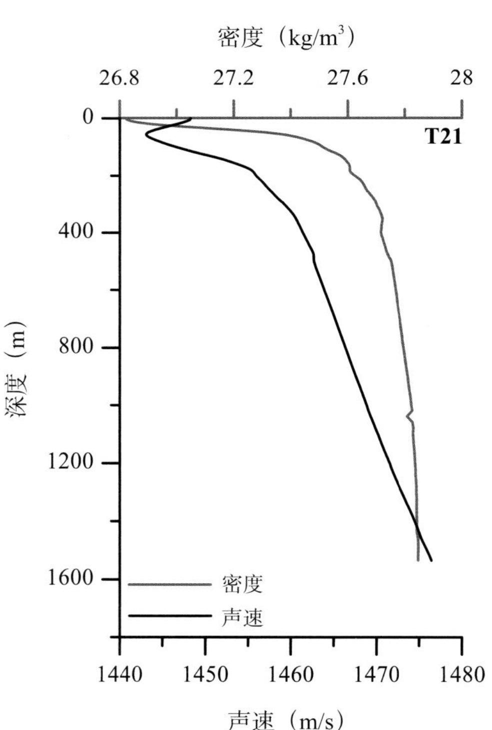
密度（kg/m³）
26.8 27.2 27.6 28
T21
0 400 800 1200 1600
深度（m）
密度
声速
1440 1450 1460 1470 1480
声速（m/s）

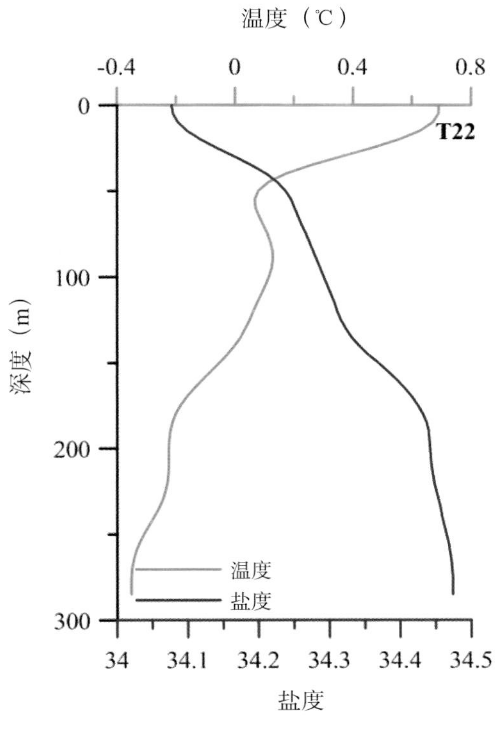
温度（℃）
-0.4
0
0.4
0.8
T22
0
100
200
300
深度（m）
温度
盐度
34
34.1
34.2
34.3
34.4
34.5
盐度

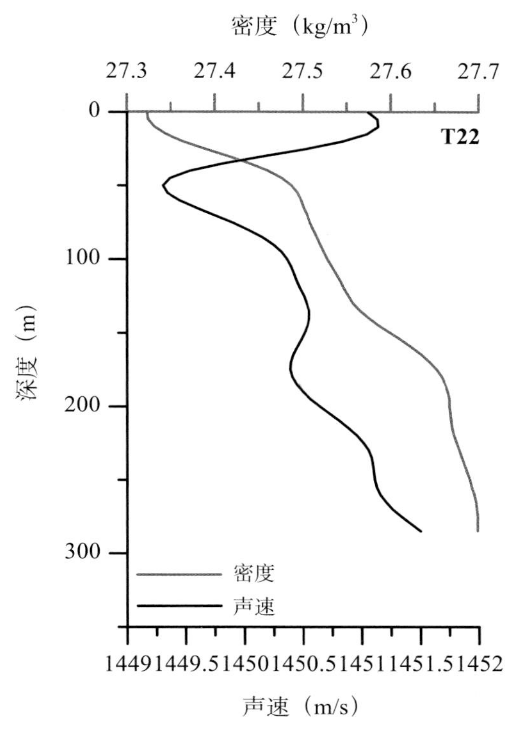
密度（kg/m³）
27.3
27.4
27.5
27.6
27.7
T22
0
100
200
300
深度（m）
密度
声速
1449
1449.5
1450
1450.5
1451
1451.5
1452
声速（m/s）

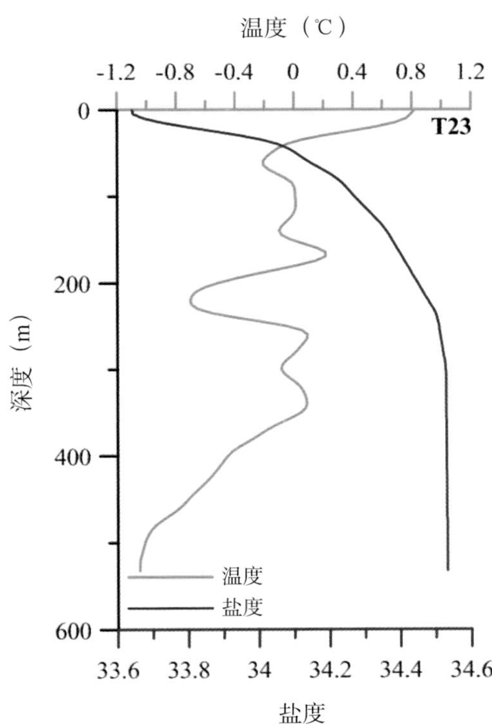
温度（℃）
-1.2
-0.8
-0.4
0
0.4
0.8
1.2
T23
0
200
400
600
深度（m）
温度
盐度
33.6
33.8
34
34.2
34.4
34.6
盐度

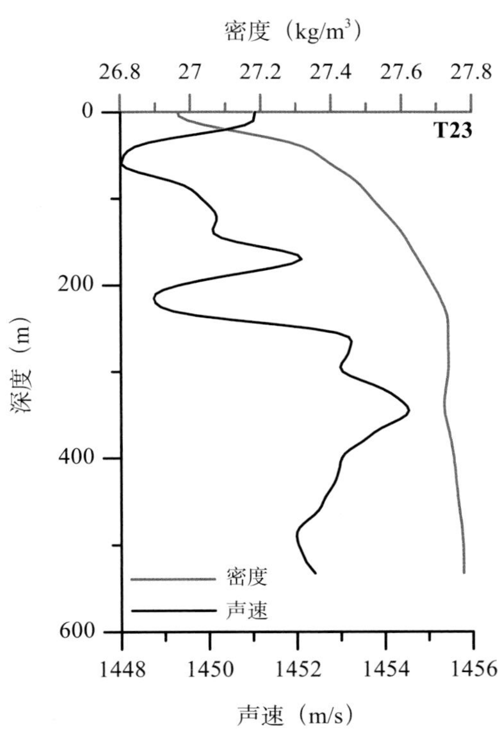
密度（kg/m³）
26.8
27
27.2
27.4
27.6
27.8
T23
0
200
400
600
深度（m）
密度
声速
1448
1450
1452
1454
1456
声速（m/s）

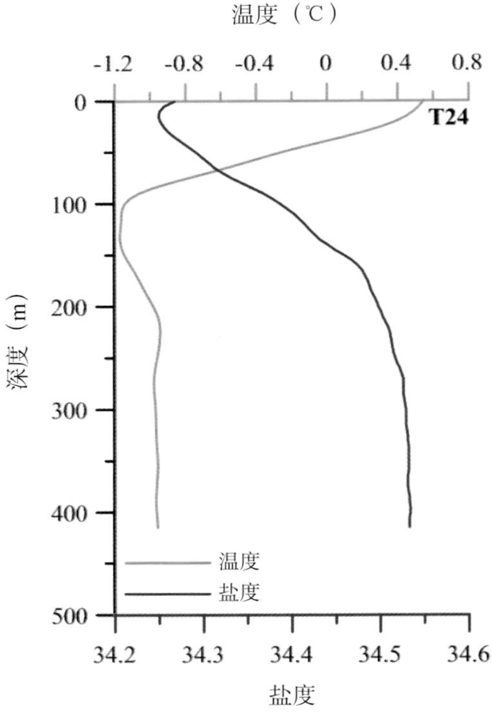
温度（℃）
-1.2 -0.8 -0.4 0 0.4 0.8
0 100 200 300 400 500
T24
深度（m）
温度
盐度
34.2 34.3 34.4 34.5 34.6
盐度

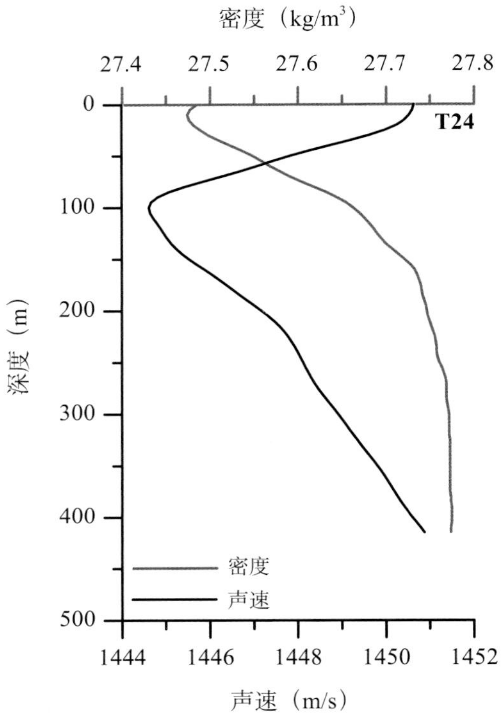
密度（kg/m³）
27.4 27.5 27.6 27.7 27.8
0 100 200 300 400 500
T24
深度（m）
密度
声速
1444 1446 1448 1450 1452
声速（m/s）

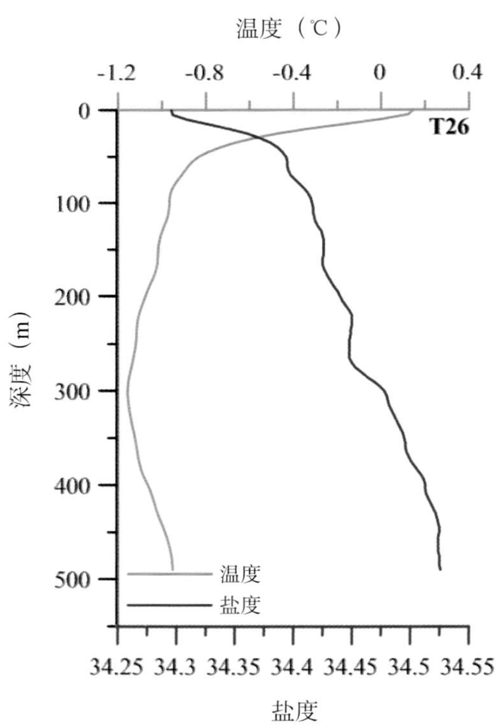
温度（℃）
-1.2 -0.8 -0.4 0 0.4
0 100 200 300 400 500
T26
深度（m）
温度
盐度
34.25 34.3 34.35 34.4 34.45 34.5 34.55
盐度

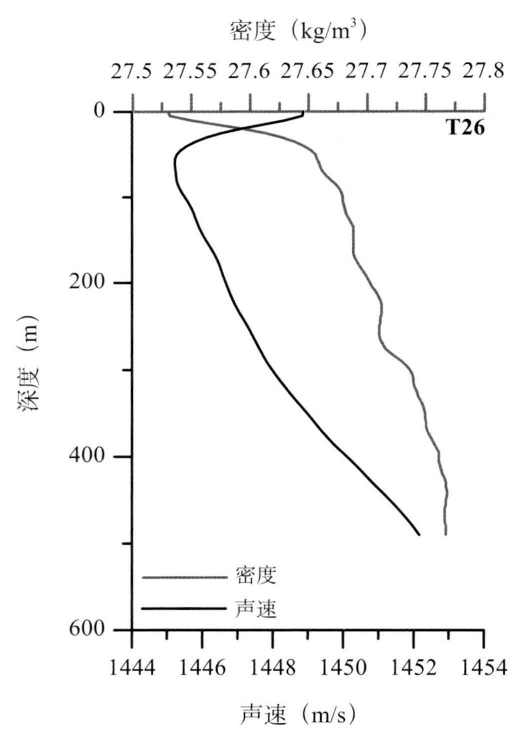
密度（kg/m³）
27.5 27.55 27.6 27.65 27.7 27.75 27.8
0 200 400 600
T26
深度（m）
密度
声速
1444 1446 1448 1450 1452 1454
声速（m/s）

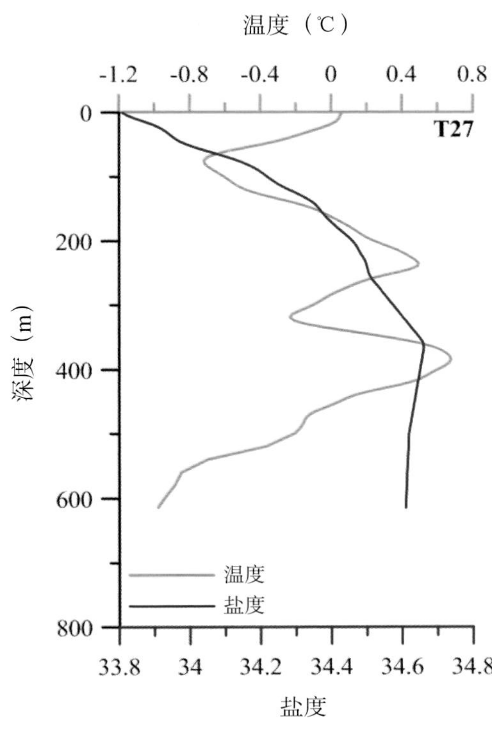
温度（℃）
-1.2 -0.8 -0.4 0 0.4 0.8
T27
深度（m）
0 200 400 600 800
温度
盐度
33.8 34 34.2 34.4 34.6 34.8
盐度

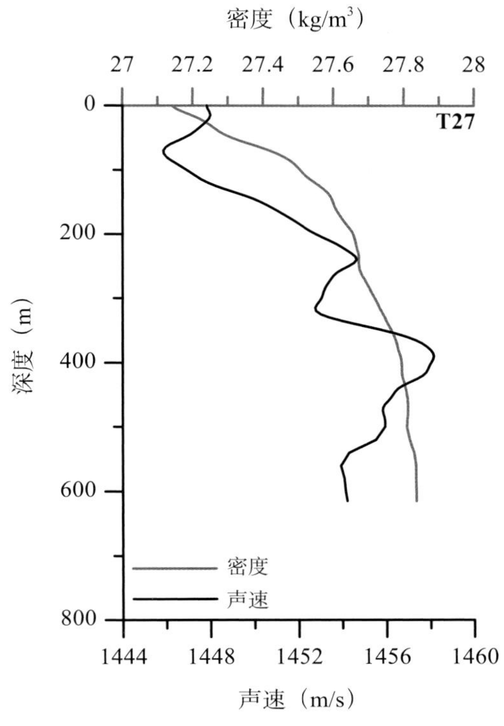
密度（kg/m³）
27 27.2 27.4 27.6 27.8 28
T27
深度（m）
0 200 400 600 800
密度
声速
1444 1448 1452 1456 1460
声速（m/s）

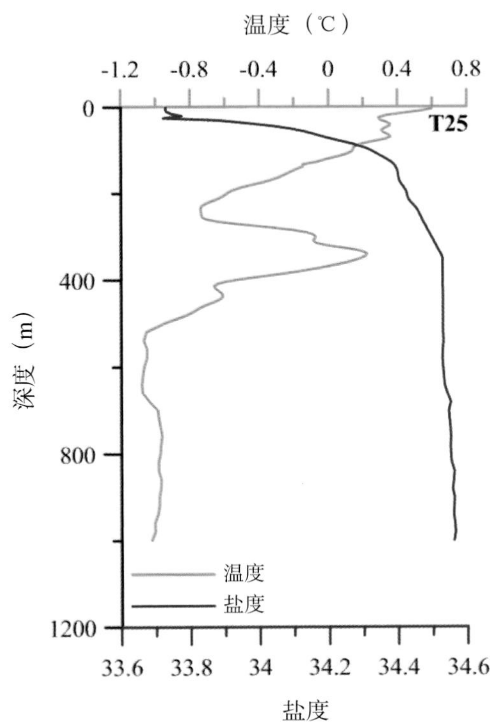
温度（℃）
-1.2 -0.8 -0.4 0 0.4 0.8
T25
深度（m）
0 400 800 1200
温度
盐度
33.6 33.8 34 34.2 34.4 34.6
盐度

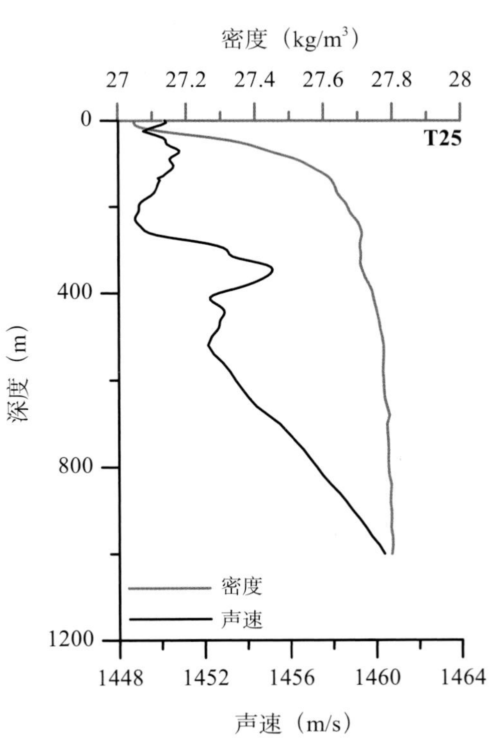
密度（kg/m³）
27 27.2 27.4 27.6 27.8 28
T25
深度（m）
0 400 800 1200
密度
声速
1448 1452 1456 1460 1464
声速（m/s）

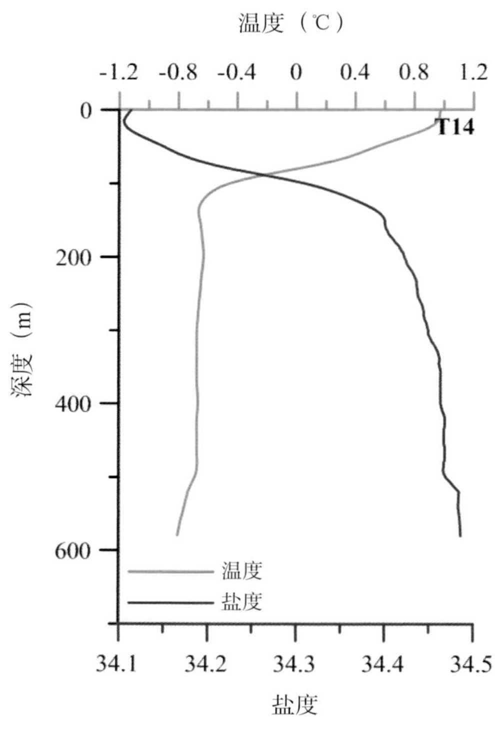
温度（℃）
-1.2
-0.8
-0.4
0
0.4
0.8
1.2
T14
0
200
400
600
深度（m）
温度
盐度
34.1
34.2
34.3
34.4
34.5
盐度

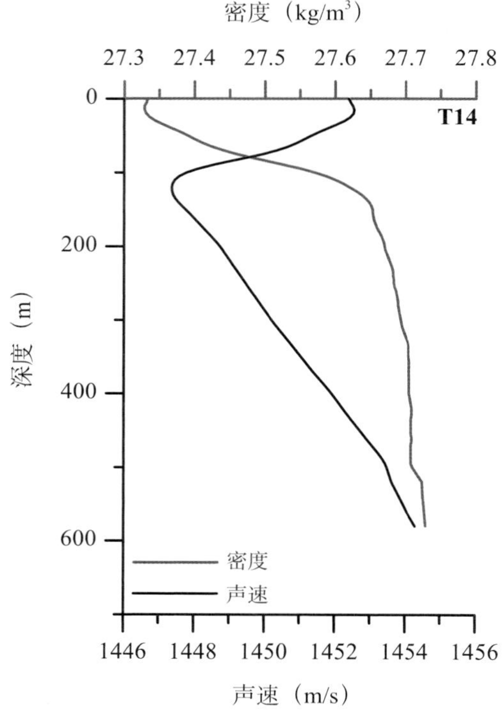
密度（kg/m3）
27.3
27.4
27.5
27.6
27.7
27.8
T14
0
200
400
600
深度（m）
密度
声速
1446
1448
1450
1452
1454
1456
声速（m/s）

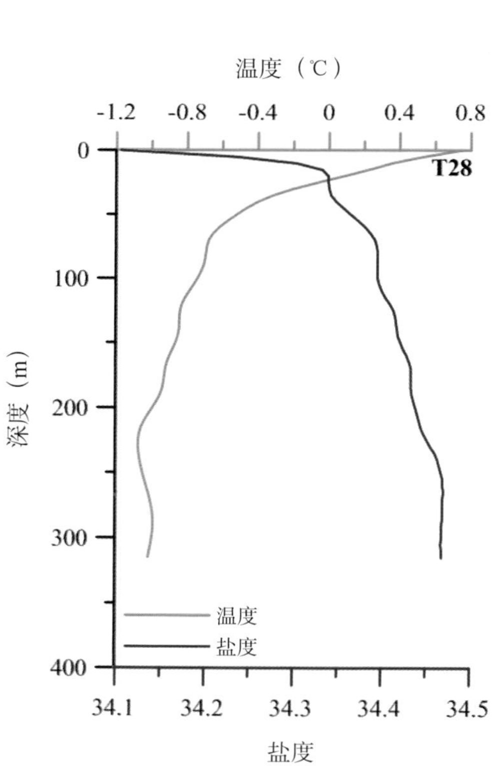
温度（℃）
-1.2
-0.8
-0.4
0
0.4
0.8
T28
0
100
200
300
400
深度（m）
温度
盐度
34.1
34.2
34.3
34.4
34.5
盐度

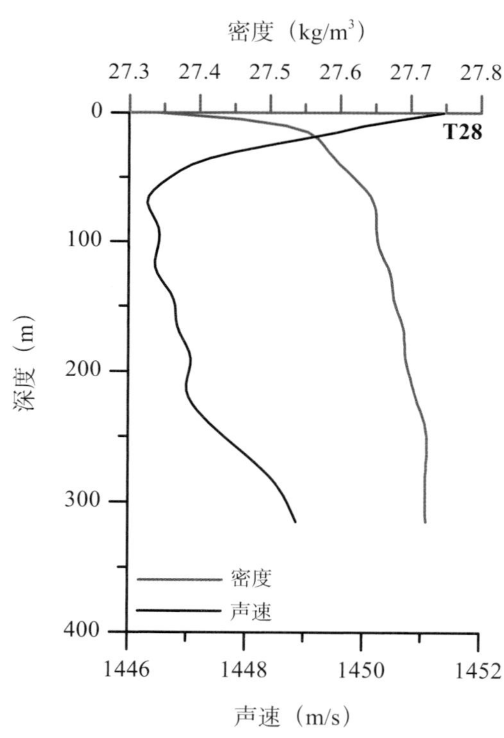
密度（kg/m3）
27.3
27.4
27.5
27.6
27.7
27.8
T28
0
100
200
300
400
深度（m）
密度
声速
1446
1448
1450
1452
声速（m/s）

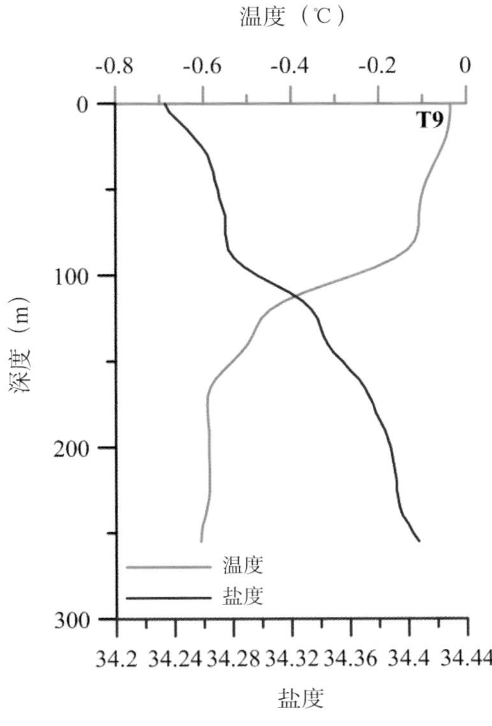
温度（℃）
-0.8 -0.6 -0.4 -0.2 0
0
100
200
300
T9
深度（m）
温度
盐度
34.2 34.24 34.28 34.32 34.36 34.4 34.44
盐度

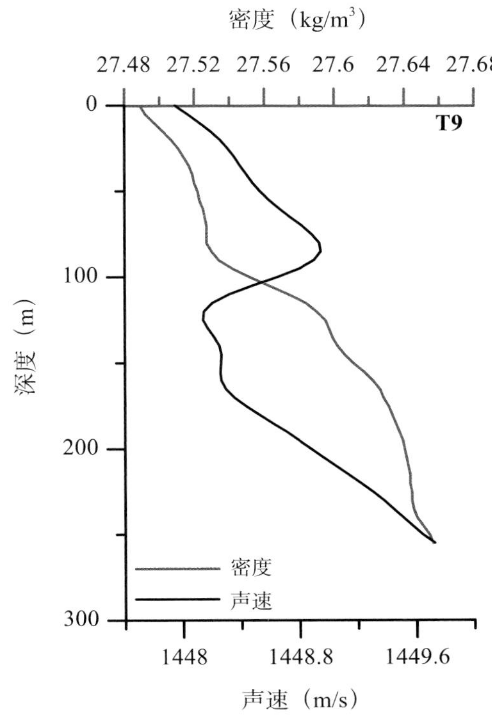
密度（kg/m³）
27.48 27.52 27.56 27.6 27.64 27.68
0
100
200
300
T9
深度（m）
密度
声速
1448 1448.8 1449.6
声速（m/s）

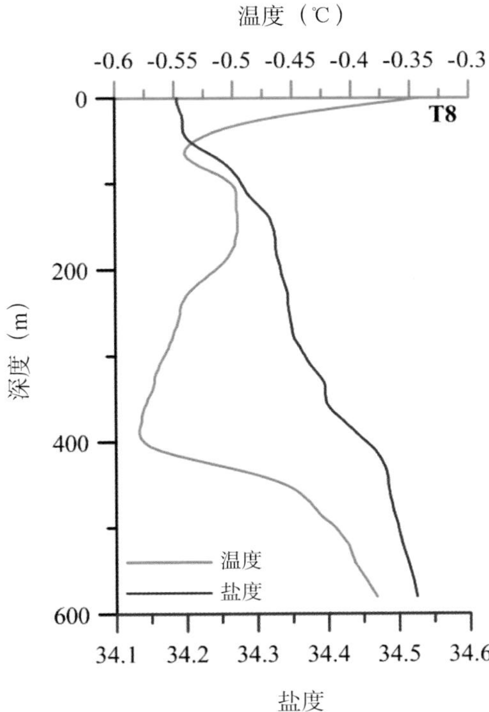
温度（℃）
-0.6 -0.55 -0.5 -0.45 -0.4 -0.35 -0.3
0
200
400
600
T8
深度（m）
温度
盐度
34.1 34.2 34.3 34.4 34.5 34.6
盐度

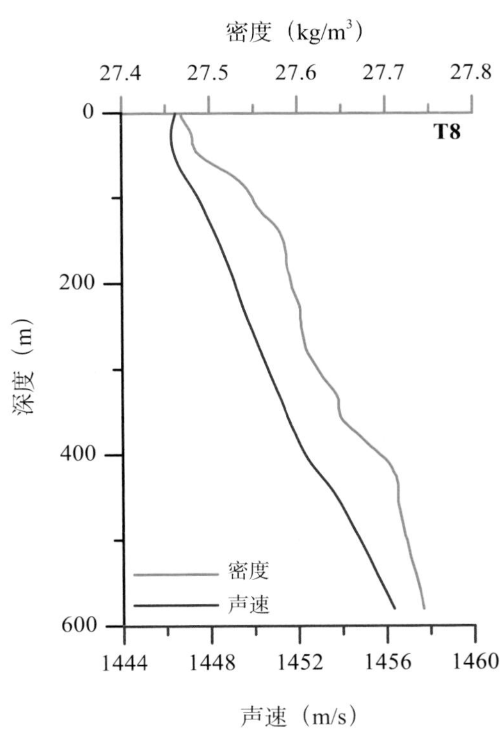
密度（kg/m³）
27.4 27.5 27.6 27.7 27.8
0
200
400
600
T8
深度（m）
密度
声速
1444 1448 1452 1456 1460
声速（m/s）

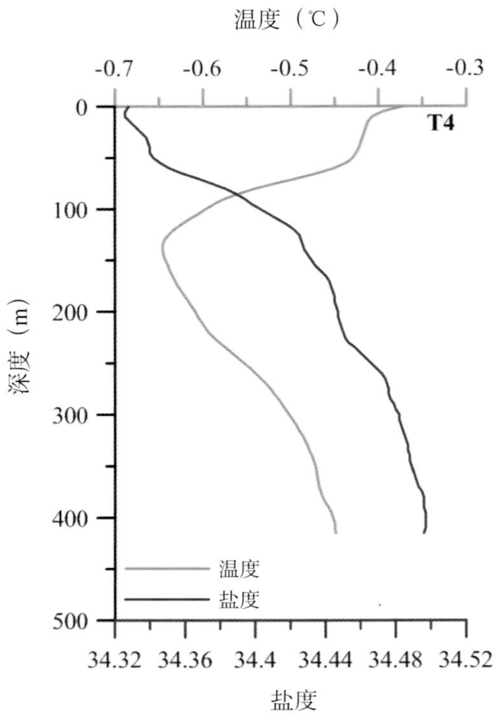

温度（℃）
-0.7 -0.6 -0.5 -0.4 -0.3
T4
深度（m）
0 100 200 300 400 500
温度
盐度
34.32 34.36 34.4 34.44 34.48 34.52
盐度

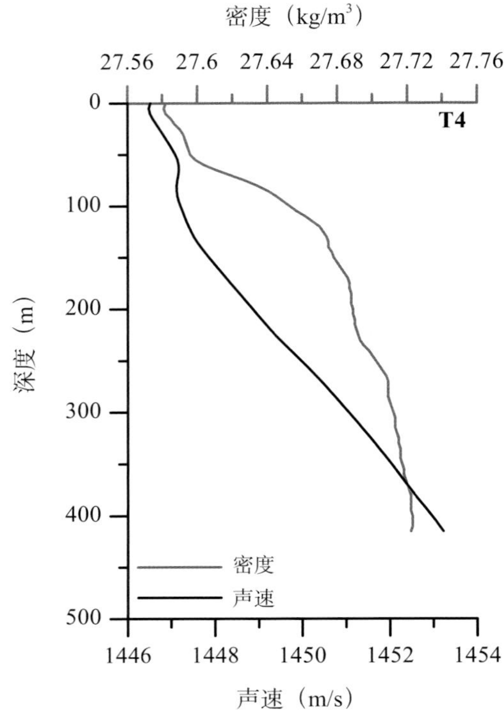

密度（kg/m³）
27.56 27.6 27.64 27.68 27.72 27.76
T4
深度（m）
0 100 200 300 400 500
密度
声速
1446 1448 1450 1452 1454
声速（m/s）

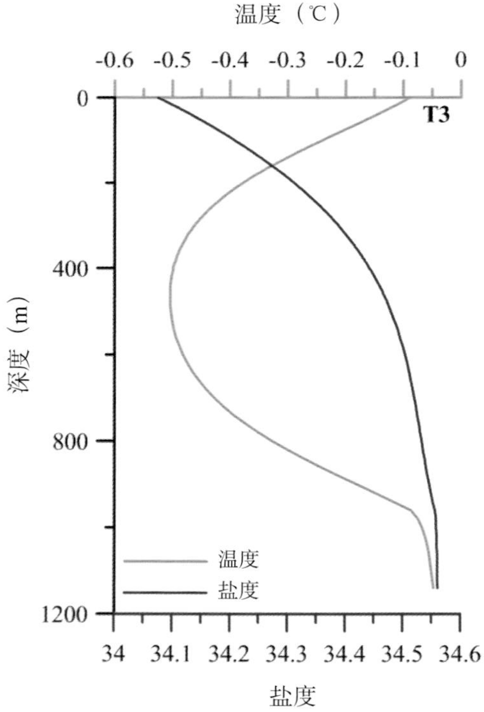

温度（℃）
-0.6 -0.5 -0.4 -0.3 -0.2 -0.1 0
T3
深度（m）
0 400 800 1200
温度
盐度
34 34.1 34.2 34.3 34.4 34.5 34.6
盐度

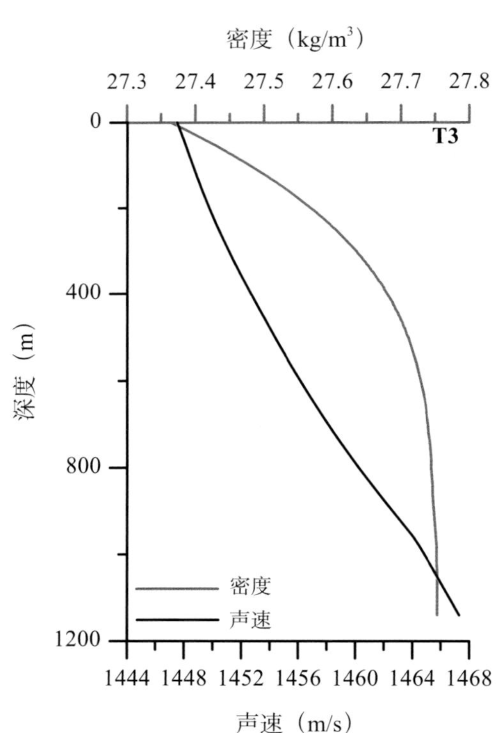

密度（kg/m³）
27.3 27.4 27.5 27.6 27.7 27.8
T3
深度（m）
0 400 800 1200
密度
声速
1444 1448 1452 1456 1460 1464 1468
声速（m/s）

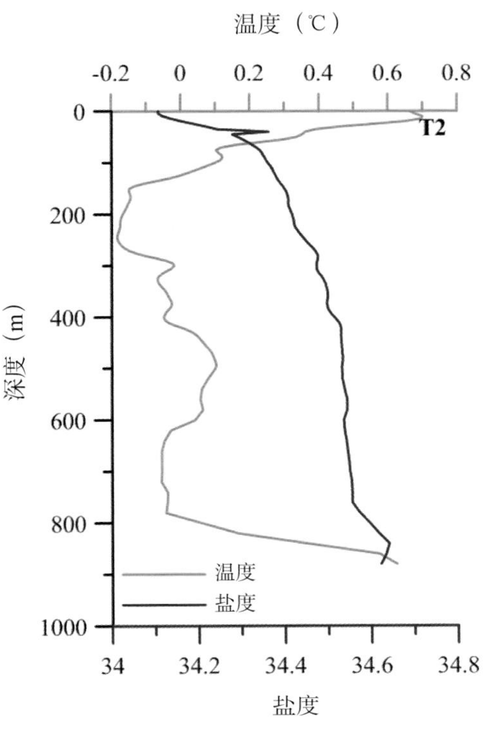
温度（℃）
-0.2 0 0.2 0.4 0.6 0.8
T2
深度（m）
0 200 400 600 800 1000
温度
盐度
34 34.2 34.4 34.6 34.8
盐度

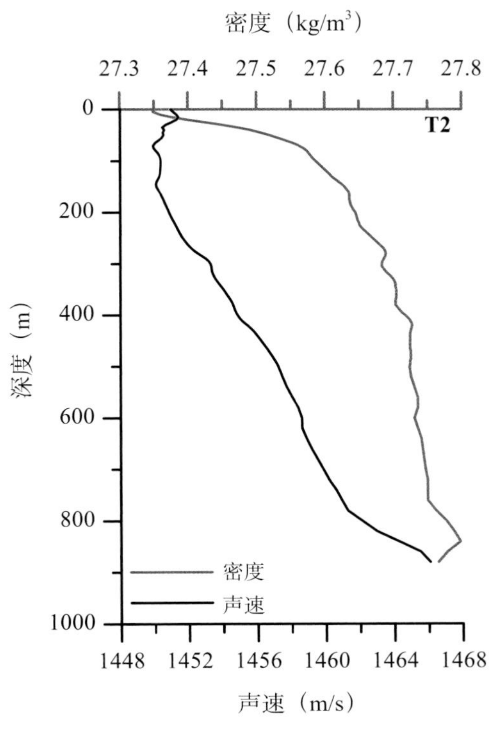
密度（kg/m³）
27.3 27.4 27.5 27.6 27.7 27.8
T2
深度（m）
0 200 400 600 800 1000
密度
声速
1448 1452 1456 1460 1464 1468
声速（m/s）

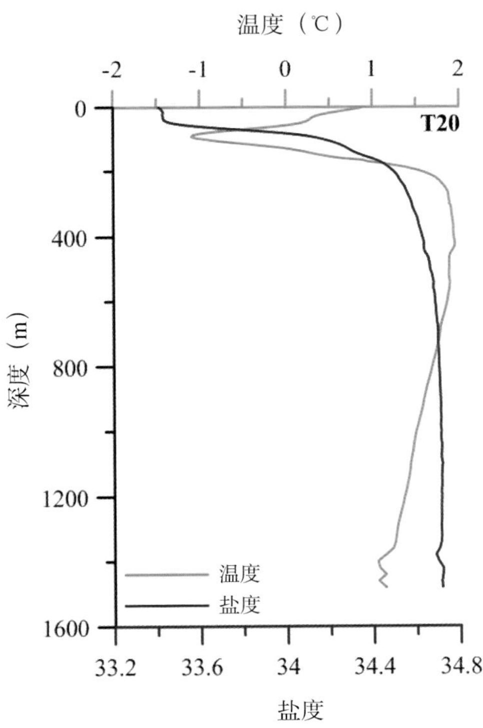
温度（℃）
-2 -1 0 1 2
T20
深度（m）
0 400 800 1200 1600
温度
盐度
33.2 33.6 34 34.4 34.8
盐度

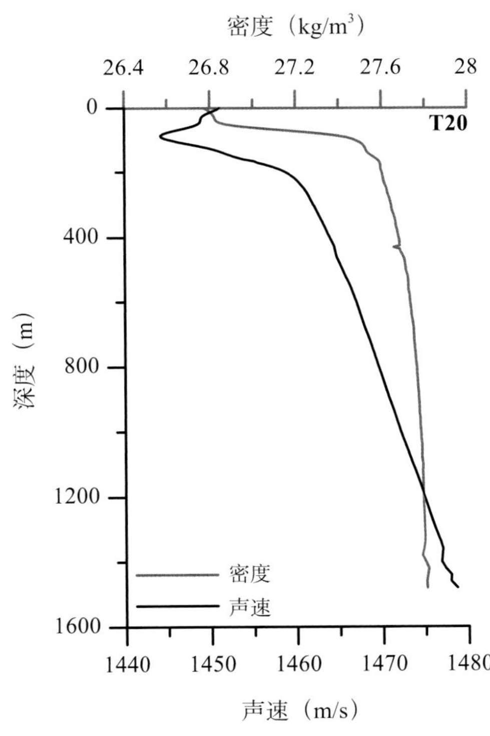
密度（kg/m³）
26.4 26.8 27.2 27.6 28
T20
深度（m）
0 400 800 1200 1600
密度
声速
1440 1450 1460 1470 1480
声速（m/s）

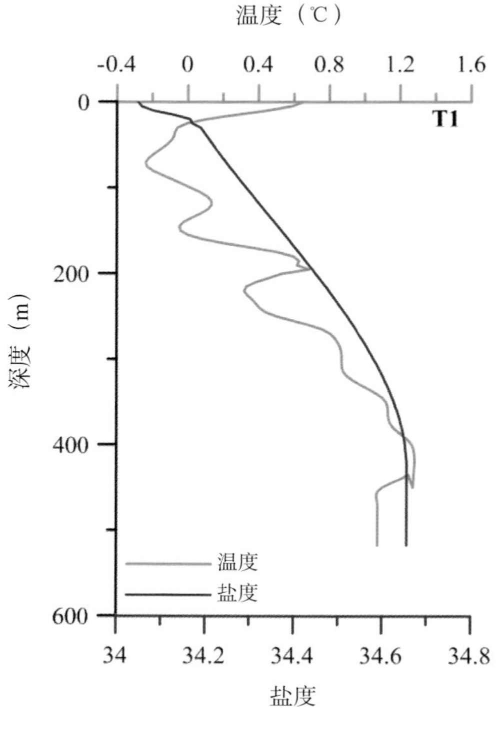
温度（℃）
-0.4
0
0.4
0.8
1.2
1.6
T1
0
200
400
600
深度（m）
温度
盐度
34
34.2
34.4
34.6
34.8
盐度

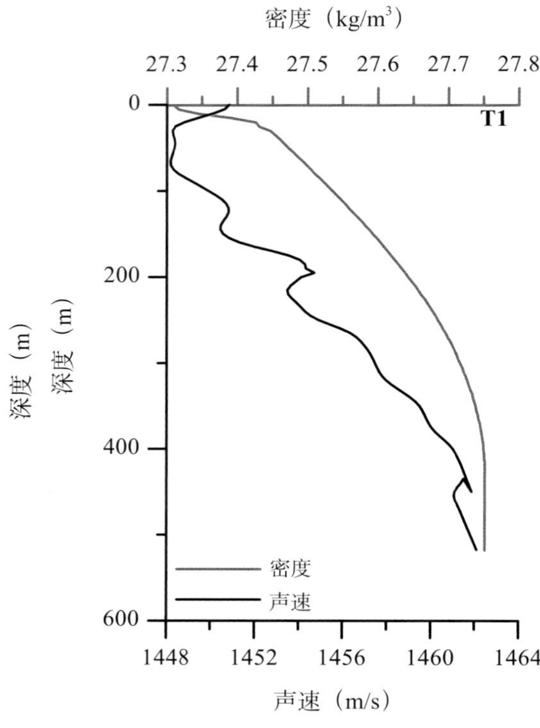
密度（kg/m3）
27.3
27.4
27.5
27.6
27.7
27.8
T1
0
200
400
600
深度（m）
密度
声速
1448
1452
1456
1460
1464
声速（m/s）

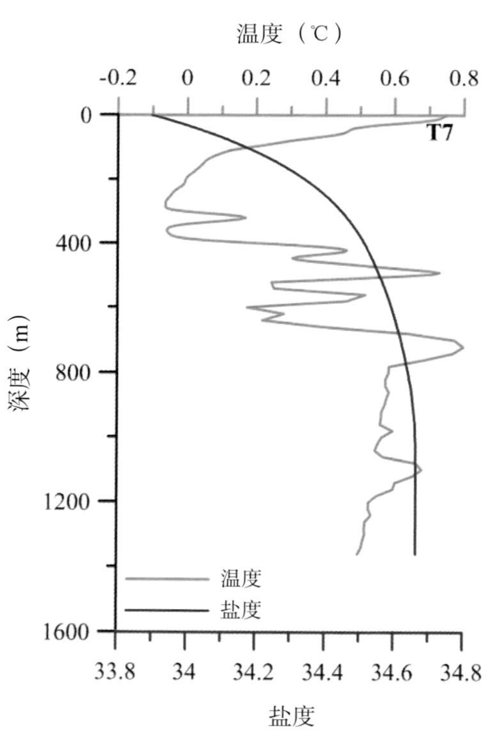
温度（℃）
-0.2
0
0.2
0.4
0.6
0.8
T7
0
400
800
1200
1600
深度（m）
温度
盐度
33.8
34
34.2
34.4
34.6
34.8
盐度

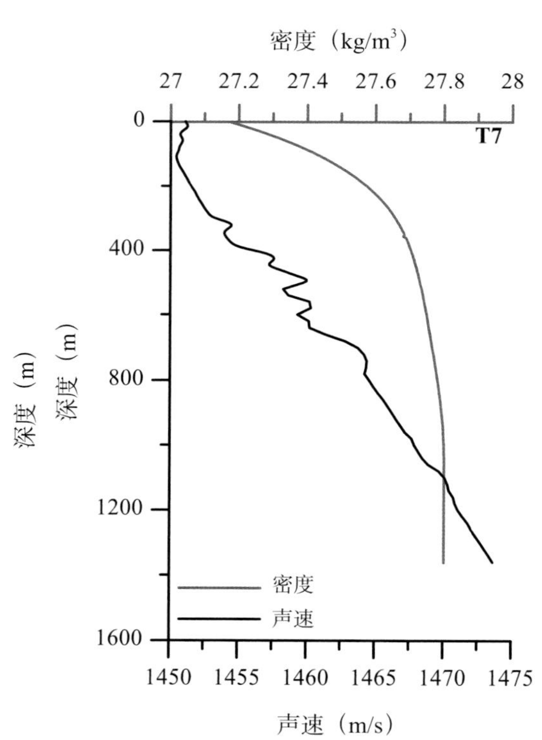
密度（kg/m3）
27
27.2
27.4
27.6
27.8
28
T7
0
400
800
1200
1600
深度（m）
密度
声速
1450
1455
1460
1465
1470
1475
声速（m/s）

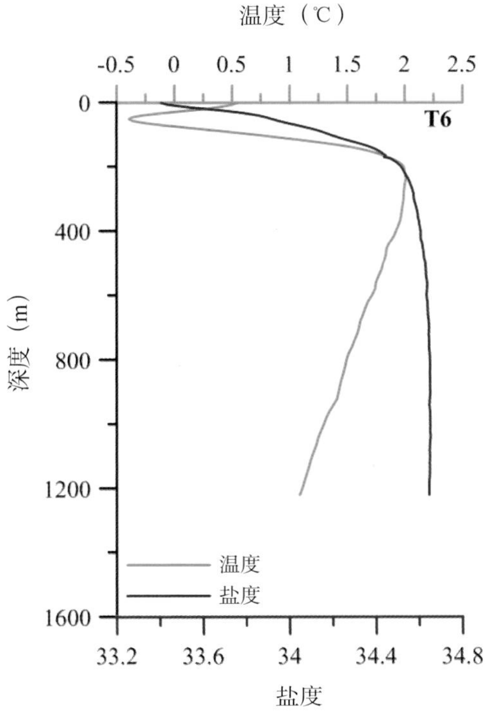
温度（℃）
-0.5 0 0.5 1 1.5 2 2.5
T6
0 400 800 1200 1600
深度（m）
温度
盐度
33.2 33.6 34 34.4 34.8
盐度

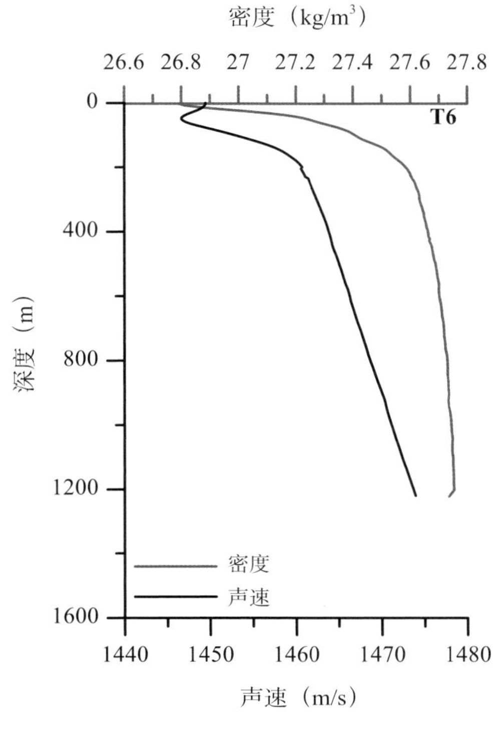
密度（kg/m3）
26.6 26.8 27 27.2 27.4 27.6 27.8
T6
0 400 800 1200 1600
深度（m）
密度
声速
1440 1450 1460 1470 1480
声速（m/s）

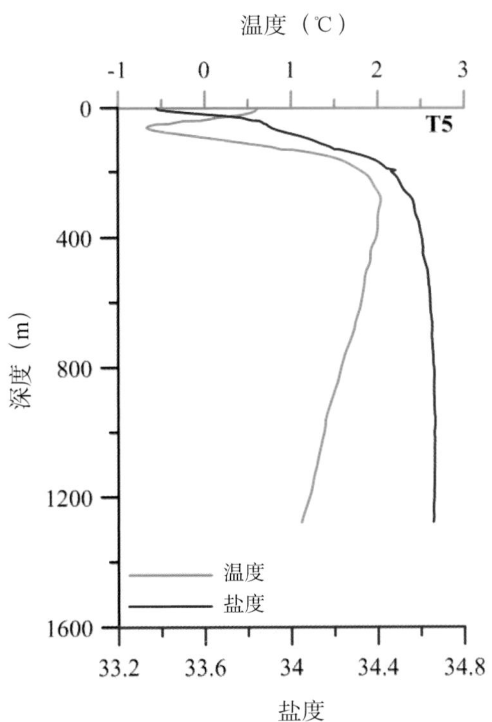
温度（℃）
-1 0 1 2 3
T5
0 400 800 1200 1600
深度（m）
温度
盐度
33.2 33.6 34 34.4 34.8
盐度

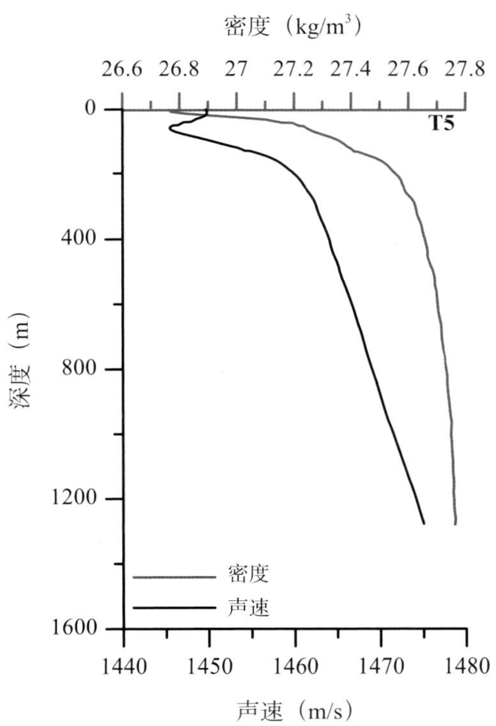
密度（kg/m3）
26.6 26.8 27 27.2 27.4 27.6 27.8
T5
0 400 800 1200 1600
深度（m）
密度
声速
1440 1450 1460 1470 1480
声速（m/s）

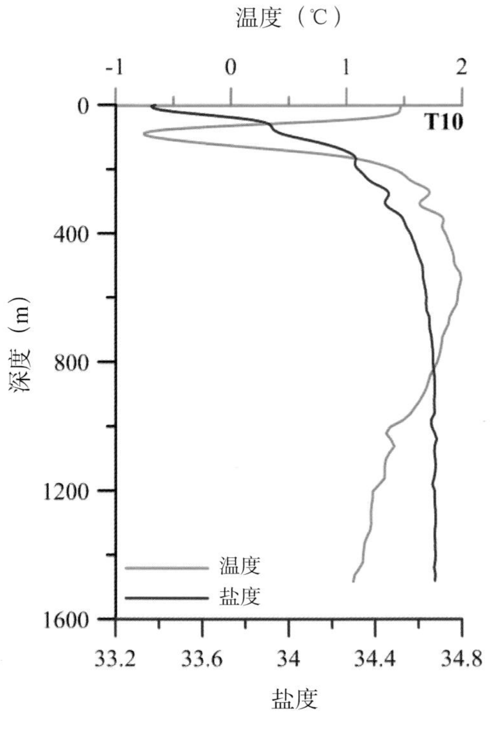
温度（℃）
-1
0
1
2
T10
深度（m）
0
400
800
1200
1600
温度
盐度
33.2
33.6
34
34.4
34.8
盐度

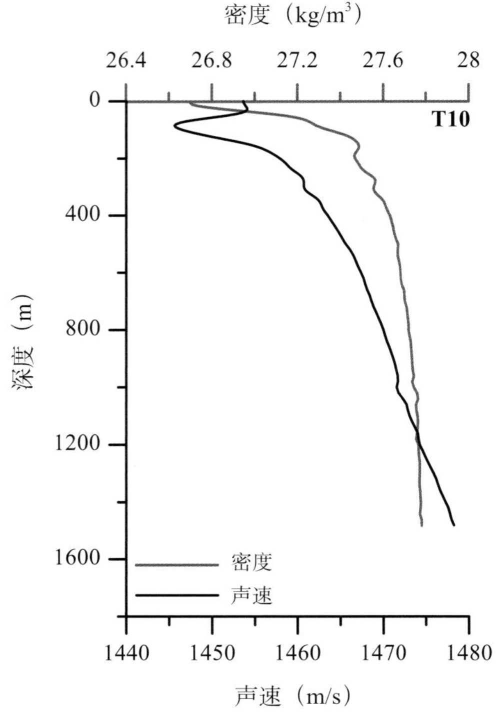
密度（kg/m³）
26.4
26.8
27.2
27.6
28
T10
深度（m）
0
400
800
1200
1600
密度
声速
1440
1450
1460
1470
1480
声速（m/s）

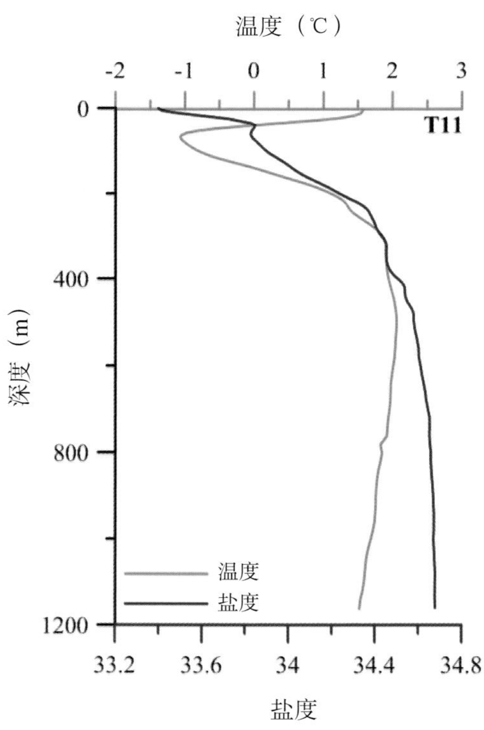
温度（℃）
-2
-1
0
1
2
3
T11
深度（m）
0
400
800
1200
温度
盐度
33.2
33.6
34
34.4
34.8
盐度

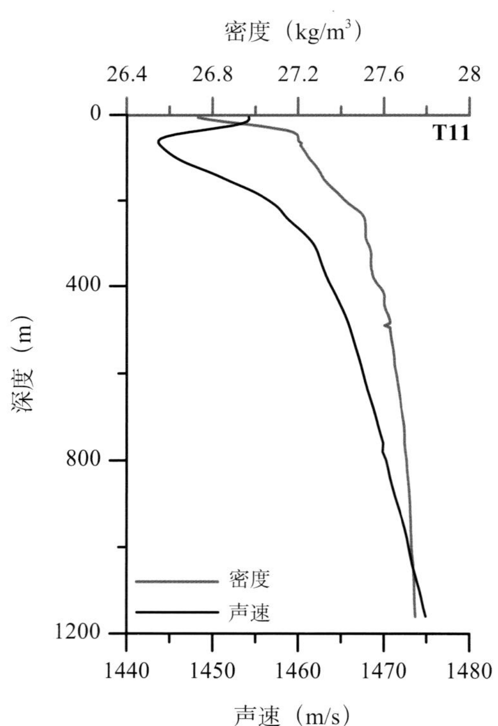
密度（kg/m³）
26.4
26.8
27.2
27.6
28
T11
深度（m）
0
400
800
1200
密度
声速
1440
1450
1460
1470
1480
声速（m/s）

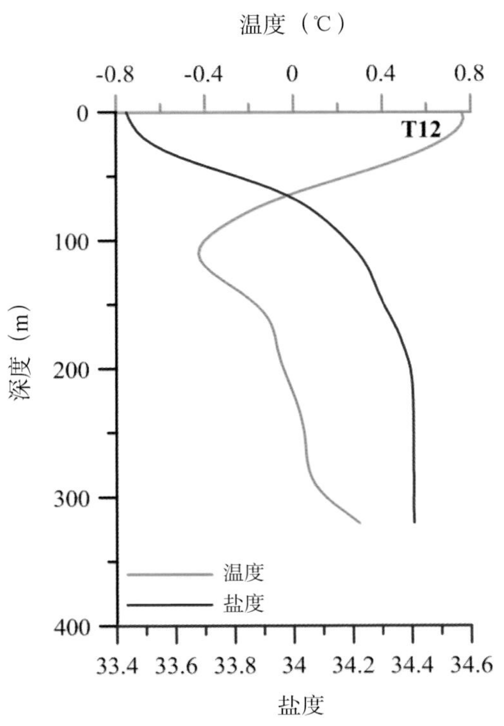

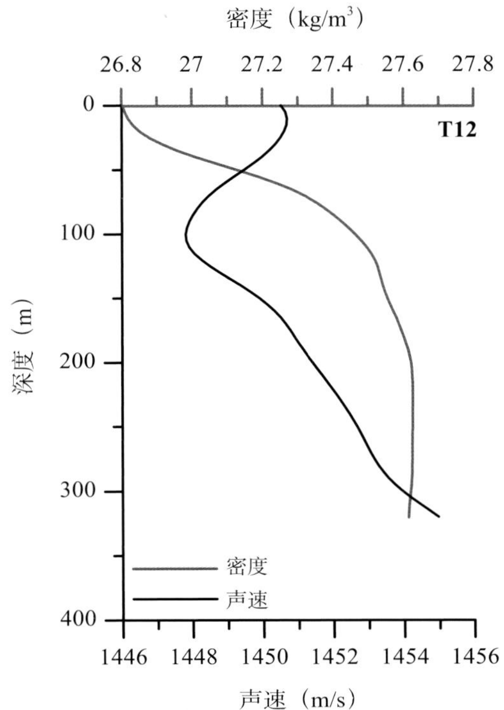

图4.2　CTD 测量要素温度、盐度、密度、声速剖面分布图

第三节　航次断面图

本航次站位布设较为规则，可以构成 5 条横跨深水海盆、陆坡、陆架的断面，依次为 T1–T4、T5–T6、T10–T14、T15–T19、T20–T24。这些断面上全深度和 500 m 以上的温度、盐度、密度、声速断面分布如图 4.3 至图 4.7 所示。

（1）断面 T1–T4 温度、盐度、密度、声速分布图

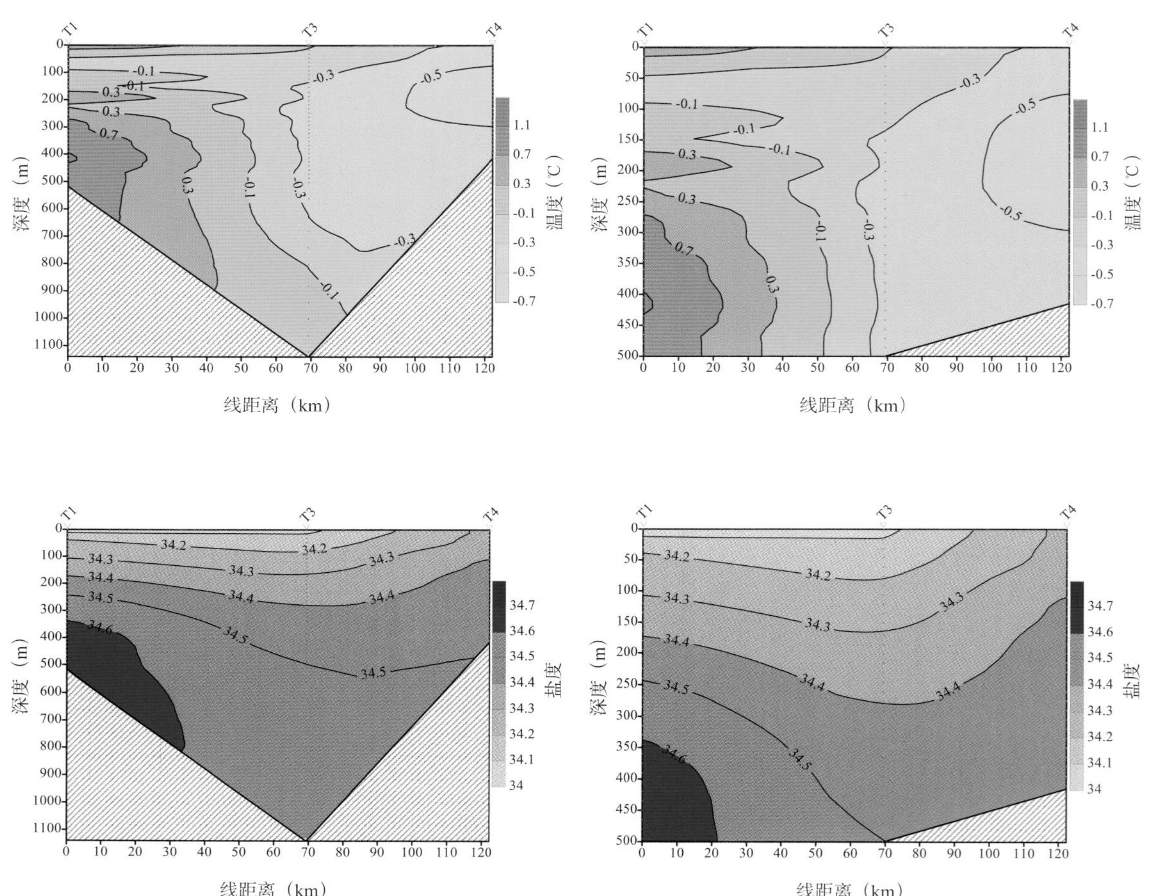

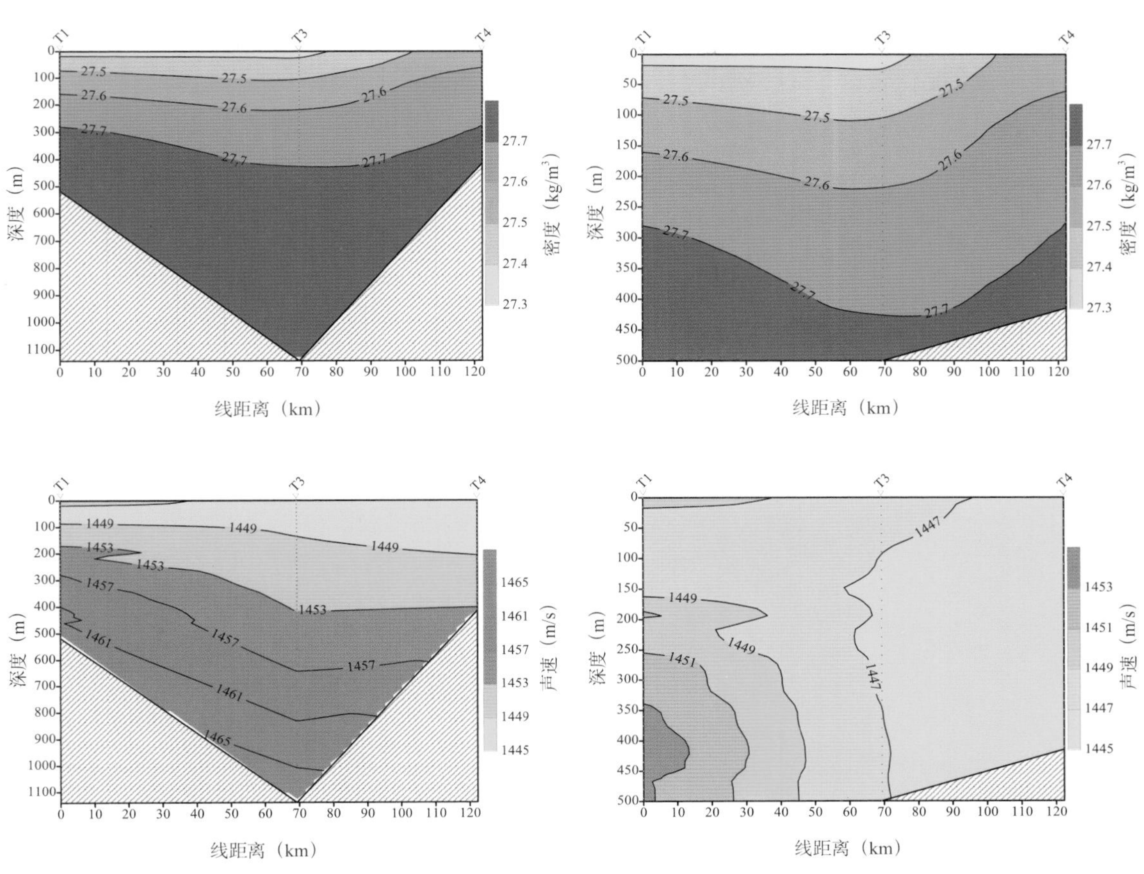

图4.3　断面T1–T4温度、盐度、密度、声速分布图

（2）断面 T5–T9 温度、盐度、密度、声速分布图

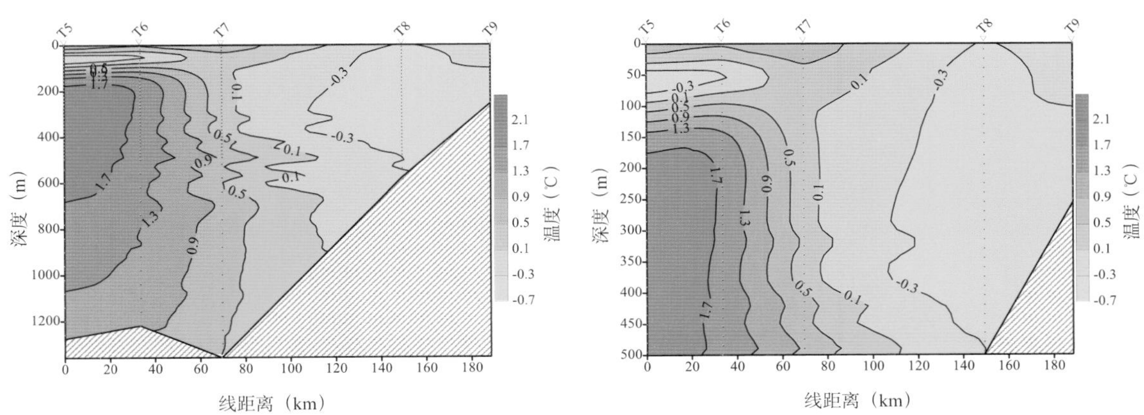

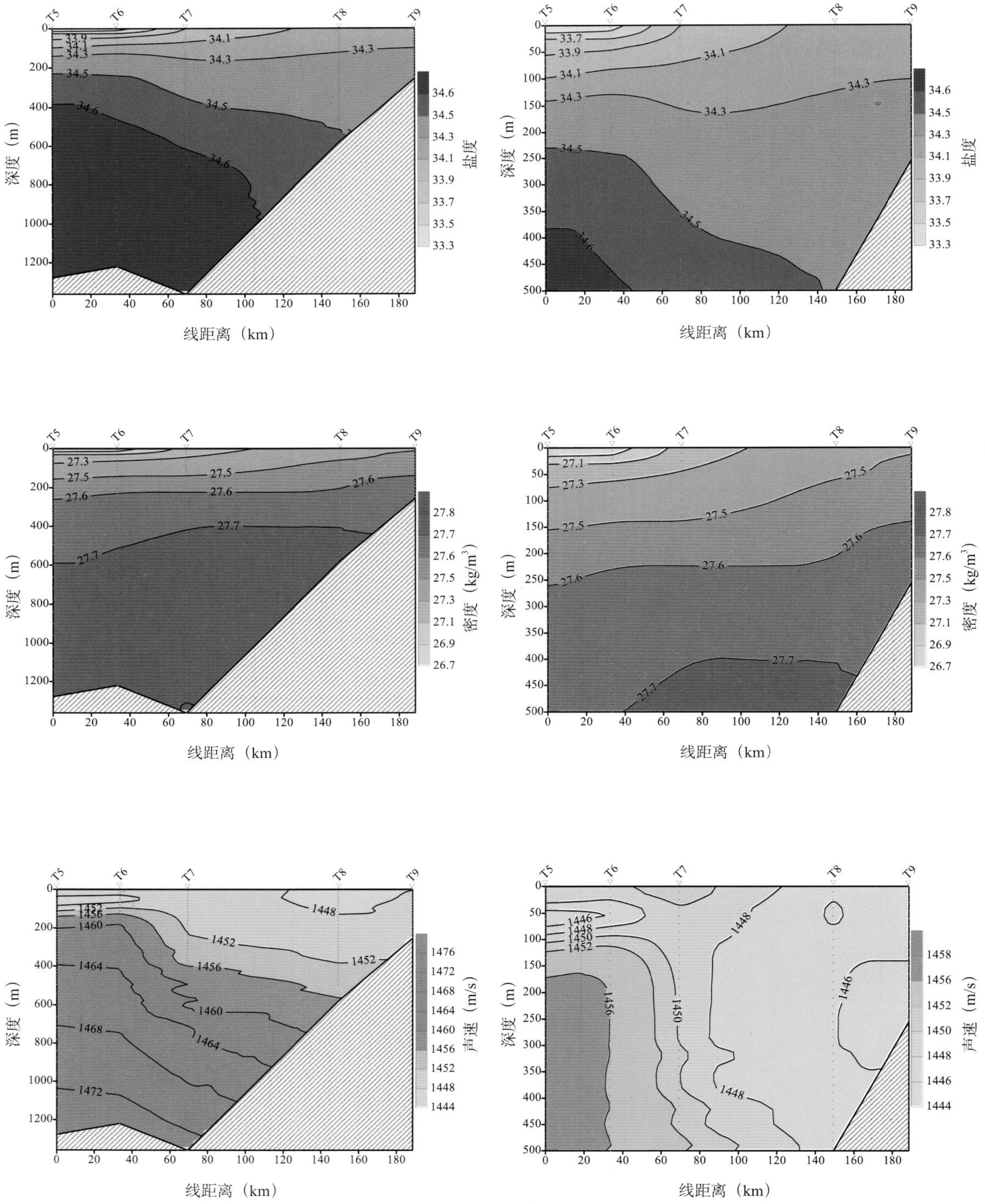

图4.4 断面T5–T9温度、盐度、密度、声速分布图

（3）断面 T10–T14 温度、盐度、密度、声速分布图

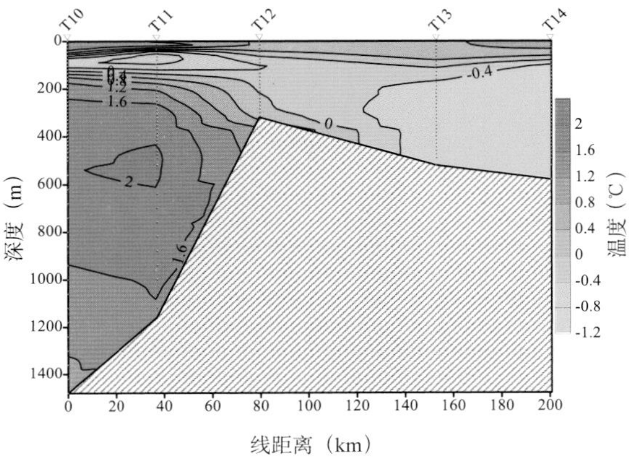

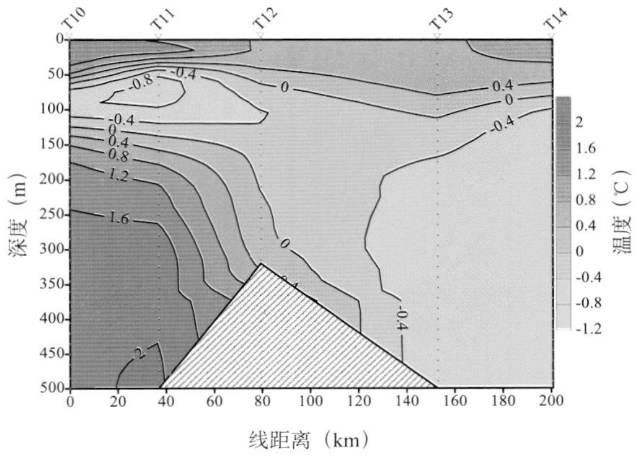

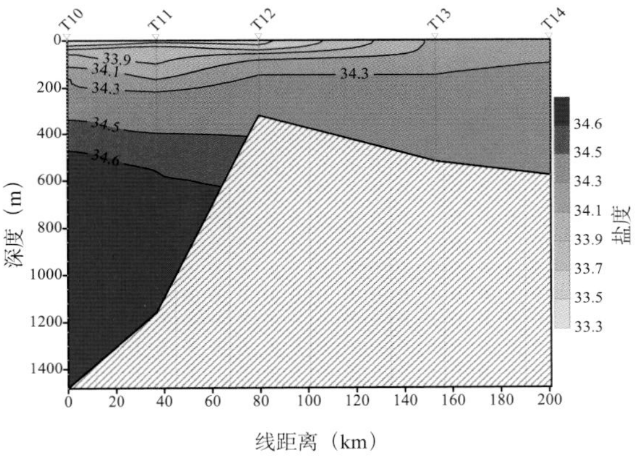

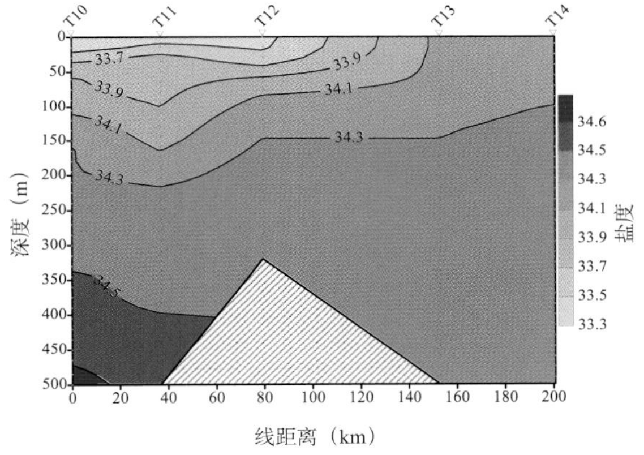

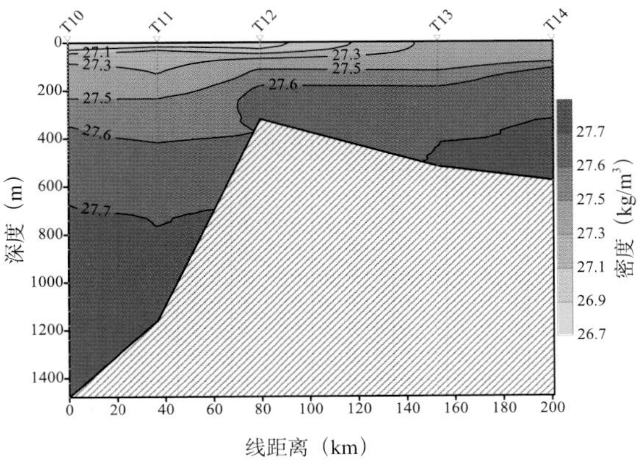

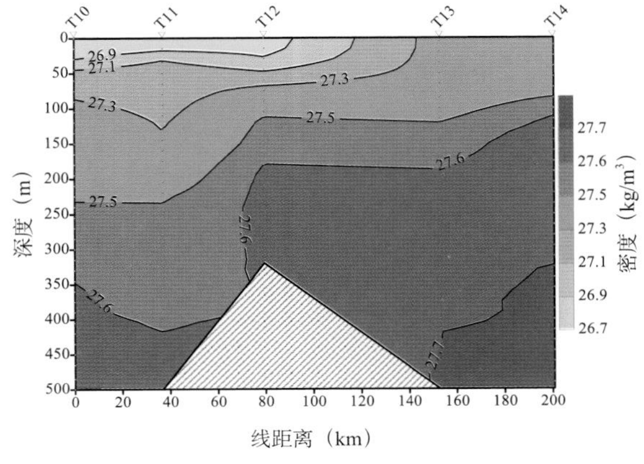

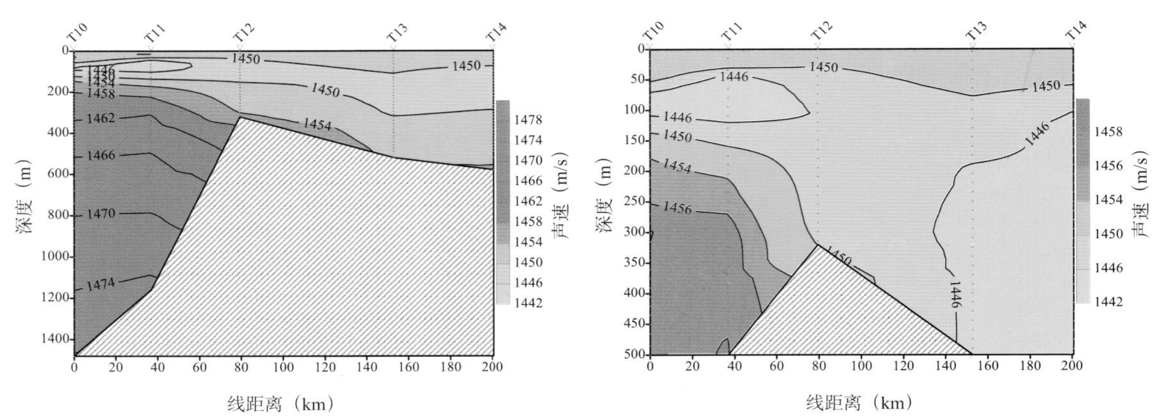

图4.5 断面T10–T14温度、盐度、密度、声速分布图

（4）断面 T15–T19 温度、盐度、密度、声速分布图

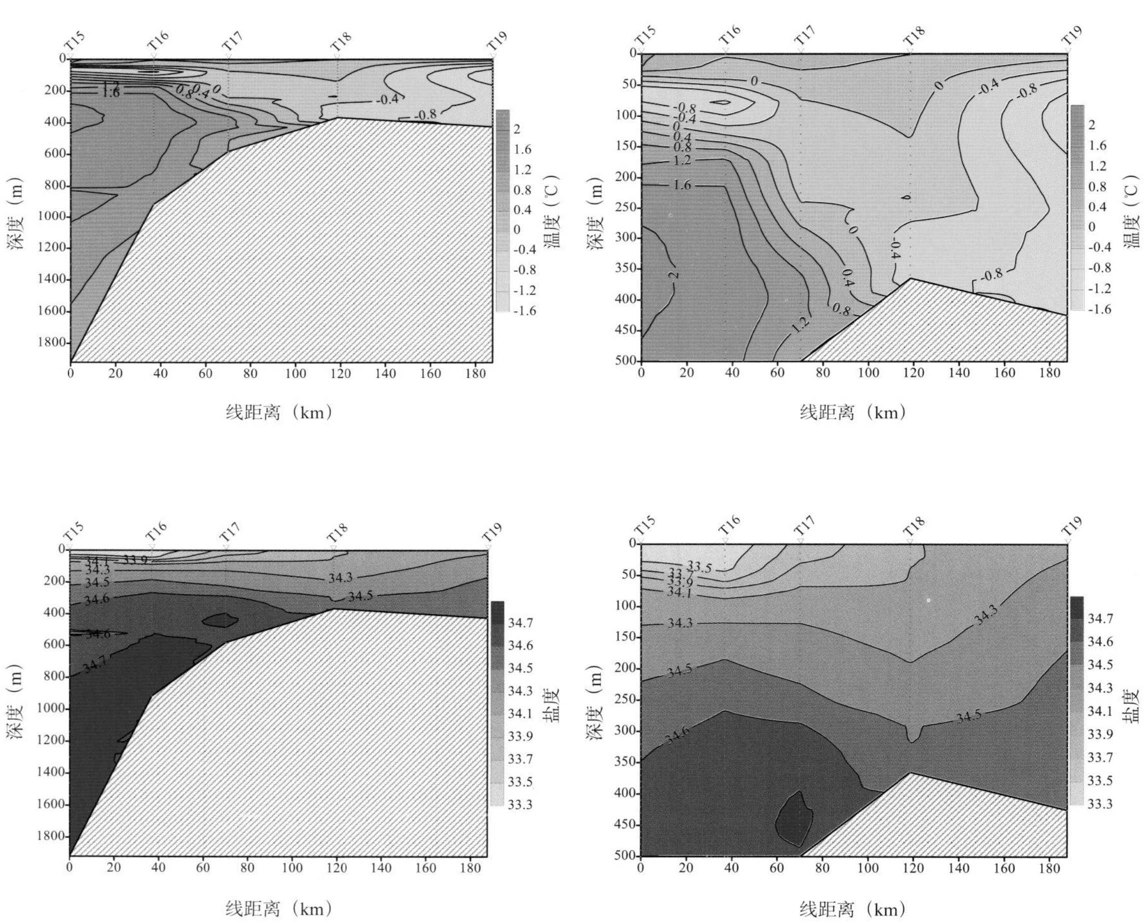

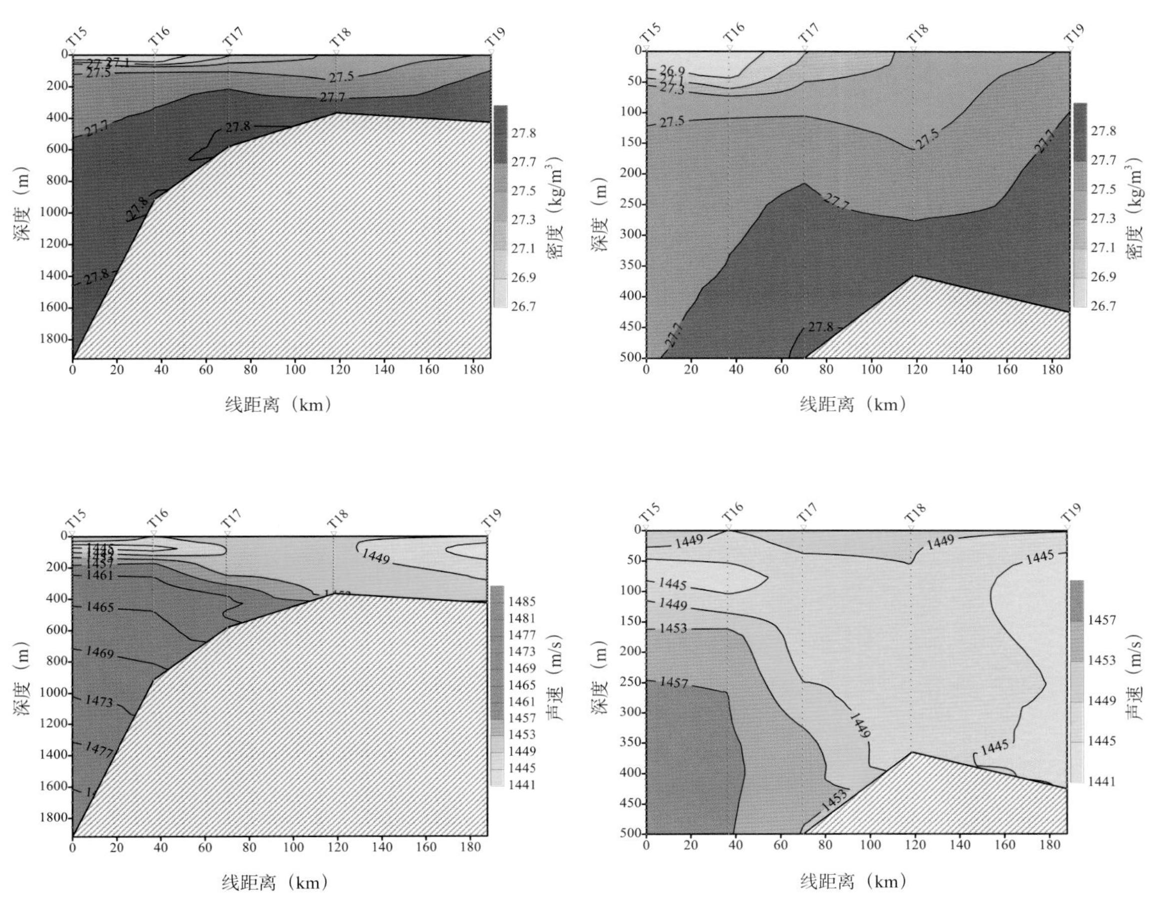

图4.6　断面T15–T19温度、盐度、密度、声速分布图

（5）断面 T20–T24 温度、盐度、密度、声速分布图

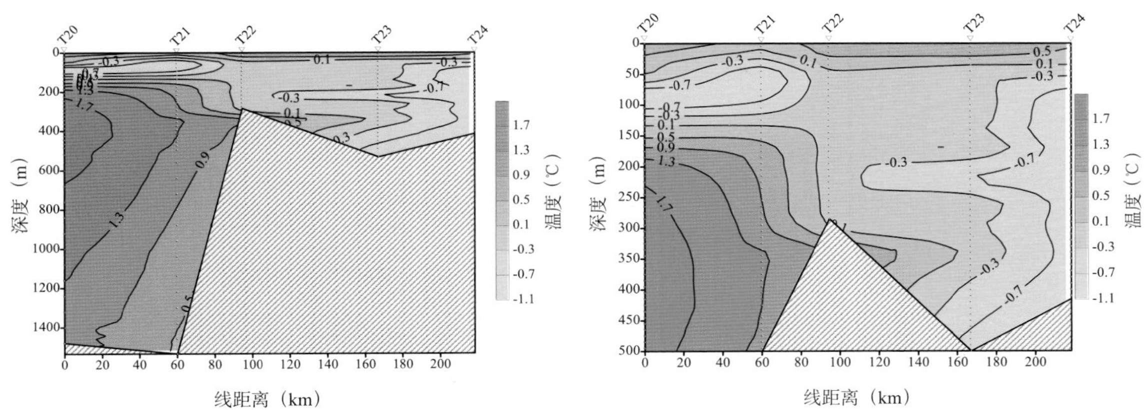

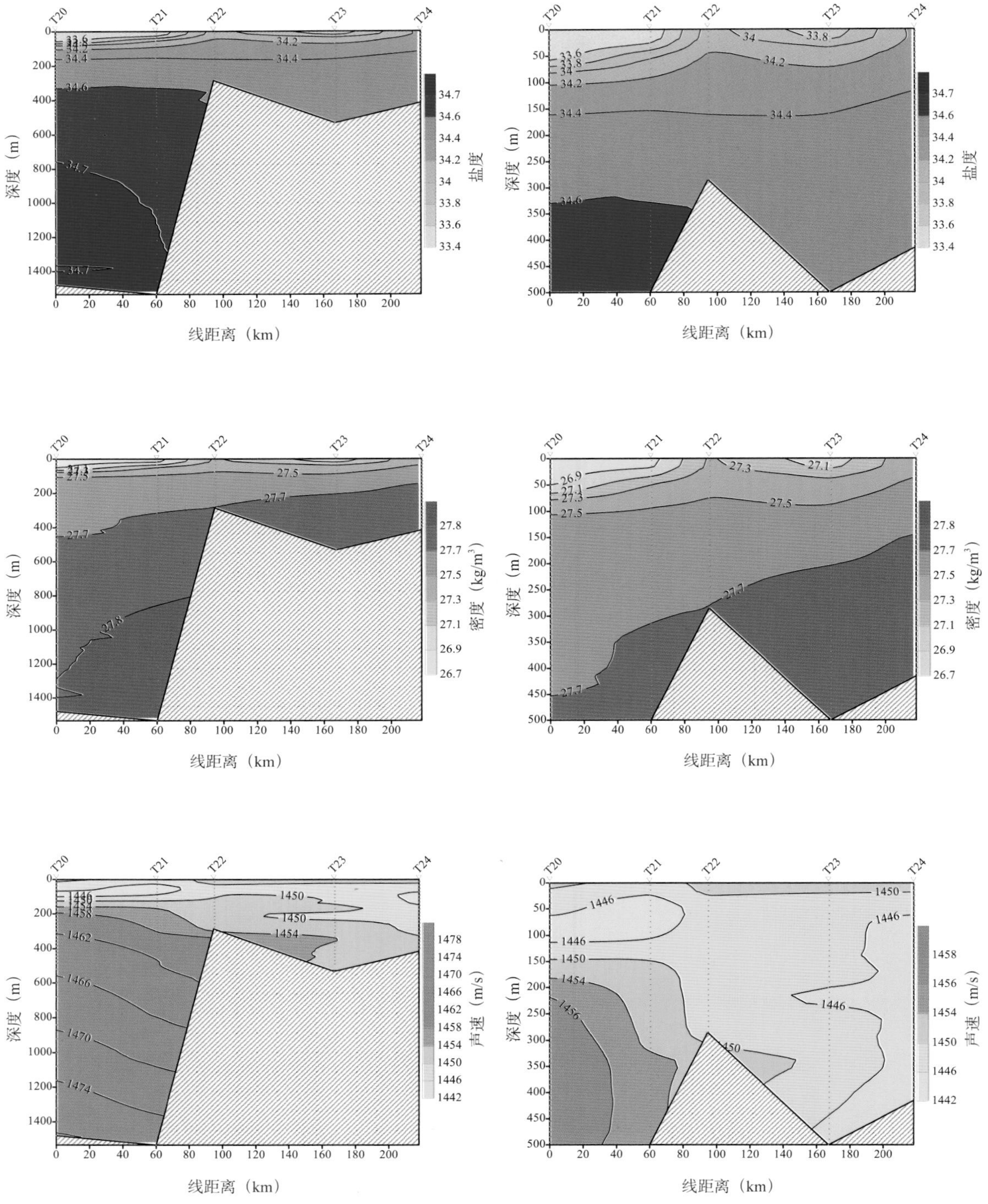

图4.7 断面T20–T24温度、盐度、密度、声速分布图

第四节　航次大面剖面图

本航次 5 条平行的断面和其他站位可以构成南极半岛附近海域的大面观测，10 m 层、50 m 层、100 m 层、500 m 层上的温度、盐度、密度、声速分布情况如图 4.8 至图 4.11 所示。

（1）10 m 层温度、盐度、密度、声速分布图（等值线间隔依次为 0.2，0.1，0.1，1）

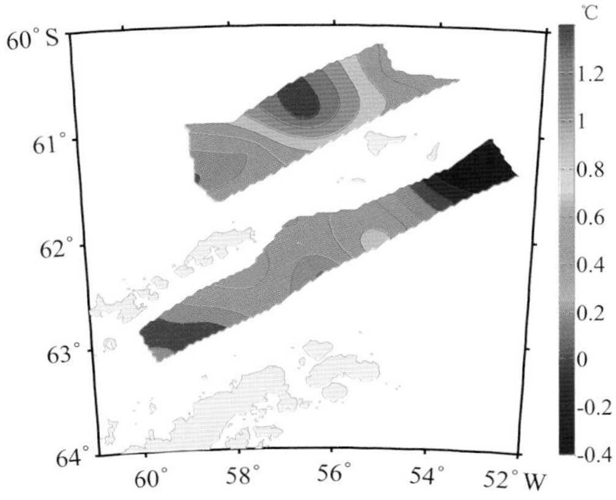

a. 温度

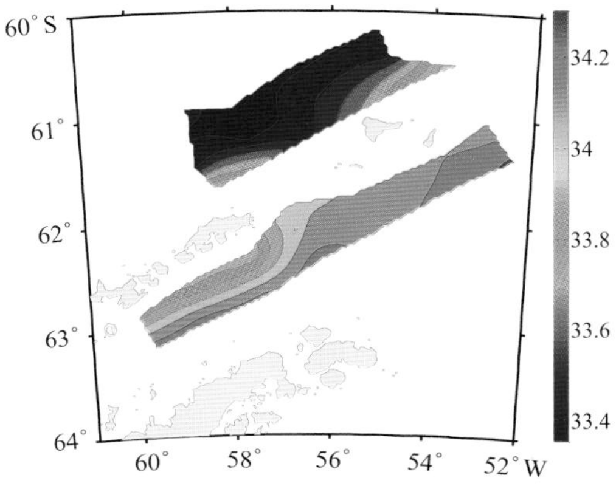

b. 盐度

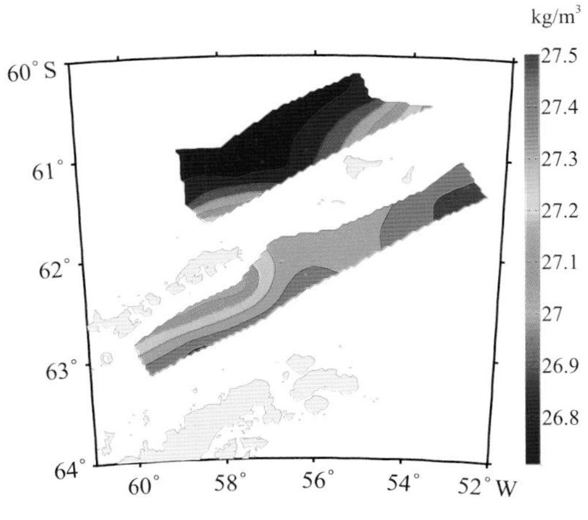

c. 密度

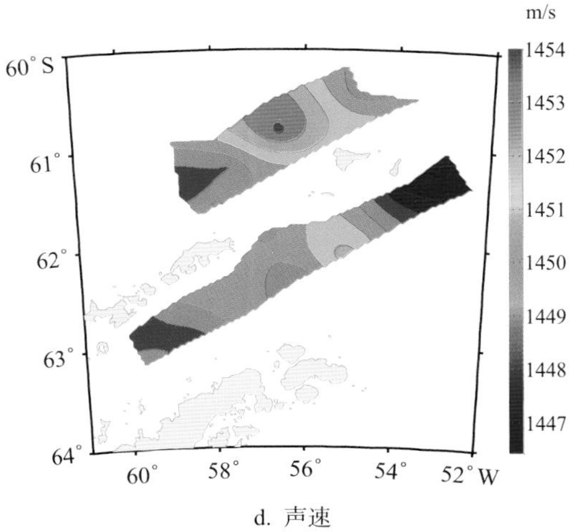

d. 声速

图4.8　10 m层温度、盐度、密度、声速分布图

（2）50 m 层温度、盐度、密度、声速分布图（等值线间隔依次为 0.2，0.1，0.1，1）

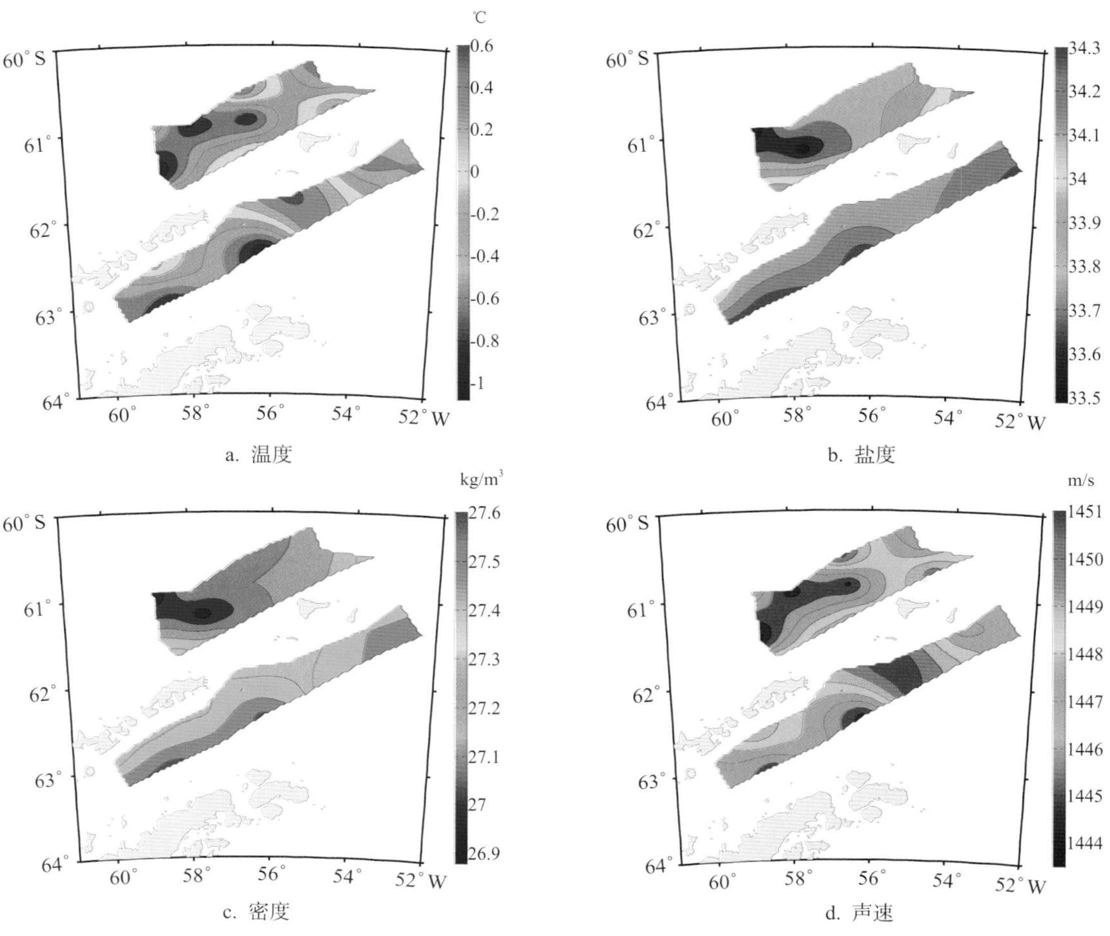

a. 温度　b. 盐度　c. 密度　d. 声速

图4.9　50 m层温度、盐度、密度、声速分布图

（3）100 m 层温度、盐度、密度、声速分布图（等值线间隔依次为 0.2，0.05，0.05，1）

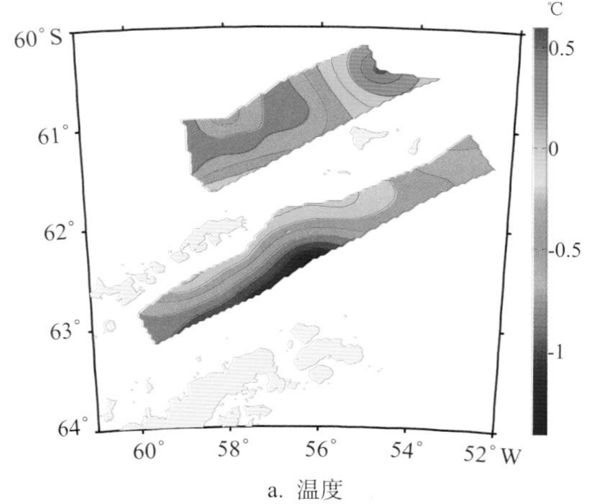

a. 温度

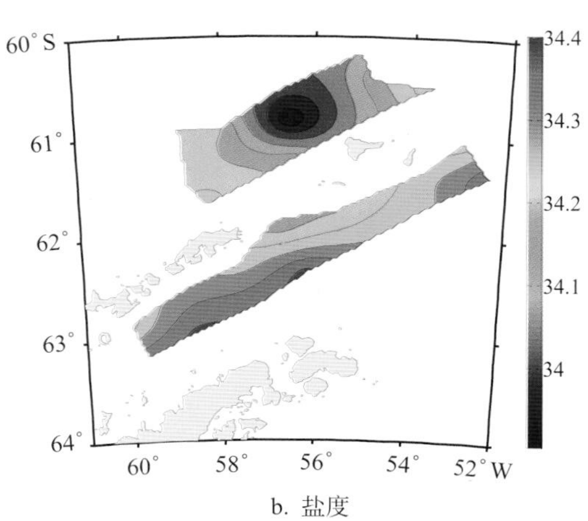

b. 盐度

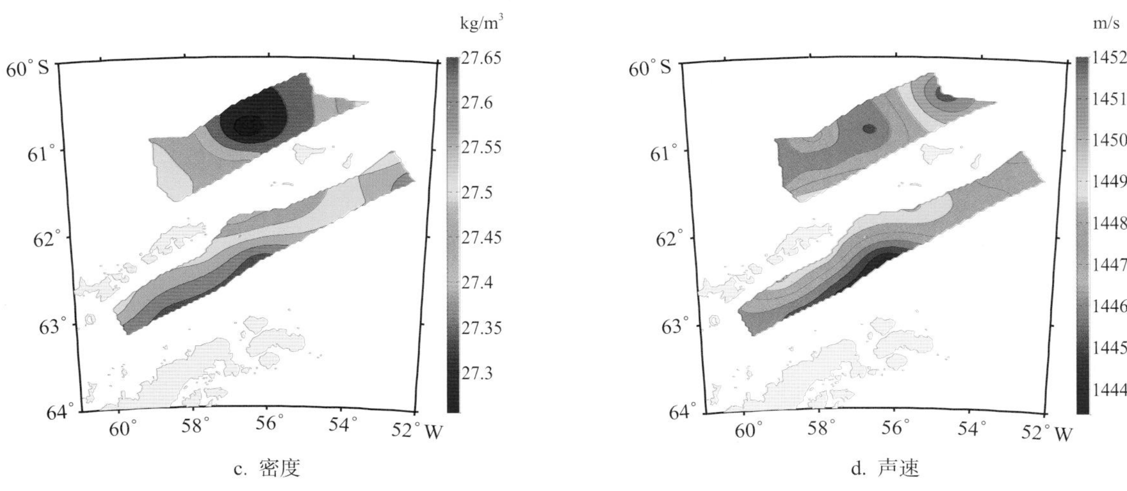

c. 密度　　　　d. 声速

图4.10　50 m层温度、盐度、密度、声速分布图

（4）500 m层温度、盐度、密度、声速分布图（等值线间隔依次为0.2，0.05，0.05，1）

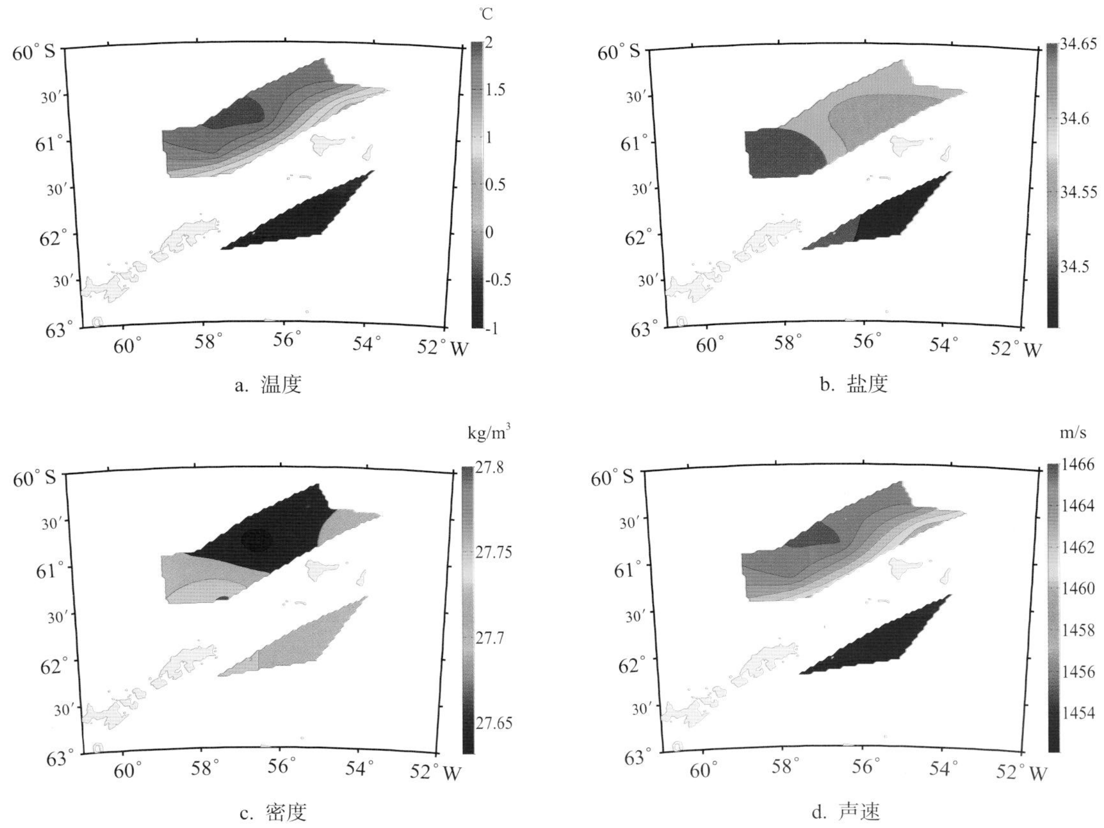

a. 温度　　　　b. 盐度

c. 密度　　　　d. 声速

图4.11　500 m层温度、盐度、密度、声速分布图

第五章

中国第六次南极科学考察水文图集

第一节 航次站位情况及TS点聚图

中国第六次南极科学考察共完成海洋考察 CTD 站位 18 个，站位信息见表 5.1。

表5.1 中国第六次南极考察CTD观测站位信息表

序号	站位	日期	时间	纬度 (° S)	经度 (° W)	水深 (m)	最大观测深度 (m)
1	A–8	1990–01–07	06:50:00	65.085	64.168	4 300	200
2	A–7	1990–01–07	14:00:00	64.015	65.270	3 930	766
3	A–6	1990–01–07	22:35:00	66.000	66.557	3 450	500
4	A–3	1990–01–08	12:03:00	66.521	68.434	3 000	500
5	A–2	1990–01–08	15:27:00	66.824	68.488	900	495
6	B–3	1990–01–17	05:05:00	68.743	73.188	800	800
7	B–4	1990–01–17	10:12:00	68.519	72.739	620	491
8	B–5	1990–01–17	18:06:00	68.510	74.667	620	600
9	B–6	1990–01–17	23:45:00	68.519	76.353	640	600
10	E–4	1990–02–17	02:50:00	65.018	69.990	2 645	188
11	E–6	1990–02–17	09:50:00	64.017	69.933	3 381	200
12	C–10	1990–02–18	05:20:00	63.012	75.082	3 830	200
13	C–9	1990–02–18	15:00:00	64.992	75.093	3 715	866
14	C–8	1990–02–18	22:40:00	64.970	75.001	3 200	866
15	C–6	1990–02–19	05:10:00	65.935	75.078	1 932	707
16	C–5	1990–02–19	15:20:00	66.517	75.130	2 000	200
17	D–1	1990–03–02	01:50:00	67.043	79.953	121	100
18	D–7	1990–03–03	18:45:00	62.907	80.053	8 500	766

本航次的 TS 点聚图如图 5.1 所示。

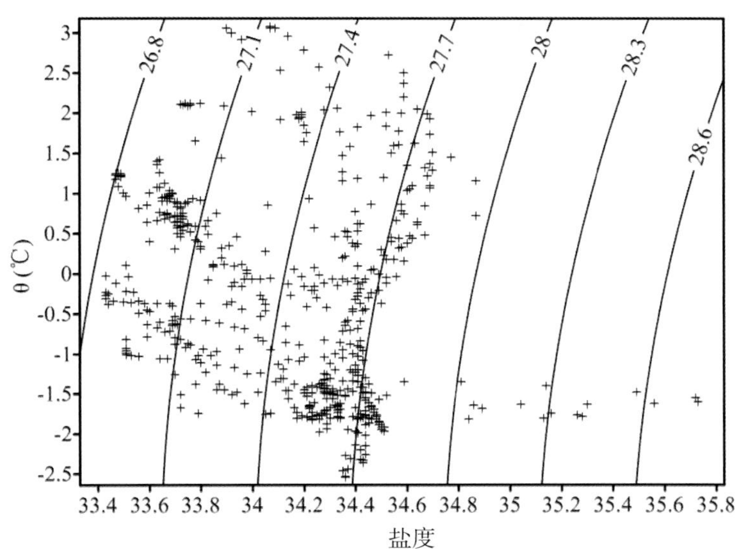

图5.1　中国第六次南极考察TS点聚图

第二节　航次站点剖面图

本航次各站点的 CTD 测量要素温度、盐度、密度、声速剖面分布如图 5.2 所示。

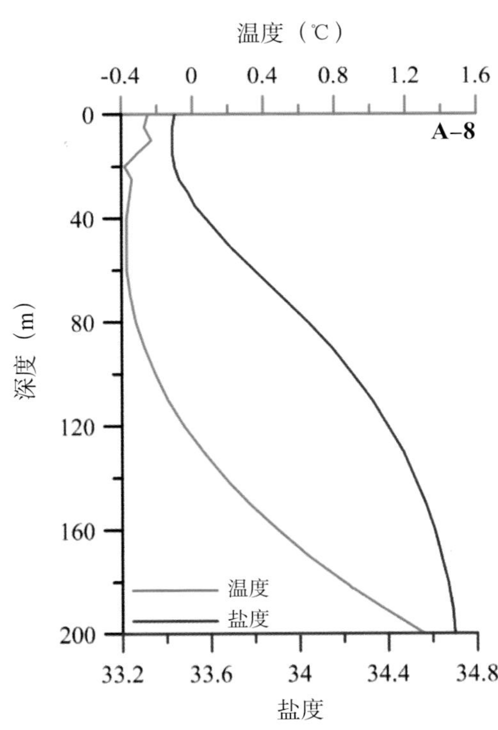

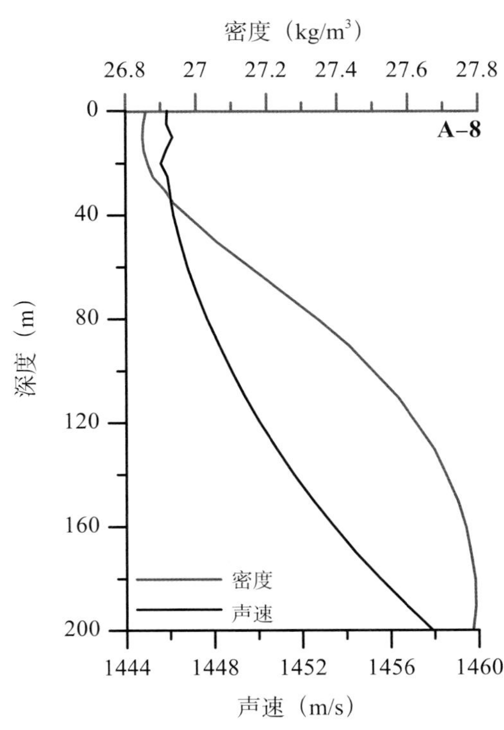

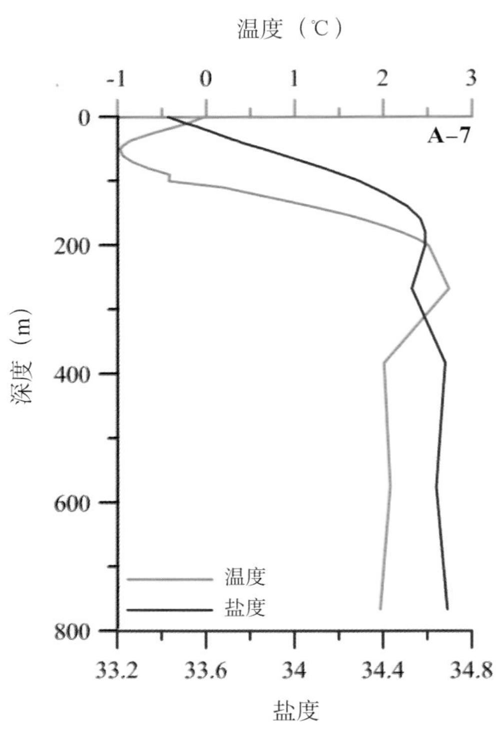
温度（℃）
-1
0
1
2
3
A–7
深度（m）
0
200
400
600
800
温度
盐度
33.2
33.6
34
34.4
34.8
盐度

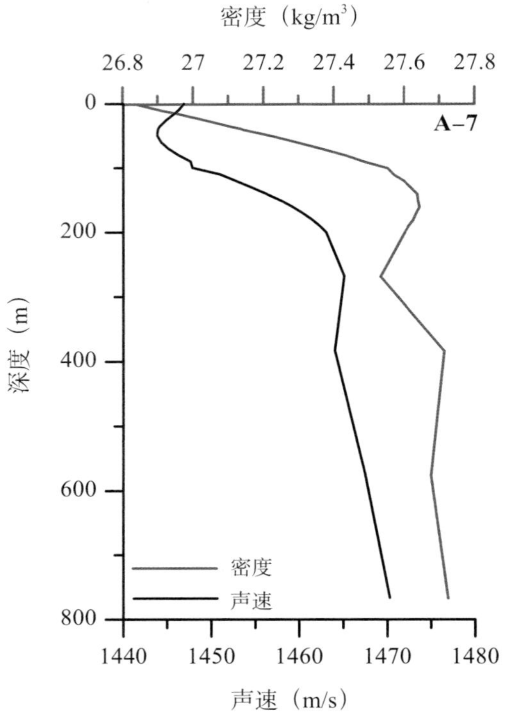
密度（kg/m3）
26.8
27
27.2
27.4
27.6
27.8
A–7
深度（m）
0
200
400
600
800
密度
声速
1440
1450
1460
1470
1480
声速（m/s）

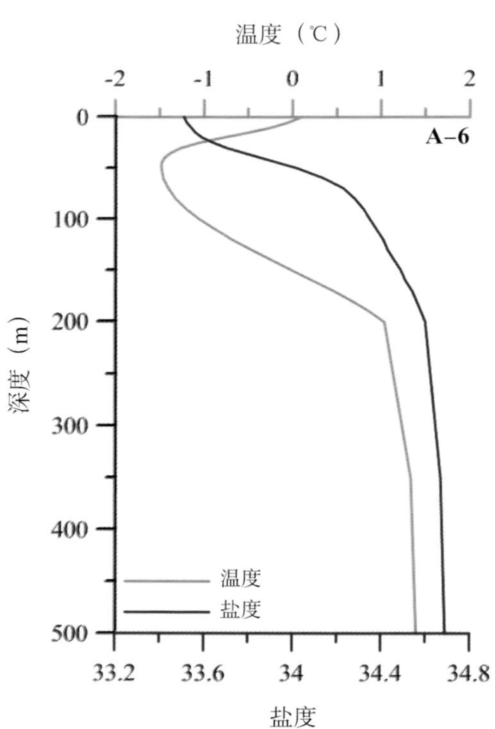
温度（℃）
-2
-1
0
1
2
A–6
深度（m）
0
100
200
300
400
500
温度
盐度
33.2
33.6
34
34.4
34.8
盐度

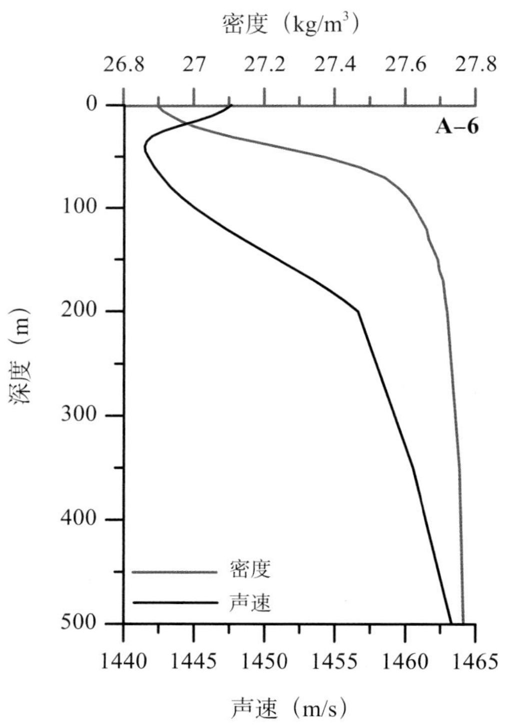
密度（kg/m3）
26.8
27
27.2
27.4
27.6
27.8
A–6
深度（m）
0
100
200
300
400
500
密度
声速
1440
1445
1450
1455
1460
1465
声速（m/s）

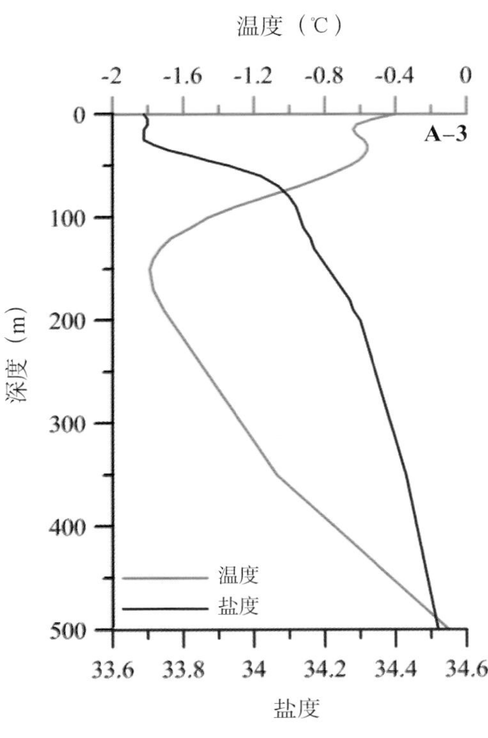
温度（℃）
-2 -1.6 -1.2 -0.8 -0.4 0
A-3
深度（m）
0 100 200 300 400 500
温度
盐度
33.6 33.8 34 34.2 34.4 34.6
盐度

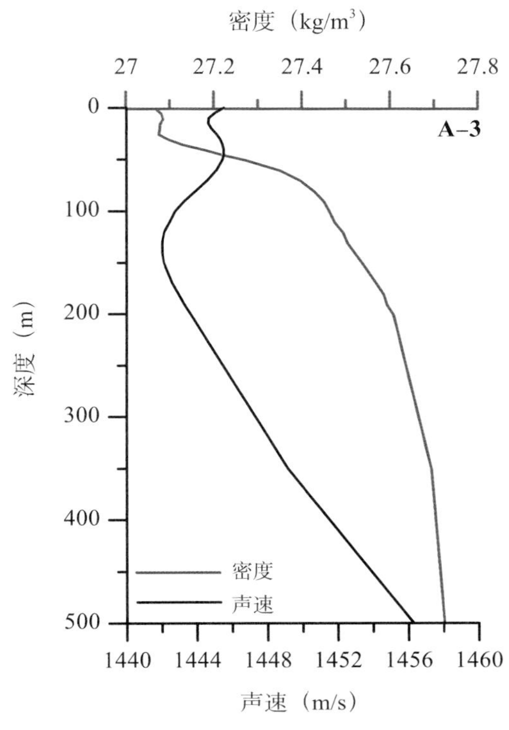
密度（kg/m³）
27 27.2 27.4 27.6 27.8
A-3
深度（m）
0 100 200 300 400 500
密度
声速
1440 1444 1448 1452 1456 1460
声速（m/s）

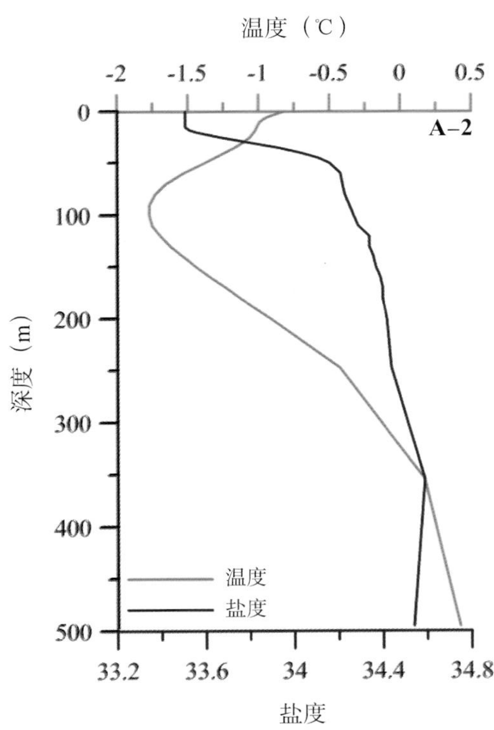
温度（℃）
-2 -1.5 -1 -0.5 0 0.5
A-2
深度（m）
0 100 200 300 400 500
温度
盐度
33.2 33.6 34 34.4 34.8
盐度

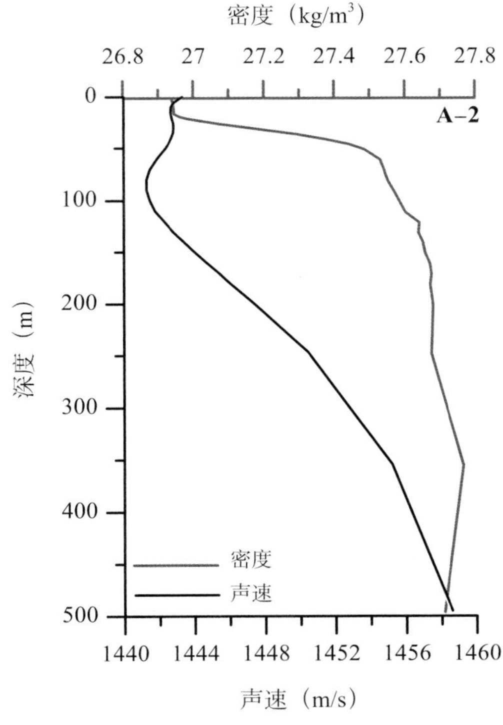
密度（kg/m³）
26.8 27 27.2 27.4 27.6 27.8
A-2
深度（m）
0 100 200 300 400 500
密度
声速
1440 1444 1448 1452 1456 1460
声速（m/s）

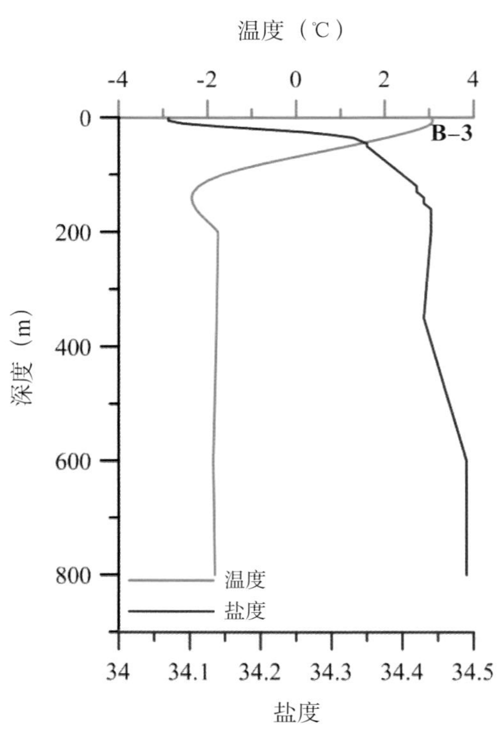
温度（℃）
-4
-2
0
2
4
0
200
400
600
800
深度（m）
B–3
温度
盐度
34
34.1
34.2
34.3
34.4
34.5
盐度

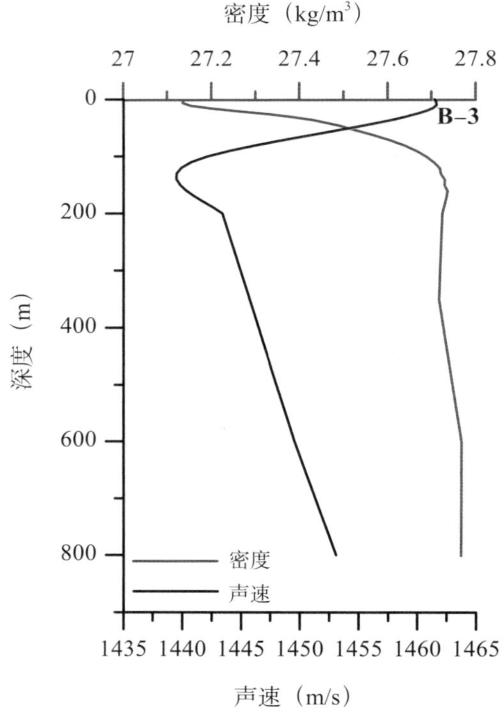
密度（kg/m³）
27
27.2
27.4
27.6
27.8
0
200
400
600
800
深度（m）
B–3
密度
声速
1435
1440
1445
1450
1455
1460
1465
声速（m/s）

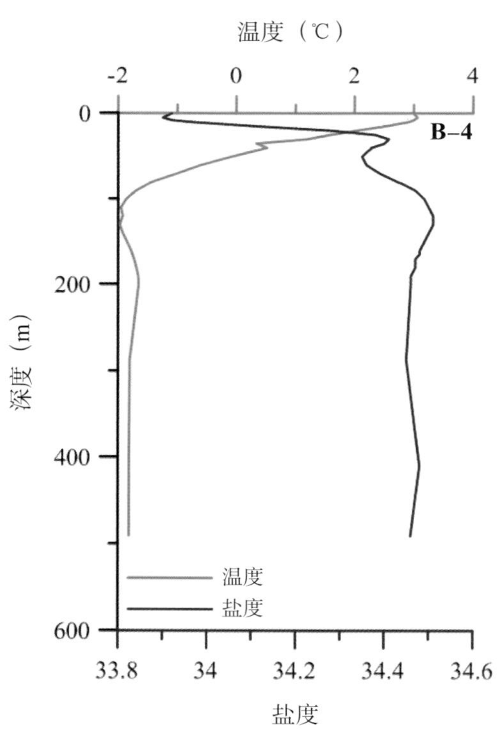
温度（℃）
-2
0
2
4
0
200
400
600
深度（m）
B–4
温度
盐度
33.8
34
34.2
34.4
34.6
盐度

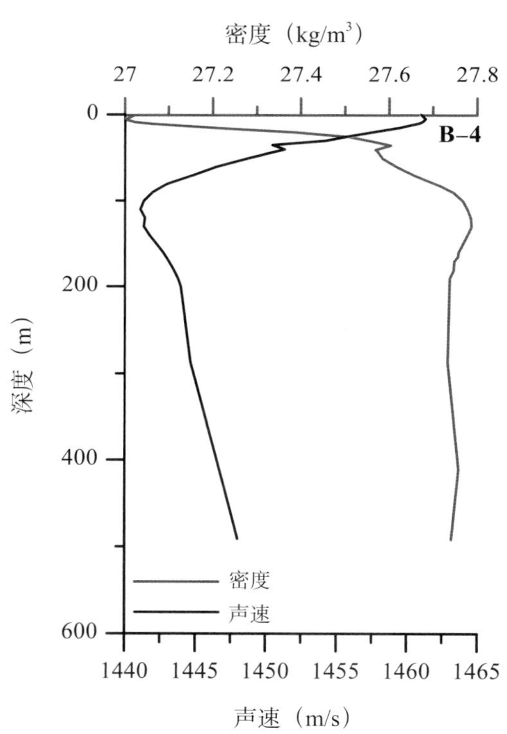
密度（kg/m³）
27
27.2
27.4
27.6
27.8
0
200
400
600
深度（m）
B–4
密度
声速
1440
1445
1450
1455
1460
1465
声速（m/s）

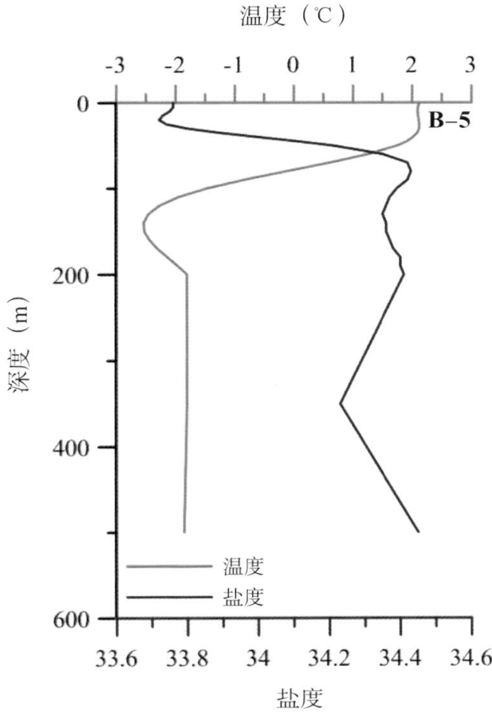
温度（℃）
-3 -2 -1 0 1 2 3
B–5
0
200
400
600
深度（m）
温度
盐度
33.6 33.8 34 34.2 34.4 34.6
盐度

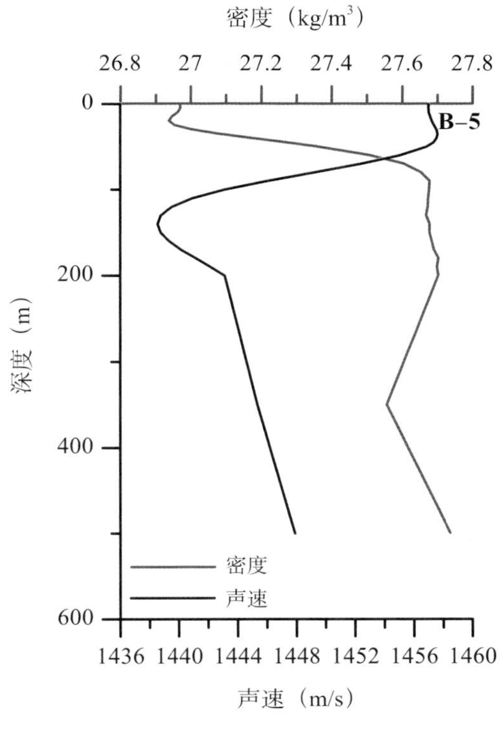
密度（kg/m3）
26.8 27 27.2 27.4 27.6 27.8
B–5
0
200
400
600
深度（m）
密度
声速
1436 1440 1444 1448 1452 1456 1460
声速（m/s）

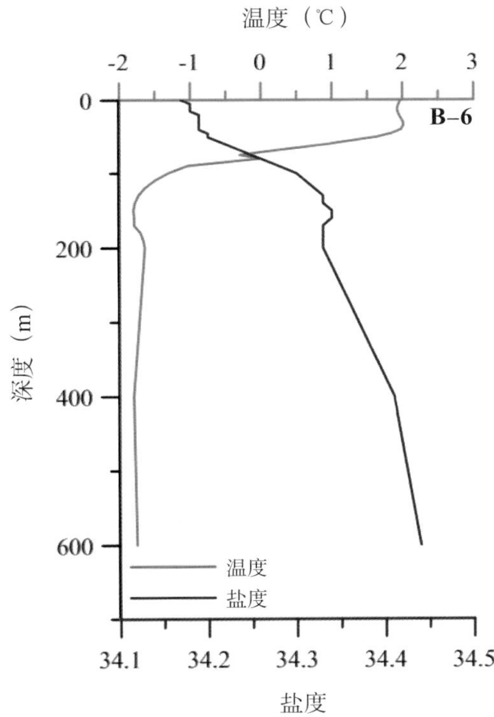
温度（℃）
-2 -1 0 1 2 3
B–6
0
200
400
600
深度（m）
温度
盐度
34.1 34.2 34.3 34.4 34.5
盐度

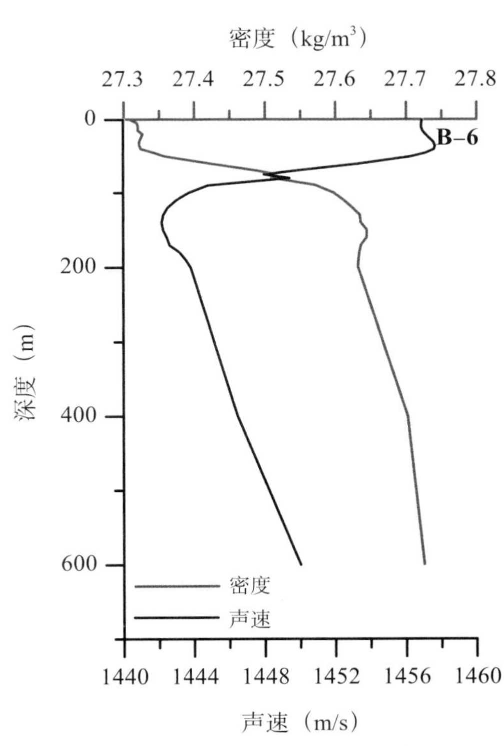
密度（kg/m3）
27.3 27.4 27.5 27.6 27.7 27.8
B–6
0
200
400
600
深度（m）
密度
声速
1440 1444 1448 1452 1456 1460
声速（m/s）

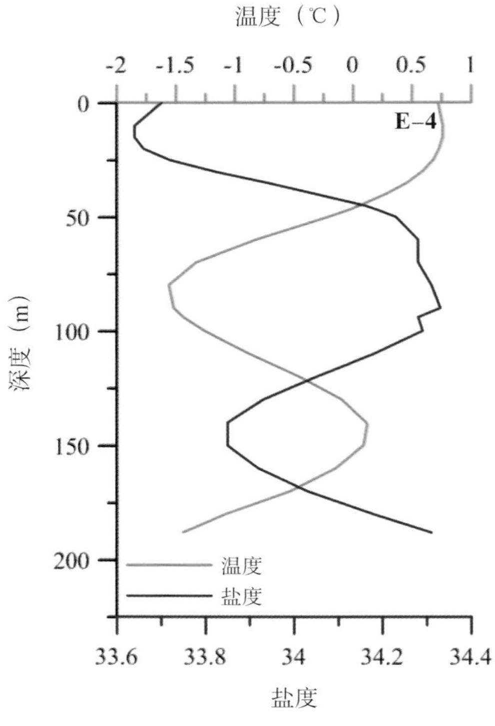
温度（℃）
-2 -1.5 -1 -0.5 0 0.5 1
0
50
100
150
200
E−4
深度（m）
温度
盐度
33.6 33.8 34 34.2 34.4
盐度

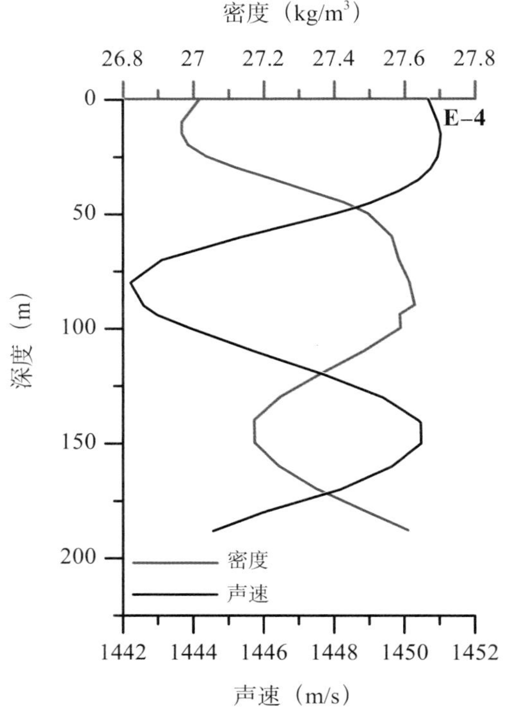
密度（kg/m³）
26.8 27 27.2 27.4 27.6 27.8
0
50
100
150
200
E−4
深度（m）
密度
声速
1442 1444 1446 1448 1450 1452
声速（m/s）

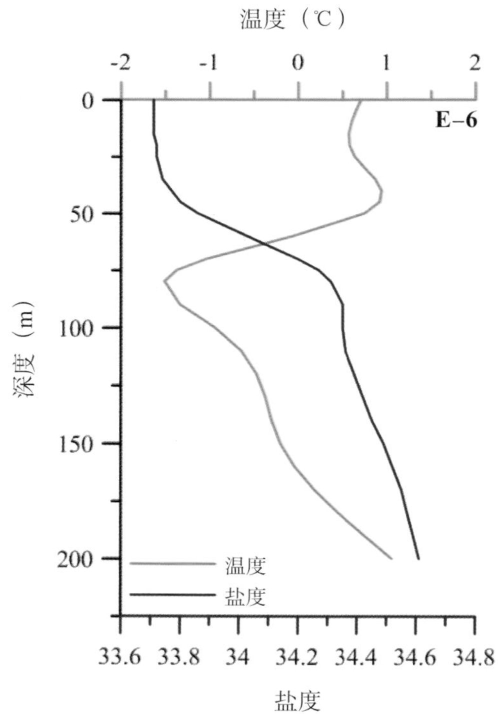
温度（℃）
-2 -1 0 1 2
0
50
100
150
200
E−6
深度（m）
温度
盐度
33.6 33.8 34 34.2 34.4 34.6 34.8
盐度

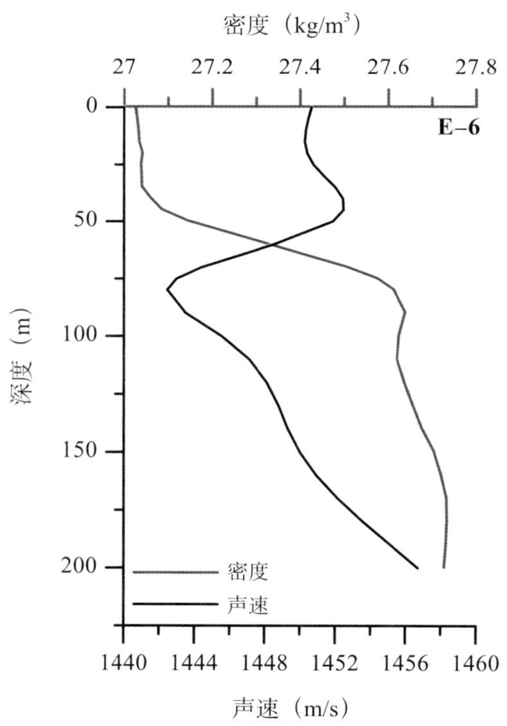
密度（kg/m³）
27 27.2 27.4 27.6 27.8
0
50
100
150
200
E−6
深度（m）
密度
声速
1440 1444 1448 1452 1456 1460
声速（m/s）

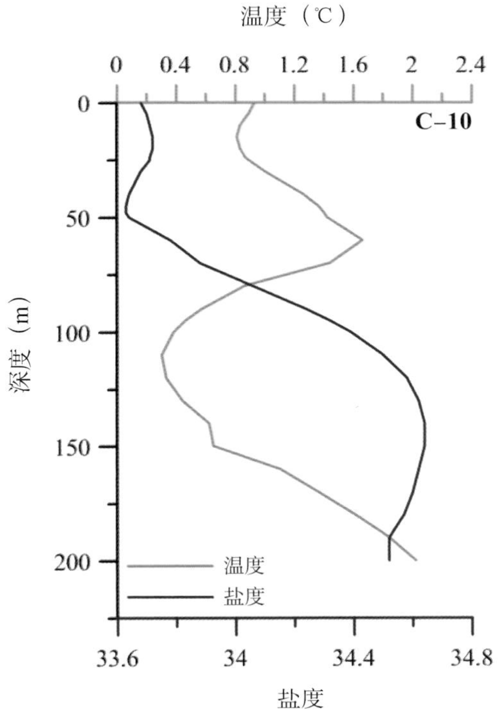
温度（℃）
0 0.4 0.8 1.2 1.6 2 2.4
C-10
深度（m）
0 50 100 150 200
温度
盐度
33.6 34 34.4 34.8
盐度

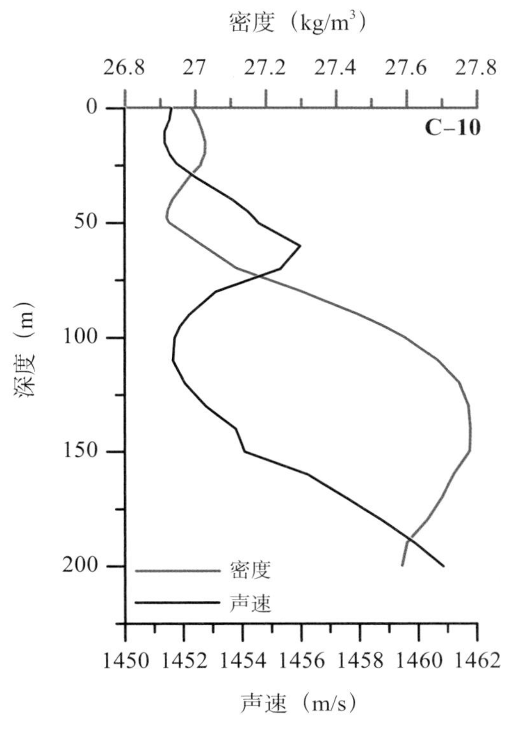
密度（kg/m³）
26.8 27 27.2 27.4 27.6 27.8
C-10
深度（m）
0 50 100 150 200
密度
声速
1450 1452 1454 1456 1458 1460 1462
声速（m/s）

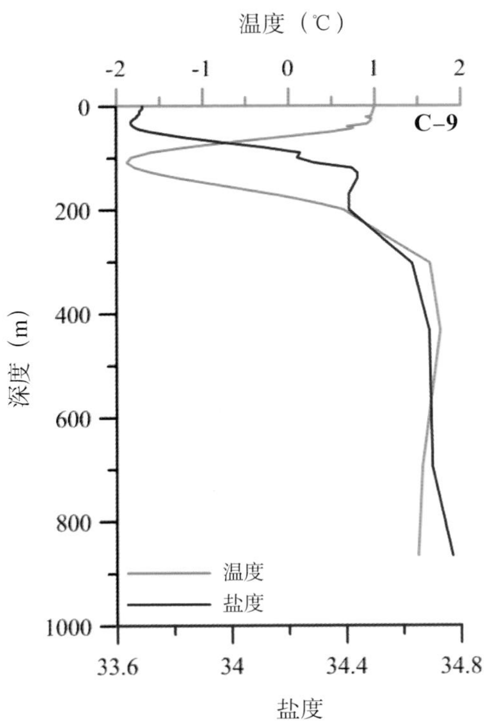
温度（℃）
-2 -1 0 1 2
C-9
深度（m）
0 200 400 600 800 1000
温度
盐度
33.6 34 34.4 34.8
盐度

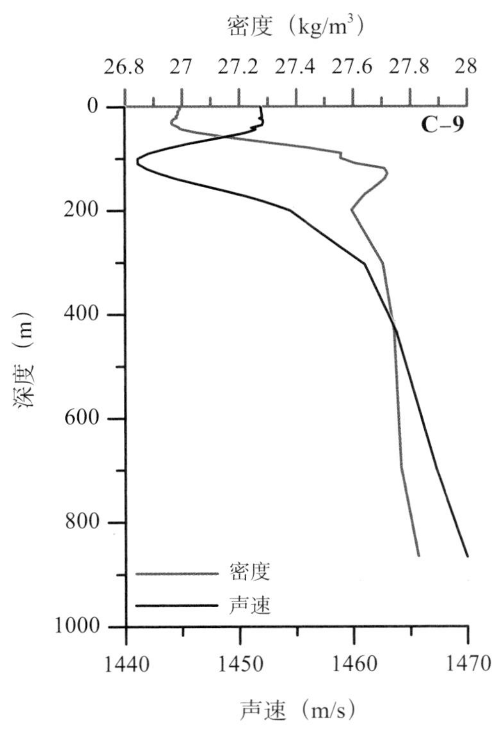
密度（kg/m³）
26.8 27 27.2 27.4 27.6 27.8 28
C-9
深度（m）
0 200 400 600 800 1000
密度
声速
1440 1450 1460 1470
声速（m/s）

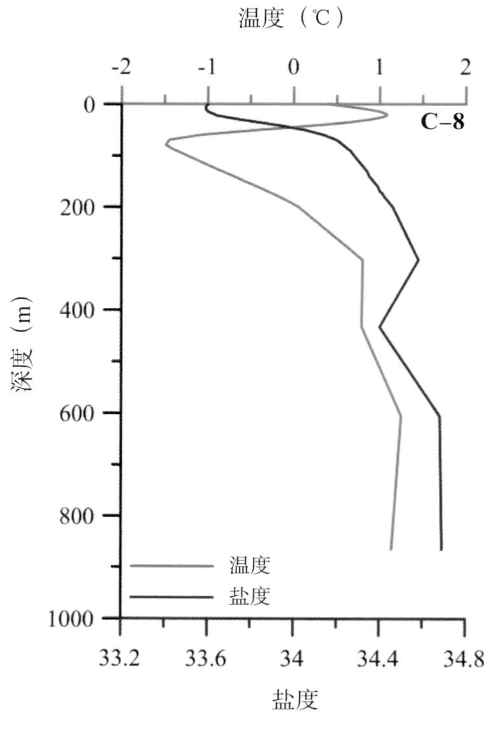
温度（℃）
-2
-1
0
1
2
C–8
深度（m）
0
200
400
600
800
1000
温度
盐度
33.2
33.6
34
34.4
34.8
盐度

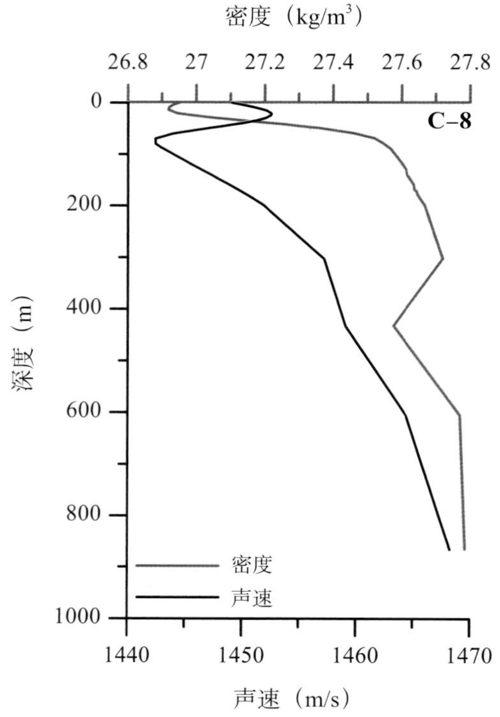
密度（kg/m³）
26.8
27
27.2
27.4
27.6
27.8
C–8
深度（m）
0
200
400
600
800
1000
密度
声速
1440
1450
1460
1470
声速（m/s）

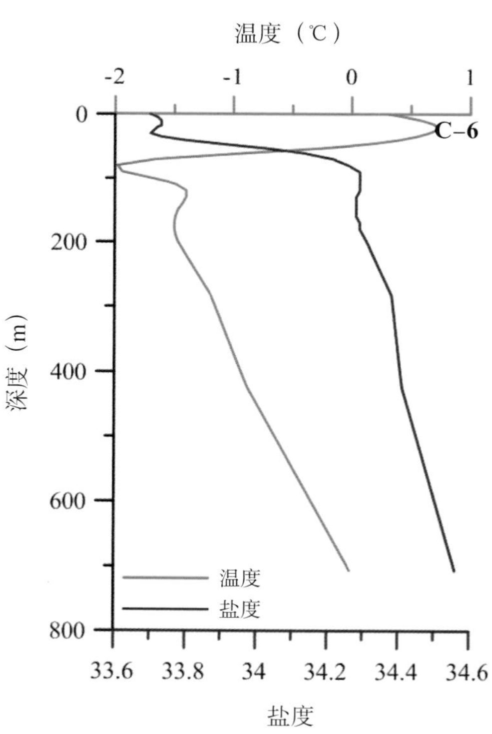
温度（℃）
-2
-1
0
1
C–6
深度（m）
0
200
400
600
800
温度
盐度
33.6
33.8
34
34.2
34.4
34.6
盐度

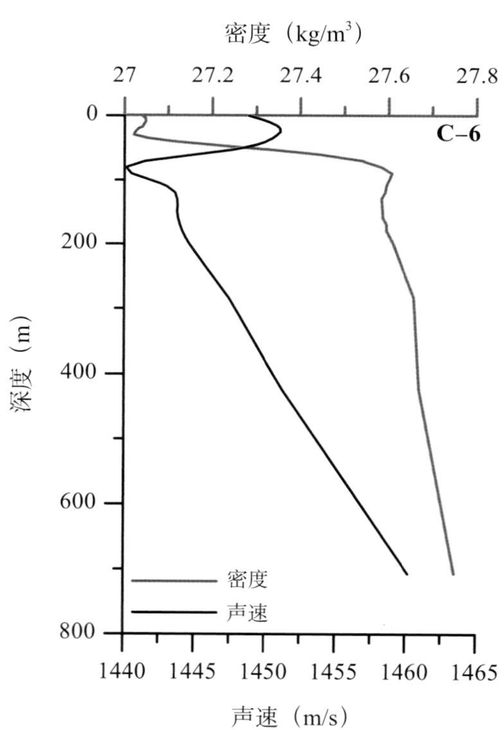
密度（kg/m³）
27
27.2
27.4
27.6
27.8
C–6
深度（m）
0
200
400
600
800
密度
声速
1440
1445
1450
1455
1460
1465
声速（m/s）

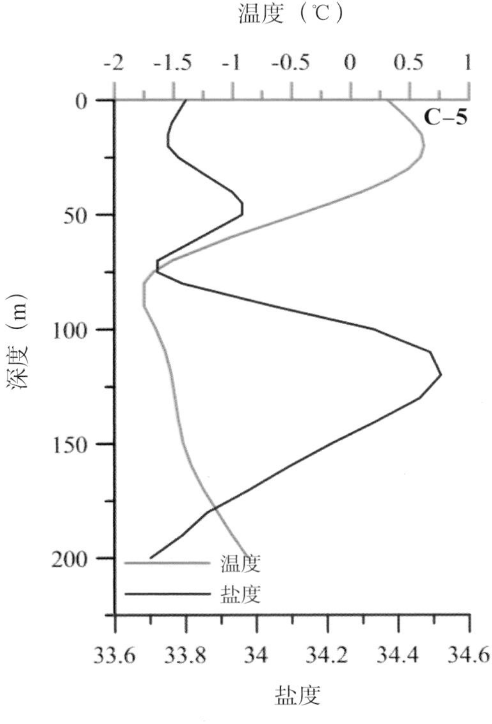
温度（℃）
-2 -1.5 -1 -0.5 0 0.5 1
C-5
深度（m）
0 50 100 150 200
温度
盐度
33.6 33.8 34 34.2 34.4 34.6
盐度

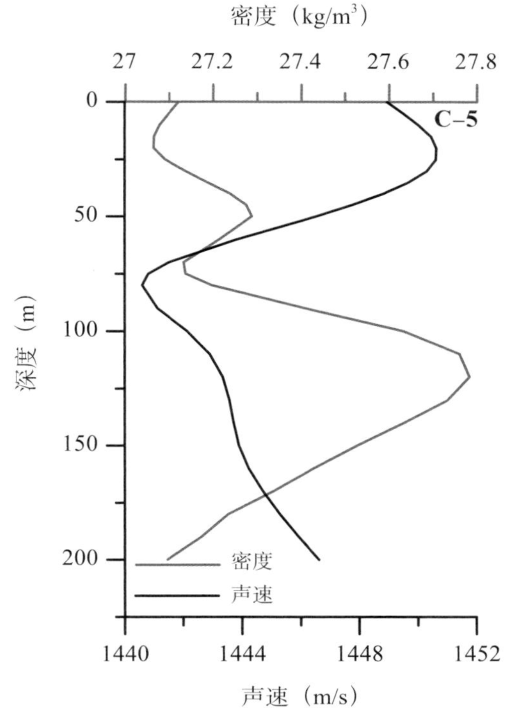
密度（kg/m3）
27 27.2 27.4 27.6 27.8
C-5
深度（m）
0 50 100 150 200
密度
声速
1440 1444 1448 1452
声速（m/s）

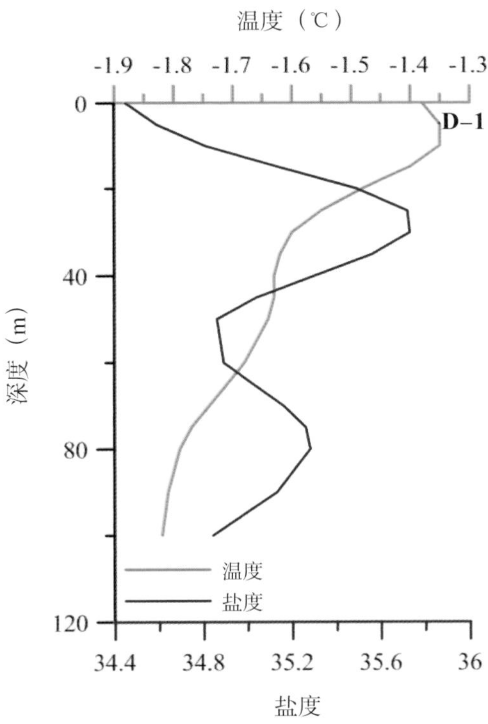
温度（℃）
-1.9 -1.8 -1.7 -1.6 -1.5 -1.4 -1.3
D-1
深度（m）
0 40 80 120
温度
盐度
34.4 34.8 35.2 35.6 36
盐度

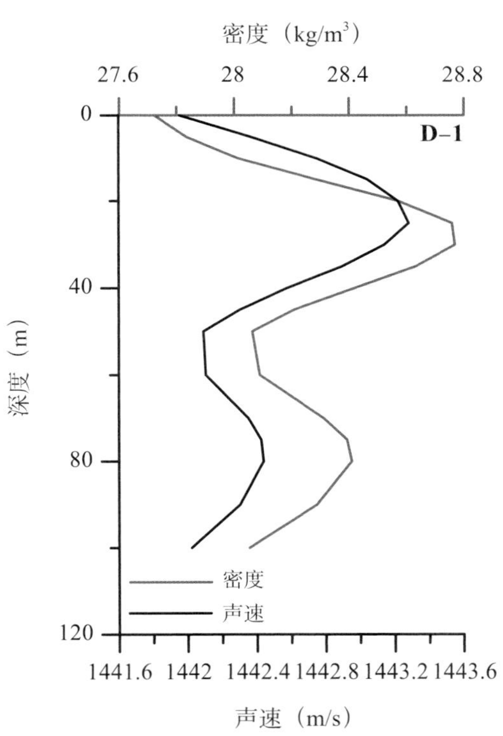
密度（kg/m3）
27.6 28 28.4 28.8
D-1
深度（m）
0 40 80 120
密度
声速
1441.6 1442 1442.4 1442.8 1443.2 1443.6
声速（m/s）

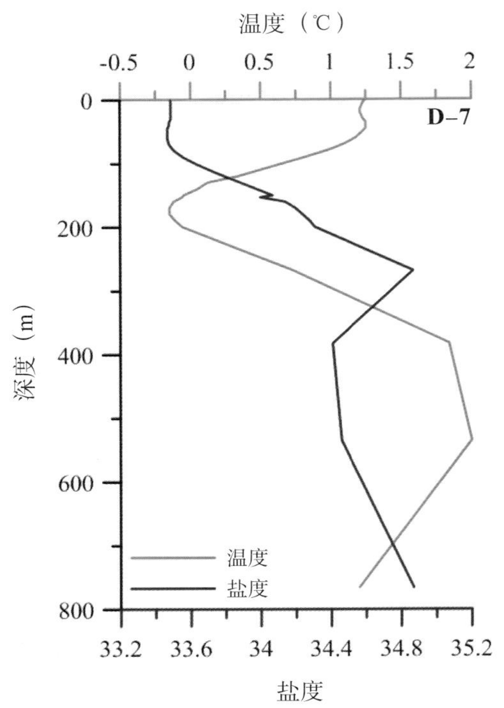

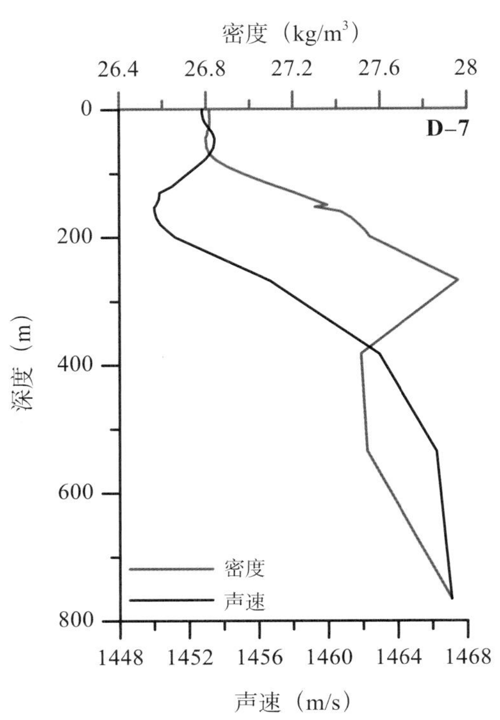

图5.2　CTD 测量要素温度、盐度、密度、声速剖面分布图

第三节　航次断面图

中国第六次南极科学考察航次站位布设较为规则，可以构成2条横跨深水海盆、陆坡、陆架的经向断面和1条冰架前缘断面，依次为 A7–A2、C10–C5、B4–B6。这些断面上全深度和 500 m 以上的温度、盐度、密度、声速断面分布图如图 5.3 至图 5.5 所示。

（1）断面 A 温度、盐度、密度、声速分布图

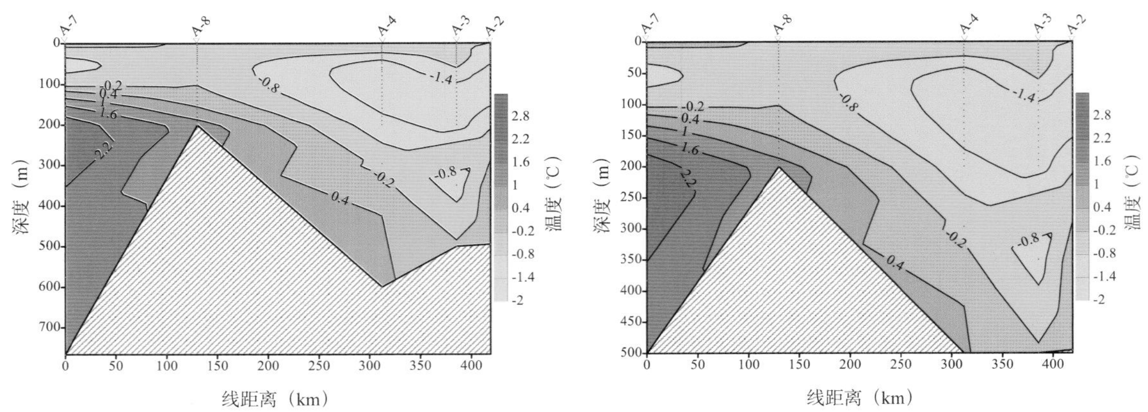

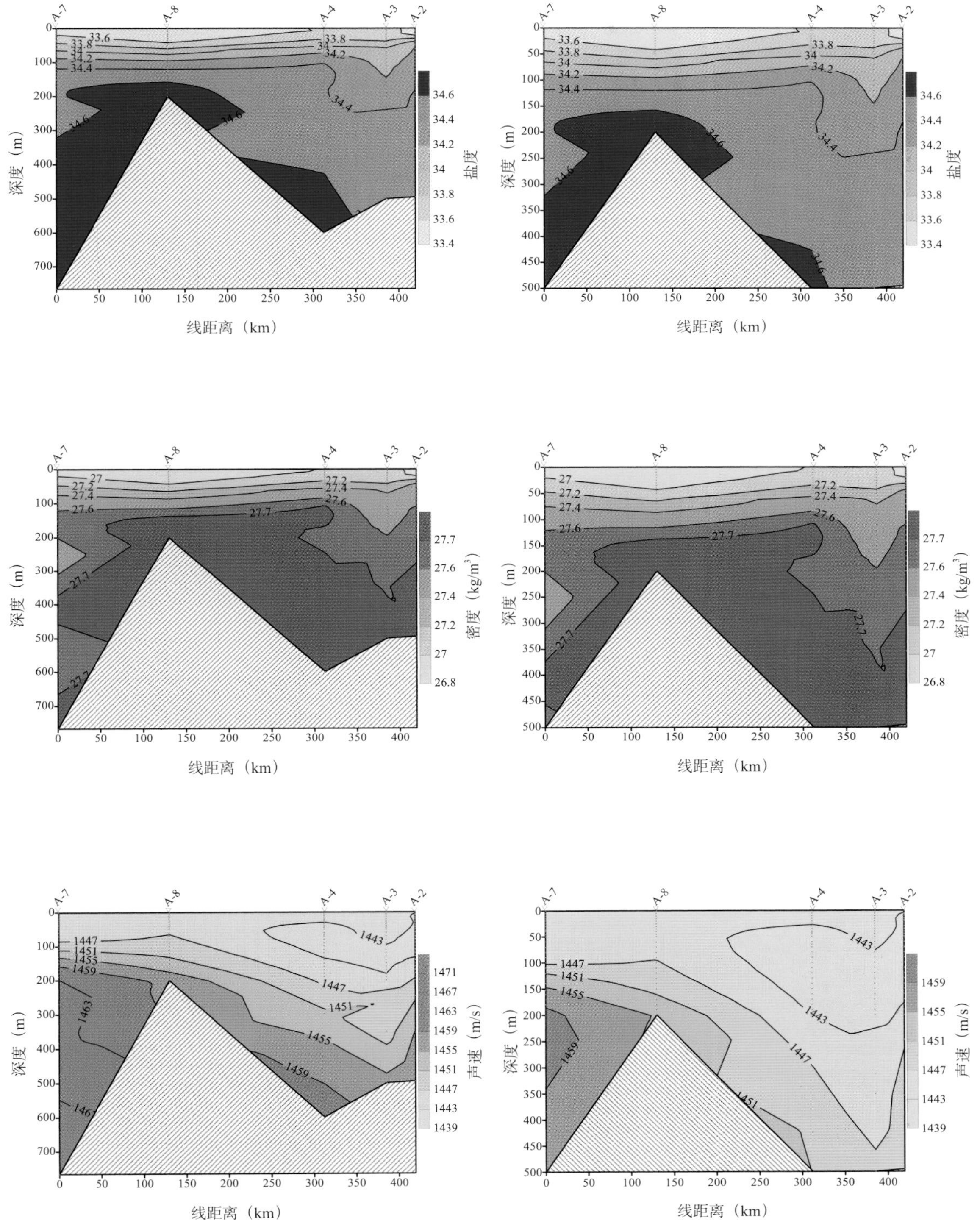

图5.3　断面A温度、盐度、密度、声速分布图

（2）断面B温度、盐度、密度、声速分布图

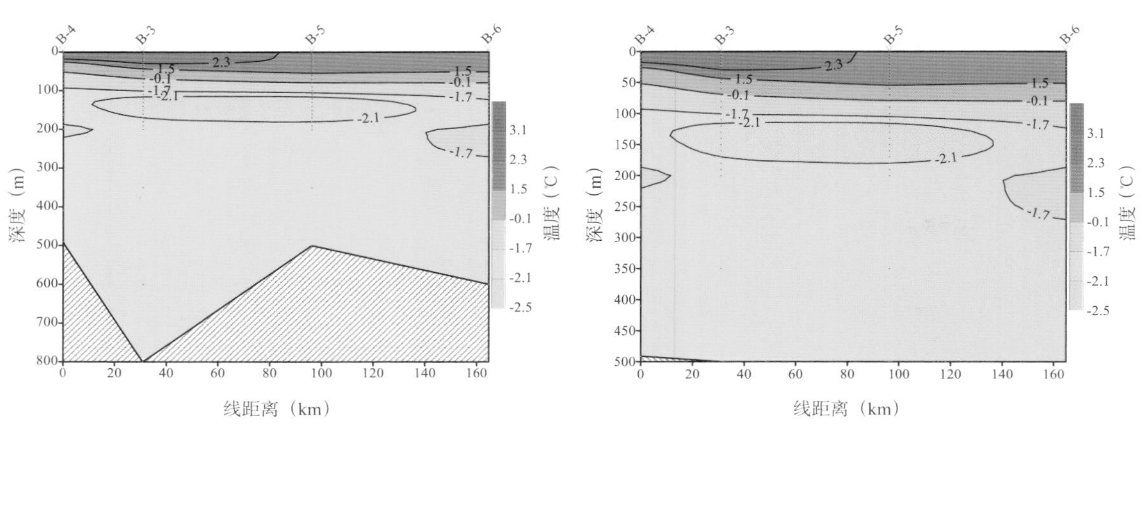

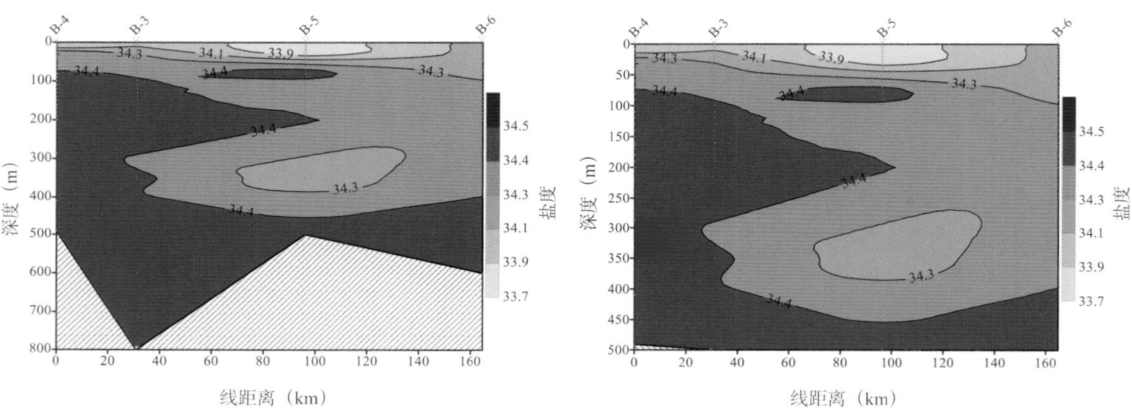

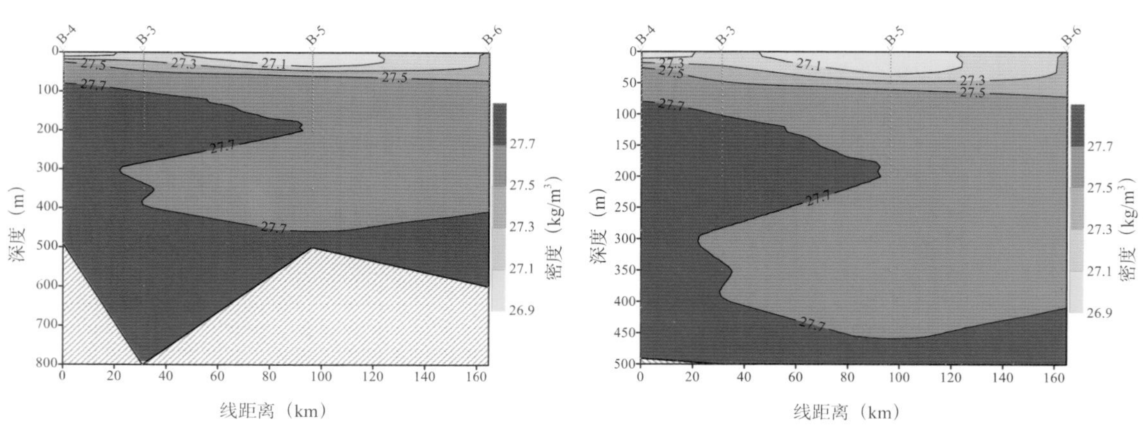

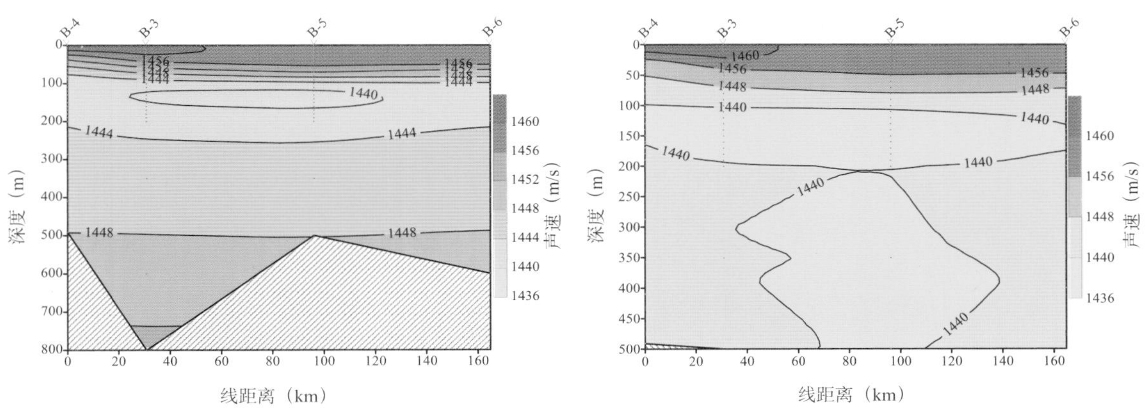

图5.4 断面B温度、盐度、密度、声速分布图

（3）断面C温度、盐度、密度、声速分布图

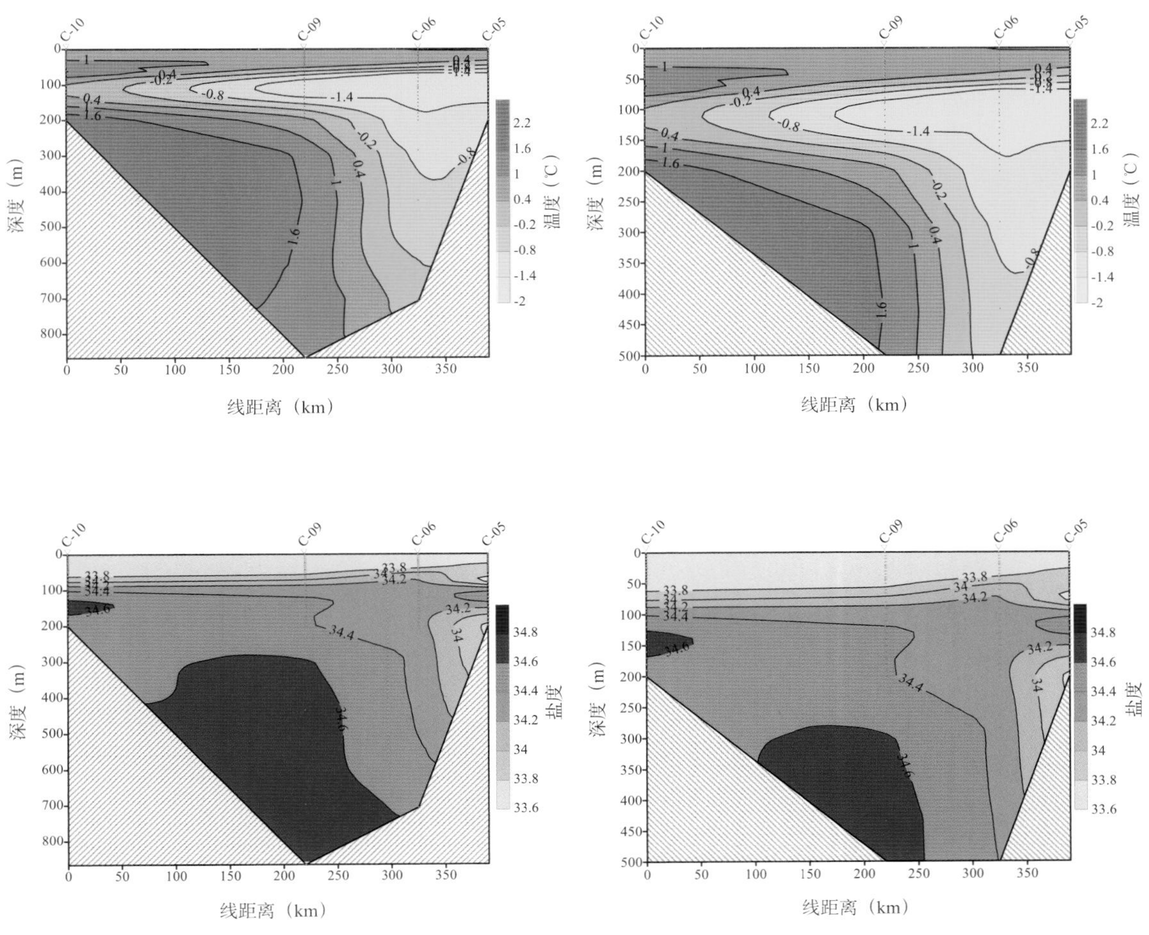

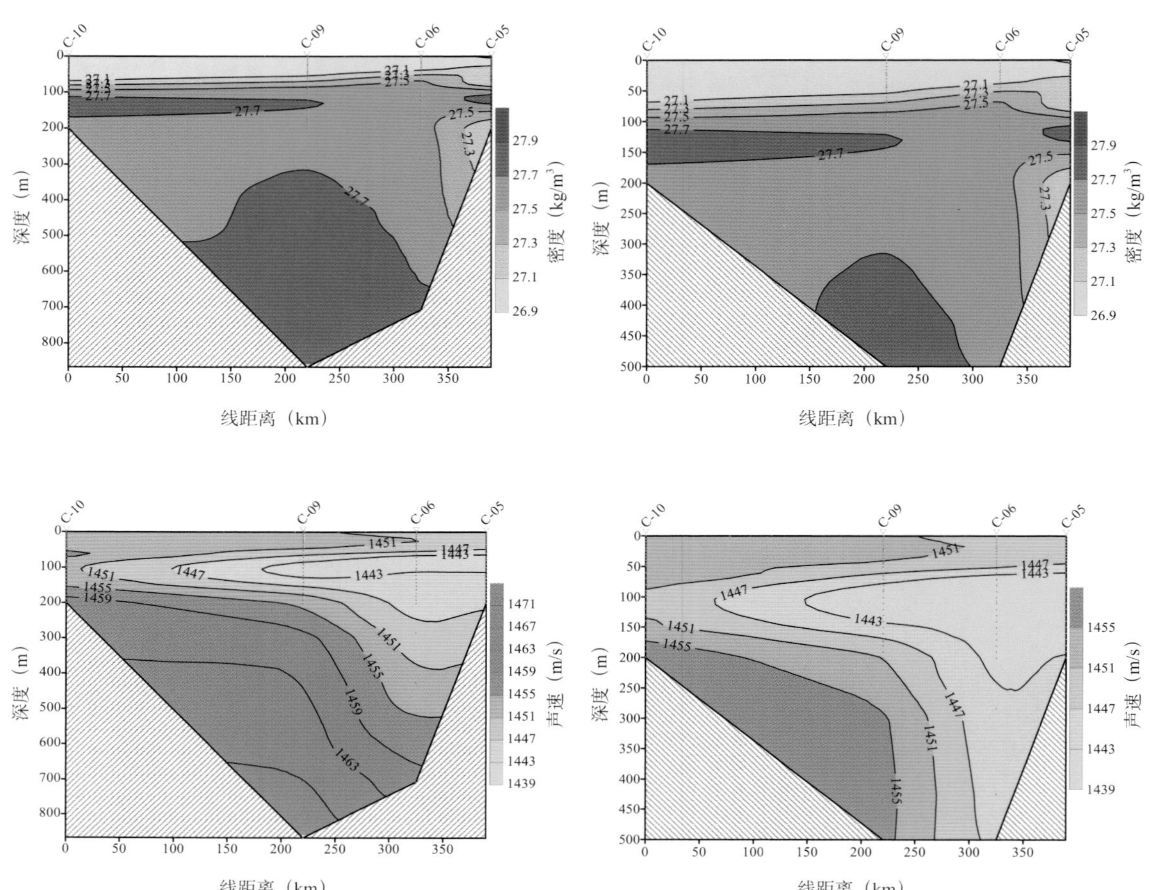

图5.5　断面C温度、盐度、密度、声速分布图

第四节　航次大面剖面图

除了冰架前缘站位外，本航次其他站点可以构成普里兹湾及其邻近海域的大面观测，10 m 层、50 m 层、100 m 层上的温度、盐度、密度、声速分布情况如图 5.6 至图 5.8 所示。

（1）10 m 层温度、盐度、密度、声速分布图（等值线间隔依次为 0.2，0.1，0.2，2）

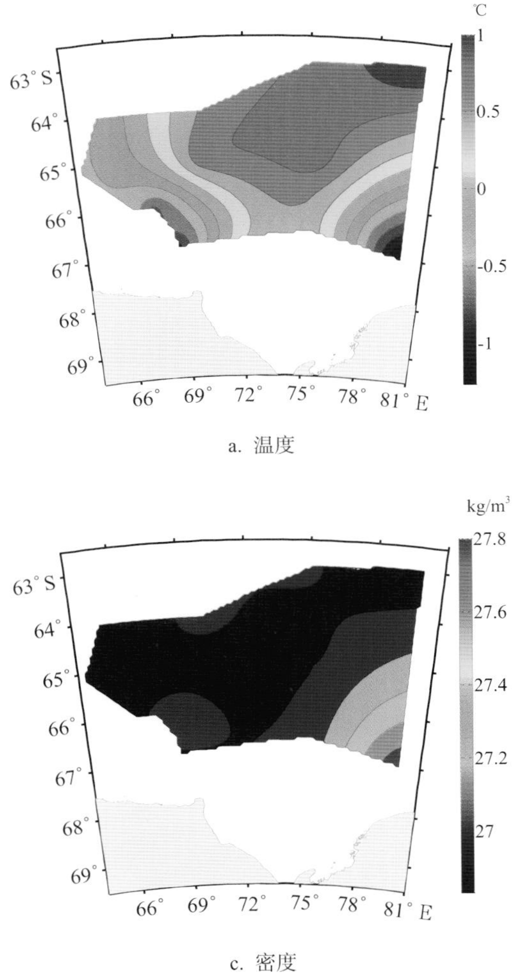

a. 温度

b. 盐度

c. 密度

d. 声速

图5.6　10 m层温度、盐度、密度、声速分布图

（2）50 m层温度、盐度、密度、声速分布图（等值线间隔依次为0.2，0.1，0.2，2）

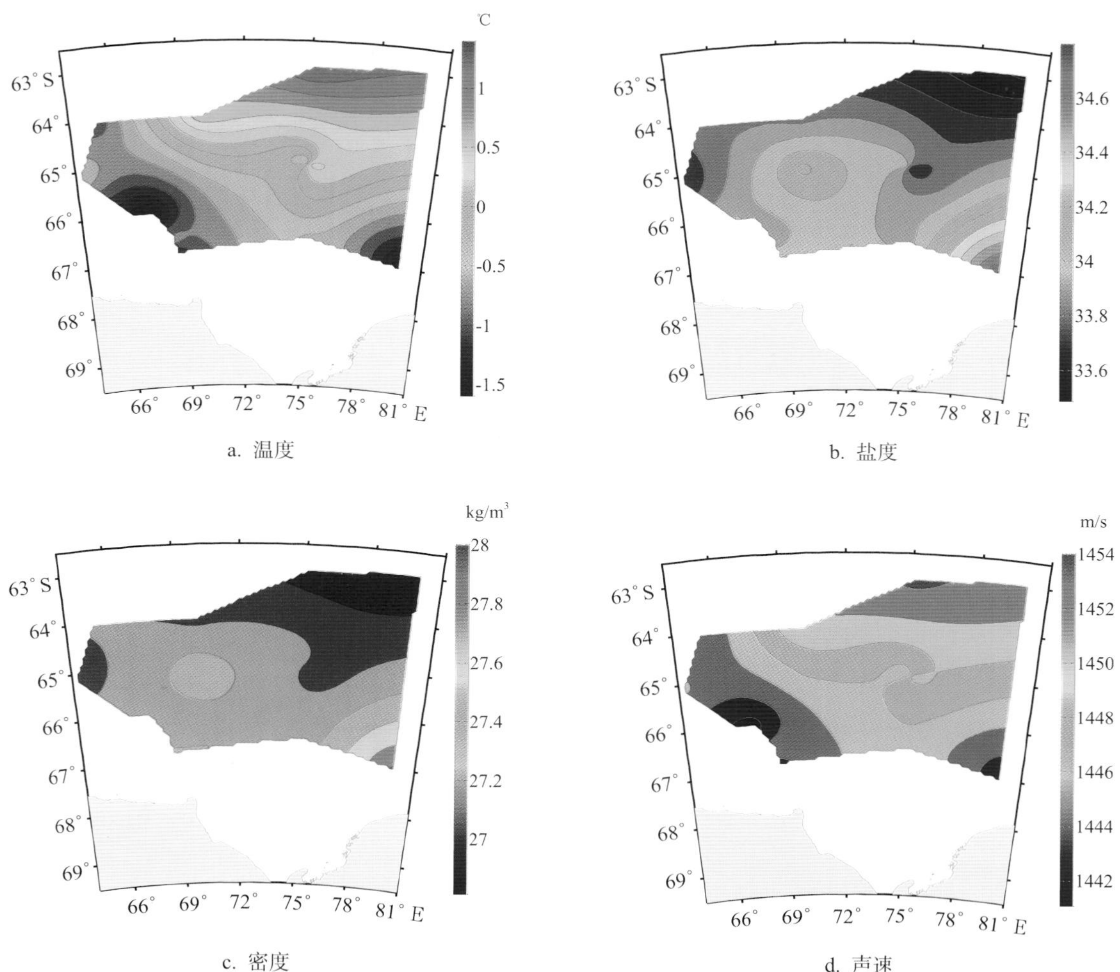

图5.7　50 m层温度、盐度、密度、声速分布图

（3）100 m 层温度、盐度、密度、声速分布图（等值线间隔依次为 0.2，0.1，0.1，2）

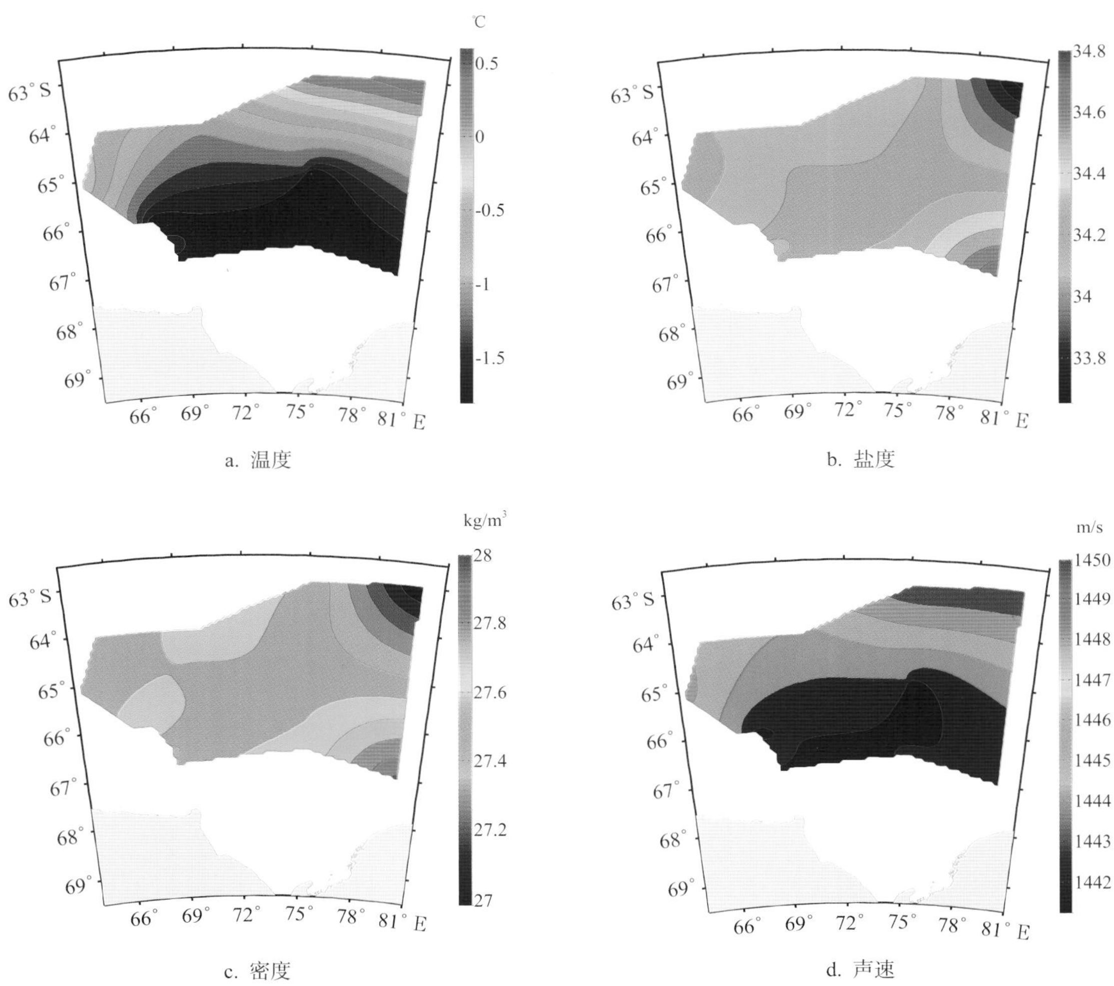

图5.8　100 m 层温度、盐度、密度、声速分布图

第六章 中国第七次南极科学考察水文图集

第一节　航次站位情况及TS点聚图

中国第七次南极科学考察共完成海洋考察 CTD 站位 36 个，站位信息见表 6.1。

表6.1　中国第三次南极考察CTD观测站位信息表

序号	站位	日期	时间	纬度 (° S)	经度 (° W)	水深 (m)	最大观测深度 (m)
1	A1	1990-12-28	08:50:00	62.033	107.917	4 100	740
2	A2	1990-12-29	19:00:00	63.007	107.544	13 300	955
3	A3	1990-12-29	03:15:00	63.975	107.649	3 100	970
4	A4	1990-12-29	10:39:00	64.832	107.861	960	950
5	B2	1990-12-30	13:13:00	63.039	102.596	4 300	900
6	B4	1990-12-30	03:09:00	64.500	102.933	960	960
7	C1	1990-12-31	09:38:00	62.029	97.992	4 200	860
8	C2	1990-12-31	17:16:00	63.021	97.854	2 500	955
9	C3	1991-01-01	08:10:00	63.553	97.556	2 500	1 000
10	D3	1991-01-01	21:00:00	63.699	92.833	2 300	1 000
11	D1	1991-01-02	10:36:00	62.019	92.961	2 000	950
12	D2	1991-01-02	02:52:00	63.013	92.832	3 800	980
13	E1	1991-01-02	23:54:00	62.188	87.976	850	840
14	E2	1991-01-03	06:33:00	63.159	88.075	3 400	810
15	E3	1991-01-03	13:16:00	64.014	88.081	3 600	970
16	E4	1991-01-03	20:22:00	65.078	88.040	3 100	880
17	F3	1991-01-04	17:13:00	63.853	84.067	3 600	935
18	F2	1991-01-05	00:41:00	63.053	83.015	2 400	960
19	G2	1991-01-05	19:49:00	62.977	78.085	3 600	930
20	G3	1991-01-06	14:53:00	64.005	78.043	3 600	945
21	G4	1991-01-06	13:11:00	65.034	77.977	3 300	955
22	G5	1991-01-06	22:16:00	66.058	77.950	2 800	955
23	H5	1991-01-07	10:31:00	65.990	72.954	2 300	945

续表6.1

序号	站位	日期	时间	纬度 (° S)	经度 (° W)	水深 (m)	最大观测深度 (m)
24	H4	1991–01–07	18:32:00	65.007	72.895	3 300	960
25	H3	1991–01–08	02:54:00	64.017	72.827	3 500	990
26	H2	1991–01–08	10:56:00	63.035	72.915	3 900	980
27	H1	1991–01–08	22:16:00	62.008	72.865	4 100	960
28	I2	1991–01–09	17:51:00	62.99S	68.115	4 000	925
29	I3	1991–01–10	00:54:00	64.052	68.278	3 500	935
30	I4	1991–01–10	07:46:00	65.033	68.371	3 000	935
31	I5	1991–01–10	15:05:00	66.000	68.333	2 700	925
32	H6	1991–01–11	06:06:00	67.032	73.028	500	450
33	H8	1991–01–15	19:00:00	69.026	75.933		715
34	H9	1991–01–19	11:57:00	69.204	75.742		220
35	ZS2	1991–01–30	13:44:00	69.282	76.372		280
36	ZS1	1991–02–26	15:05:00	69.011	76.478		450

本航次的 TS 点聚图如图 6.1 所示。

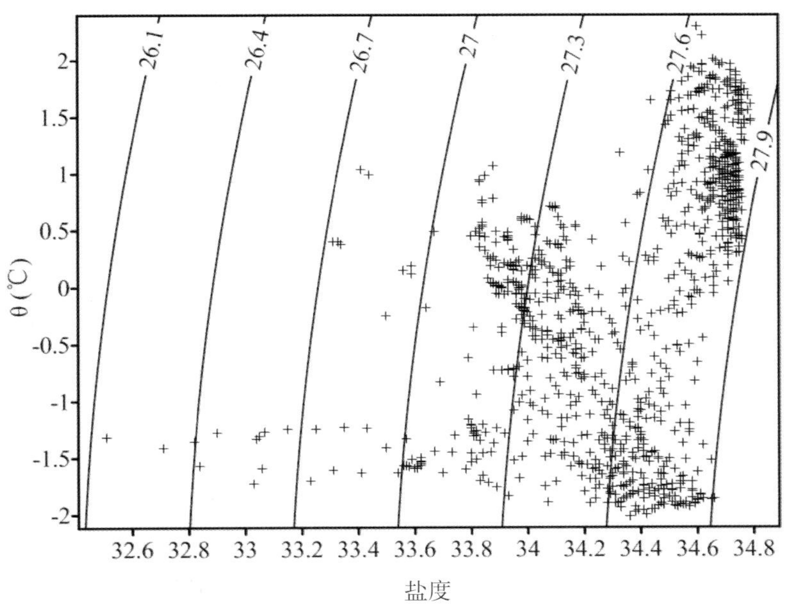

图6.1　中国第七次南极考察TS点聚图

第二节 航次站点剖面图

本航次各站点的 CTD 测量要素温度、盐度、密度、声速剖面分布如图 6.2 所示。

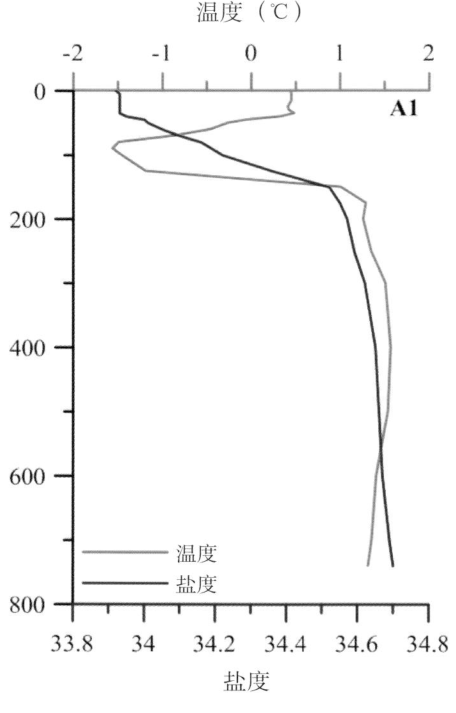

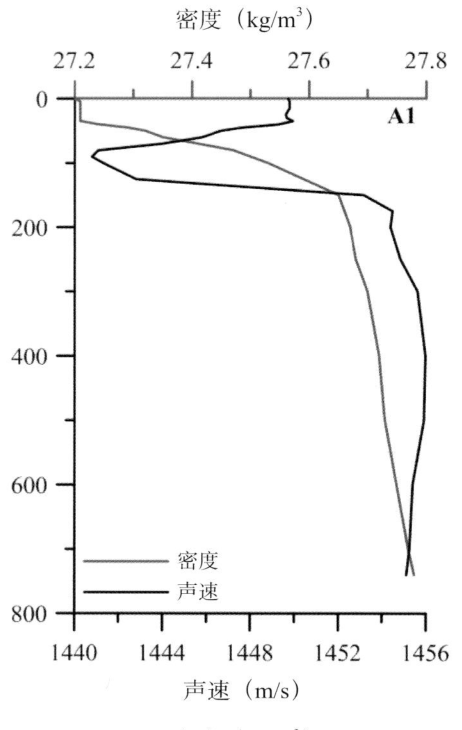

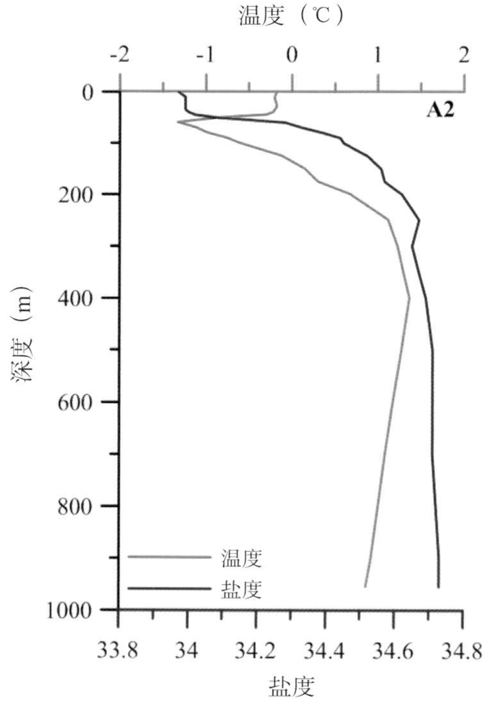

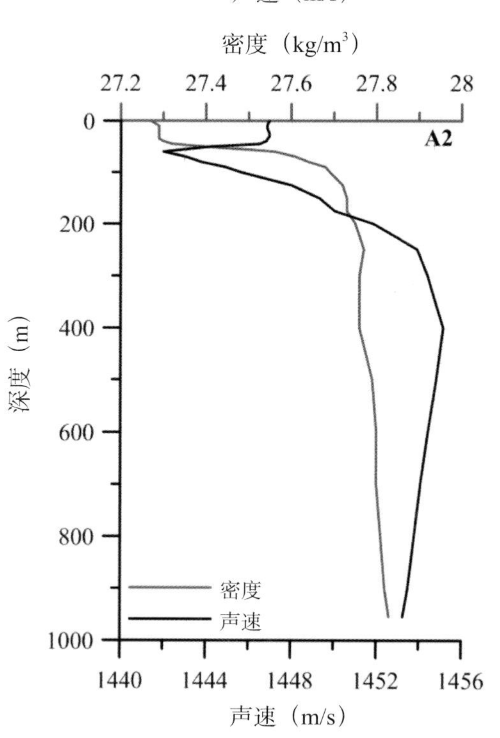

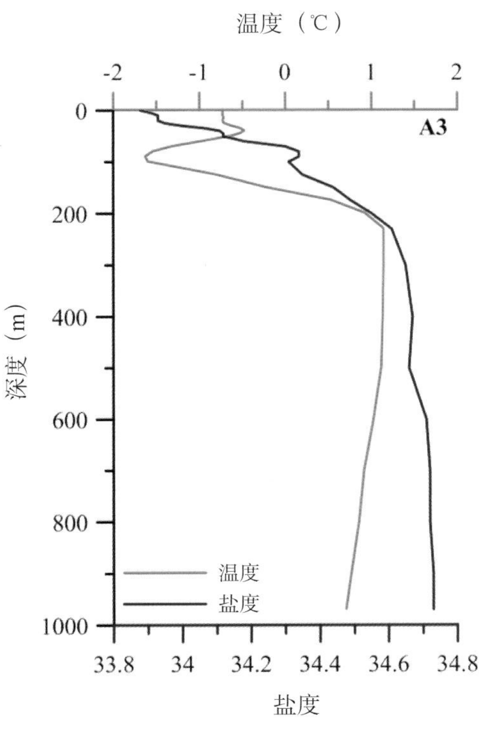
温度（℃）
-2
-1
0
1
2
0
200
400
600
800
1000
A3
深度（m）
温度
盐度
33.8
34
34.2
34.4
34.6
34.8
盐度

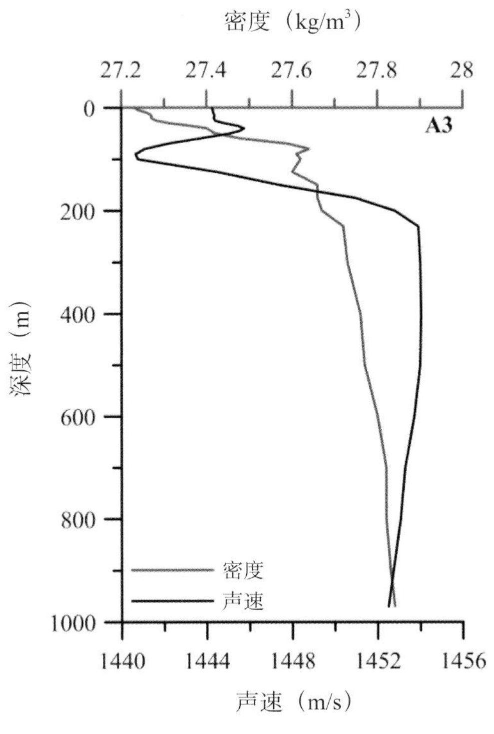
密度（kg/m3）
27.2
27.4
27.6
27.8
28
0
200
400
600
800
1000
A3
深度（m）
密度
声速
1440
1444
1448
1452
1456
声速（m/s）

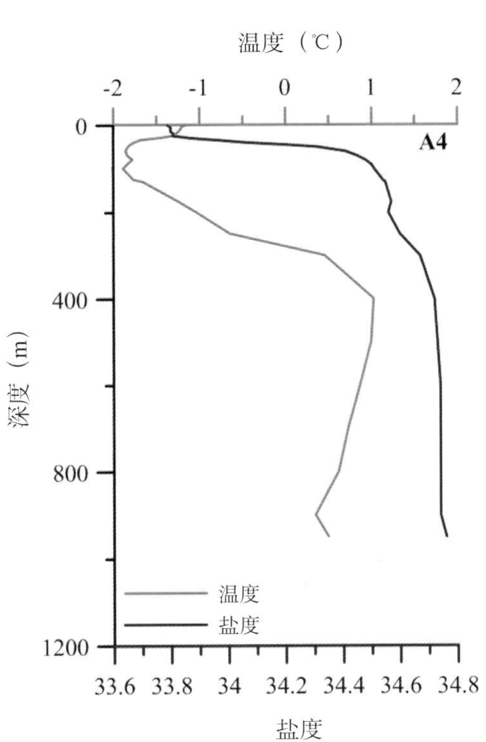
温度（℃）
-2
-1
0
1
2
0
400
800
1200
A4
深度（m）
温度
盐度
33.6
33.8
34
34.2
34.4
34.6
34.8
盐度

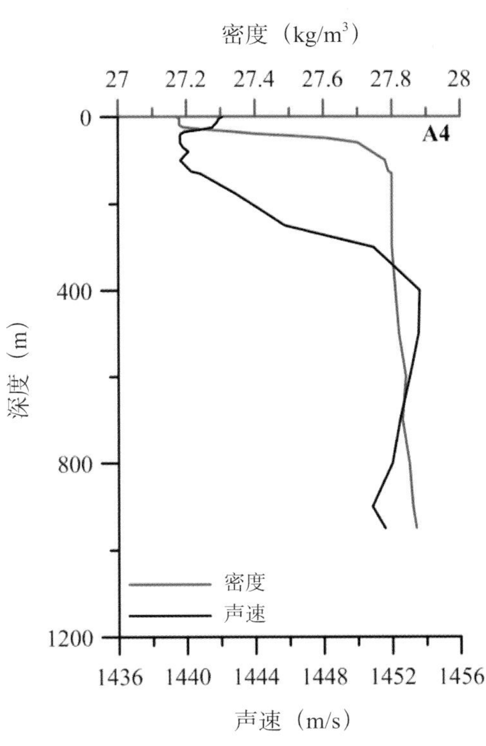
密度（kg/m3）
27
27.2
27.4
27.6
27.8
28
0
400
800
1200
A4
深度（m）
密度
声速
1436
1440
1444
1448
1452
1456
声速（m/s）

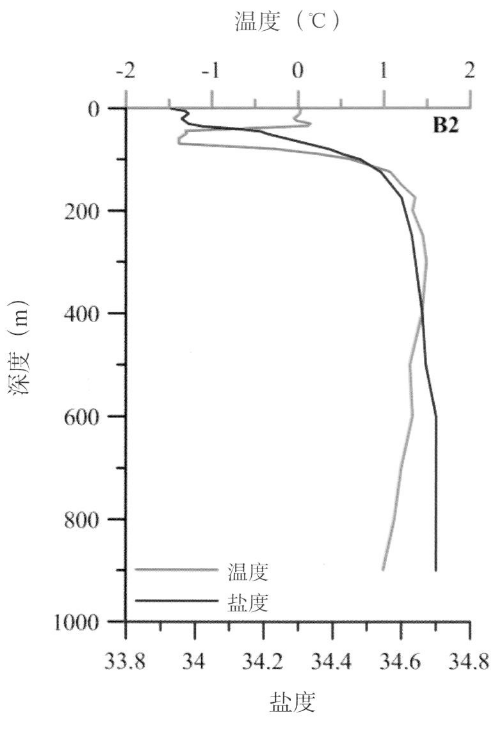
温度（℃）
-2 -1 0 1 2
0 200 400 600 800 1000
深度（m）
B2
温度
盐度
33.8 34 34.2 34.4 34.6 34.8
盐度

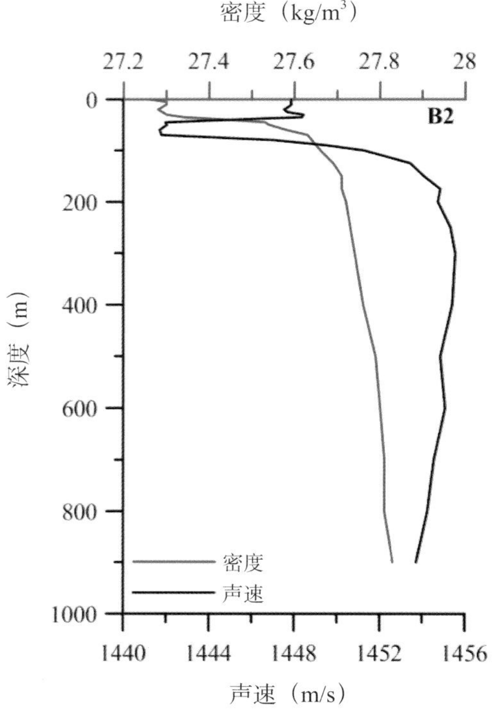
密度（kg/m³）
27.2 27.4 27.6 27.8 28
0 200 400 600 800 1000
深度（m）
B2
密度
声速
1440 1444 1448 1452 1456
声速（m/s）

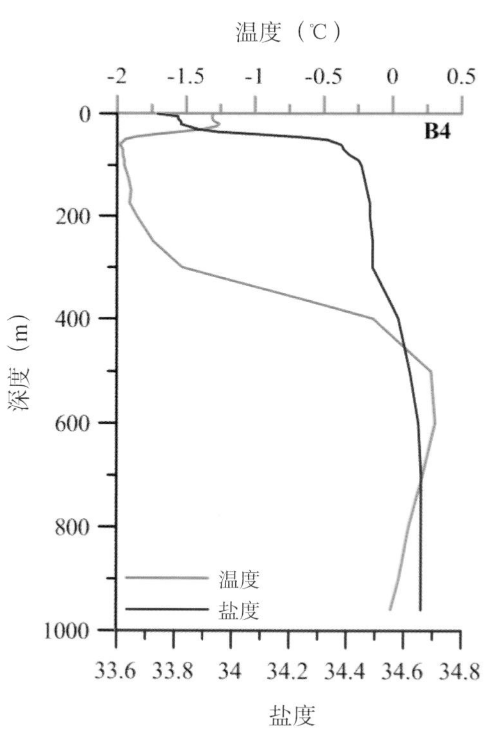
温度（℃）
-2 -1.5 -1 -0.5 0 0.5
0 200 400 600 800 1000
深度（m）
B4
温度
盐度
33.6 33.8 34 34.2 34.4 34.6 34.8
盐度

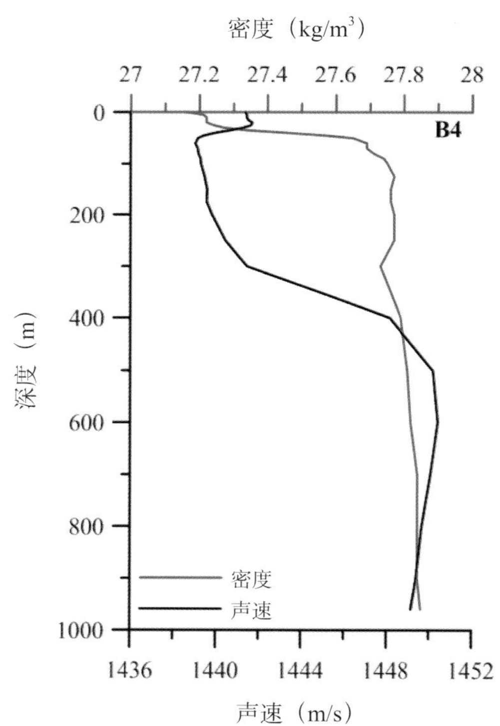
密度（kg/m³）
27 27.2 27.4 27.6 27.8 28
0 200 400 600 800 1000
深度（m）
B4
密度
声速
1436 1440 1444 1448 1452
声速（m/s）

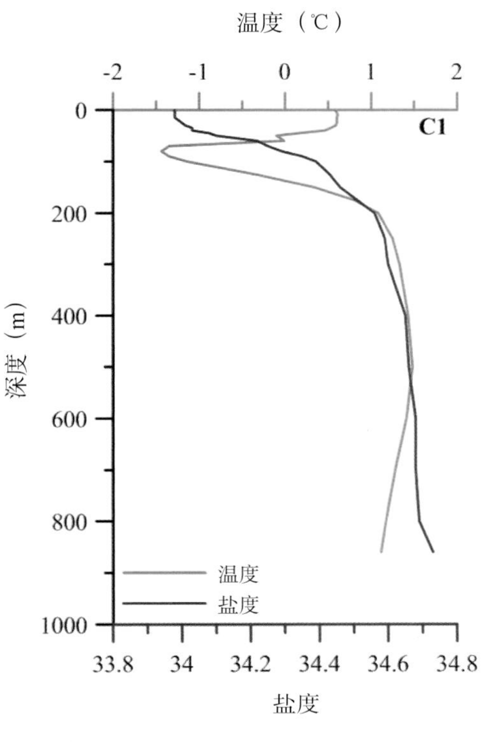
温度（℃）
-2
-1
0
1
2
0
200
400
600
800
1000
深度（m）
C1
温度
盐度
33.8
34
34.2
34.4
34.6
34.8
盐度

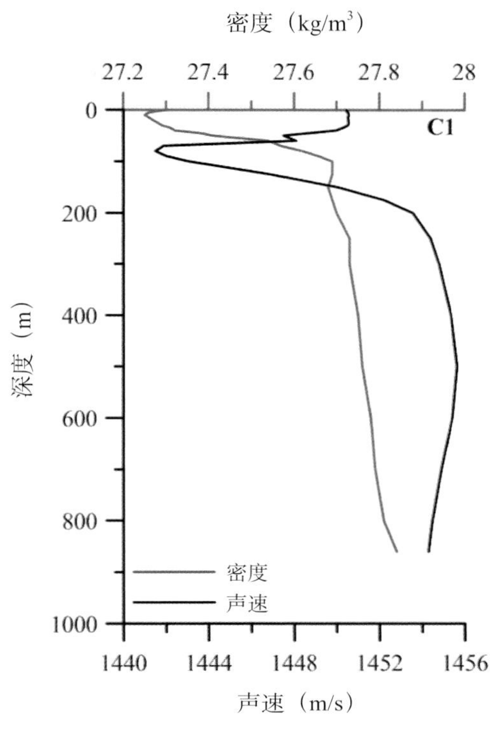
密度（kg/m³）
27.2
27.4
27.6
27.8
28
0
200
400
600
800
1000
深度（m）
C1
密度
声速
1440
1444
1448
1452
1456
声速（m/s）

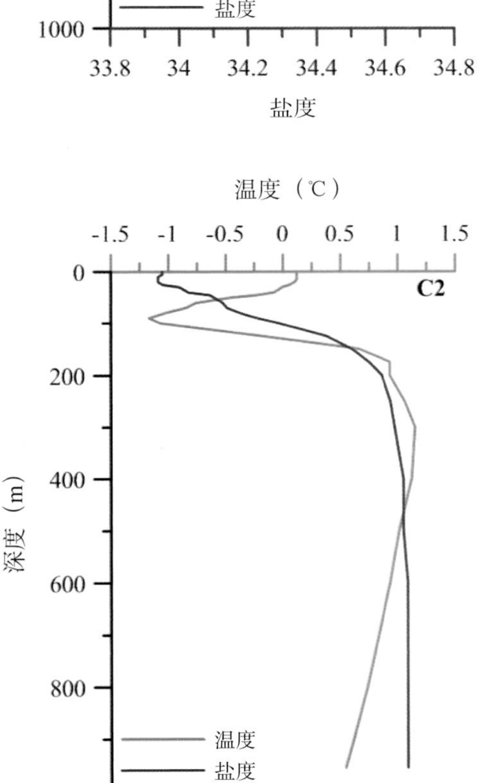
温度（℃）
-1.5
-1
-0.5
0
0.5
1
1.5
0
200
400
600
800
1000
深度（m）
C2
温度
盐度
34
34.2
34.4
34.6
34.8
盐度

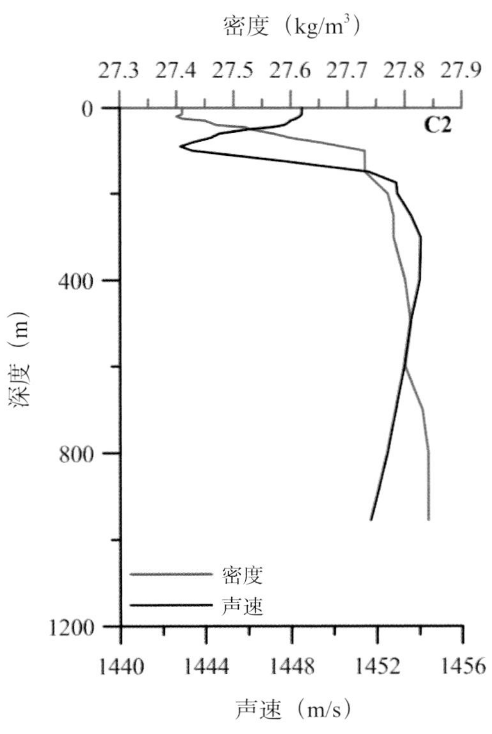
密度（kg/m³）
27.3
27.4
27.5
27.6
27.7
27.8
27.9
0
400
800
1200
深度（m）
C2
密度
声速
1440
1444
1448
1452
1456
声速（m/s）

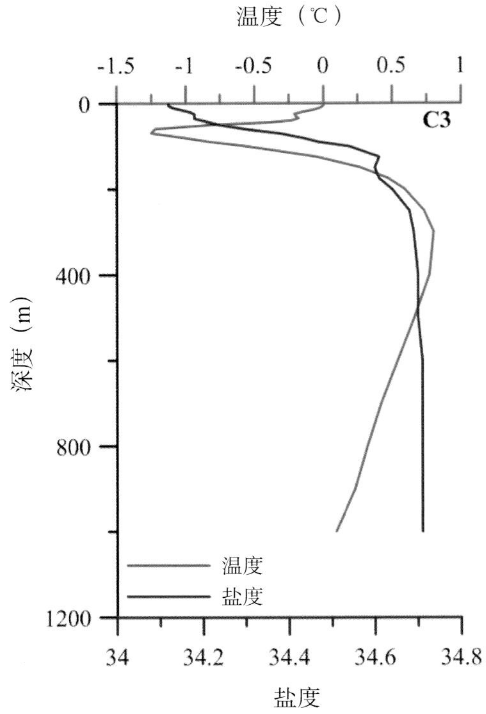
温度（℃）
-1.5
-1
-0.5
0
0.5
1
0
400
800
1200
C3
深度（m）
温度
盐度
34
34.2
34.4
34.6
34.8
盐度

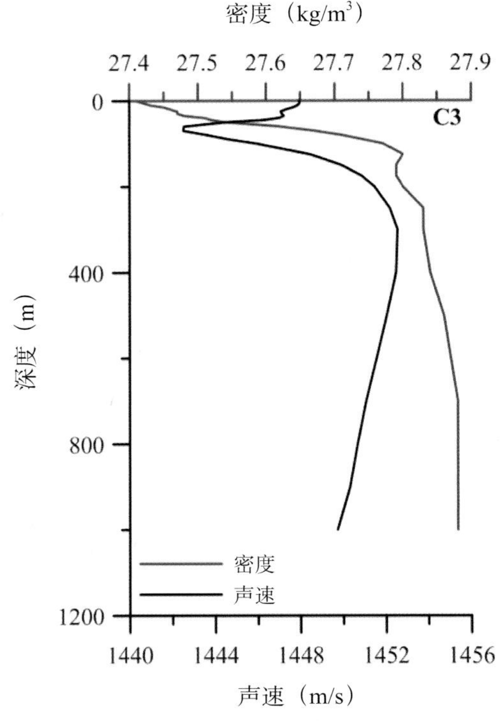
密度（kg/m³）
27.4
27.5
27.6
27.7
27.8
27.9
0
400
800
1200
C3
深度（m）
密度
声速
1440
1444
1448
1452
1456
声速（m/s）

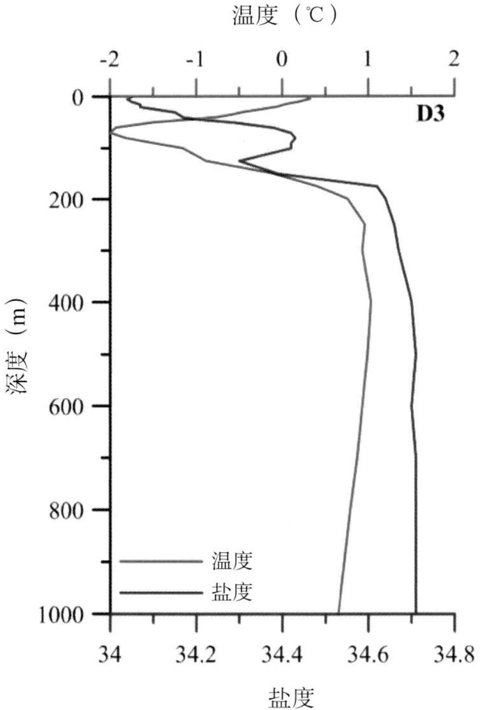
温度（℃）
-2
-1
0
1
2
0
200
400
600
800
1000
D3
深度（m）
温度
盐度
34
34.2
34.4
34.6
34.8
盐度

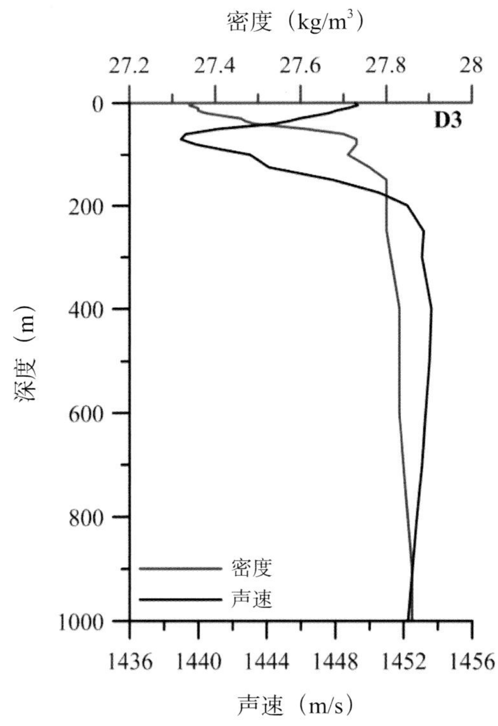
密度（kg/m³）
27.2
27.4
27.6
27.8
28
0
200
400
600
800
1000
D3
深度（m）
密度
声速
1436
1440
1444
1448
1452
1456
声速（m/s）

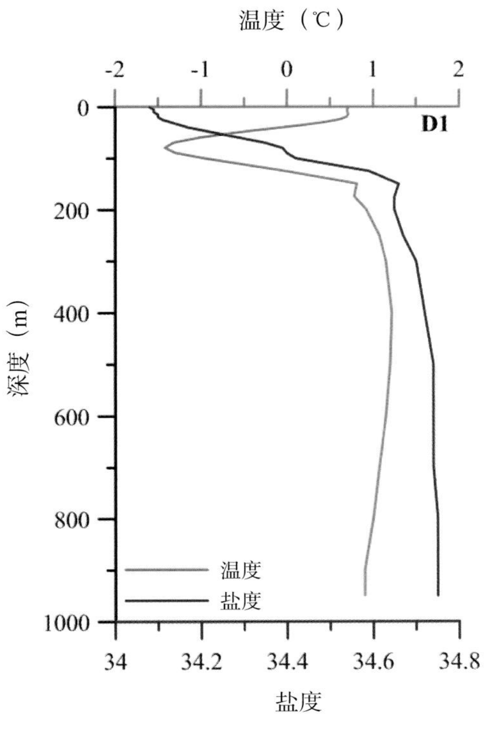
温度（℃）
-2
-1
0
1
2
D1
0
200
400
600
800
1000
深度（m）
温度
盐度
34
34.2
34.4
34.6
34.8
盐度

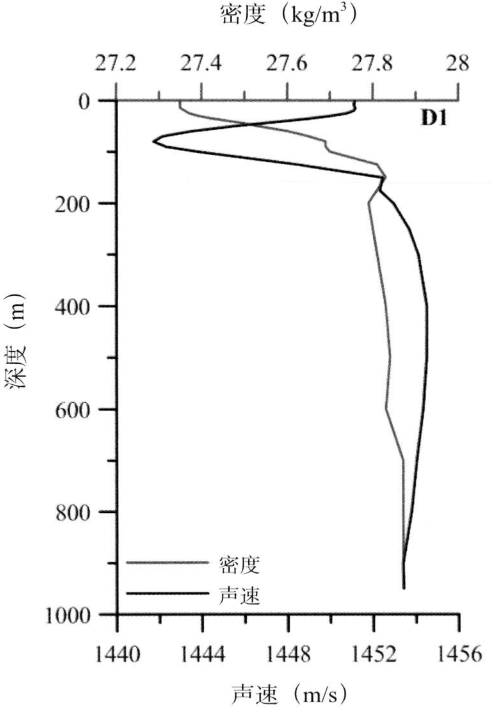
密度（kg/m³）
27.2
27.4
27.6
27.8
28
D1
0
200
400
600
800
1000
深度（m）
密度
声速
1440
1444
1448
1452
1456
声速（m/s）

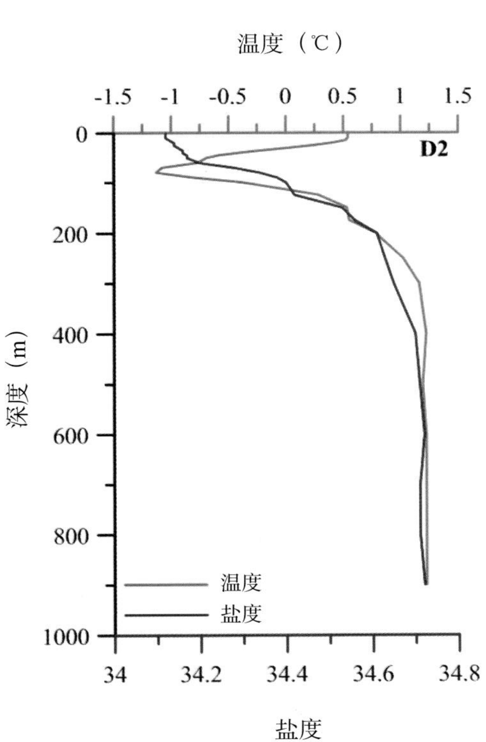
温度（℃）
-1.5
-1
-0.5
0
0.5
1
1.5
D2
0
200
400
600
800
1000
深度（m）
温度
盐度
34
34.2
34.4
34.6
34.8
盐度

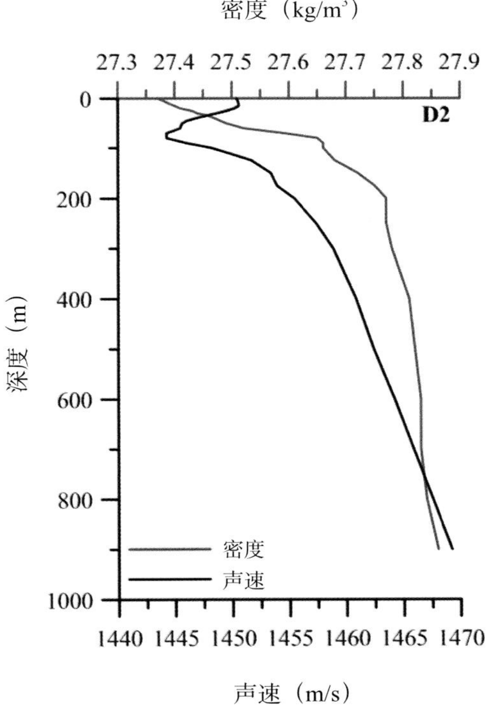
密度（kg/m³）
27.3
27.4
27.5
27.6
27.7
27.8
27.9
D2
0
200
400
600
800
1000
深度（m）
密度
声速
1440
1445
1450
1455
1460
1465
1470
声速（m/s）

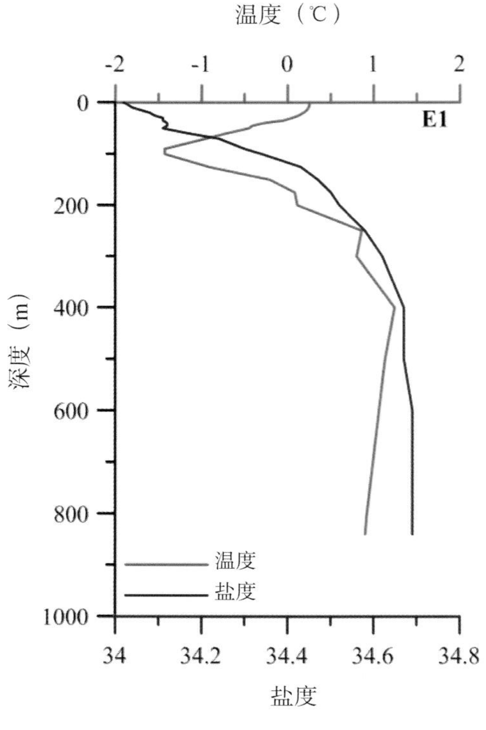

温度（℃）
-2
-1
0
1
2
E1
0
200
400
600
800
1000
深度（m）
温度
盐度
34
34.2
34.4
34.6
34.8
盐度

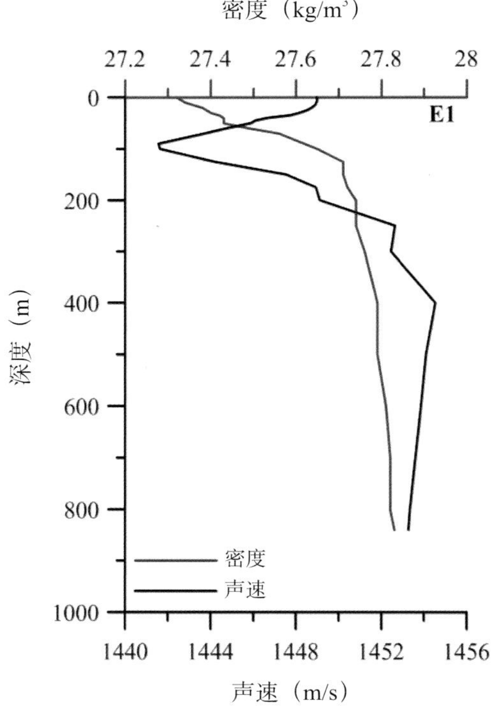

密度（kg/m³）
27.2
27.4
27.6
27.8
28
E1
0
200
400
600
800
1000
深度（m）
密度
声速
1440
1444
1448
1452
1456
声速（m/s）

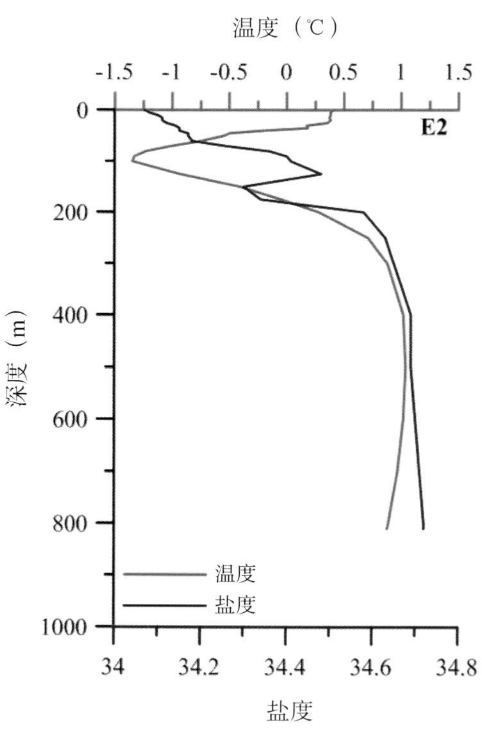

温度（℃）
-1.5
-1
-0.5
0
0.5
1
1.5
E2
0
200
400
600
800
1000
深度（m）
温度
盐度
34
34.2
34.4
34.6
34.8
盐度

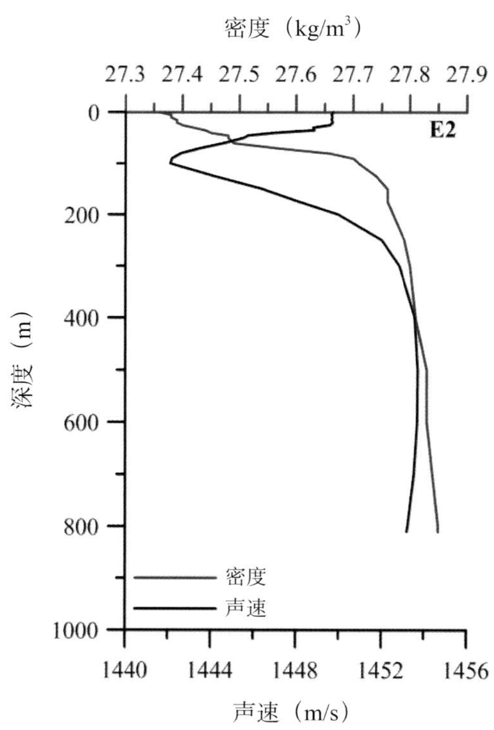

密度（kg/m³）
27.3
27.4
27.5
27.6
27.7
27.8
27.9
E2
0
200
400
600
800
1000
深度（m）
密度
声速
1440
1444
1448
1452
1456
声速（m/s）

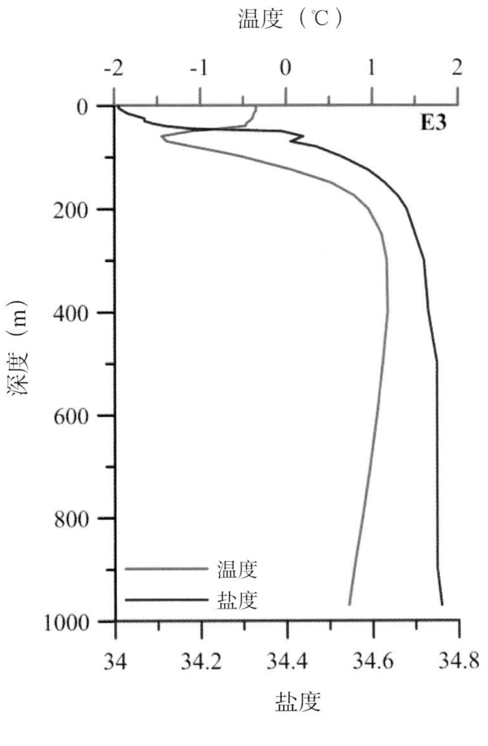
温度（℃）
-2 -1 0 1 2
E3
0
200
400
600
800
1000
深度（m）
温度
盐度
34 34.2 34.4 34.6 34.8
盐度

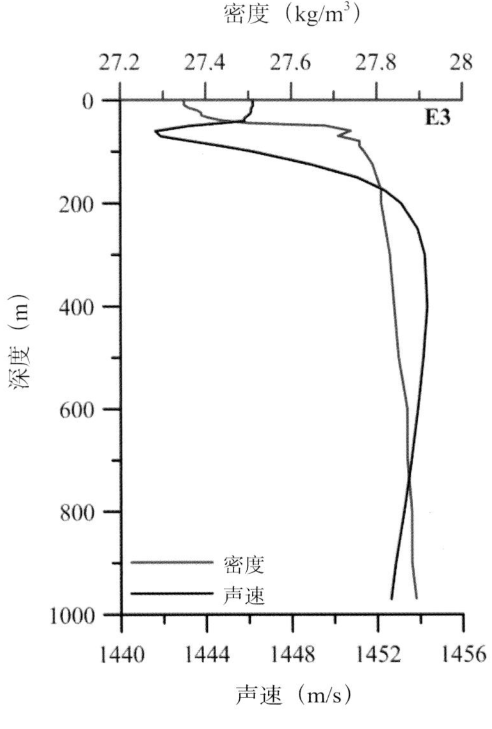
密度（kg/m³）
27.2 27.4 27.6 27.8 28
E3
0
200
400
600
800
1000
深度（m）
密度
声速
1440 1444 1448 1452 1456
声速（m/s）

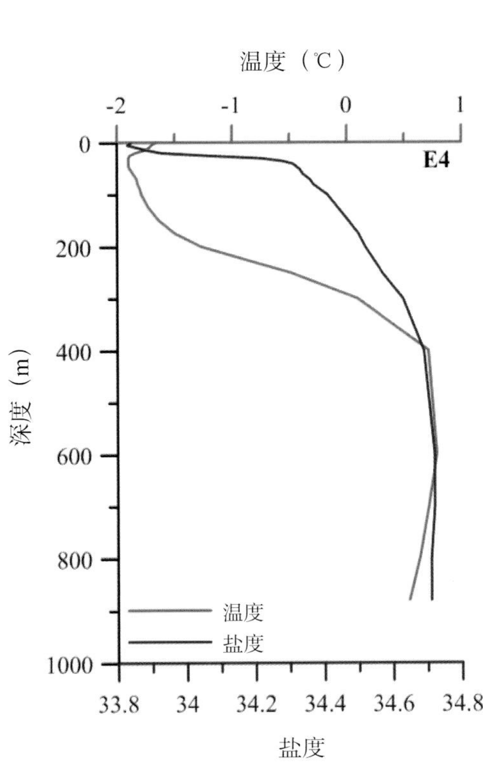
温度（℃）
-2 -1 0 1
E4
0
200
400
600
800
1000
深度（m）
温度
盐度
33.8 34 34.2 34.4 34.6 34.8
盐度

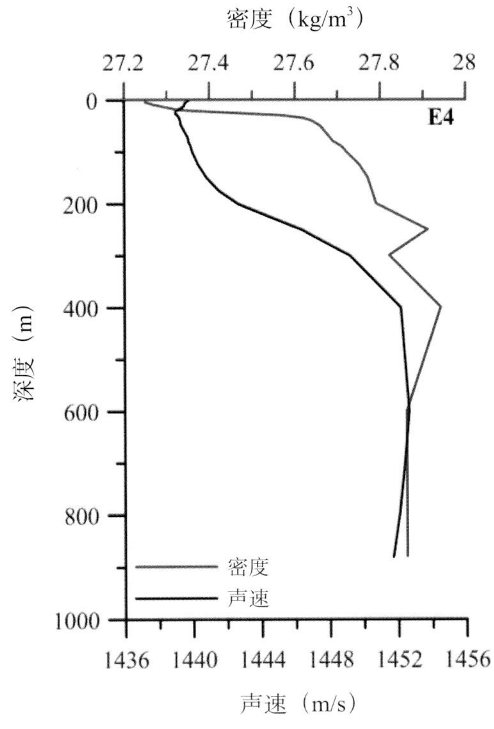
密度（kg/m³）
27.2 27.4 27.6 27.8 28
E4
0
200
400
600
800
1000
深度（m）
密度
声速
1436 1440 1444 1448 1452 1456
声速（m/s）

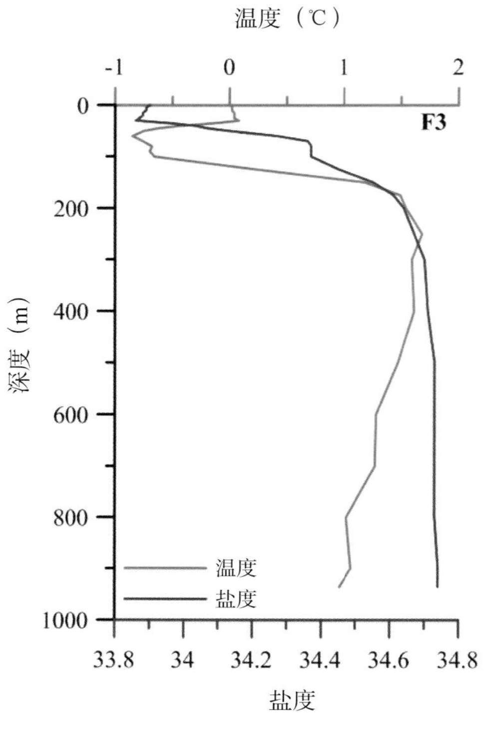
温度（℃）
-1
0
1
2
0
200
400
600
800
1000
深度（m）
F3
温度
盐度
33.8
34
34.2
34.4
34.6
34.8
盐度

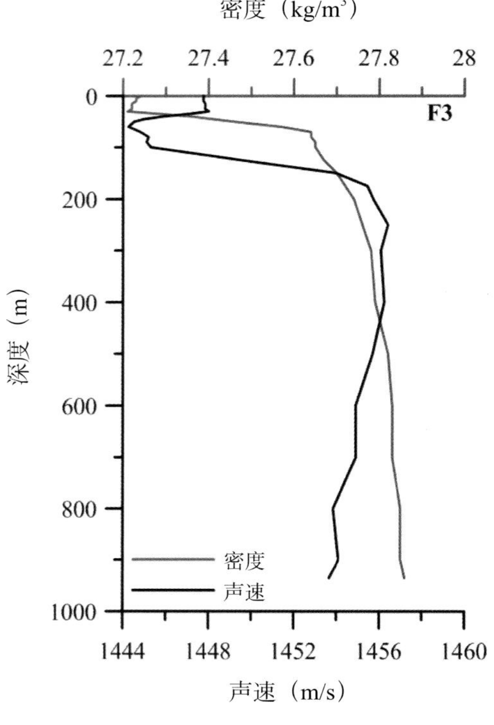
密度（kg/m3）
27.2
27.4
27.6
27.8
28
0
200
400
600
800
1000
深度（m）
F3
密度
声速
1444
1448
1452
1456
1460
声速（m/s）

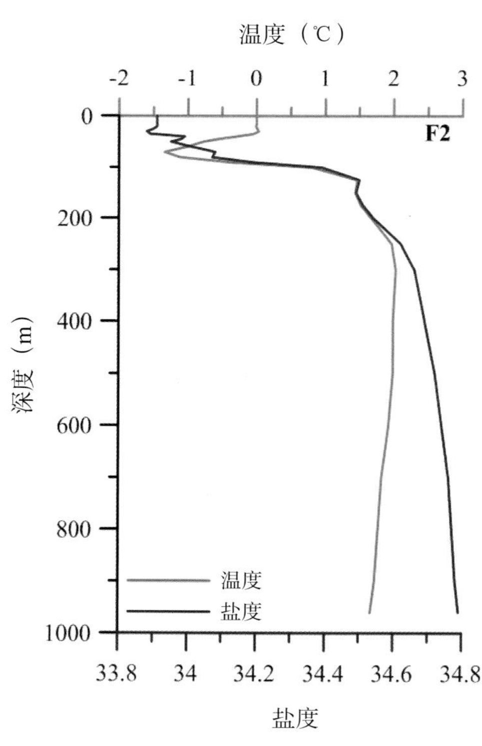
温度（℃）
-2
-1
0
1
2
3
0
200
400
600
800
1000
深度（m）
F2
温度
盐度
33.8
34
34.2
34.4
34.6
34.8
盐度

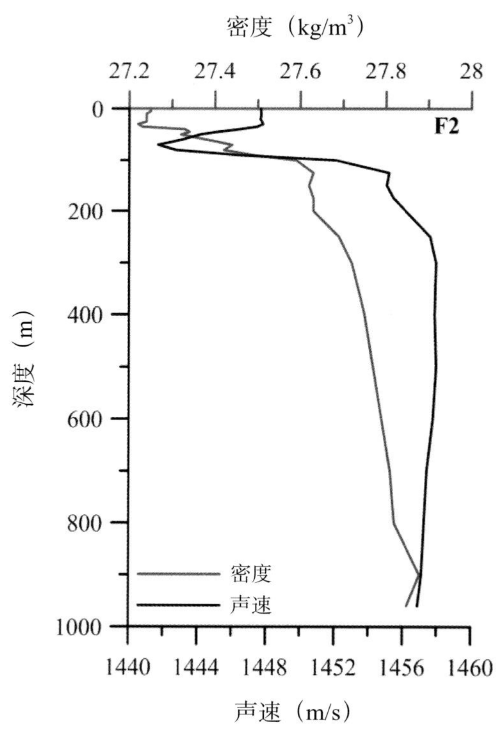
密度（kg/m3）
27.2
27.4
27.6
27.8
28
0
200
400
600
800
1000
深度（m）
F2
密度
声速
1440
1444
1448
1452
1456
1460
声速（m/s）

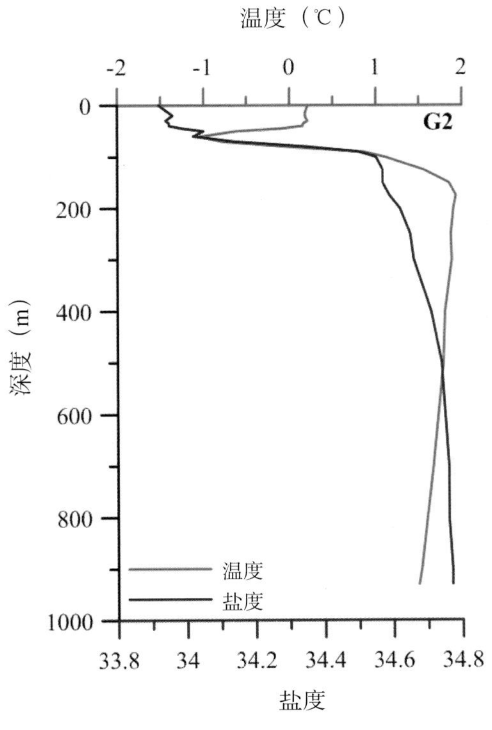
温度（℃）
-2
-1
0
1
2
0
200
400
600
800
1000
深度（m）
G2
温度
盐度
33.8
34
34.2
34.4
34.6
34.8
盐度

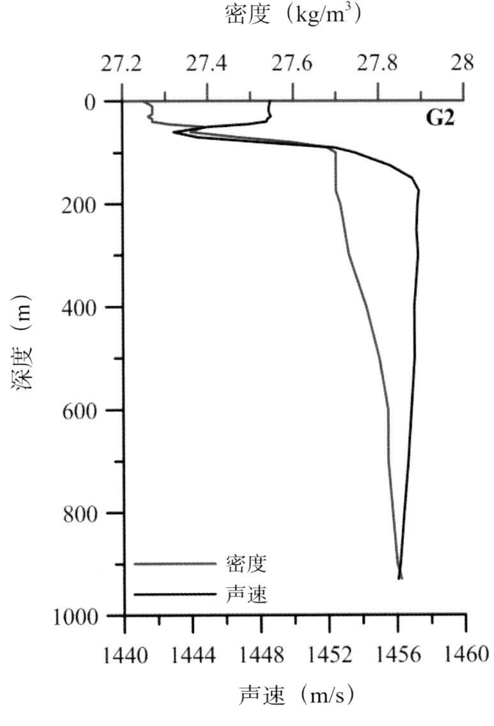
密度（kg/m³）
27.2
27.4
27.6
27.8
28
0
200
400
600
800
1000
深度（m）
G2
密度
声速
1440
1444
1448
1452
1456
1460
声速（m/s）

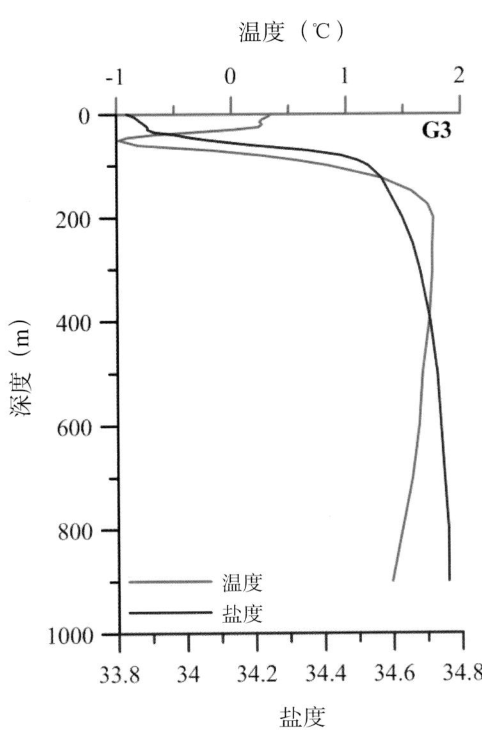
温度（℃）
-1
0
1
2
0
200
400
600
800
1000
深度（m）
G3
温度
盐度
33.8
34
34.2
34.4
34.6
34.8
盐度

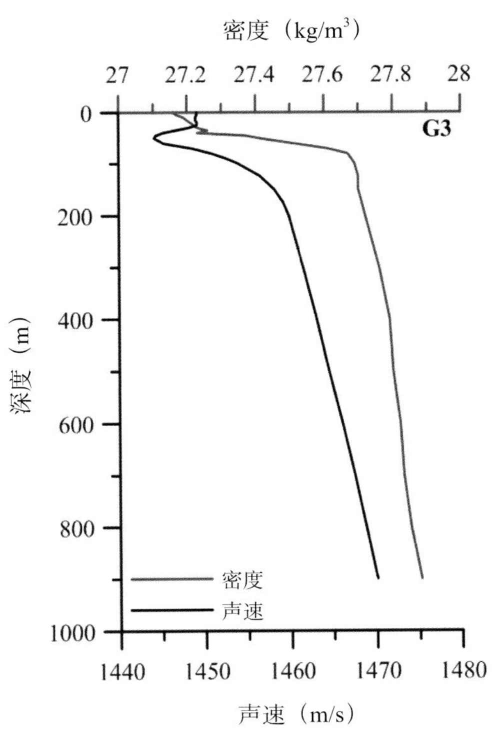
密度（kg/m³）
27
27.2
27.4
27.6
27.8
28
0
200
400
600
800
1000
深度（m）
G3
密度
声速
1440
1450
1460
1470
1480
声速（m/s）

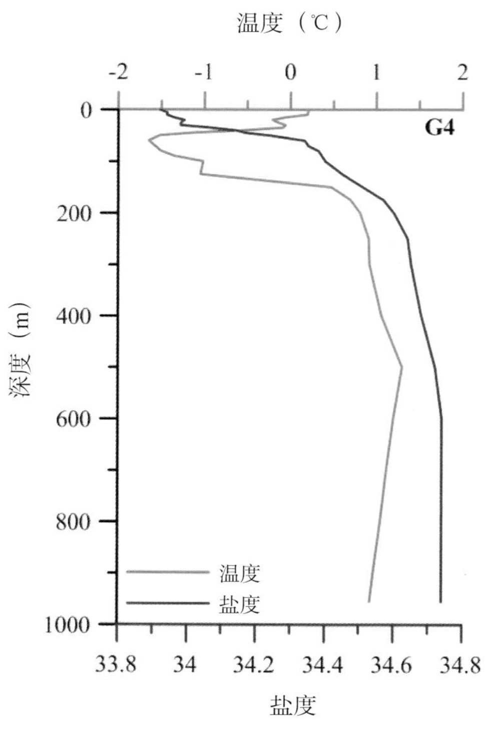
温度（℃）
-2
-1
0
1
2
0
200
400
600
800
1000
G4
深度（m）
温度
盐度
33.8
34
34.2
34.4
34.6
34.8
盐度

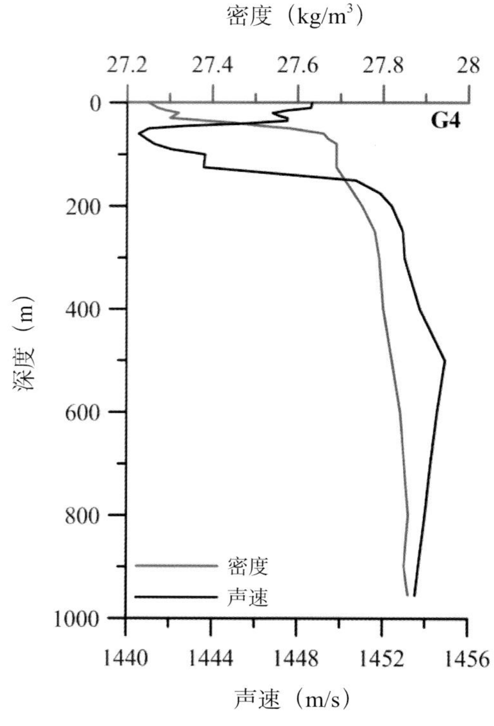
密度（kg/m³）
27.2
27.4
27.6
27.8
28
0
200
400
600
800
1000
G4
深度（m）
密度
声速
1440
1444
1448
1452
1456
声速（m/s）

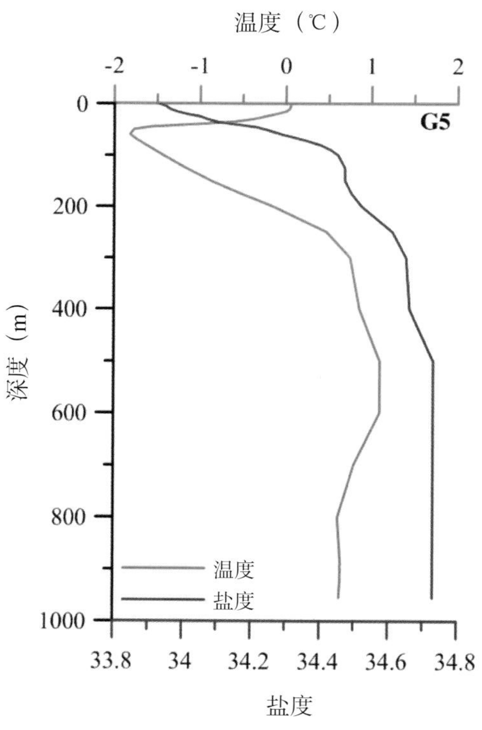
温度（℃）
-2
-1
0
1
2
0
200
400
600
800
1000
G5
深度（m）
温度
盐度
33.8
34
34.2
34.4
34.6
34.8
盐度

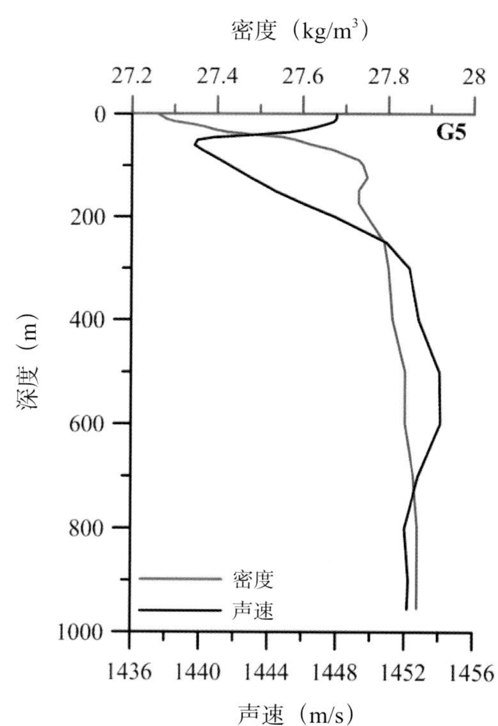
密度（kg/m³）
27.2
27.4
27.6
27.8
28
0
200
400
600
800
1000
G5
深度（m）
密度
声速
1436
1440
1444
1448
1452
1456
声速（m/s）

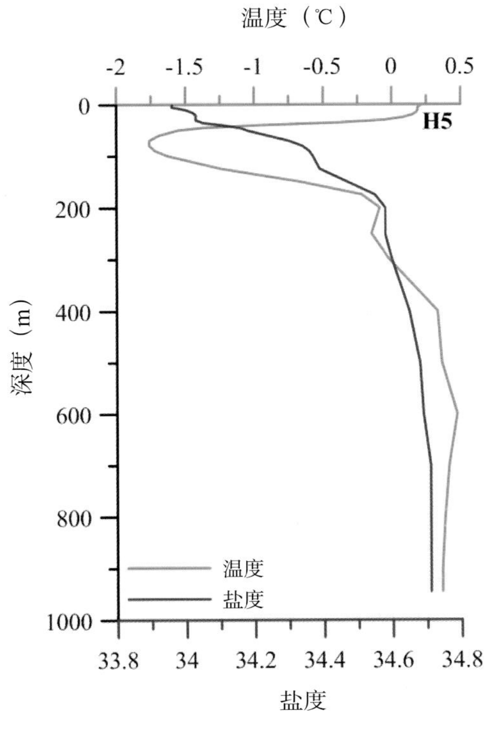

温度（℃）
-2
-1.5
-1
-0.5
0
0.5
H5
0
200
400
600
800
1000
深度（m）
温度
盐度
33.8
34
34.2
34.4
34.6
34.8
盐度

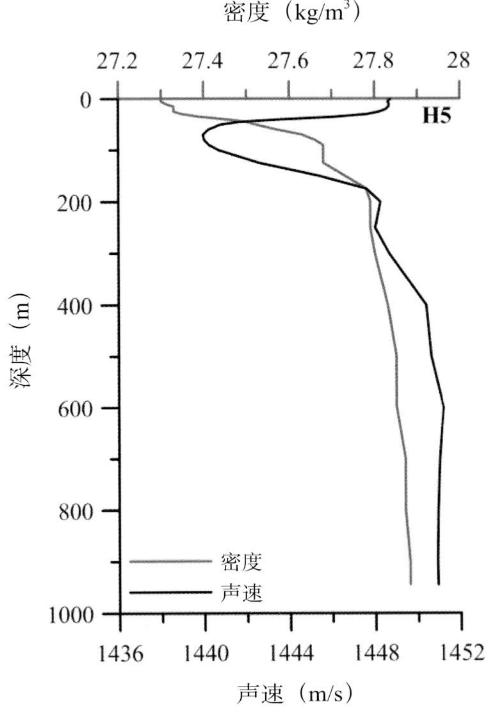

密度（kg/m³）
27.2
27.4
27.6
27.8
28
H5
0
200
400
600
800
1000
深度（m）
密度
声速
1436
1440
1444
1448
1452
声速（m/s）

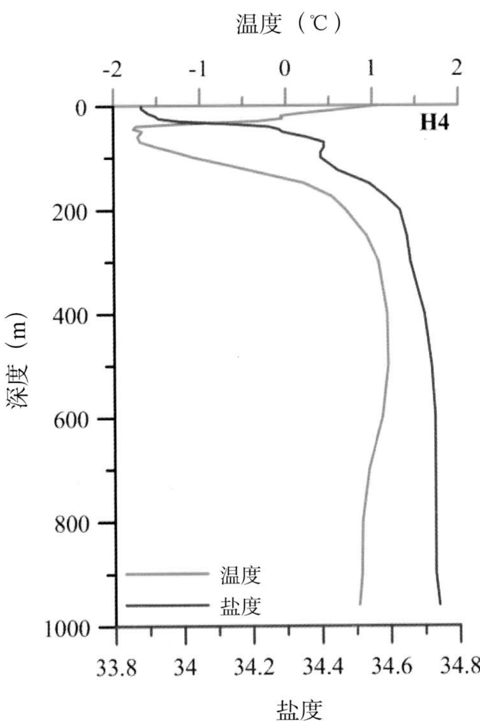

温度（℃）
-2
-1
0
1
2
H4
0
200
400
600
800
1000
深度（m）
温度
盐度
33.8
34
34.2
34.4
34.6
34.8
盐度

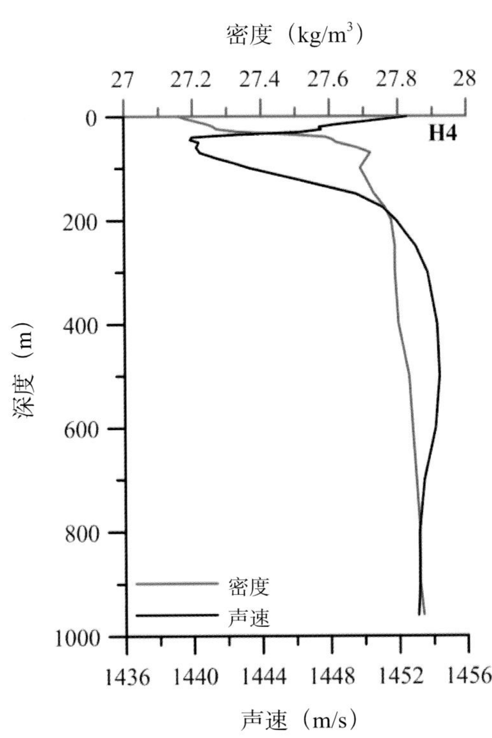

密度（kg/m³）
27
27.2
27.4
27.6
27.8
28
H4
0
200
400
600
800
1000
深度（m）
密度
声速
1436
1440
1444
1448
1452
1456
声速（m/s）

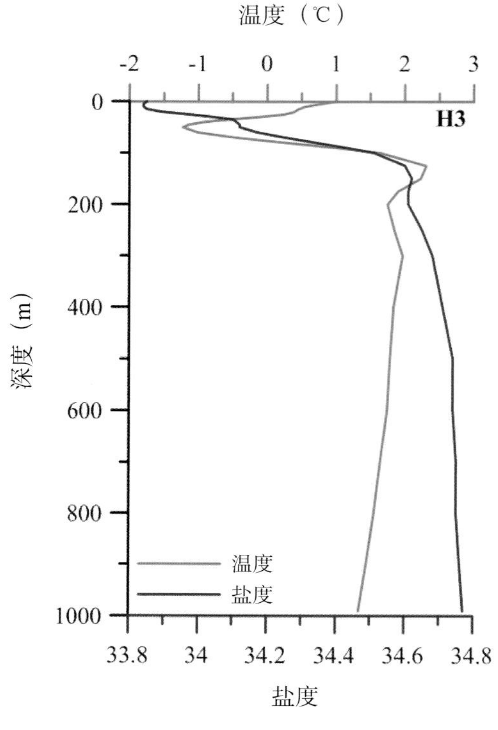
温度（℃）
-2 -1 0 1 2 3
H3
0 200 400 600 800 1000
深度（m）
温度
盐度
33.8 34 34.2 34.4 34.6 34.8
盐度

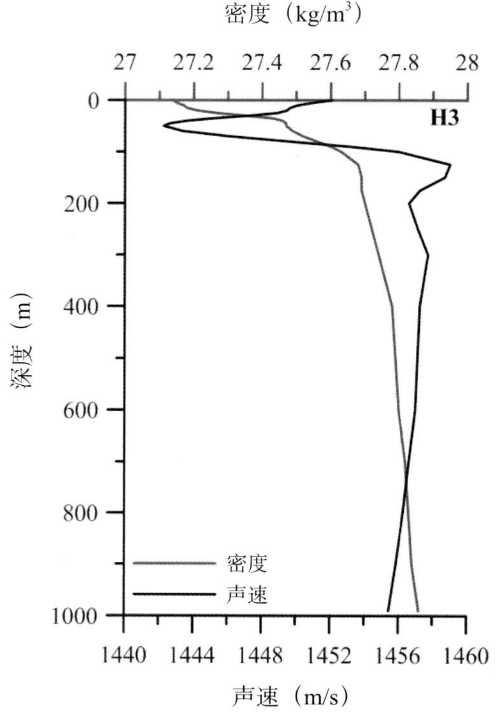
密度（kg/m³）
27 27.2 27.4 27.6 27.8 28
H3
0 200 400 600 800 1000
深度（m）
密度
声速
1440 1444 1448 1452 1456 1460
声速（m/s）

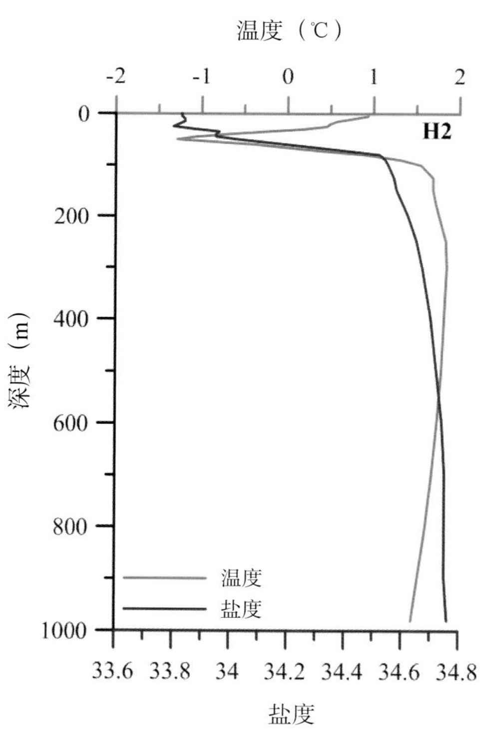
温度（℃）
-2 -1 0 1 2
H2
0 200 400 600 800 1000
深度（m）
温度
盐度
33.6 33.8 34 34.2 34.4 34.6 34.8
盐度

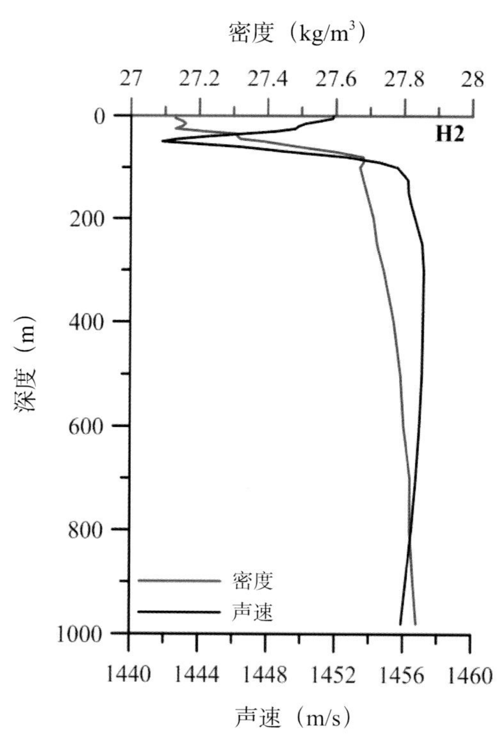
密度（kg/m³）
27 27.2 27.4 27.6 27.8 28
H2
0 200 400 600 800 1000
深度（m）
密度
声速
1440 1444 1448 1452 1456 1460
声速（m/s）

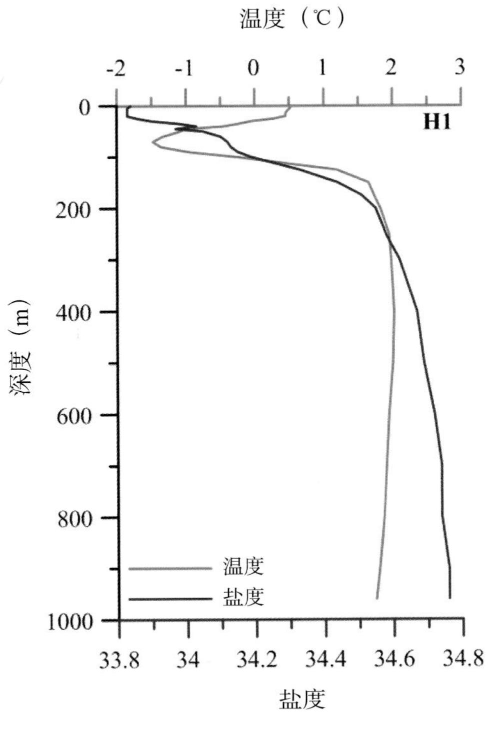
温度（℃）
-2
-1
0
1
2
3
0
200
400
600
800
1000
H1
深度（m）
温度
盐度
33.8
34
34.2
34.4
34.6
34.8
盐度

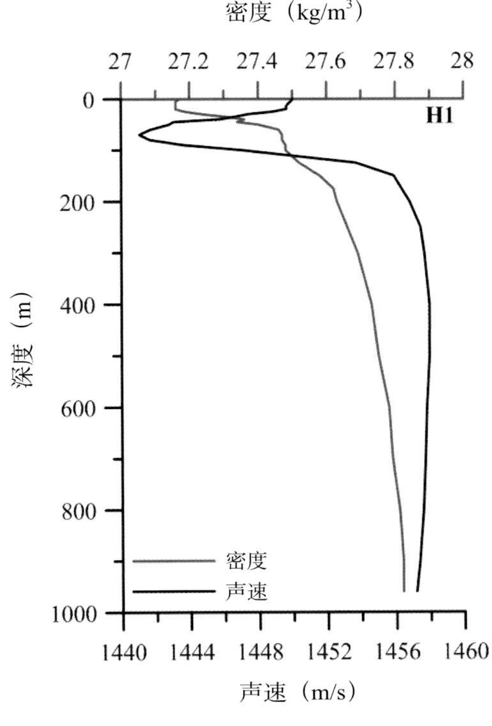
密度（kg/m³）
27
27.2
27.4
27.6
27.8
28
0
200
400
600
800
1000
H1
深度（m）
密度
声速
1440
1444
1448
1452
1456
1460
声速（m/s）

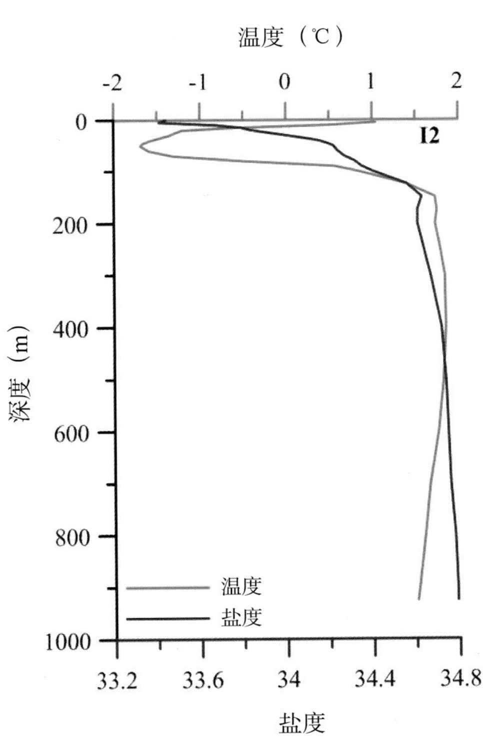
温度（℃）
-2
-1
0
1
2
0
200
400
600
800
1000
I2
深度（m）
温度
盐度
33.2
33.6
34
34.4
34.8
盐度

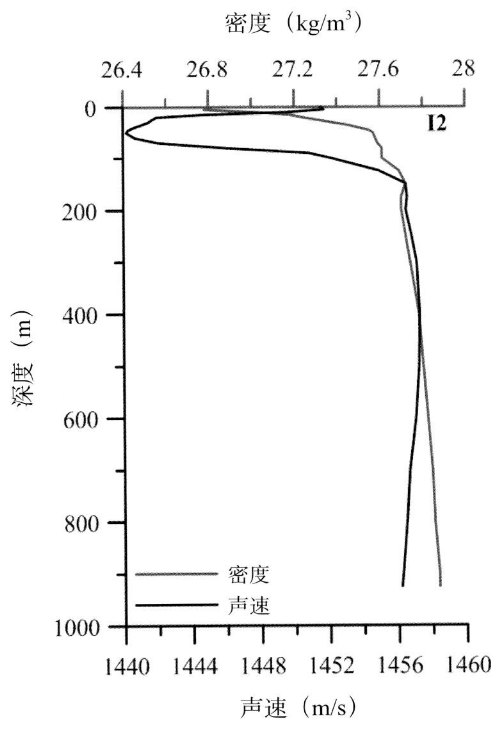
密度（kg/m³）
26.4
26.8
27.2
27.6
28
0
200
400
600
800
1000
I2
深度（m）
密度
声速
1440
1444
1448
1452
1456
1460
声速（m/s）

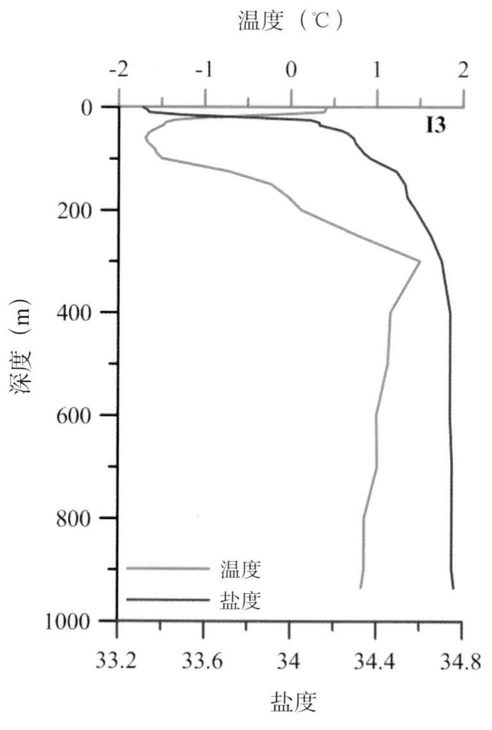

温度（℃）
-2 -1 0 1 2
I3
深度（m）
0 200 400 600 800 1000
温度
盐度
33.2 33.6 34 34.4 34.8
盐度

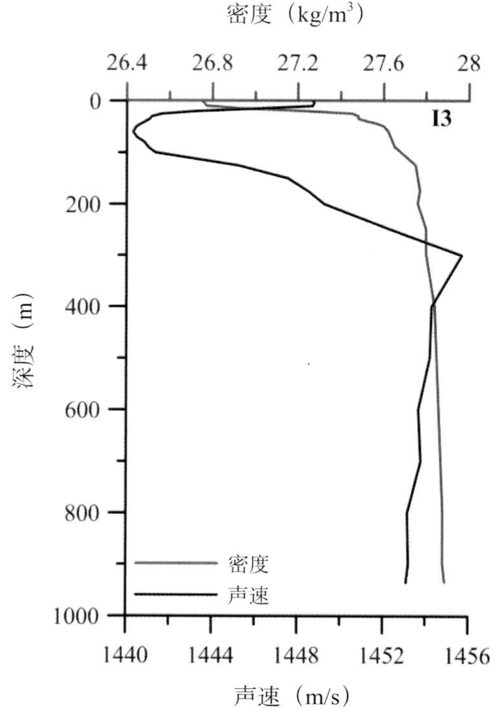

密度（kg/m³）
26.4 26.8 27.2 27.6 28
I3
深度（m）
0 200 400 600 800 1000
密度
声速
1440 1444 1448 1452 1456
声速（m/s）

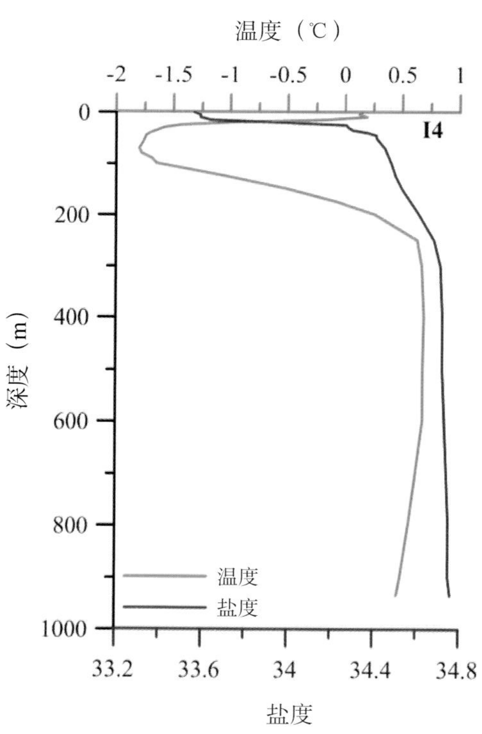

温度（℃）
-2 -1.5 -1 -0.5 0 0.5 1
I4
深度（m）
0 200 400 600 800 1000
温度
盐度
33.2 33.6 34 34.4 34.8
盐度

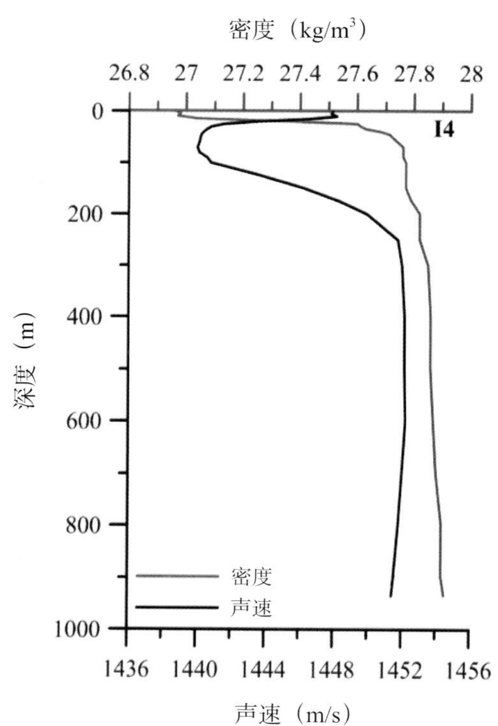

密度（kg/m³）
26.8 27 27.2 27.4 27.6 27.8 28
I4
深度（m）
0 200 400 600 800 1000
密度
声速
1436 1440 1444 1448 1452 1456
声速（m/s）

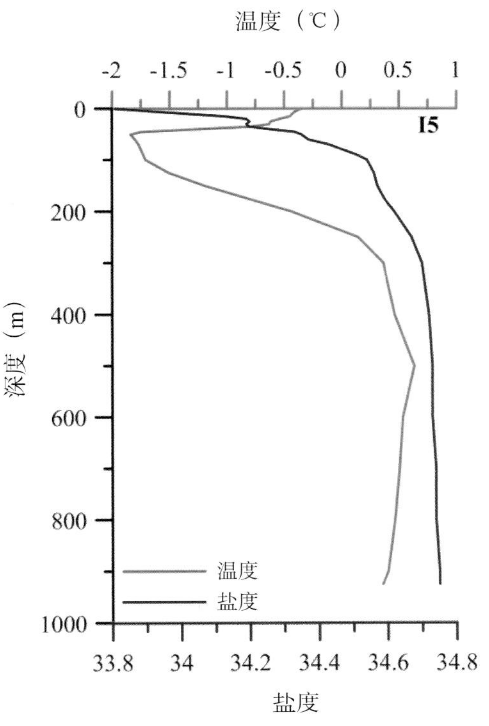
温度（℃）
-2 -1.5 -1 -0.5 0 0.5 1
I5
深度（m）
0 200 400 600 800 1000
温度
盐度
33.8 34 34.2 34.4 34.6 34.8
盐度

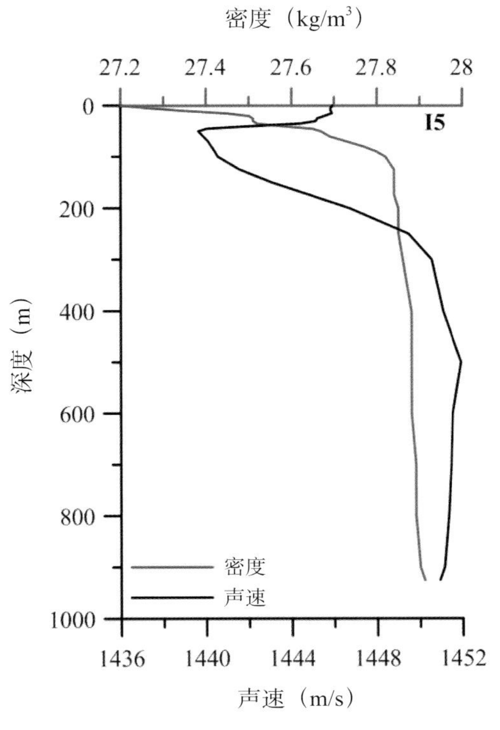
密度（kg/m³）
27.2 27.4 27.6 27.8 28
I5
深度（m）
0 200 400 600 800 1000
密度
声速
1436 1440 1444 1448 1452
声速（m/s）

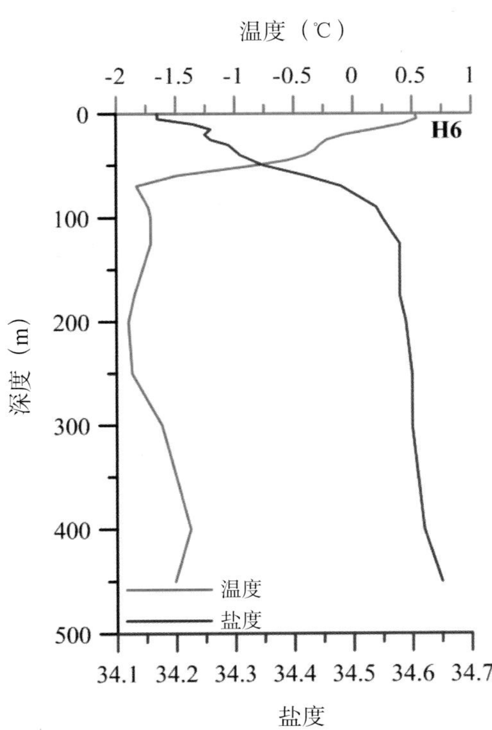
温度（℃）
-2 -1.5 -1 -0.5 0 0.5 1
H6
深度（m）
0 100 200 300 400 500
温度
盐度
34.1 34.2 34.3 34.4 34.5 34.6 34.7
盐度

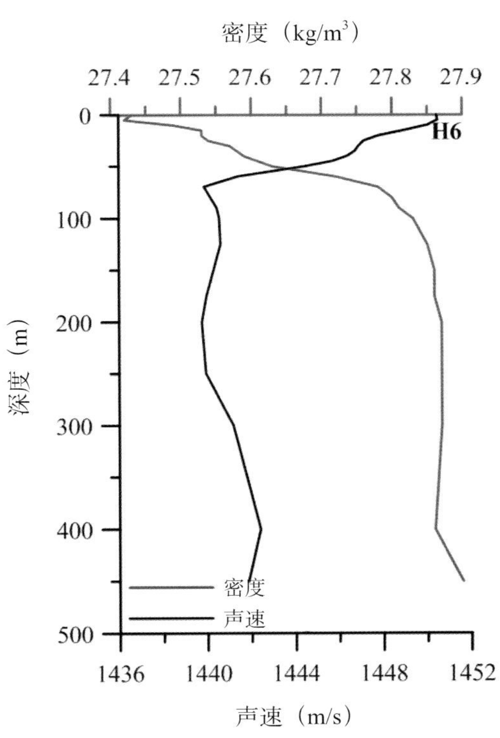
密度（kg/m³）
27.4 27.5 27.6 27.7 27.8 27.9
H6
深度（m）
0 100 200 300 400 500
密度
声速
1436 1440 1444 1448 1452
声速（m/s）

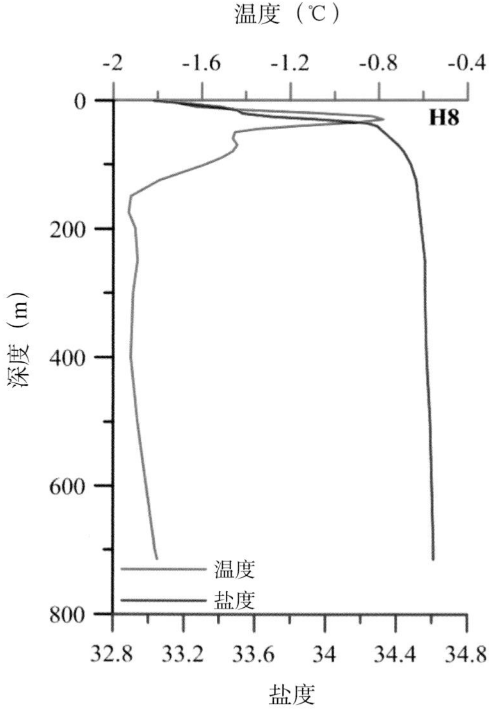
温度（℃）
-2
-1.6
-1.2
-0.8
-0.4
0
200
400
600
800
H8
深度（m）
温度
盐度
32.8
33.2
33.6
34
34.4
34.8
盐度

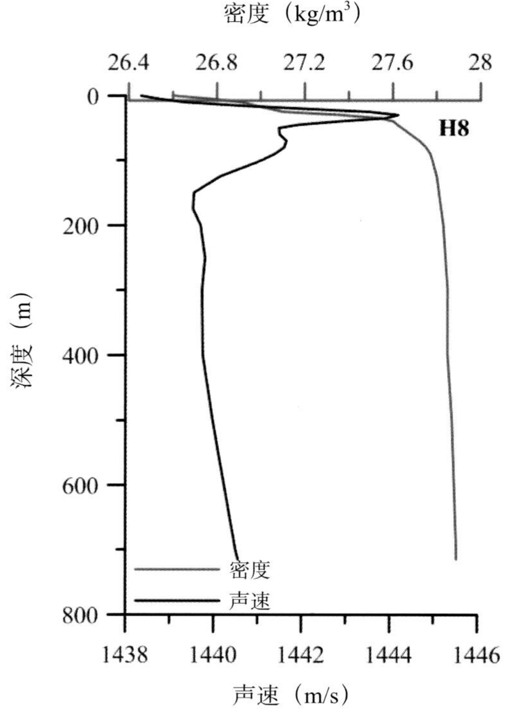
密度（kg/m³）
26.4
26.8
27.2
27.6
28
0
200
400
600
800
H8
深度（m）
密度
声速
1438
1440
1442
1444
1446
声速（m/s）

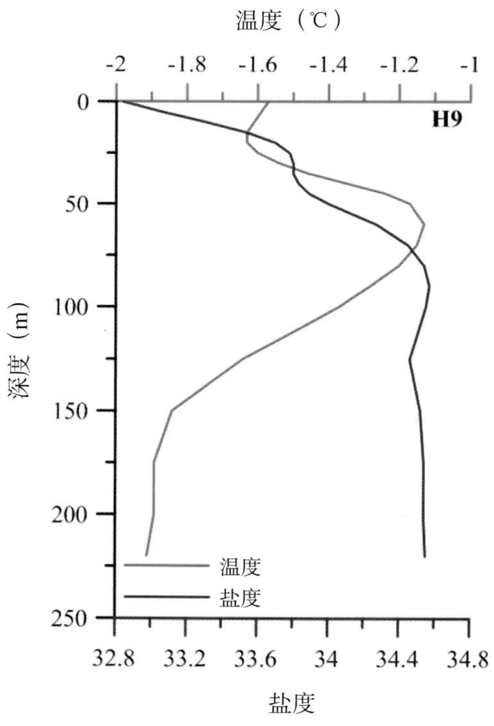
温度（℃）
-2
-1.8
-1.6
-1.4
-1.2
-1
0
50
100
150
200
250
H9
深度（m）
温度
盐度
32.8
33.2
33.6
34
34.4
34.8
盐度

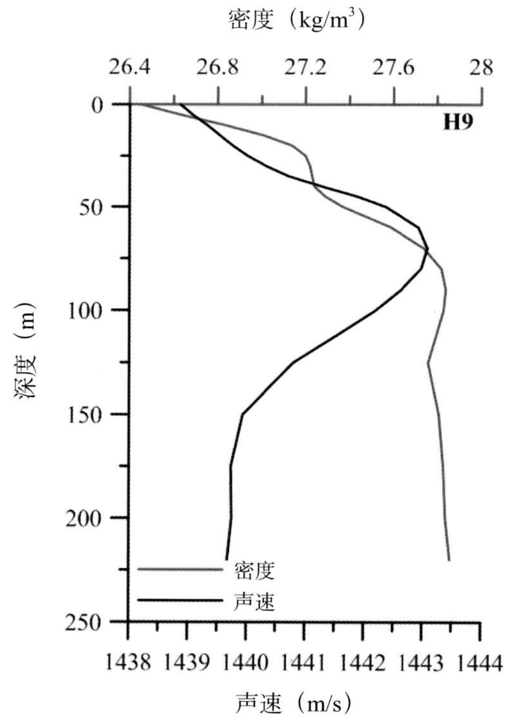
密度（kg/m³）
26.4
26.8
27.2
27.6
28
0
50
100
150
200
250
H9
深度（m）
密度
声速
1438
1439
1440
1441
1442
1443
1444
声速（m/s）

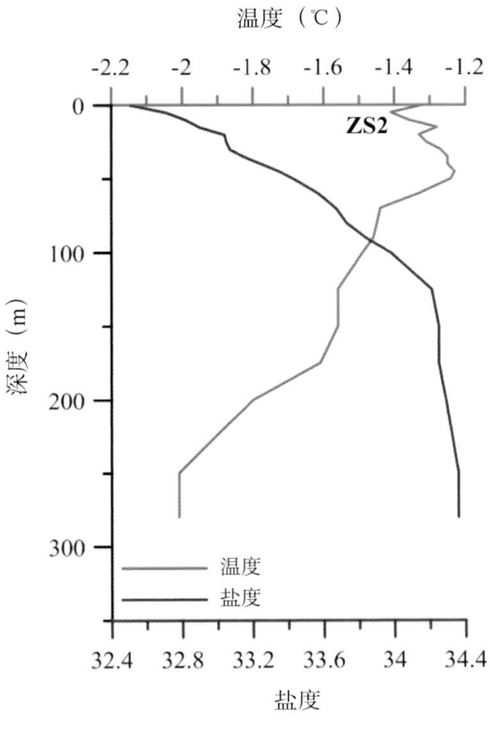

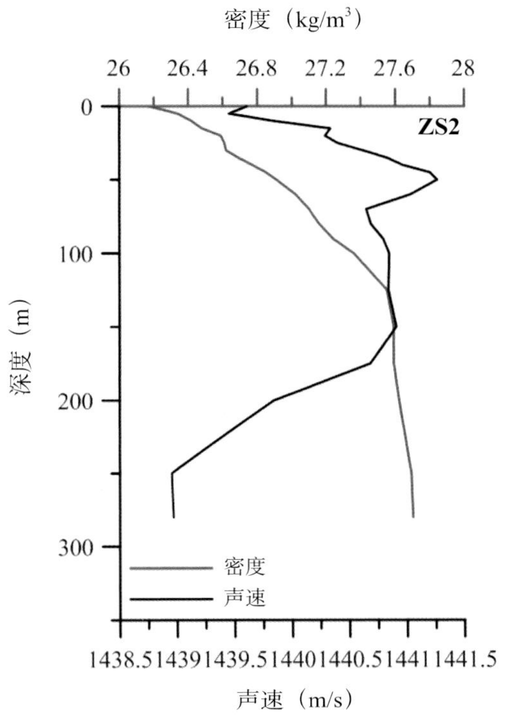

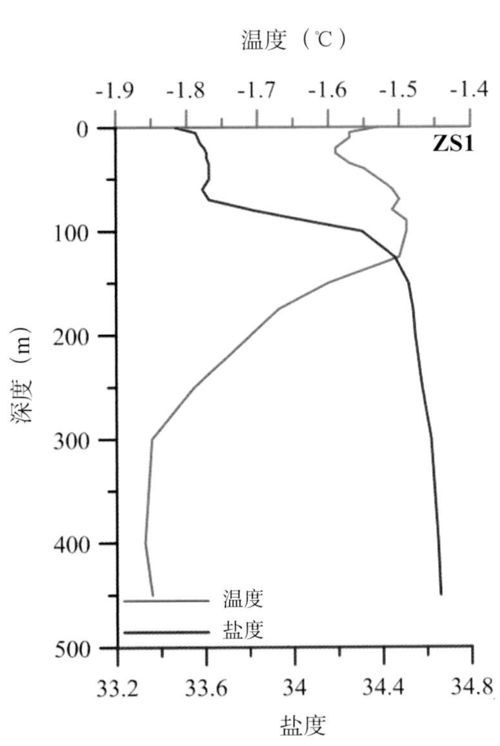

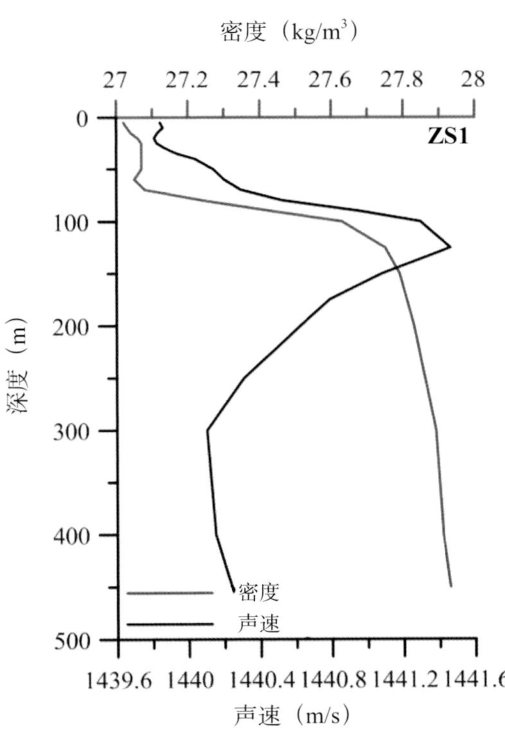

图6.2　CTD 测量要素温度、盐度、密度、声速剖面分布图

第三节　航次断面图

本航次站位布设较为规则，从东向西可以构成 9 条长短不一的经向断面。这些断面上全深度和 500 m 以上的温度、盐度、密度、声速断面分布如图 6.3 至图 6.11 所示。

（1）断面 A 温度、盐度、密度、声速分布图

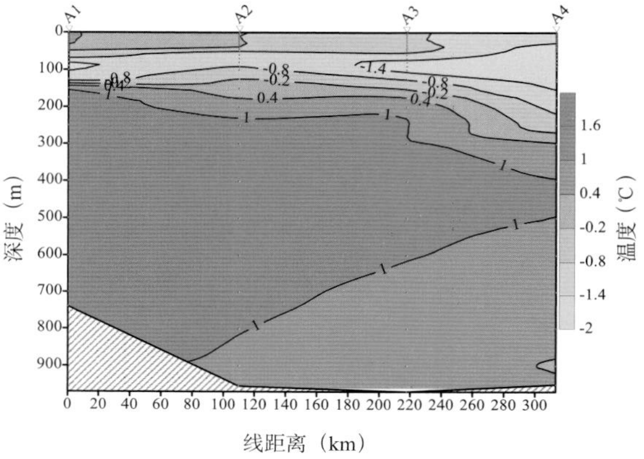

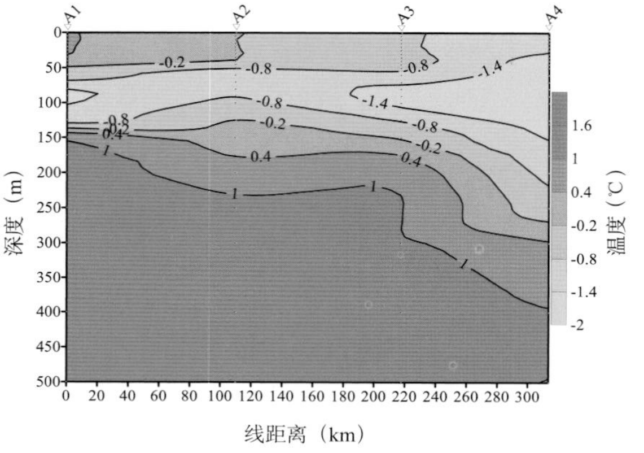

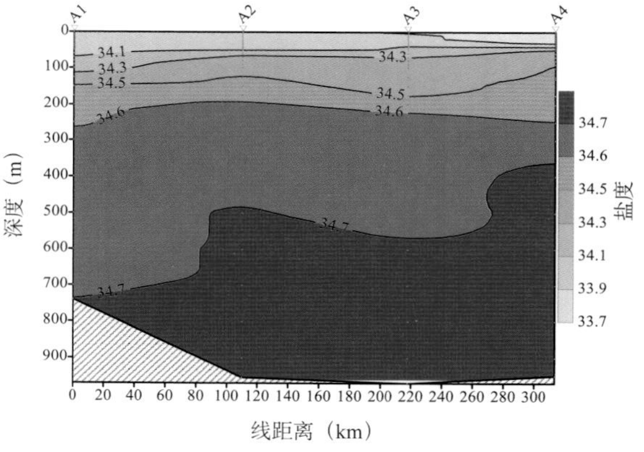

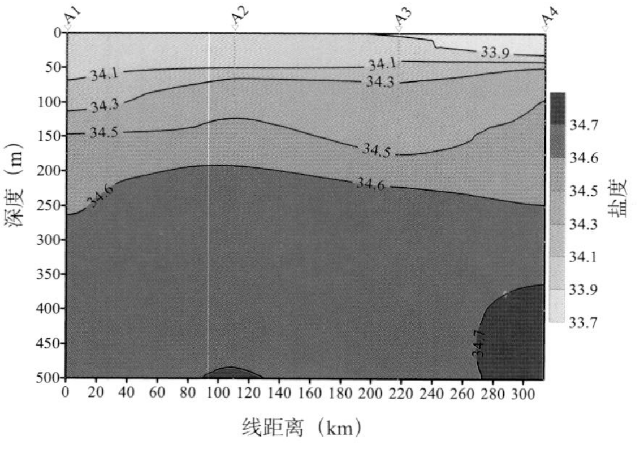

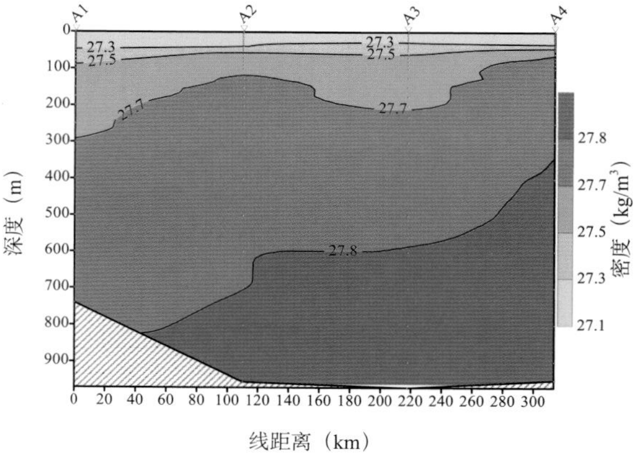

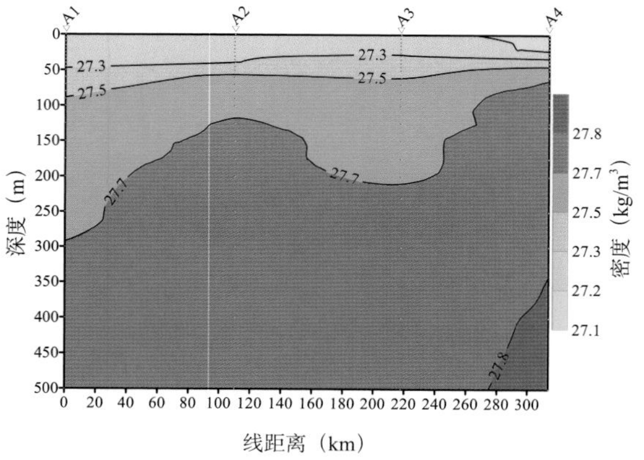

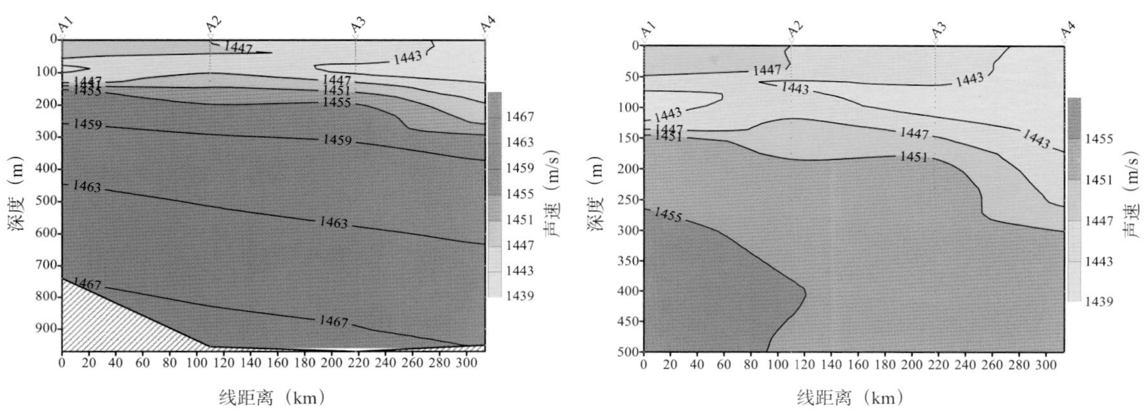

图6.3　断面A温度、盐度、密度、声速分布图

（2）断面 B 温度、盐度、密度、声速分布图

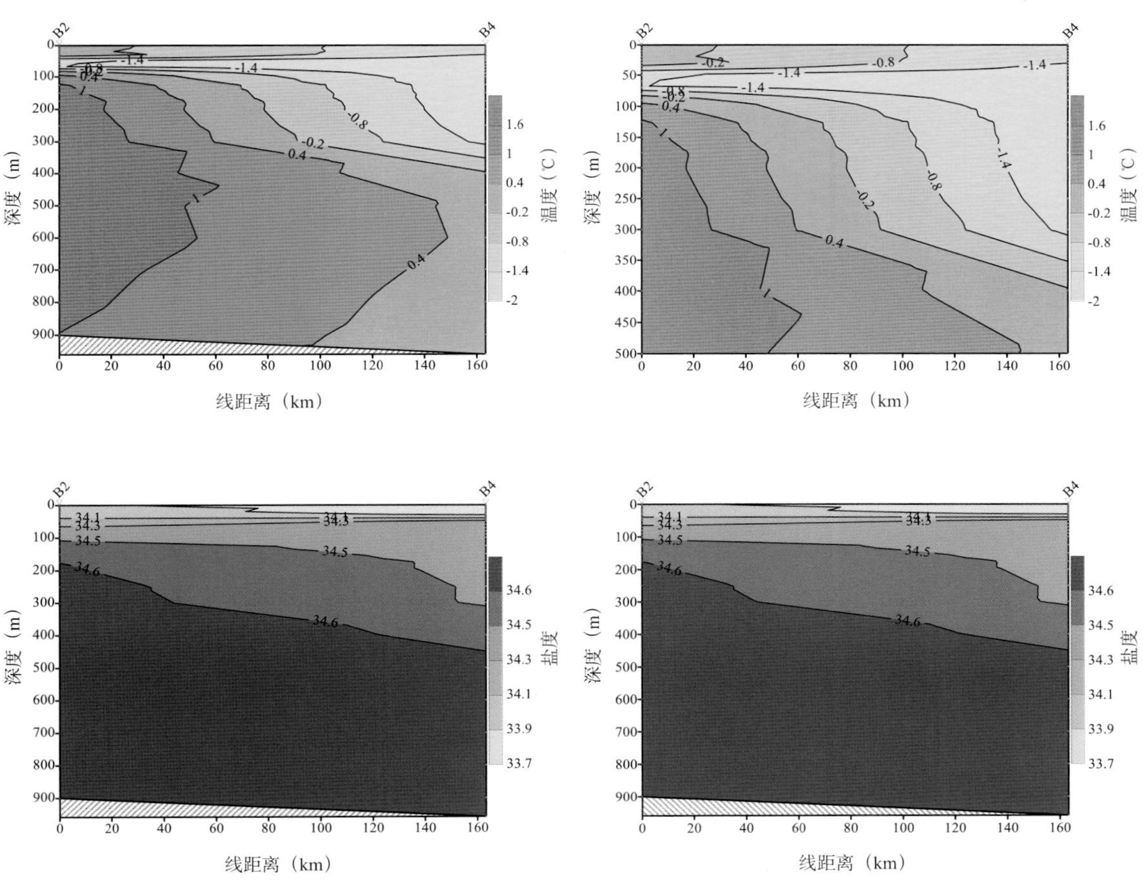

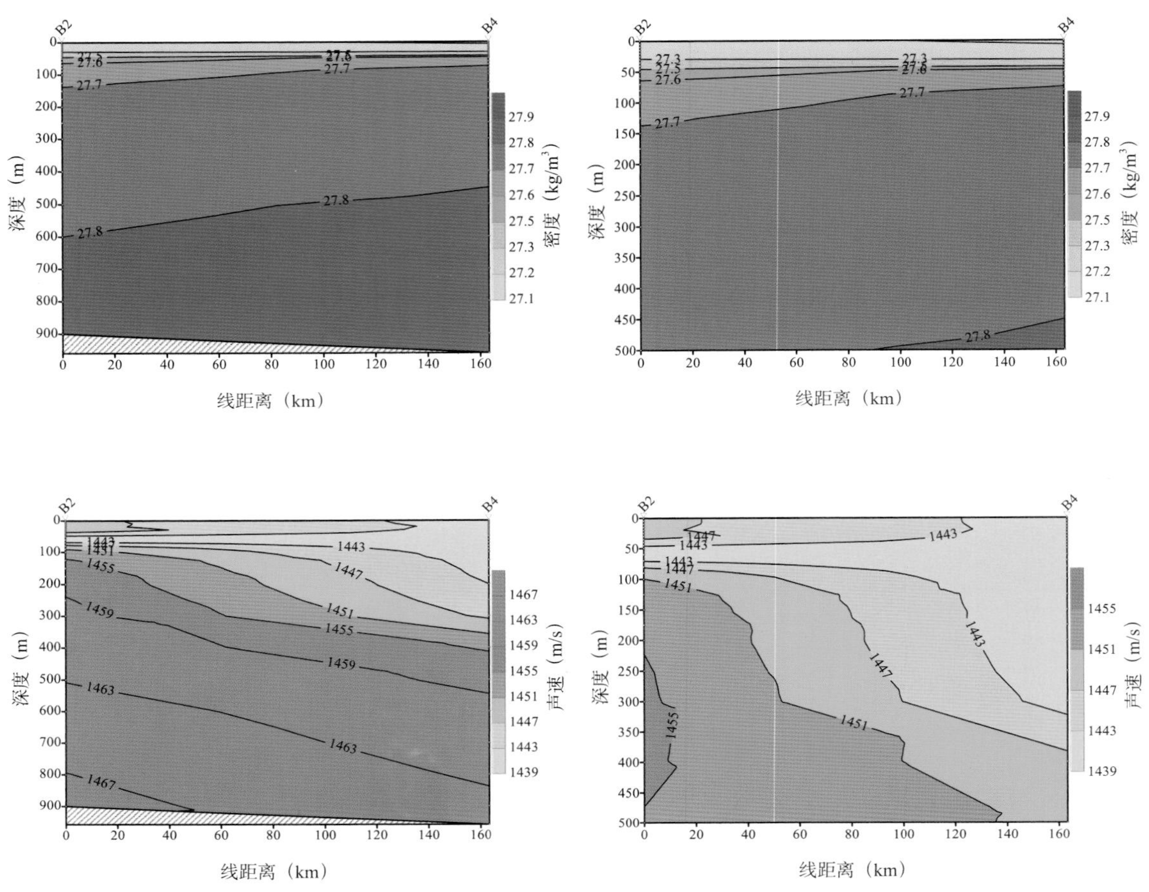

图6.4　断面B温度、盐度、密度、声速分布图

（3）断面 C 温度、盐度、密度、声速分布图

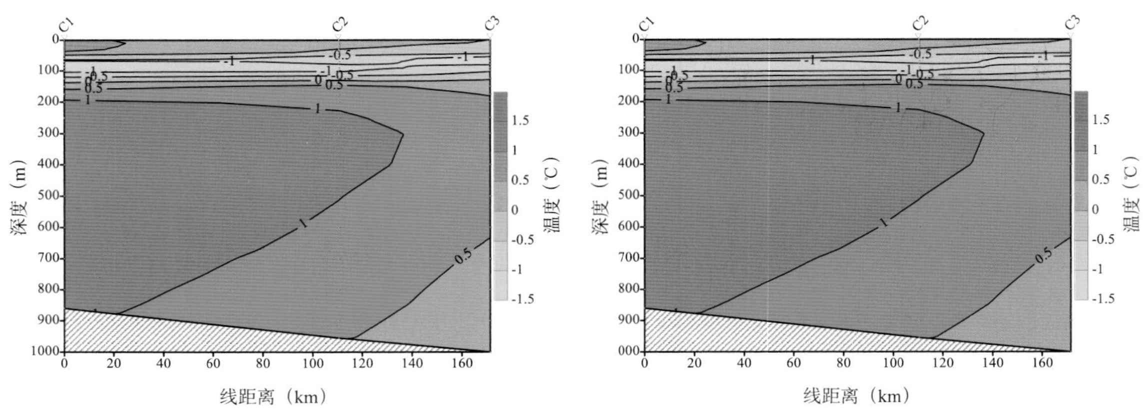

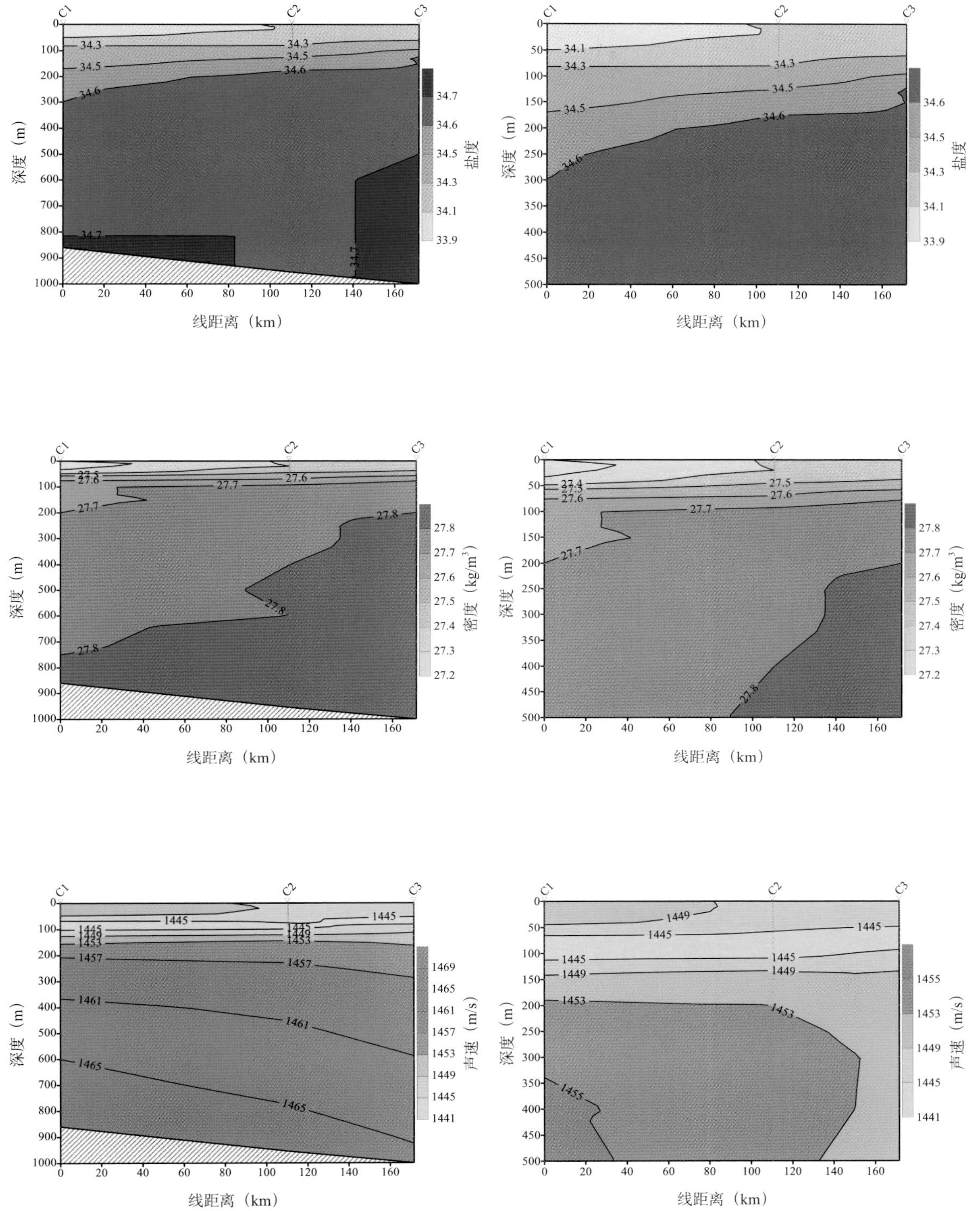

图6.5　断面C温度、盐度、密度、声速分布图

（4）断面 D 温度、盐度、密度、声速分布图

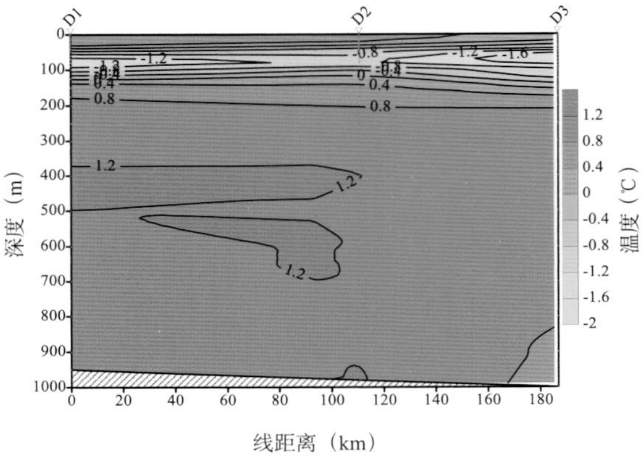

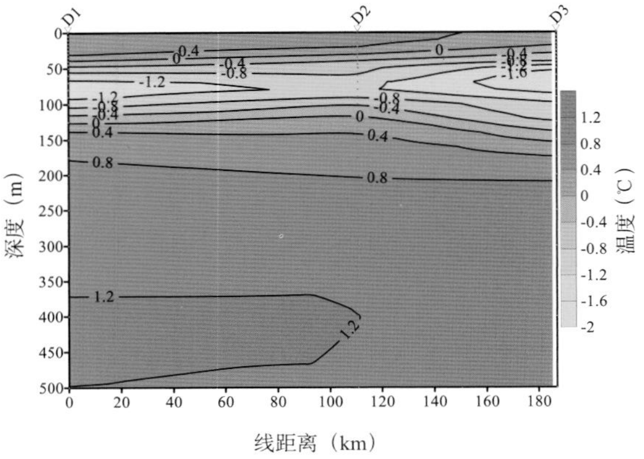

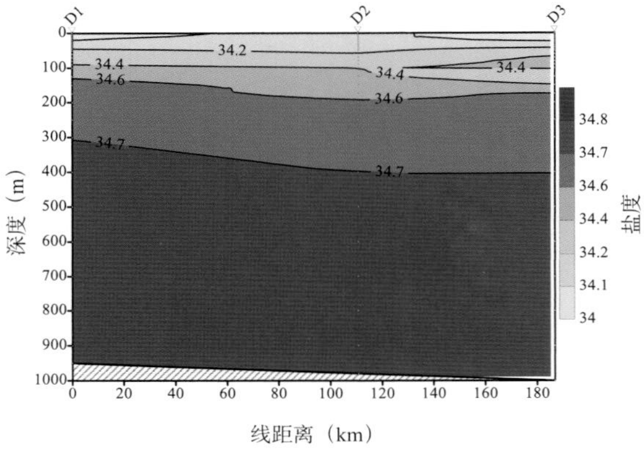

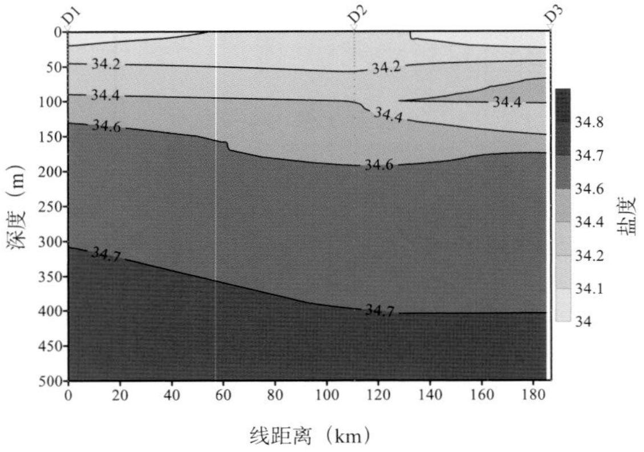

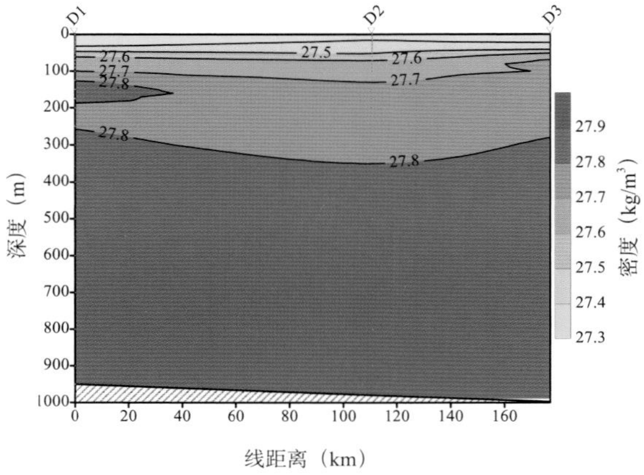

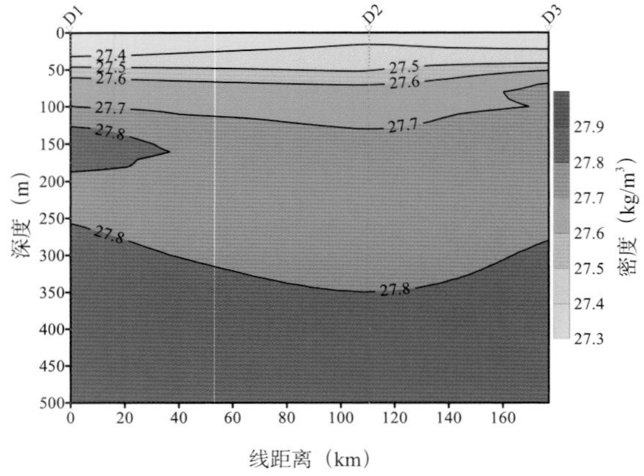

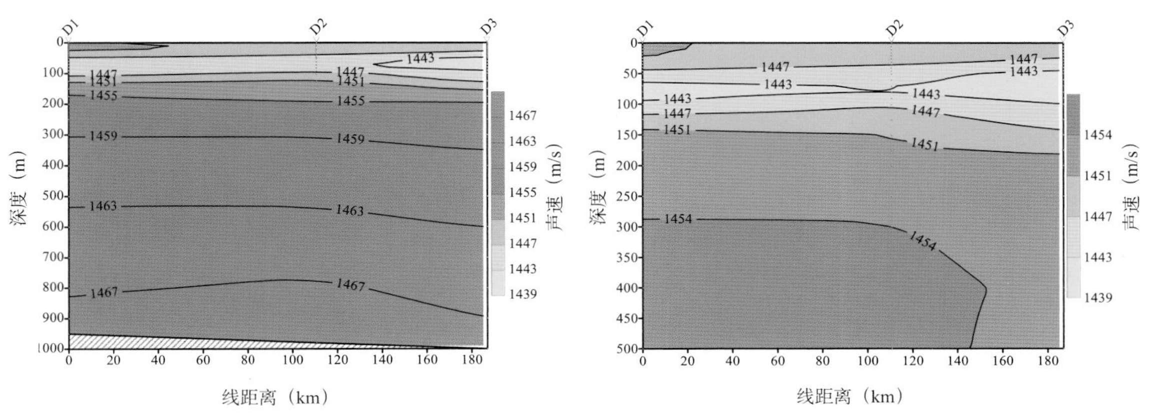

图6.6　断面D温度、盐度、密度、声速分布图

（5）断面 E 温度、盐度、密度、声速分布图

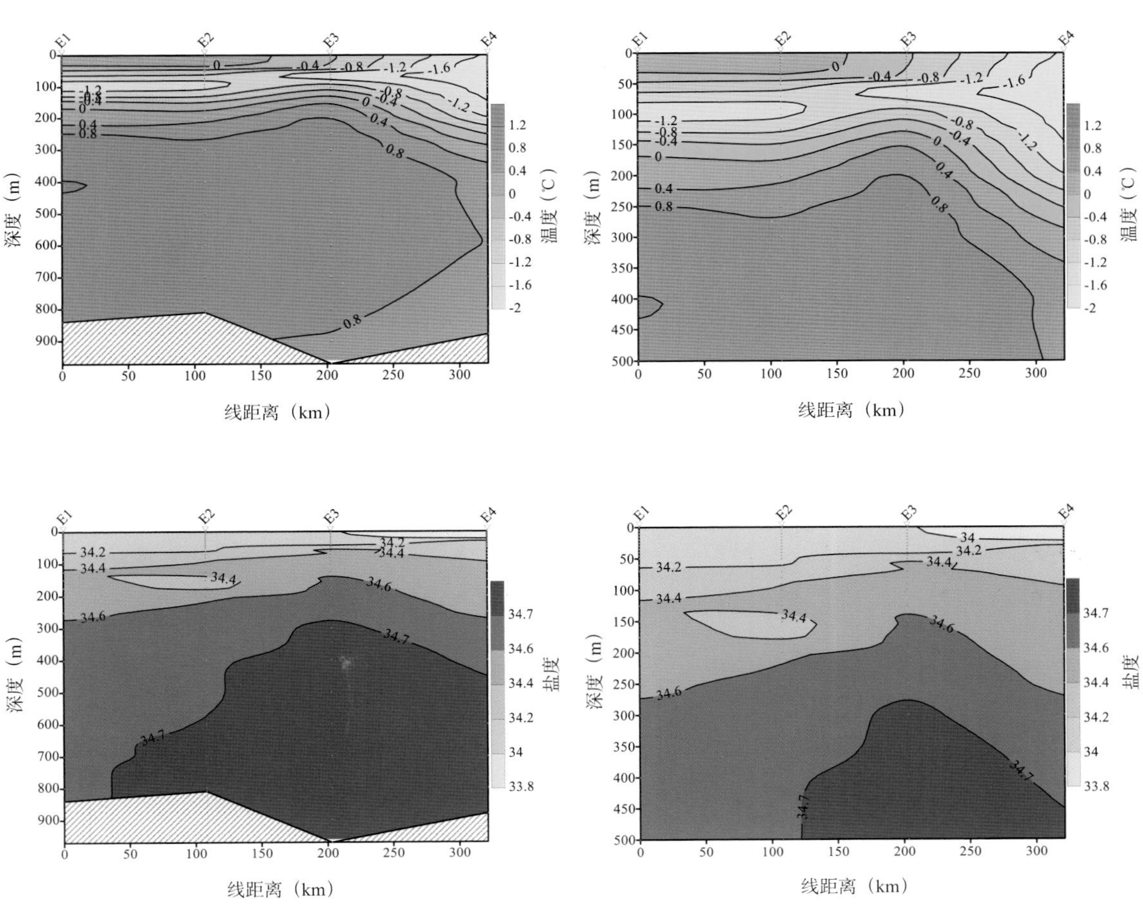

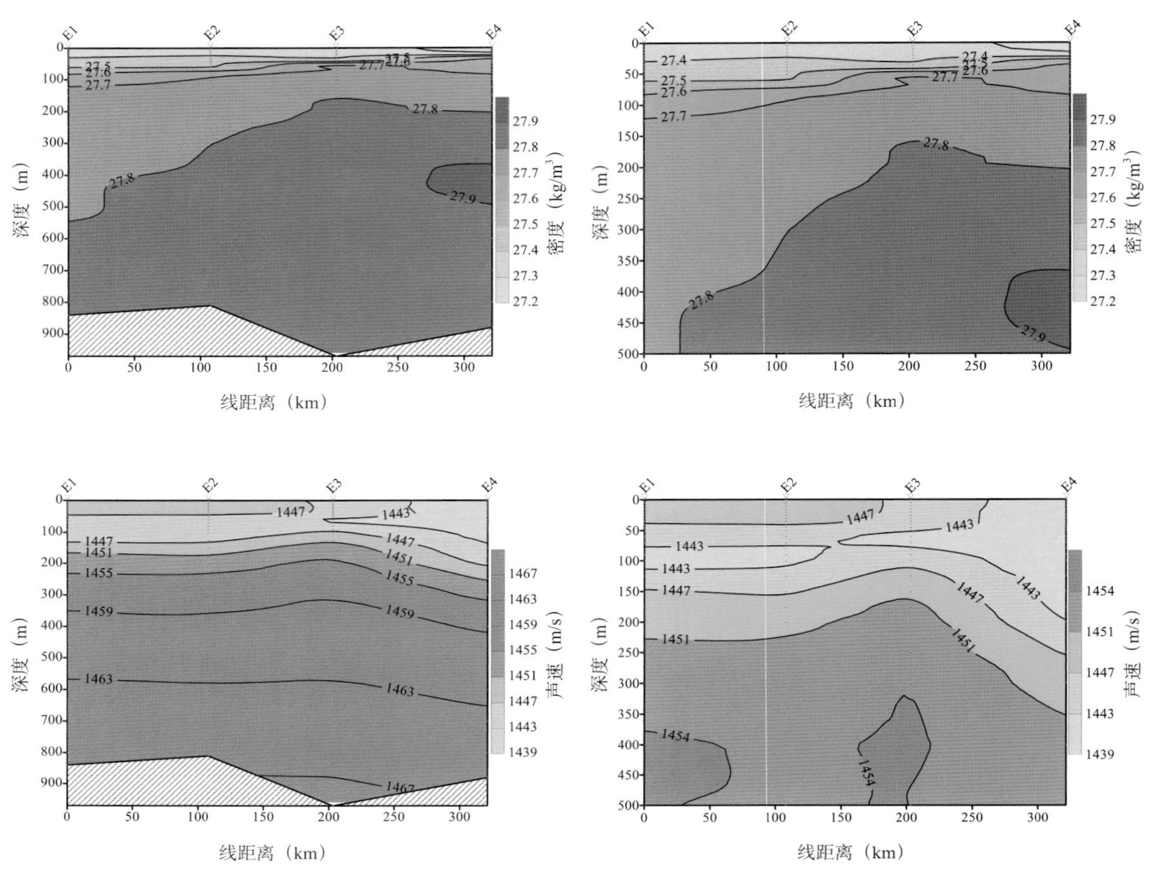

图6.7　断面E温度、盐度、密度、声速分布图

（6）断面 F 温度、盐度、密度、声速分布图

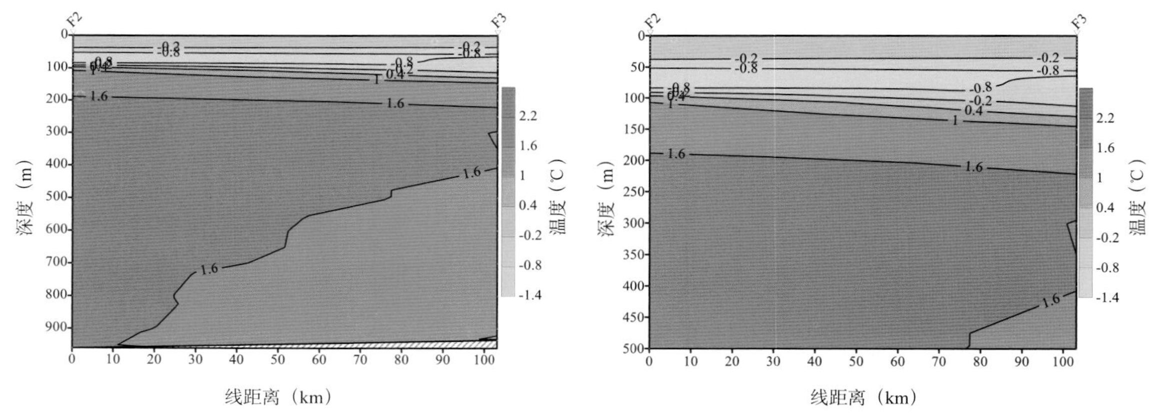

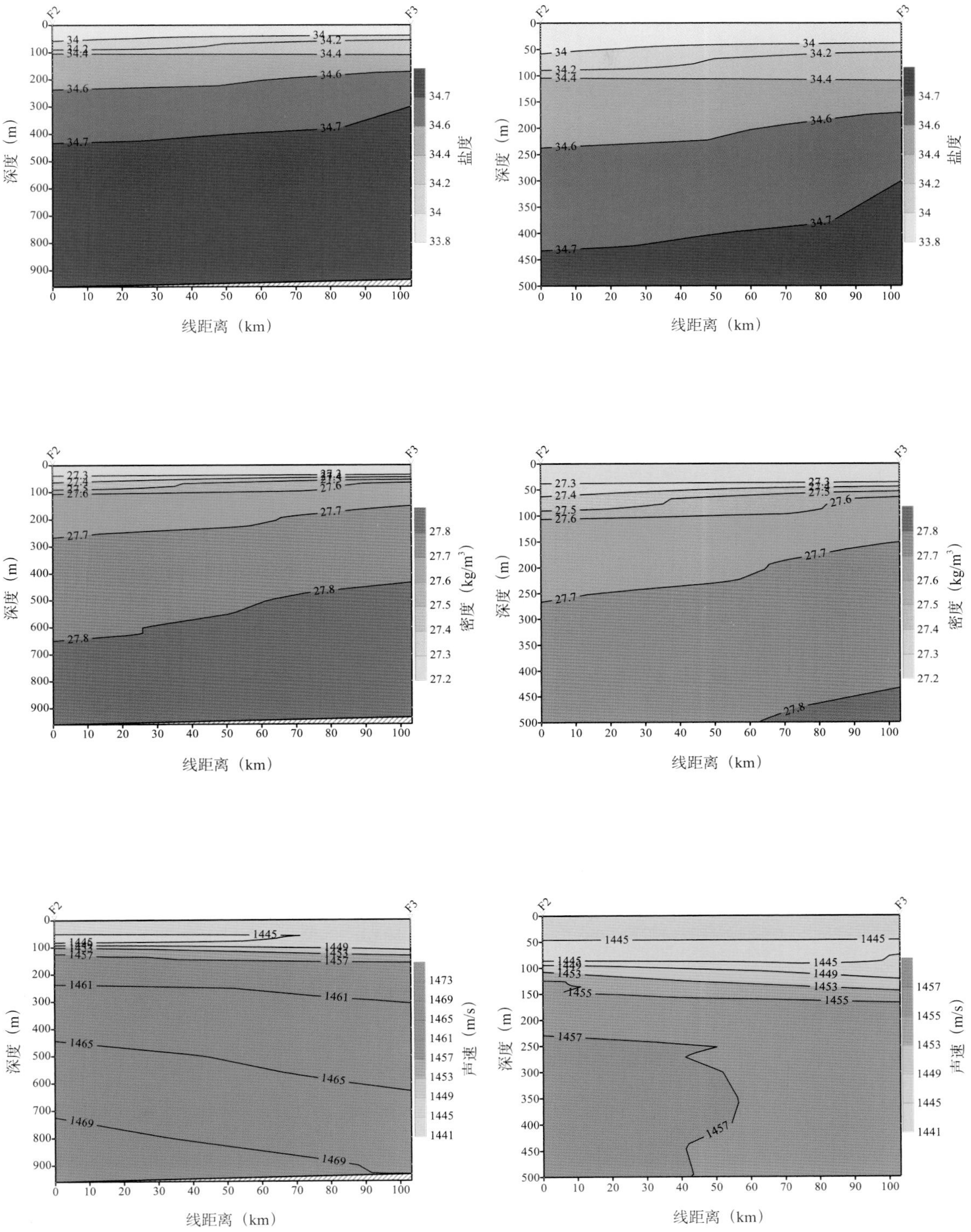

图6.8 断面F温度、盐度、密度、声速分布图

（7）断面G温度、盐度、密度、声速分布图

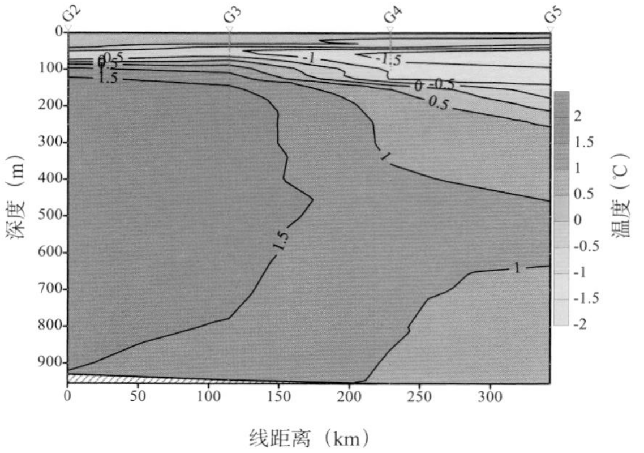

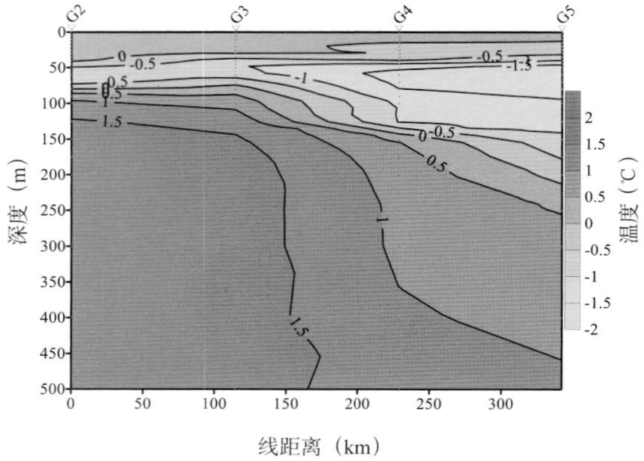

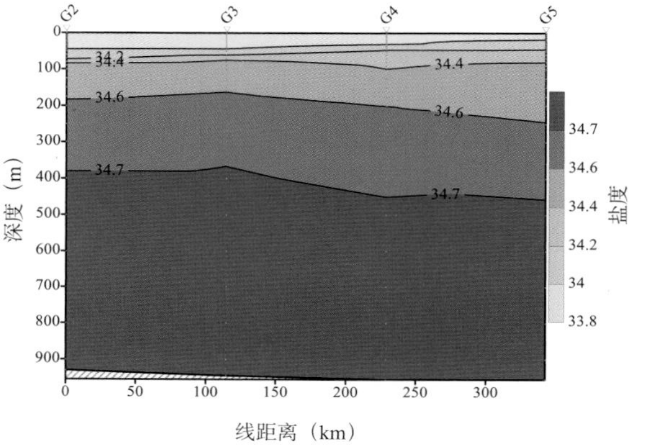

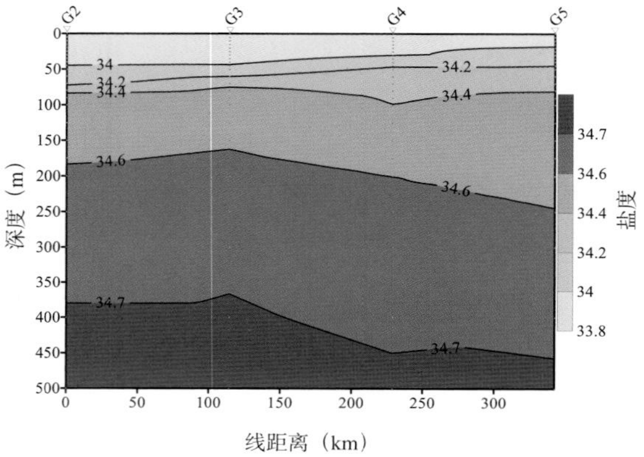

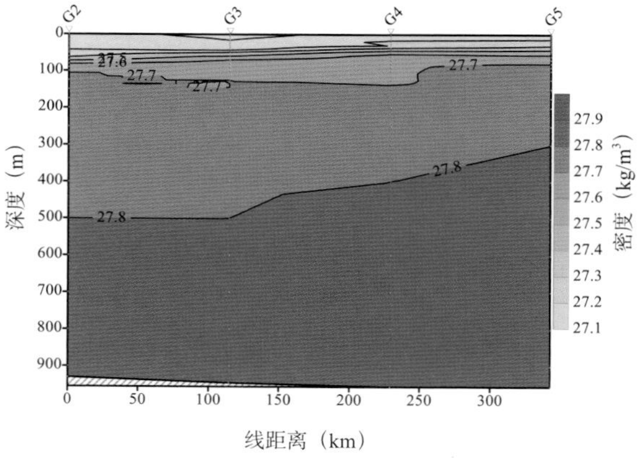

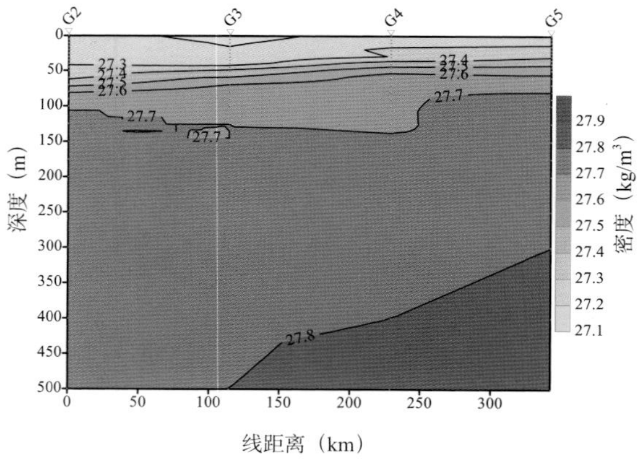

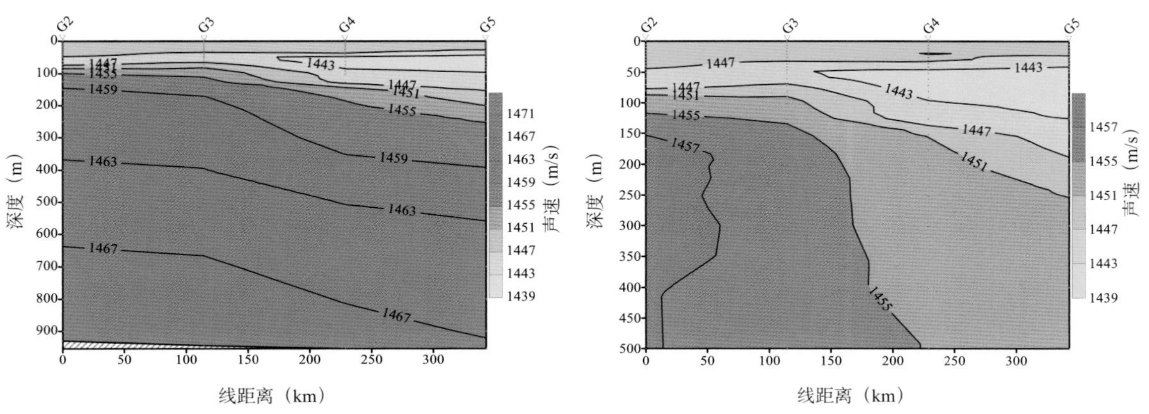

图6.9　断面G温度、盐度、密度、声速分布图

（8）断面 H 温度、盐度、密度、声速分布图

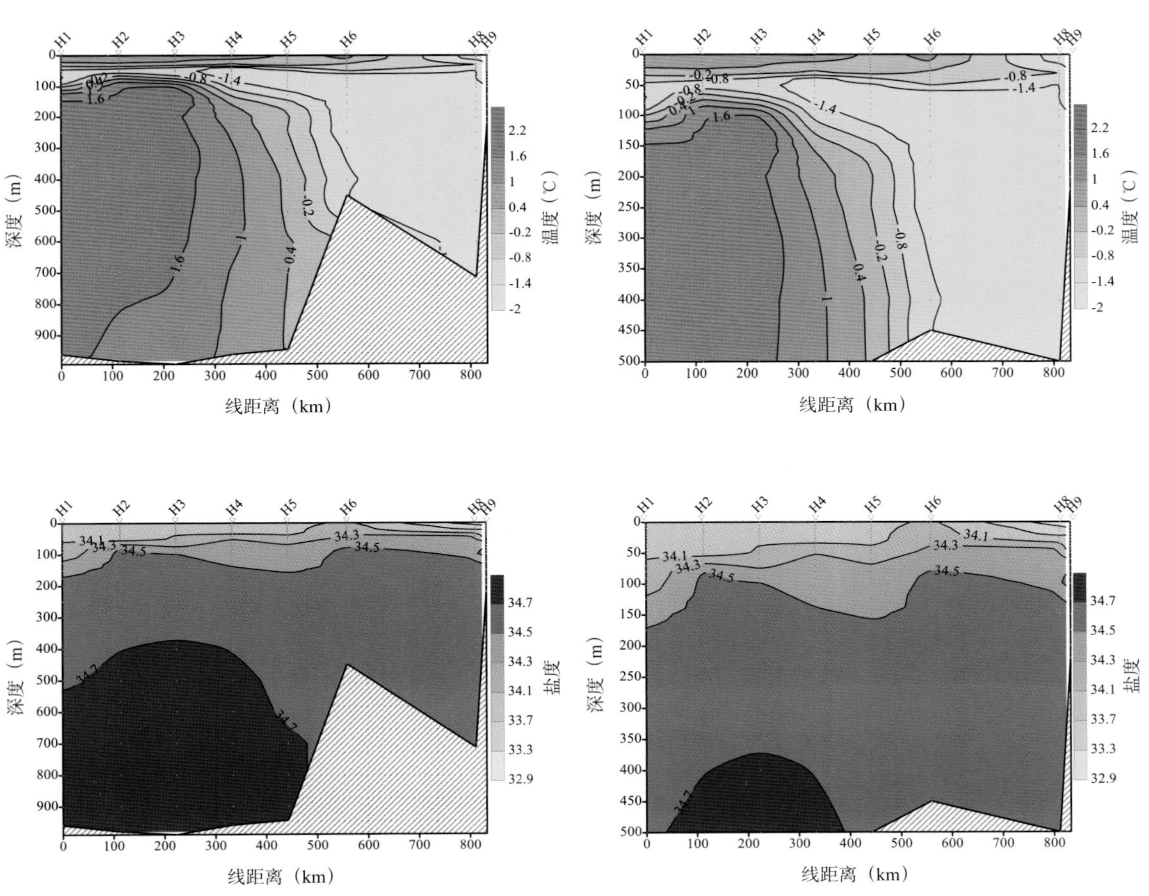

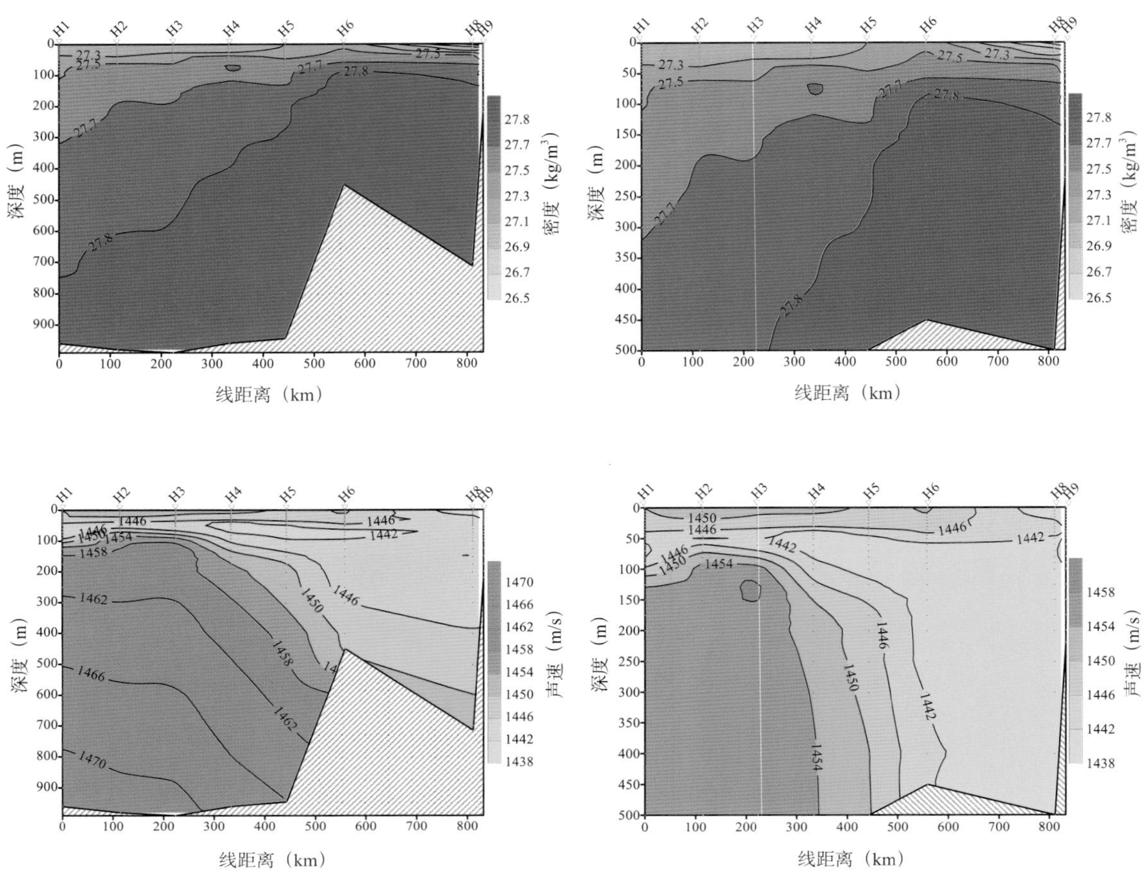

图6.10 断面H温度、盐度、密度、声速分布图

（9）断面 I 温度、盐度、密度、声速分布图

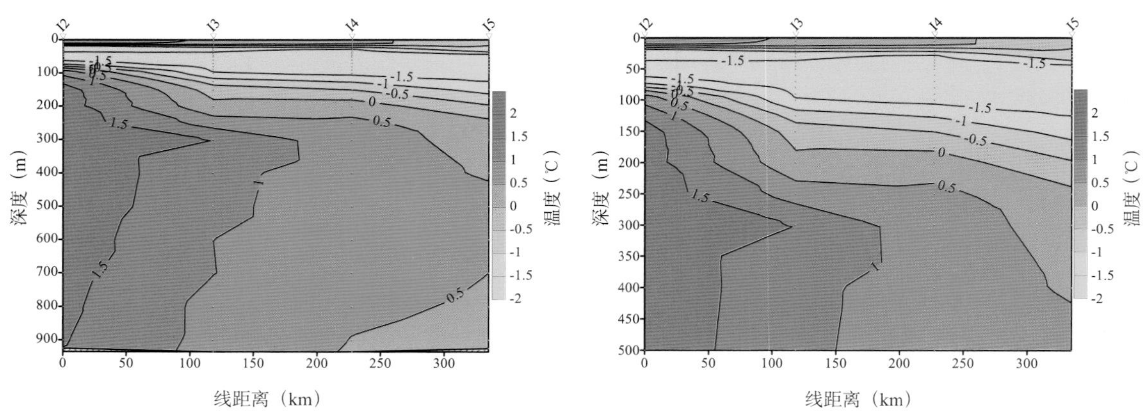

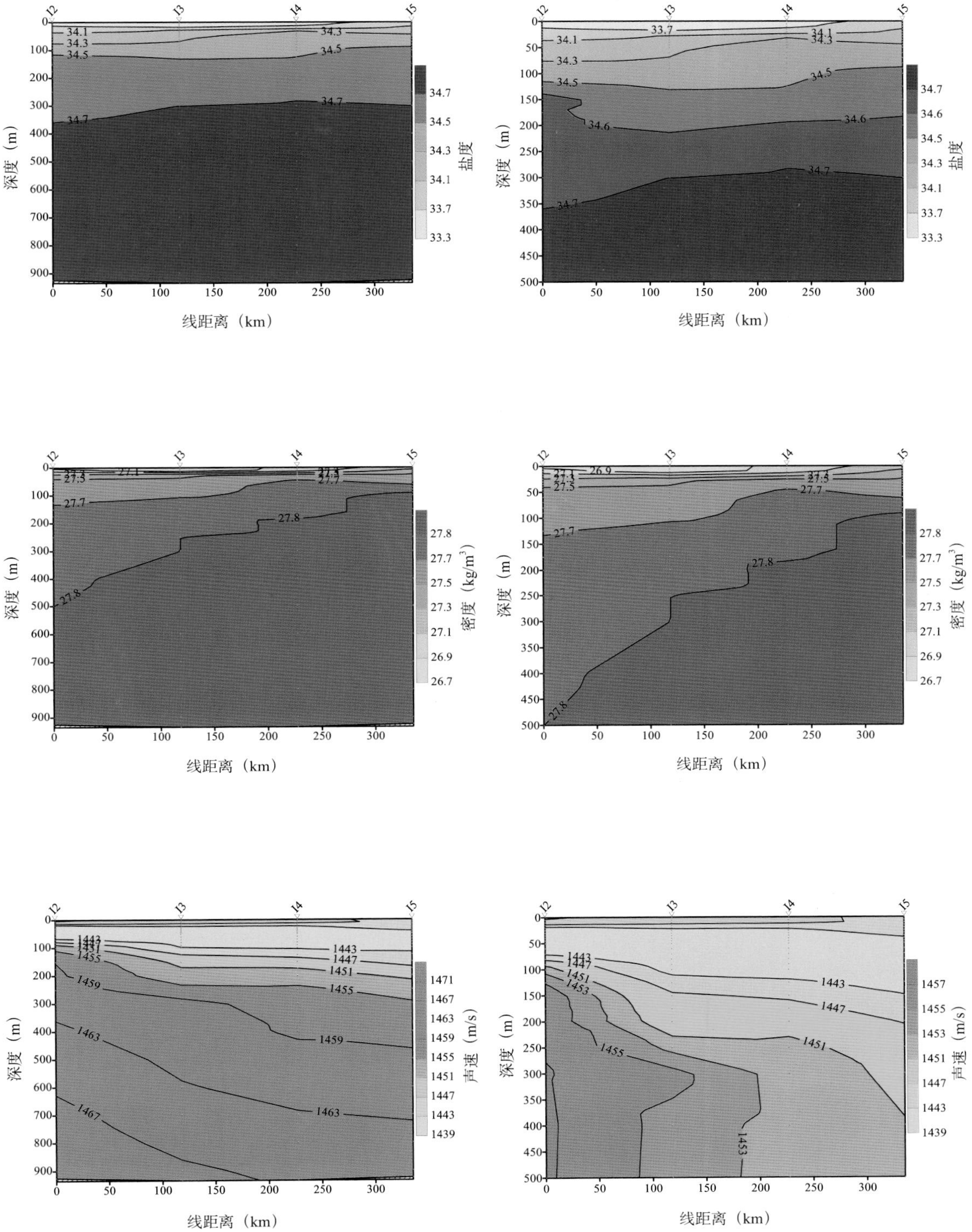

深度（m）
线距离（km）
盐度

深度（m）
线距离（km）
盐度

深度（m）
线距离（km）
密度（kg/m³）

深度（m）
线距离（km）
密度（kg/m³）

深度（m）
线距离（km）
声速（m/s）

深度（m）
线距离（km）
声速（m/s）

图6.11　断面I温度、盐度、密度、声速分布图

第四节　航次大面剖面图

本航次9条平行的断面可以构成普里兹湾及其邻近海域的大面观测，10 m层、50 m层、100 m层、500 m层上的温度、盐度、密度、声速分布情况如图6.12至图6.15所示。

（1）10 m层温度、盐度、密度、声速分布图（等值线间隔依次为0.2，0.1，0.1，2）

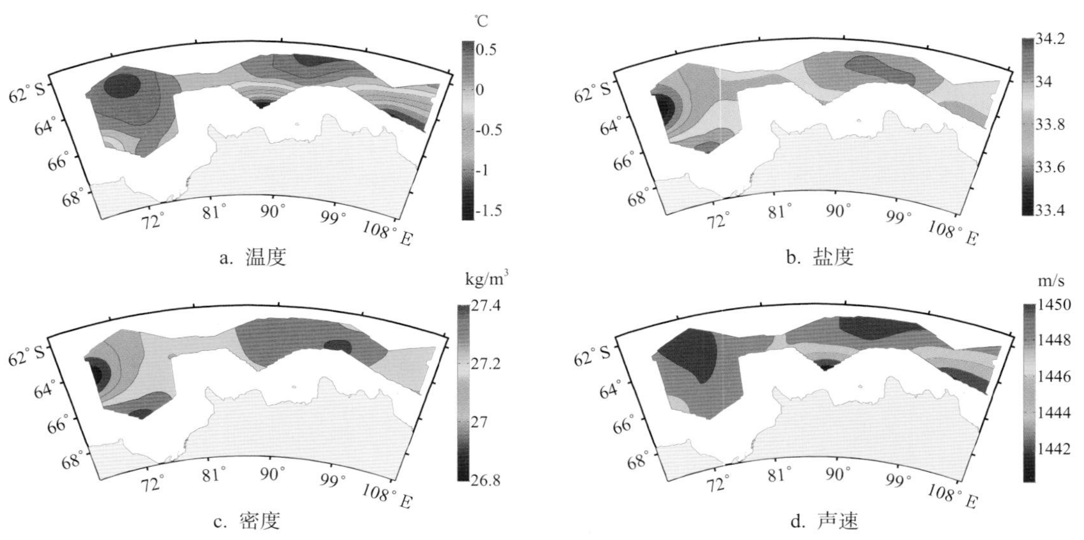

a. 温度　b. 盐度　c. 密度　d. 声速

图6.12　10 m层温度、盐度、密度、声速分布图

（2）50 m层温度、盐度、密度、声速分布图（等值线间隔依次为0.2，0.1，0.1，2）

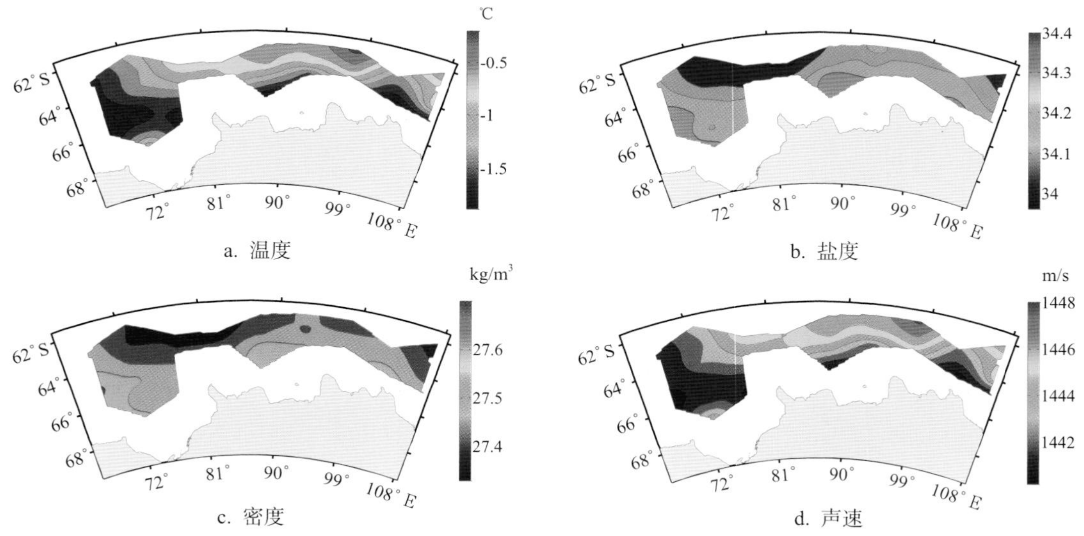

a. 温度　b. 盐度　c. 密度　d. 声速

图6.13　50 m层温度、盐度、密度、声速分布图

(3) 100 m 层温度、盐度、密度、声速分布图（等值线间隔依次为 0.5，0.05，0.05，2）

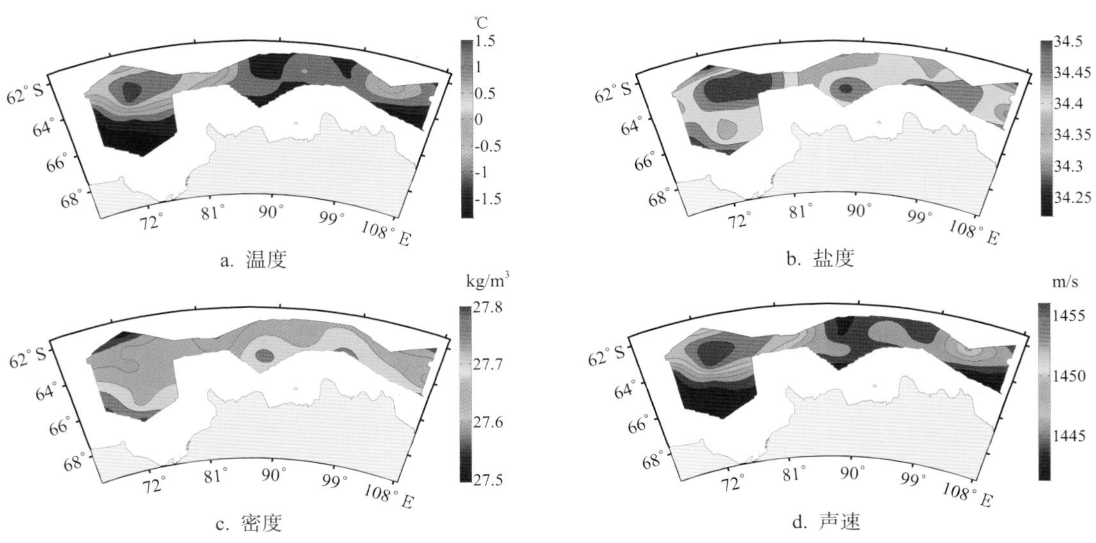

a. 温度　b. 盐度　c. 密度　d. 声速

图6.14　100 m 层温度、盐度、密度、声速分布图

(4) 500 m 层温度、盐度、密度、声速分布图（等值线间隔依次为 0.2，0.02，0.02，1）

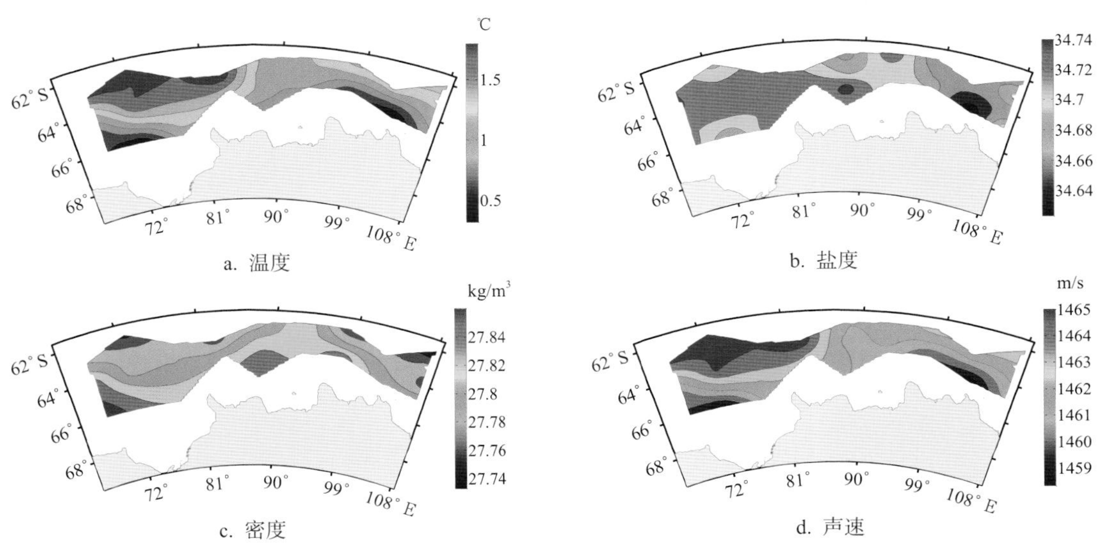

a. 温度　b. 盐度　c. 密度　d. 声速

图6.15　500 m层温度、盐度、密度、声速分布图

第七章

中国第八次南极科学考察水文图集

第一节　航次站位情况及TS点聚图

中国第八次南极科学考察共完成海洋考察 CTD 站位 32 个，站位信息见表 7.1。

表7.1　中国第八次南极考察CTD观测站位信息表

序号	站位	日期	时间	纬度 (° S)	经度 (° W)	水深 (m)	最大观测深度 (m)
1	B1	1991–12–31	16:15:00	62.105	102.540	4 300	1 085
2	B2	1991–12–31	09:23:00	63.025	102.805	3 100	1 063
3	B3	1991–12–31	00:29:00	63.972	103.010	1 500	886
4	C1	1992–01–01	04:31:00	62.180	98.134	4 200	1 073
5	C2	1992–01–01	11:11:00	62.950	98.054	2 500	1 033
6	D1	1992–01–02	10:24:00	62.096	92.752	4 000	939
7	D2	1992–01–02	03:23:00	62.808	93.143	3 800	916
8	E1	1992–01–02	22:04:00	62.184	88.054	500	300
9	E2	1992–01–03	04:27:00	62.942	87.944	3 400	1 131
10	E3	1992–01–03	10:47:00	63.814	87.955	3 600	469
11	F2	1992–01–04	01:59:00	62.953	83.460	2 400	1 146
12	F1	1992–01–04	11:02:00	62.040	82.618	2 500	1 144
13	G1	1992–01–04	22:34:00	62.053	78.181	3 500	1 238
14	G2	1992–01–05	05:15:00	62.996	78.140	3 600	1 076
15	G3	1992–01–05	13:05:00	64.085	78.046	3 300	1 105
16	G4	1992–01–05	20:17:00	65.129	77.878	3 200	1 118
17	P1	1992–01–16	07:38:00	69.114	75.751	500	301
18	P2	1992–01–16	11:44:00	69.343	76.477	400	301
19	H7	1992–01–23	23:22:00	68.025	72.947	600	501
20	H6	1992–01–24	06:58:00	67.035	72.722	700	517
21	H5	1992–01–24	15:31:00	65.997	73.012	2 300	1 322
22	I6	1992–01–25	03:27:00	66.871	67.834	900	532
23	I5–6	1992–01–25	14:43:00	66.730	67.780	2 000	1 301
24	I5	1992–01–25	20:36:00	66.051	68.012	2 700	1 405
25	I4	1992–01–26	03:48:00	64.973	68.068	3 000	1 492
26	I3	1992–01–26	10:08:00	64.009	68.180	3 500	1 500
27	I2	1992–01–26	18:36:00	63.040	68.227	4 000	1 118
28	I1	1992–01–27	00:23:00	62.064	67.682	4 200	1 135
29	H1	1992–01–27	12:40:00	62.125	73.062	4 100	1 843
30	H2	1992–01–27	19:43:00	63.030	72.886	3 900	1 501
31	H3	1992–01–28	00:53:00	63.968	72.892	3 500	935
32	H4	1992–01–28	07:20:00	64.988	72.798	3 300	997

本航次的 TS 点聚图如图 7.1 所示。

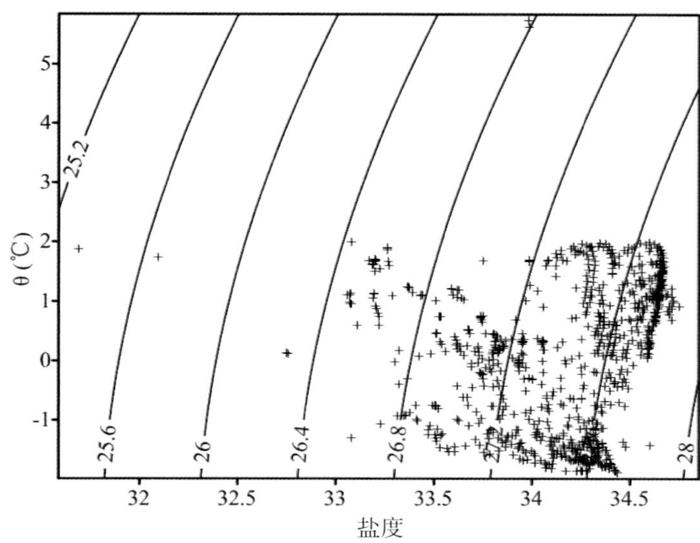

图7.1 中国第八次南极考察TS点聚图

第二节 航次站点剖面图

本航次各站点的 CTD 测量要素温度、盐度、密度、声速剖面分布如图 7.2 所示。

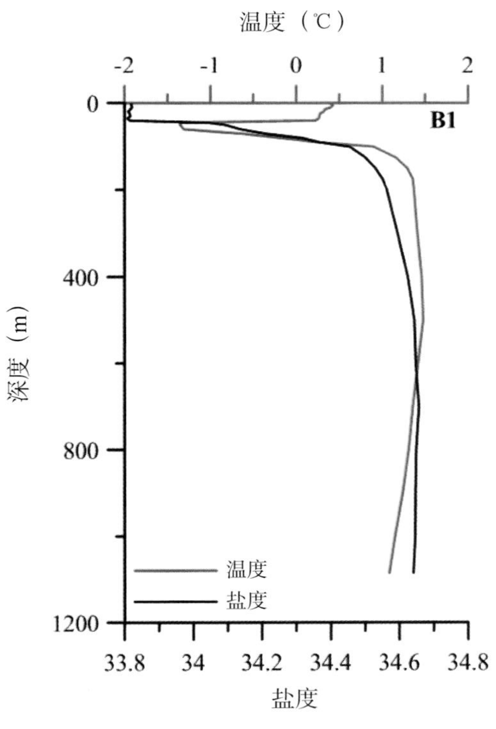

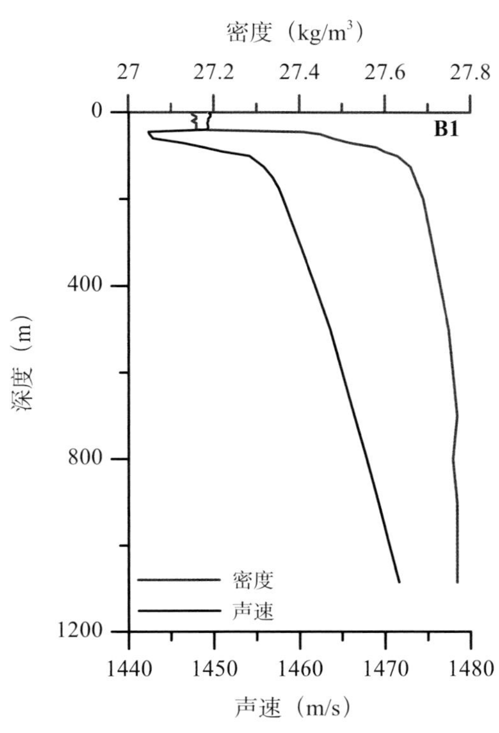

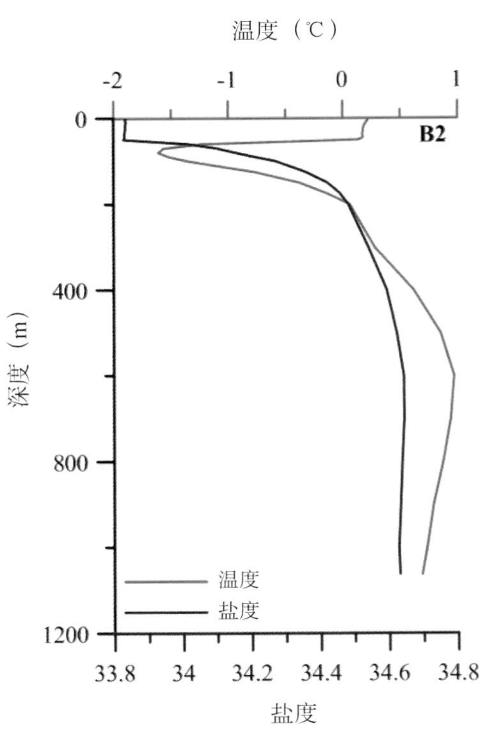
温度（℃）
-2
-1
0
1
0
400
800
1200
B2
深度（m）
温度
盐度
33.8
34
34.2
34.4
34.6
34.8
盐度

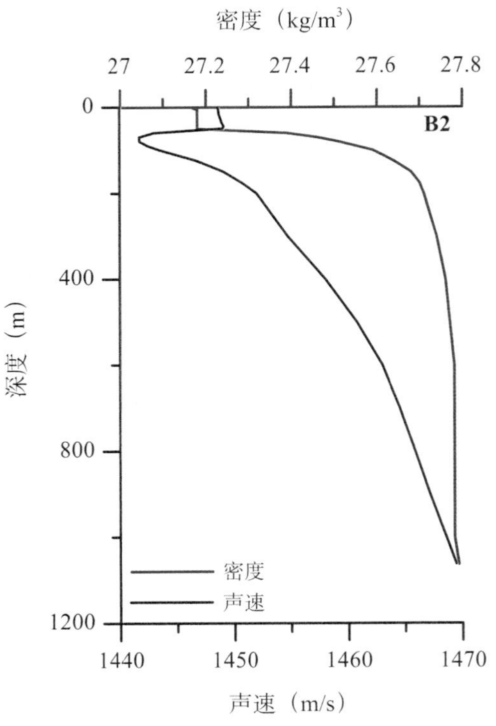
密度（kg/m³）
27
27.2
27.4
27.6
27.8
0
400
800
1200
B2
深度（m）
密度
声速
1440
1450
1460
1470
声速（m/s）

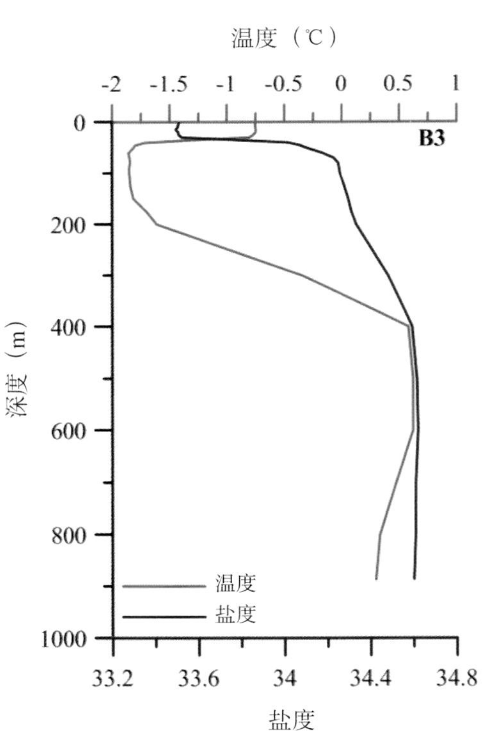
温度（℃）
-2
-1.5
-1
-0.5
0
0.5
1
0
200
400
600
800
1000
B3
深度（m）
温度
盐度
33.2
33.6
34
34.4
34.8
盐度

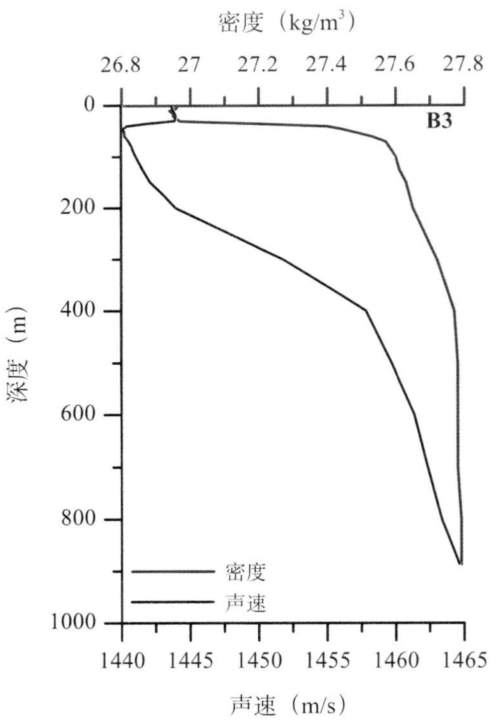
密度（kg/m³）
26.8
27
27.2
27.4
27.6
27.8
0
200
400
600
800
1000
B3
深度（m）
密度
声速
1440
1445
1450
1455
1460
1465
声速（m/s）

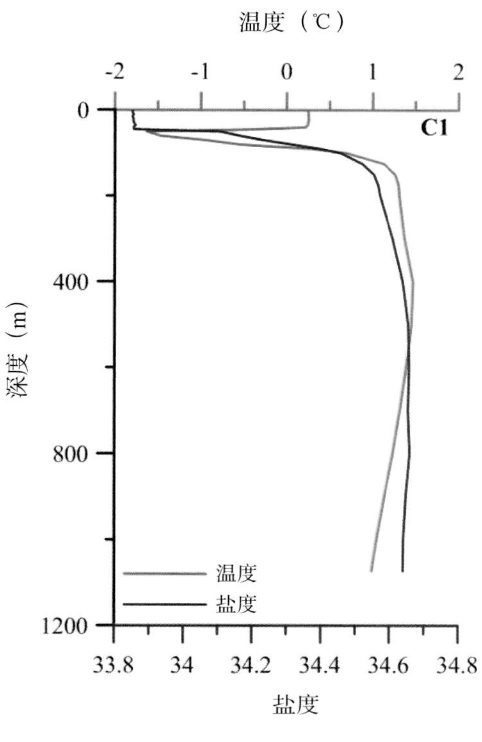
温度（℃）
-2
-1
0
1
2
0
400
800
1200
深度（m）
C1
温度
盐度
33.8
34
34.2
34.4
34.6
34.8
盐度

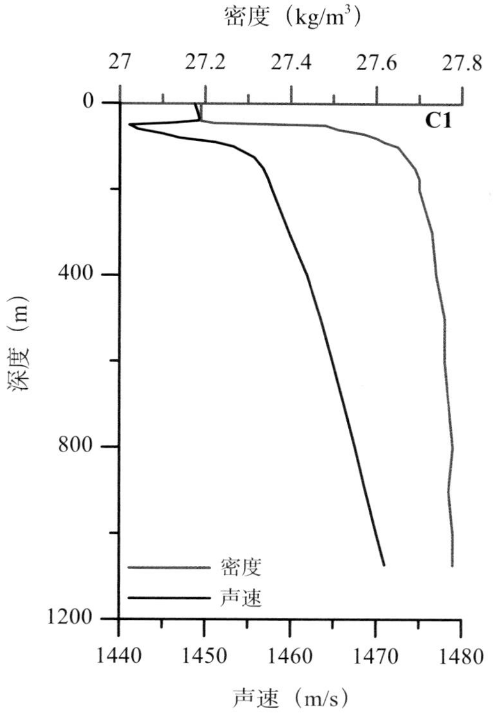
密度（kg/m3）
27
27.2
27.4
27.6
27.8
0
400
800
1200
深度（m）
C1
密度
声速
1440
1450
1460
1470
1480
声速（m/s）

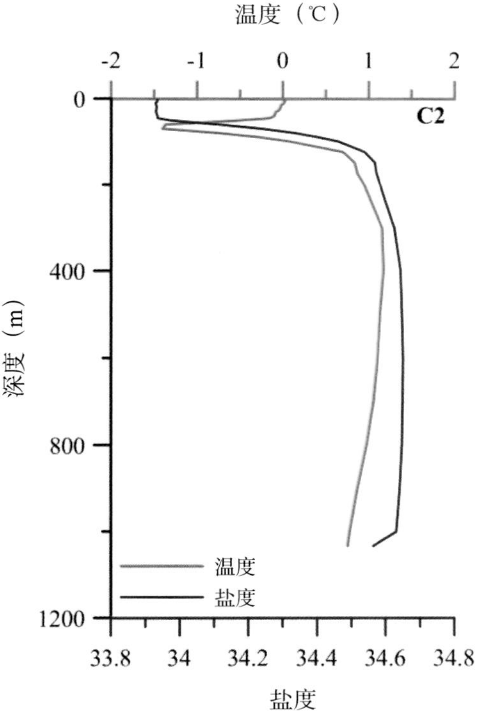
温度（℃）
-2
-1
0
1
2
0
400
800
1200
深度（m）
C2
温度
盐度
33.8
34
34.2
34.4
34.6
34.8
盐度

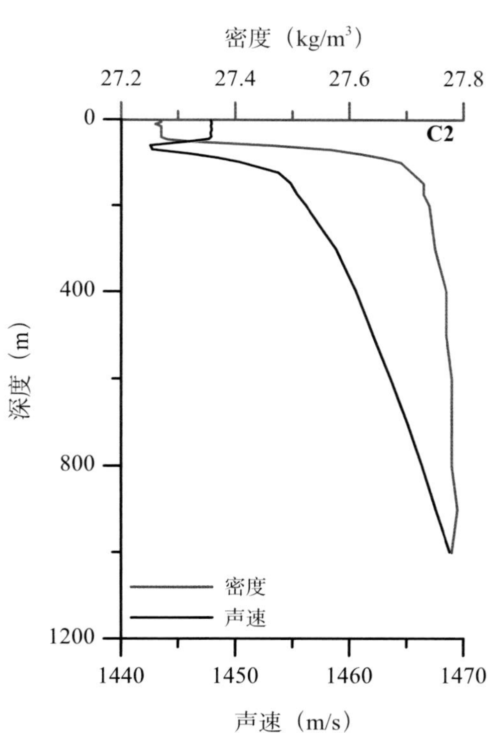
密度（kg/m3）
27.2
27.4
27.6
27.8
0
400
800
1200
深度（m）
C2
密度
声速
1440
1450
1460
1470
声速（m/s）

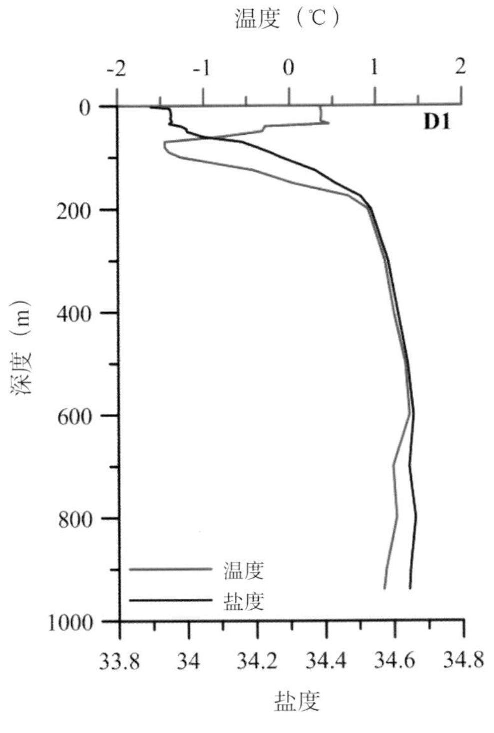
温度（℃）
-2
-1
0
1
2
0
200
400
600
800
1000
深度（m）
D1
温度
盐度
33.8
34
34.2
34.4
34.6
34.8
盐度

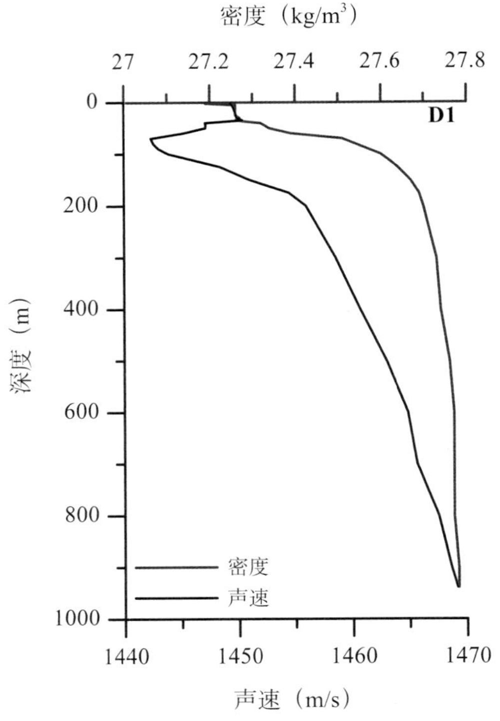
密度（kg/m³）
27
27.2
27.4
27.6
27.8
0
200
400
600
800
1000
深度（m）
D1
密度
声速
1440
1450
1460
1470
声速（m/s）

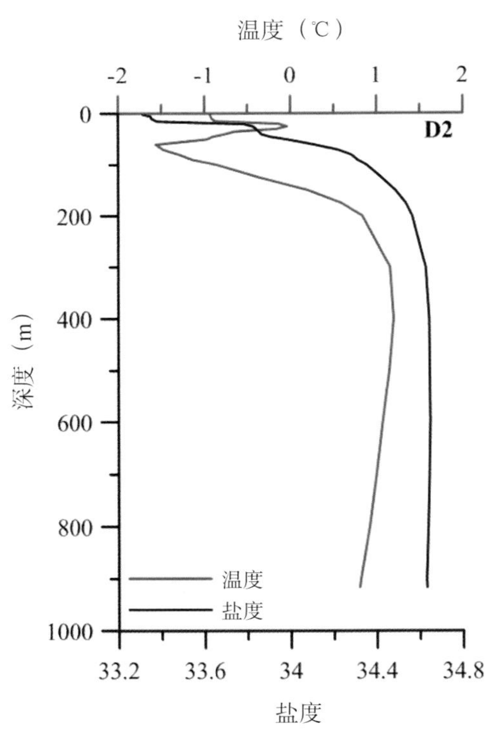
温度（℃）
-2
-1
0
1
2
0
200
400
600
800
1000
深度（m）
D2
温度
盐度
33.2
33.6
34
34.4
34.8
盐度

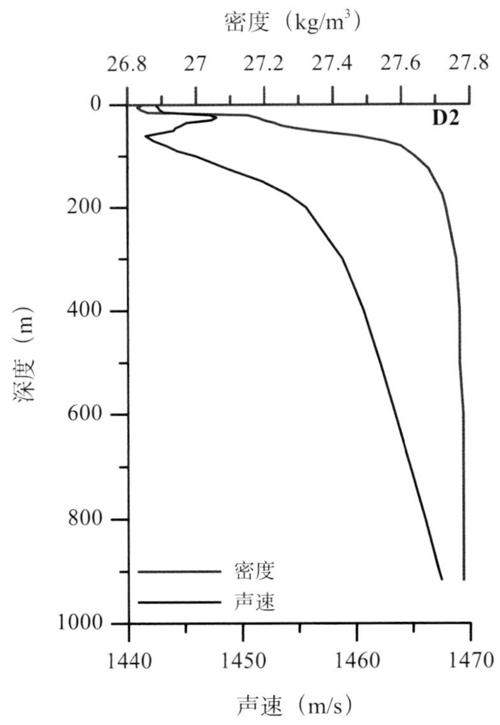
密度（kg/m³）
26.8
27
27.2
27.4
27.6
27.8
0
200
400
600
800
1000
深度（m）
D2
密度
声速
1440
1450
1460
1470
声速（m/s）

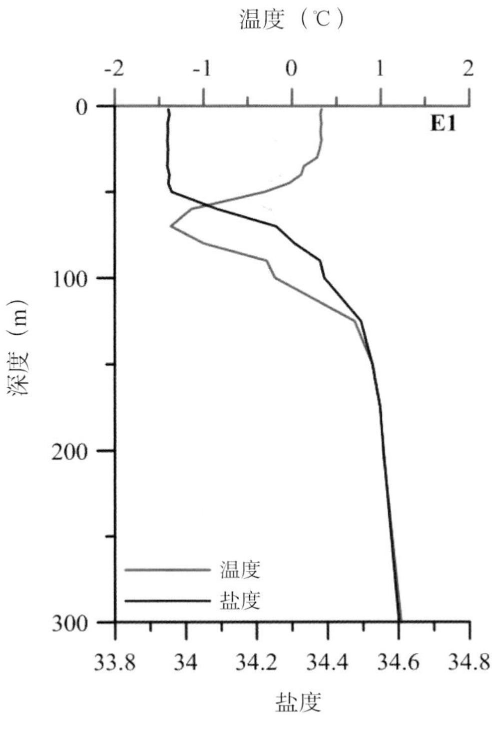
温度（℃）
-2 -1 0 1 2
E1
0
100
200
300
深度（m）
温度
盐度
33.8 34 34.2 34.4 34.6 34.8
盐度

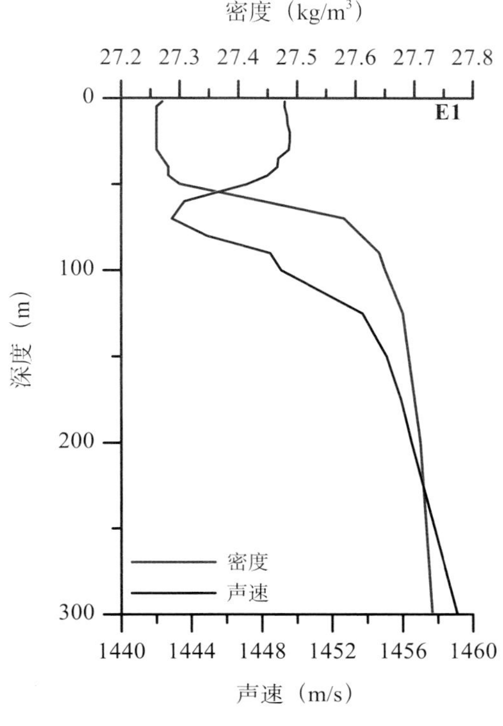
密度（kg/m³）
27.2 27.3 27.4 27.5 27.6 27.7 27.8
E1
0
100
200
300
深度（m）
密度
声速
1440 1444 1448 1452 1456 1460
声速（m/s）

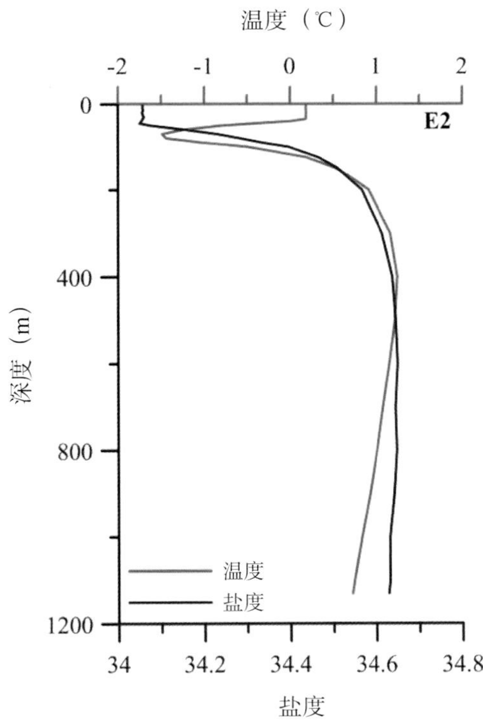
温度（℃）
-2 -1 0 1 2
E2
0
400
800
1200
深度（m）
温度
盐度
34 34.2 34.4 34.6 34.8
盐度

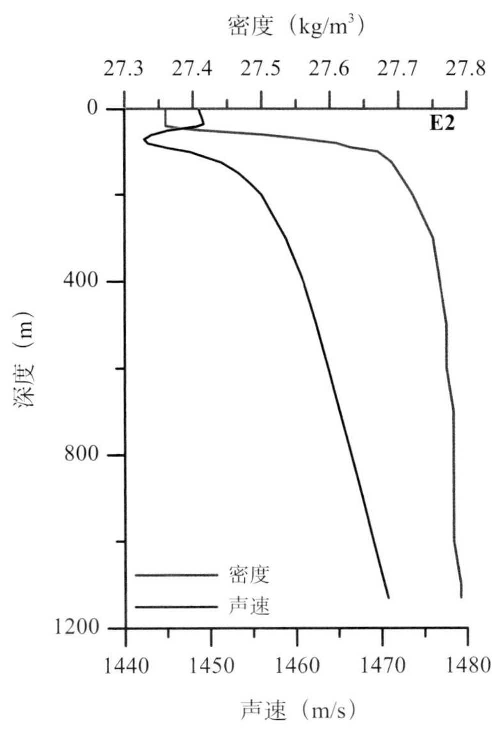
密度（kg/m³）
27.3 27.4 27.5 27.6 27.7 27.8
E2
0
400
800
1200
深度（m）
密度
声速
1440 1450 1460 1470 1480
声速（m/s）

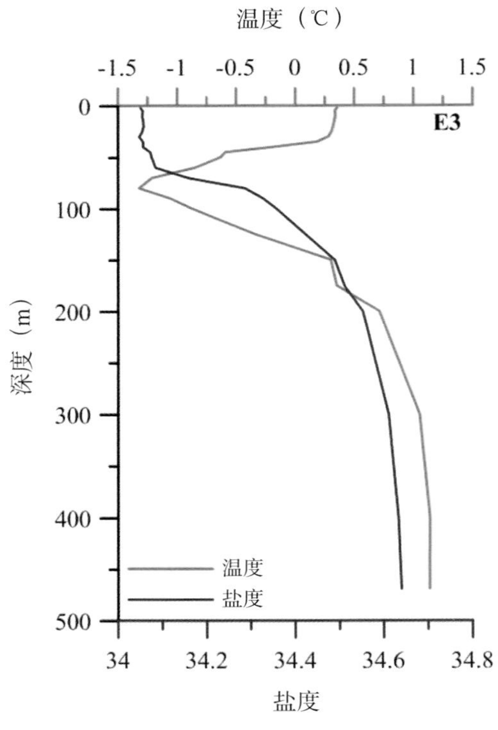
温度（℃）
-1.5
-1
-0.5
0
0.5
1
1.5
E3
0
100
200
300
400
500
深度（m）
温度
盐度
34
34.2
34.4
34.6
34.8
盐度

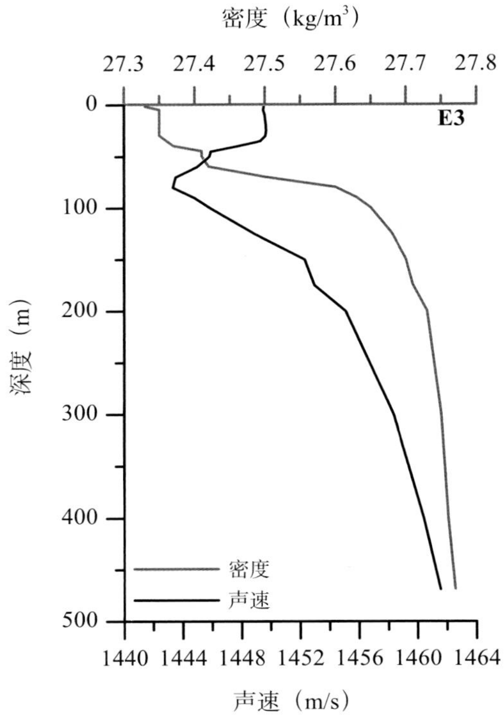
密度（kg/m3）
27.3
27.4
27.5
27.6
27.7
27.8
E3
0
100
200
300
400
500
深度（m）
密度
声速
1440
1444
1448
1452
1456
1460
1464
声速（m/s）

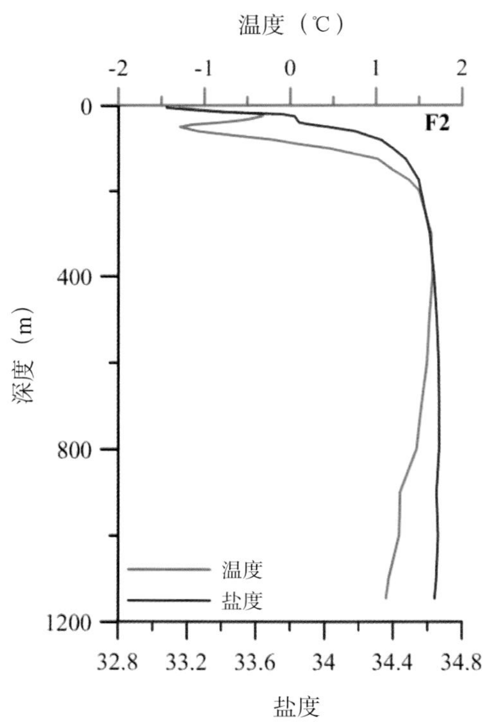
温度（℃）
-2
-1
0
1
2
F2
0
400
800
1200
深度（m）
温度
盐度
32.8
33.2
33.6
34
34.4
34.8
盐度

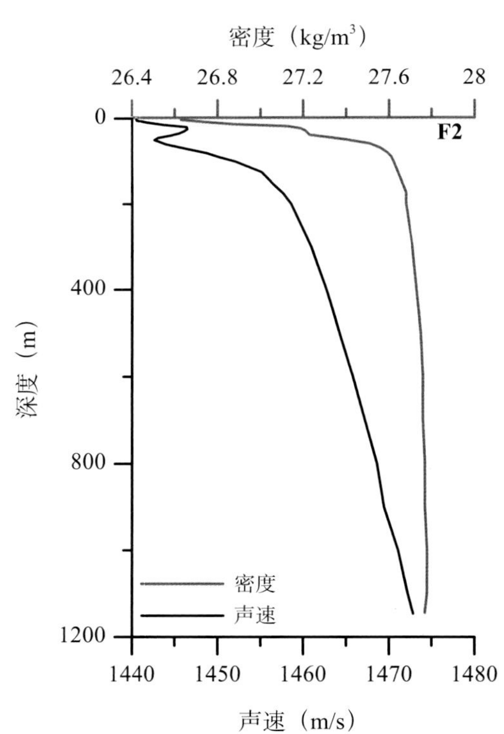
密度（kg/m3）
26.4
26.8
27.2
27.6
28
F2
0
400
800
1200
深度（m）
密度
声速
1440
1450
1460
1470
1480
声速（m/s）

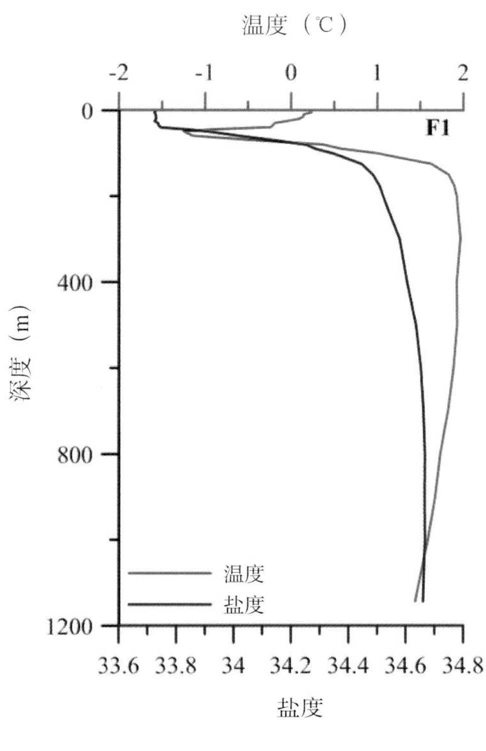
温度（℃）
-2 -1 0 1 2
F1
0
400
800
1200
深度（m）
温度
盐度
33.6 33.8 34 34.2 34.4 34.6 34.8
盐度

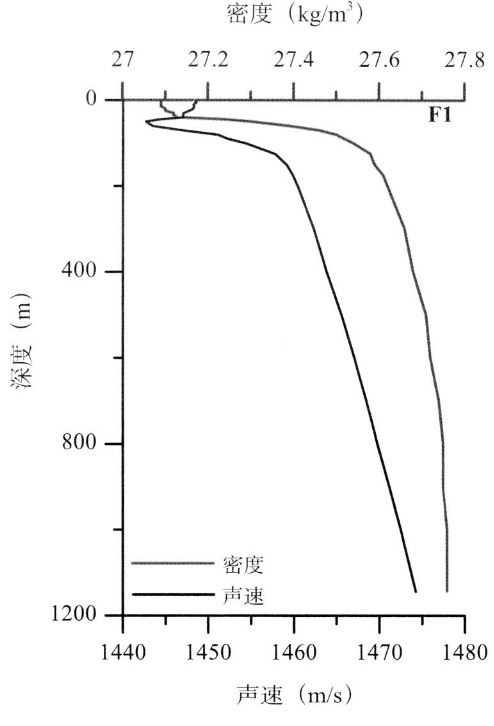
密度（kg/m³）
27 27.2 27.4 27.6 27.8
F1
0
400
800
1200
深度（m）
密度
声速
1440 1450 1460 1470 1480
声速（m/s）

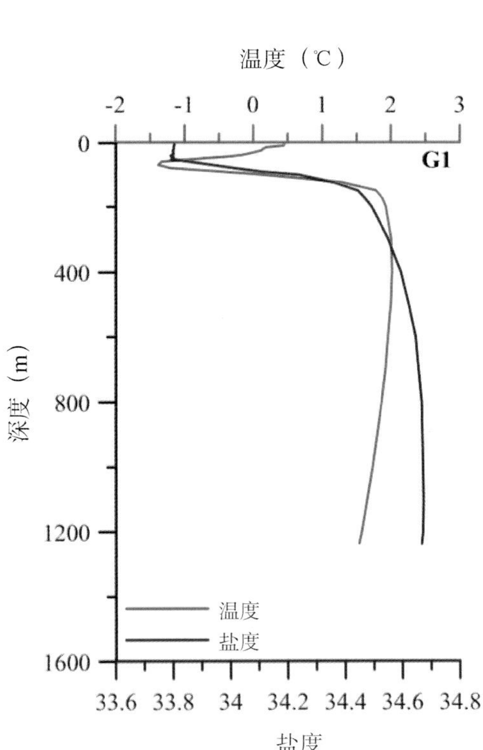
温度（℃）
-2 -1 0 1 2 3
G1
0
400
800
1200
1600
深度（m）
温度
盐度
33.6 33.8 34 34.2 34.4 34.6 34.8
盐度

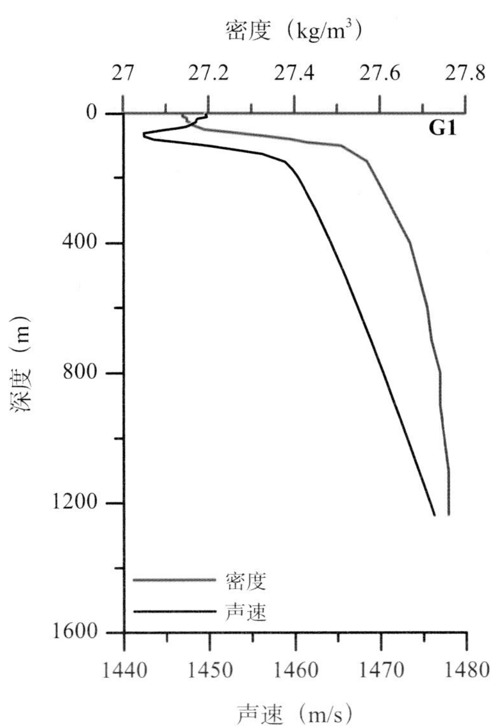
密度（kg/m³）
27 27.2 27.4 27.6 27.8
G1
0
400
800
1200
1600
深度（m）
密度
声速
1440 1450 1460 1470 1480
声速（m/s）

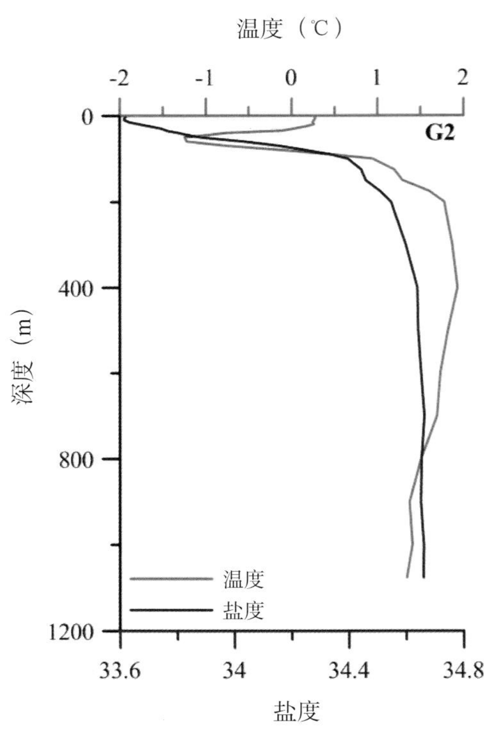
温度（℃）
-2
-1
0
1
2
G2
0
400
800
1200
深度（m）
温度
盐度
33.6
34
34.4
34.8
盐度

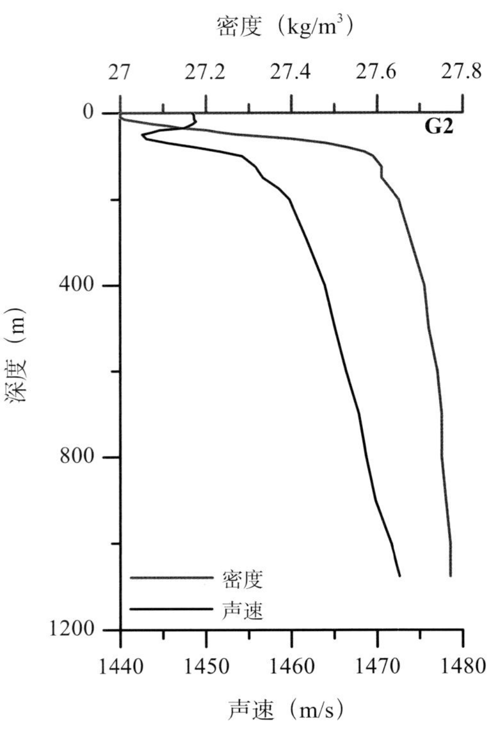
密度（kg/m³）
27
27.2
27.4
27.6
27.8
G2
0
400
800
1200
深度（m）
密度
声速
1440
1450
1460
1470
1480
声速（m/s）

温度（℃）
-2
-1
0
1
2
G3
0
400
800
1200
深度（m）
温度
盐度
33.6
34
34.4
34.8
盐度

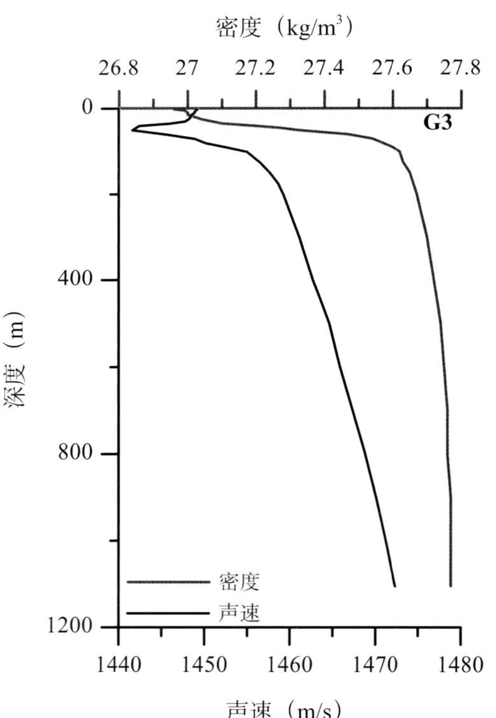
密度（kg/m³）
26.8
27
27.2
27.4
27.6
27.8
G3
0
400
800
1200
深度（m）
密度
声速
1440
1450
1460
1470
1480
声速（m/s）

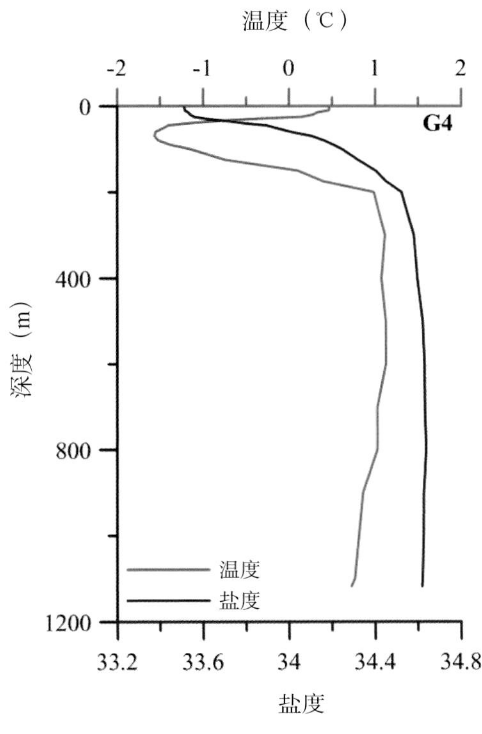
温度（℃）
-2 -1 0 1 2
0
400
800
1200
深度（m）
G4
温度
盐度
33.2 33.6 34 34.4 34.8
盐度

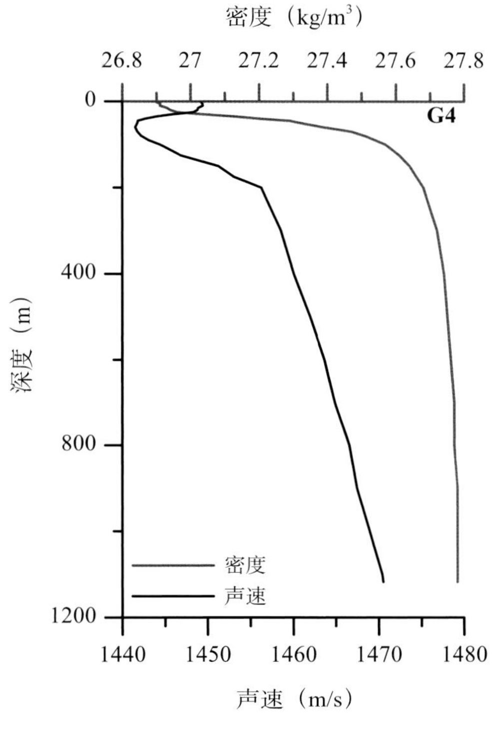
密度（kg/m³）
26.8 27 27.2 27.4 27.6 27.8
0
400
800
1200
深度（m）
G4
密度
声速
1440 1450 1460 1470 1480
声速（m/s）

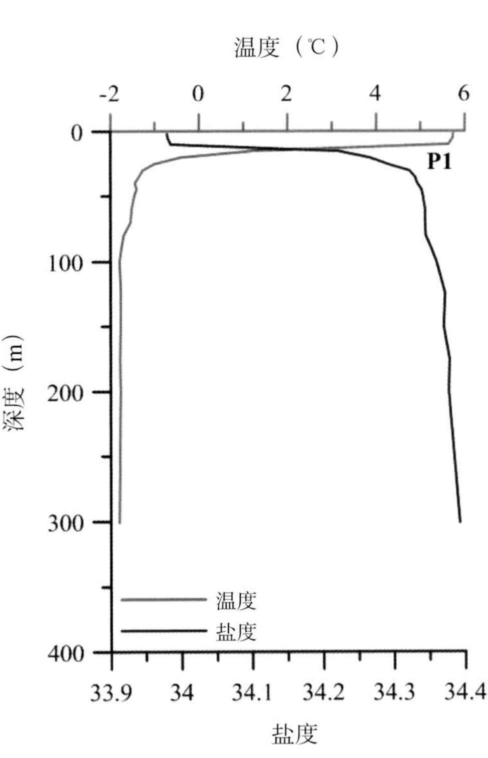
温度（℃）
-2 0 2 4 6
0
100
200
300
400
深度（m）
P1
温度
盐度
33.9 34 34.1 34.2 34.3 34.4
盐度

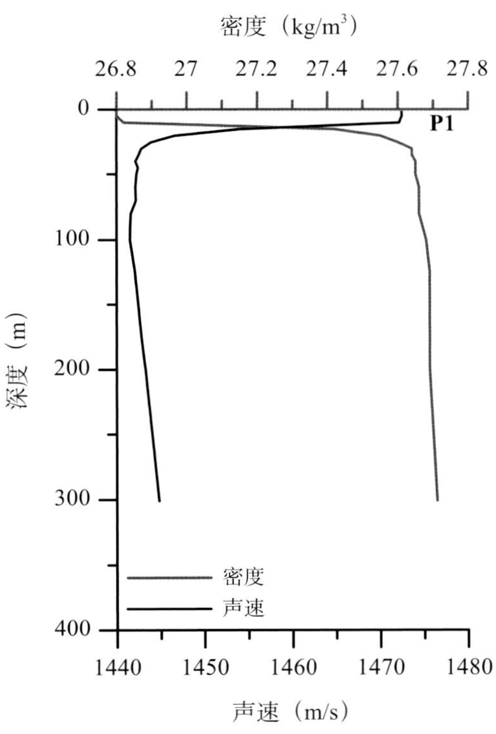
密度（kg/m³）
26.8 27 27.2 27.4 27.6 27.8
0
100
200
300
400
深度（m）
P1
密度
声速
1440 1450 1460 1470 1480
声速（m/s）

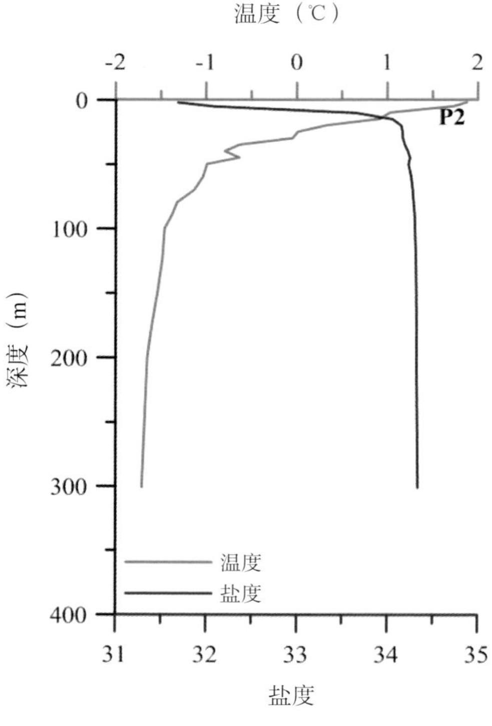
温度（℃）
-2
-1
0
1
2
0
100
200
300
400
深度（m）
P2
温度
盐度
31
32
33
34
35
盐度

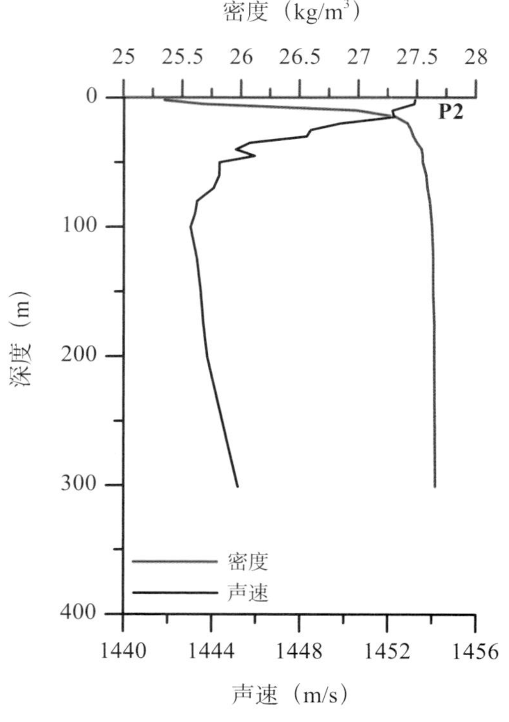
密度（kg/m³）
25
25.5
26
26.5
27
27.5
28
0
100
200
300
400
深度（m）
P2
密度
声速
1440
1444
1448
1452
1456
声速（m/s）

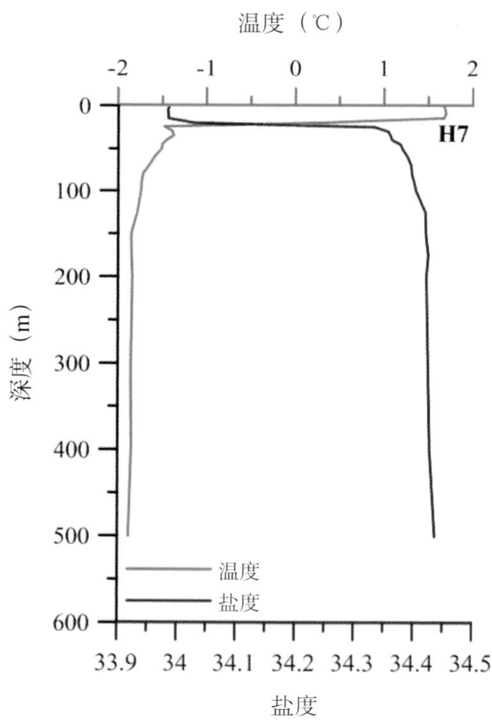
温度（℃）
-2
-1
0
1
2
0
100
200
300
400
500
600
深度（m）
H7
温度
盐度
33.9
34
34.1
34.2
34.3
34.4
34.5
盐度

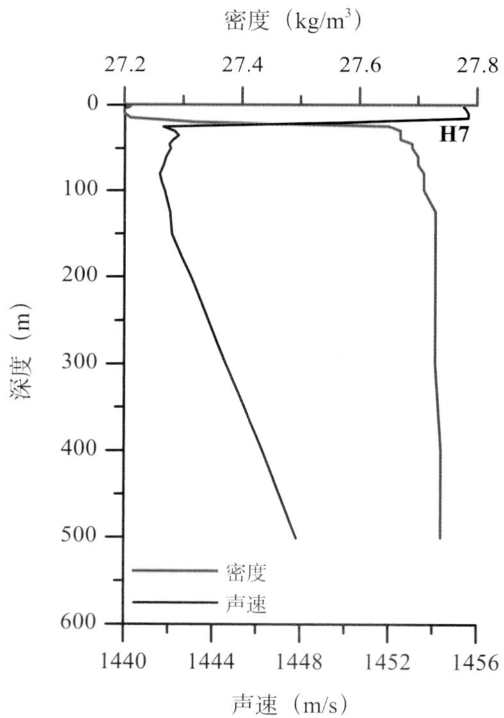
密度（kg/m³）
27.2
27.4
27.6
27.8
0
100
200
300
400
500
600
深度（m）
H7
密度
声速
1440
1444
1448
1452
1456
声速（m/s）

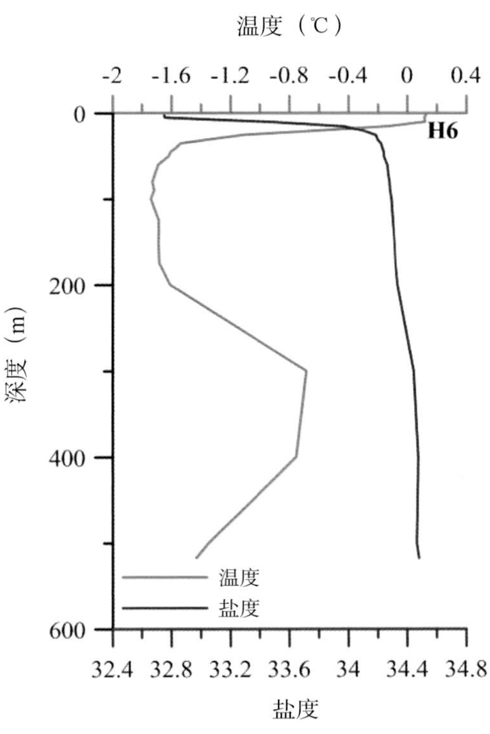
温度（℃）
-2 -1.6 -1.2 -0.8 -0.4 0 0.4
H6
0
200
400
600
深度（m）
温度
盐度
32.4 32.8 33.2 33.6 34 34.4 34.8
盐度

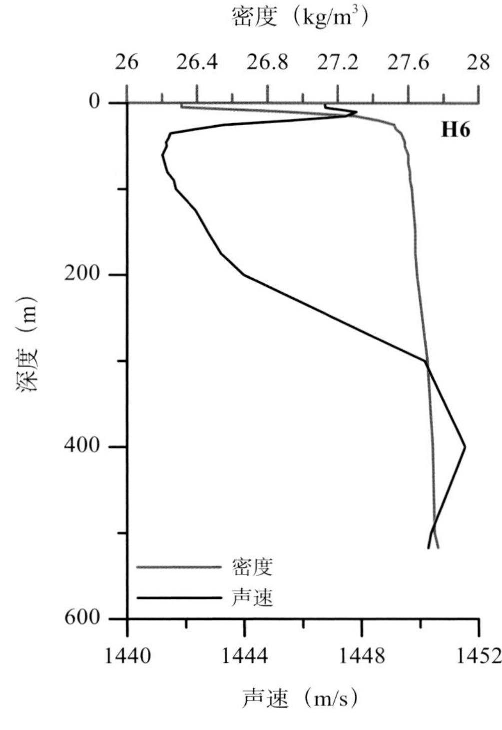
密度（kg/m³）
26 26.4 26.8 27.2 27.6 28
H6
0
200
400
600
深度（m）
密度
声速
1440 1444 1448 1452
声速（m/s）

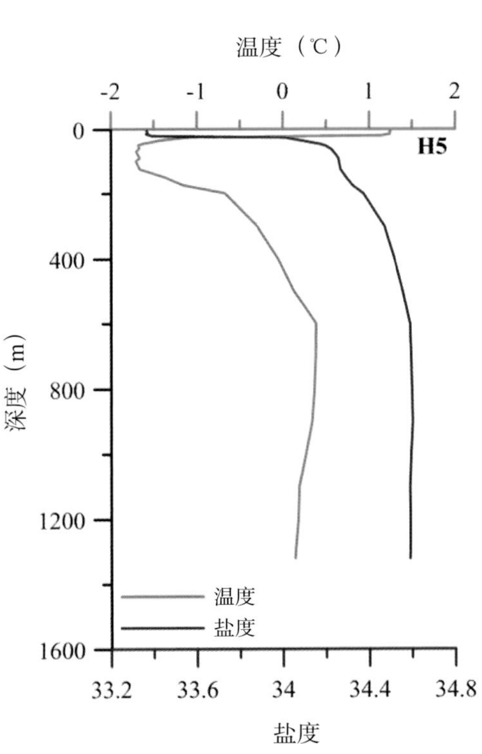
温度（℃）
-2 -1 0 1 2
H5
0
400
800
1200
1600
深度（m）
温度
盐度
33.2 33.6 34 34.4 34.8
盐度

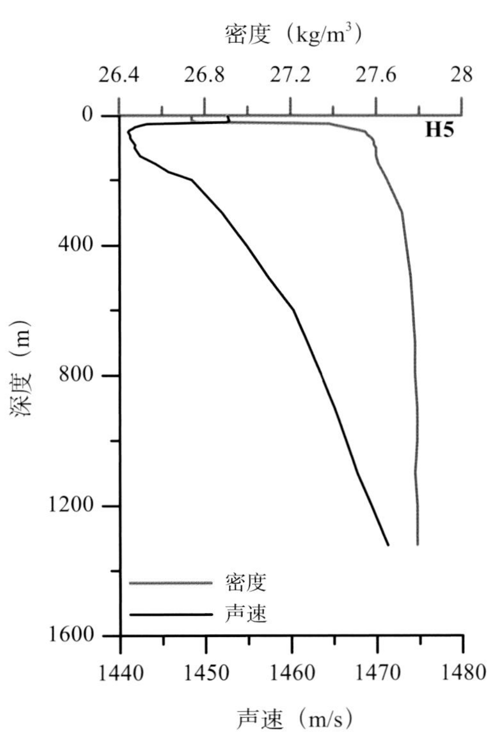
密度（kg/m³）
26.4 26.8 27.2 27.6 28
H5
0
400
800
1200
1600
深度（m）
密度
声速
1440 1450 1460 1470 1480
声速（m/s）

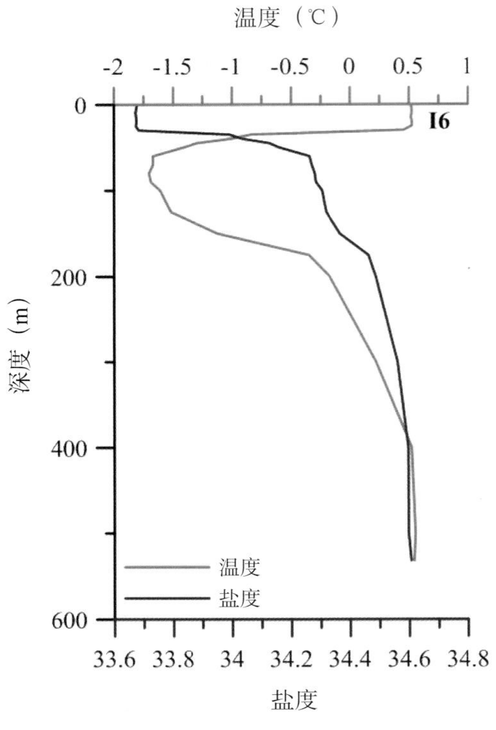
温度（℃）
-2 -1.5 -1 -0.5 0 0.5 1
0 200 400 600
深度（m）
I6
温度
盐度
33.6 33.8 34 34.2 34.4 34.6 34.8
盐度

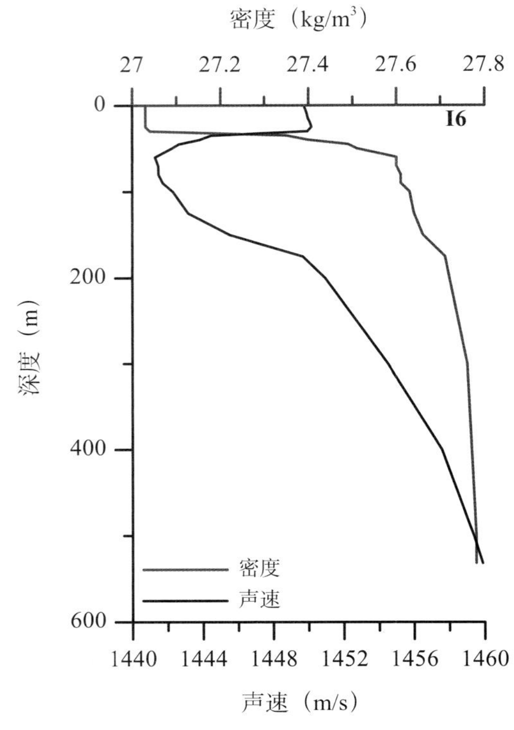
密度（kg/m³）
27 27.2 27.4 27.6 27.8
0 200 400 600
深度（m）
I6
密度
声速
1440 1444 1448 1452 1456 1460
声速（m/s）

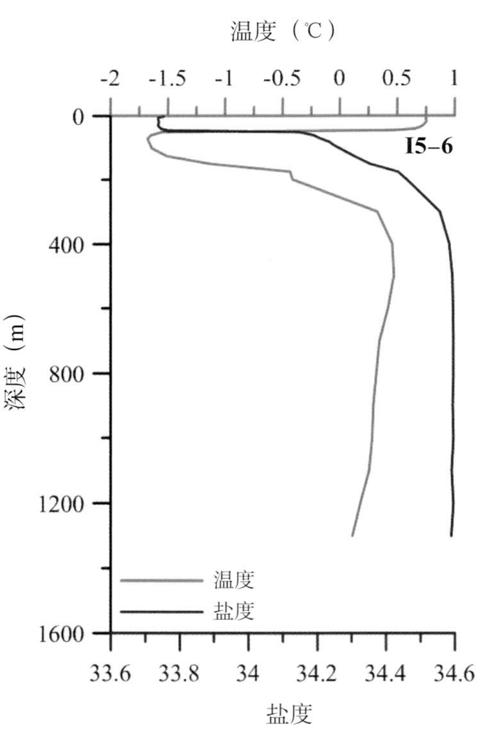
温度（℃）
-2 -1.5 -1 -0.5 0 0.5 1
0 400 800 1200 1600
深度（m）
I5–6
温度
盐度
33.6 33.8 34 34.2 34.4 34.6
盐度

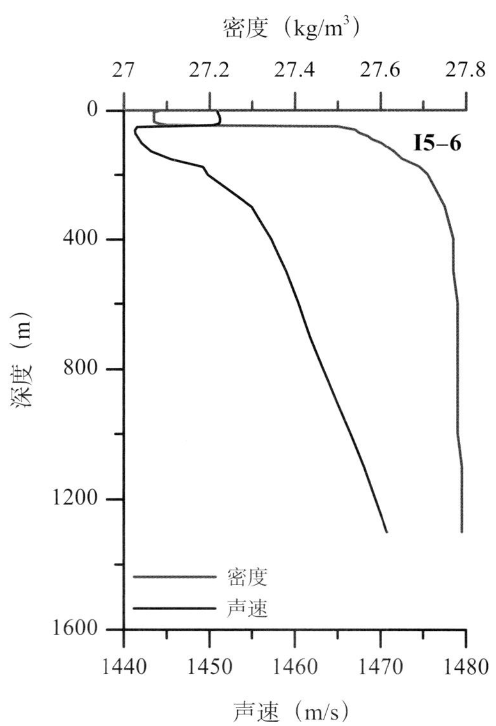
密度（kg/m³）
27 27.2 27.4 27.6 27.8
0 400 800 1200 1600
深度（m）
I5–6
密度
声速
1440 1450 1460 1470 1480
声速（m/s）

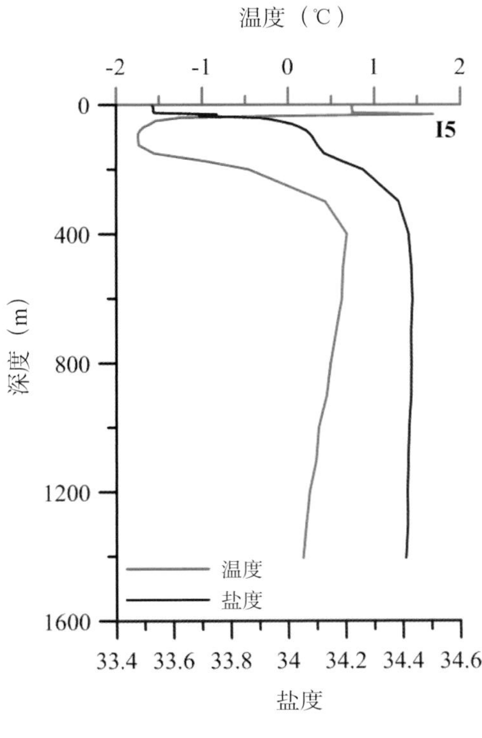
温度（℃）
-2
-1
0
1
2
I5
深度（m）
0
400
800
1200
1600
温度
盐度
33.4
33.6
33.8
34
34.2
34.4
34.6
盐度

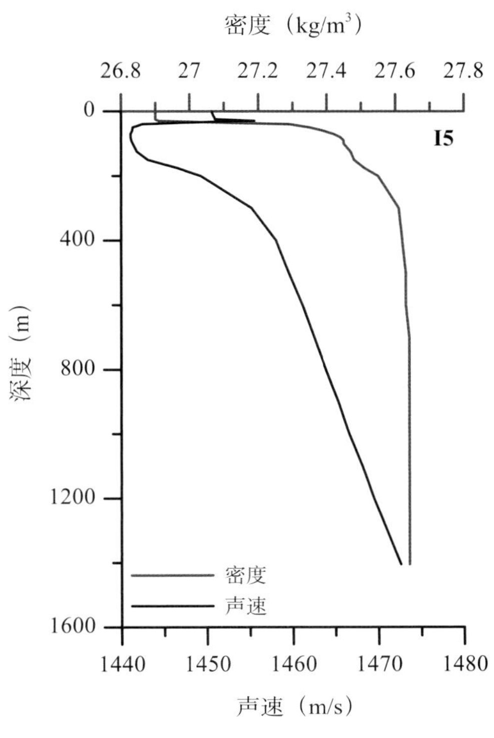
密度（kg/m3）
26.8
27
27.2
27.4
27.6
27.8
I5
深度（m）
0
400
800
1200
1600
密度
声速
1440
1450
1460
1470
1480
声速（m/s）

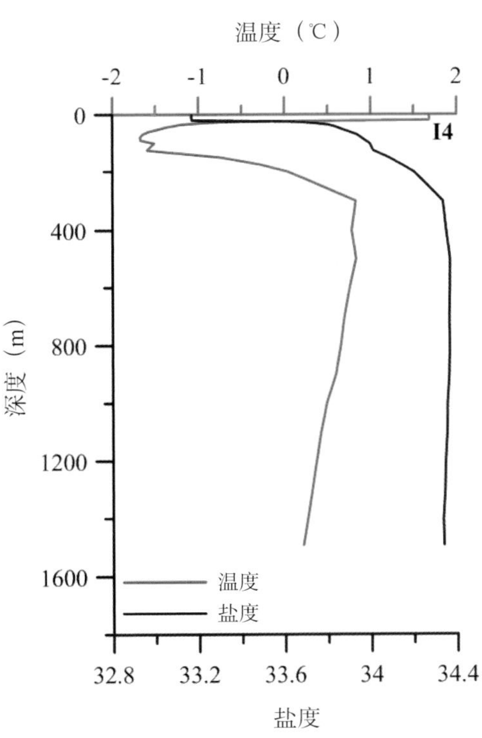
温度（℃）
-2
-1
0
1
2
I4
深度（m）
0
400
800
1200
1600
温度
盐度
32.8
33.2
33.6
34
34.4
盐度

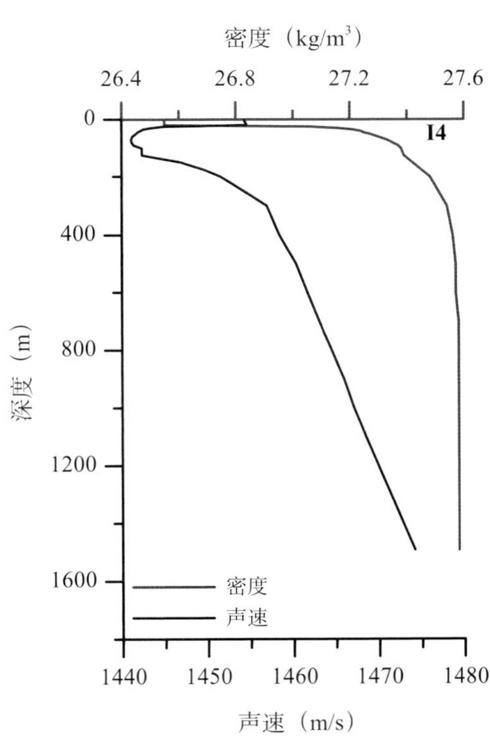
密度（kg/m3）
26.4
26.8
27.2
27.6
I4
深度（m）
0
400
800
1200
1600
密度
声速
1440
1450
1460
1470
1480
声速（m/s）

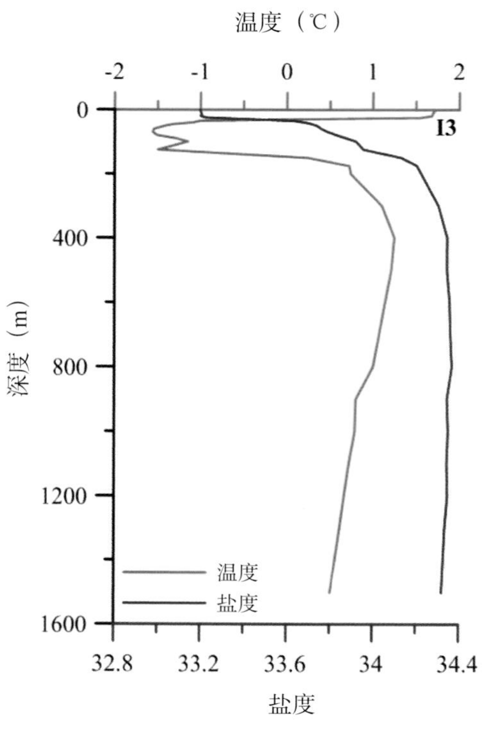
温度（℃）
-2
-1
0
1
2
0
400
800
1200
1600
深度（m）
I3
温度
盐度
32.8
33.2
33.6
34
34.4
盐度

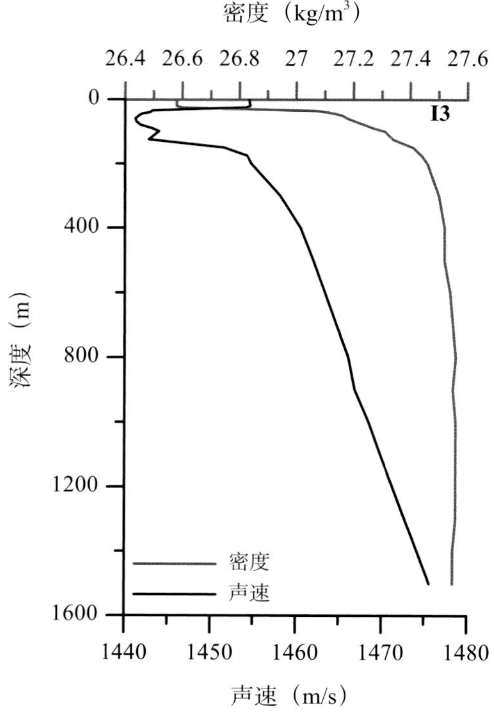
密度（kg/m³）
26.4
26.6
26.8
27
27.2
27.4
27.6
0
400
800
1200
1600
深度（m）
I3
密度
声速
1440
1450
1460
1470
1480
声速（m/s）

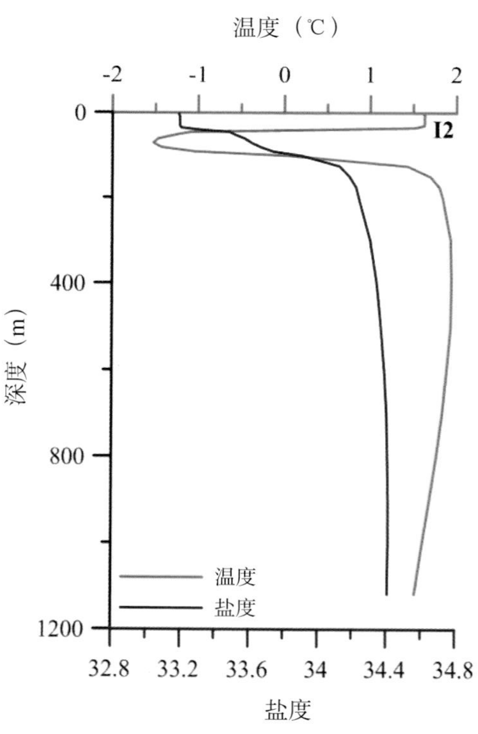
温度（℃）
-2
-1
0
1
2
0
400
800
1200
深度（m）
I2
温度
盐度
32.8
33.2
33.6
34
34.4
34.8
盐度

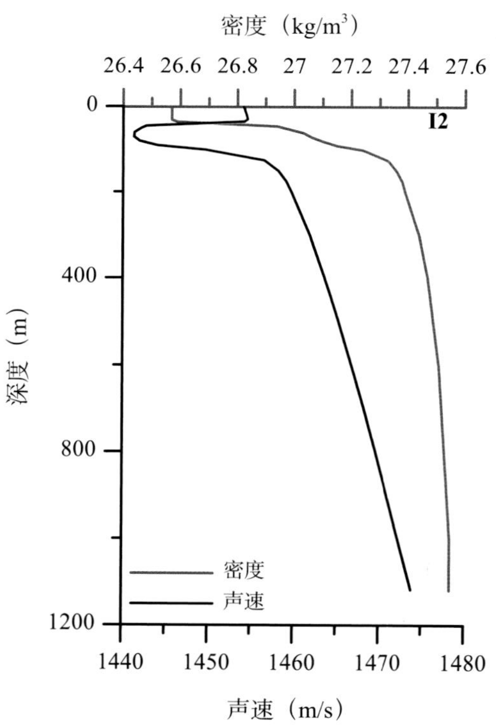
密度（kg/m³）
26.4
26.6
26.8
27
27.2
27.4
27.6
0
400
800
1200
深度（m）
I2
密度
声速
1440
1450
1460
1470
1480
声速（m/s）

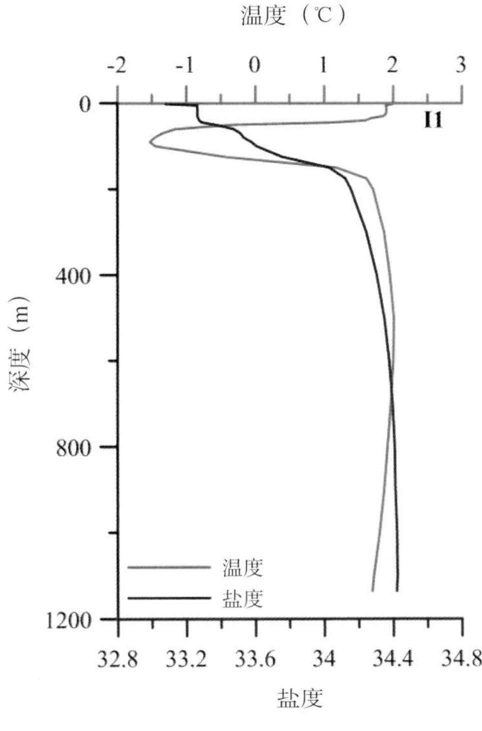
温度（℃）
-2 -1 0 1 2 3
I1
深度（m）
0 400 800 1200
温度
盐度
32.8 33.2 33.6 34 34.4 34.8
盐度

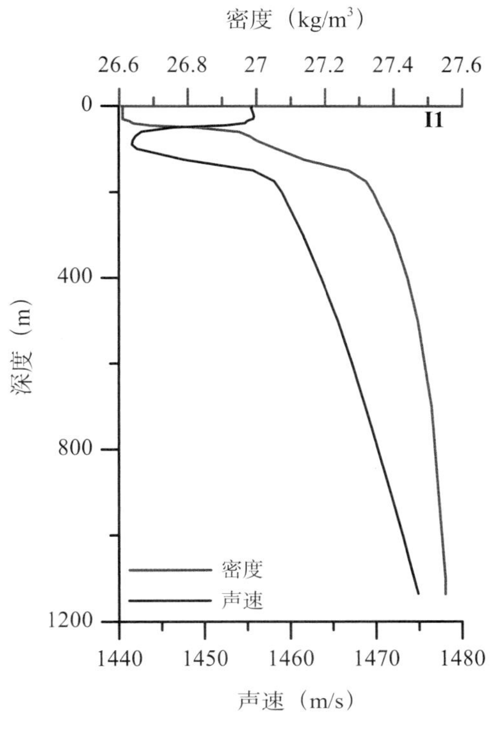
密度（kg/m³）
26.6 26.8 27 27.2 27.4 27.6
I1
深度（m）
0 400 800 1200
密度
声速
1440 1450 1460 1470 1480
声速（m/s）

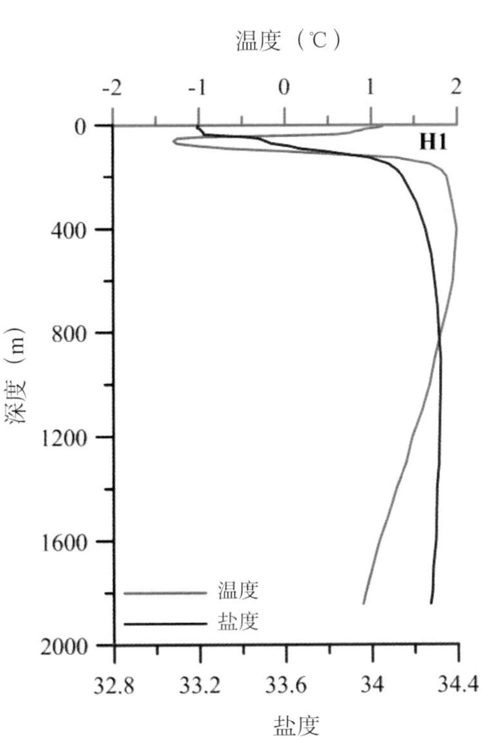
温度（℃）
-2 -1 0 1 2
H1
深度（m）
0 400 800 1200 1600 2000
温度
盐度
32.8 33.2 33.6 34 34.4
盐度

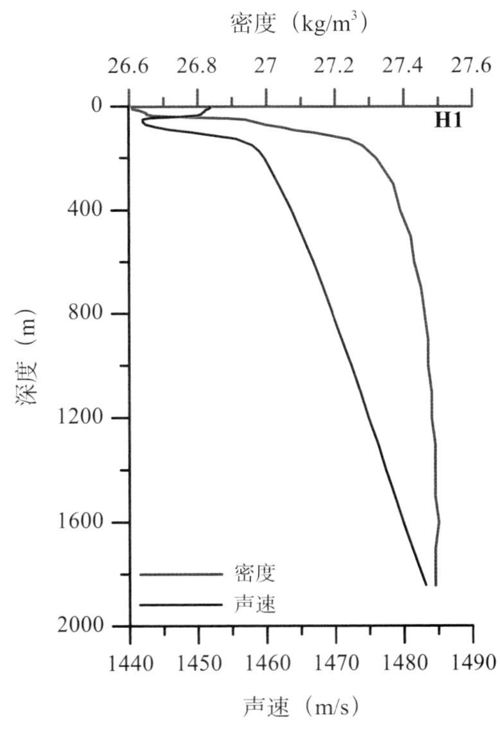
密度（kg/m³）
26.6 26.8 27 27.2 27.4 27.6
H1
深度（m）
0 400 800 1200 1600 2000
密度
声速
1440 1450 1460 1470 1480 1490
声速（m/s）

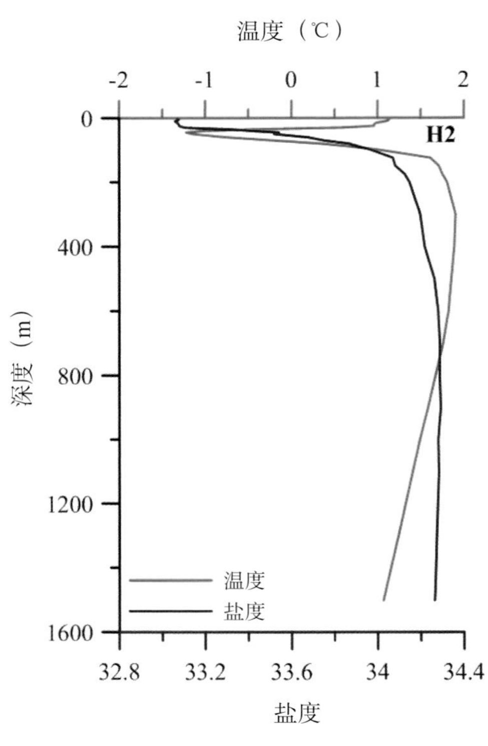
温度（℃）
-2 -1 0 1 2
H2
0 400 800 1200 1600
深度（m）
温度
盐度
32.8 33.2 33.6 34 34.4
盐度

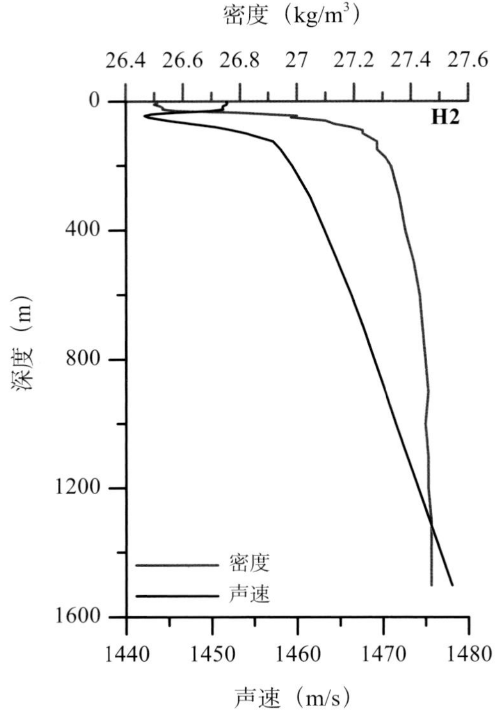
密度（kg/m³）
26.4 26.6 26.8 27 27.2 27.4 27.6
H2
0 400 800 1200 1600
深度（m）
密度
声速
1440 1450 1460 1470 1480
声速（m/s）

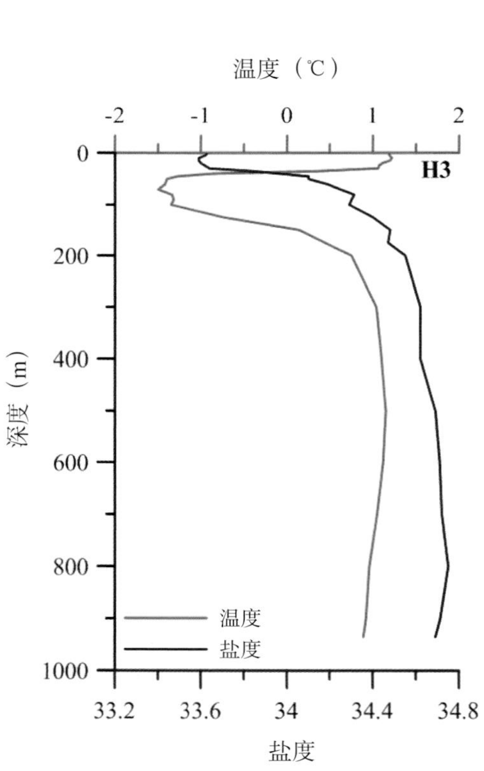
温度（℃）
-2 -1 0 1 2
H3
0 200 400 600 800 1000
深度（m）
温度
盐度
33.2 33.6 34 34.4 34.8
盐度

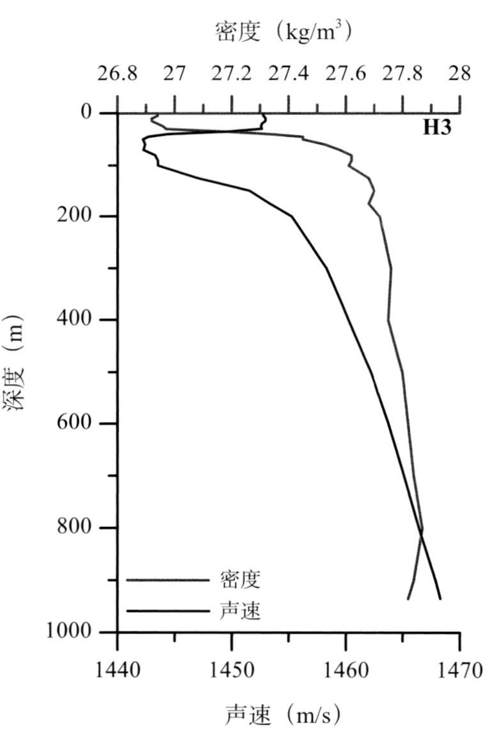
密度（kg/m³）
26.8 27 27.2 27.4 27.6 27.8 28
H3
0 200 400 600 800 1000
深度（m）
密度
声速
1440 1450 1460 1470
声速（m/s）

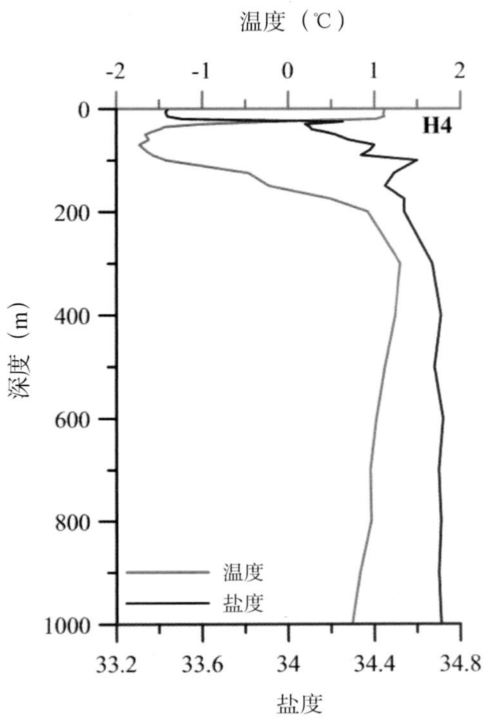

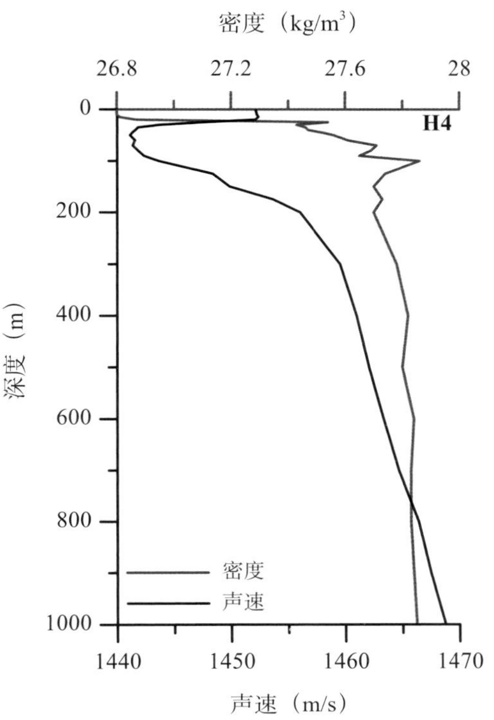

图7.2　CTD 测量要素温度、盐度、密度、声速剖面分布图

第三节 航次断面图

本航次站位布设较为规则，可以构成 8 条横跨深水海盆、陆坡、陆架的普里兹湾经向断面。这些断面上全深度和 500 m 以上的温度、盐度、密度、声速断面分布如图 7.3 至图 7.10 所示。

（1）断面 B 温度、盐度、密度、声速分布图

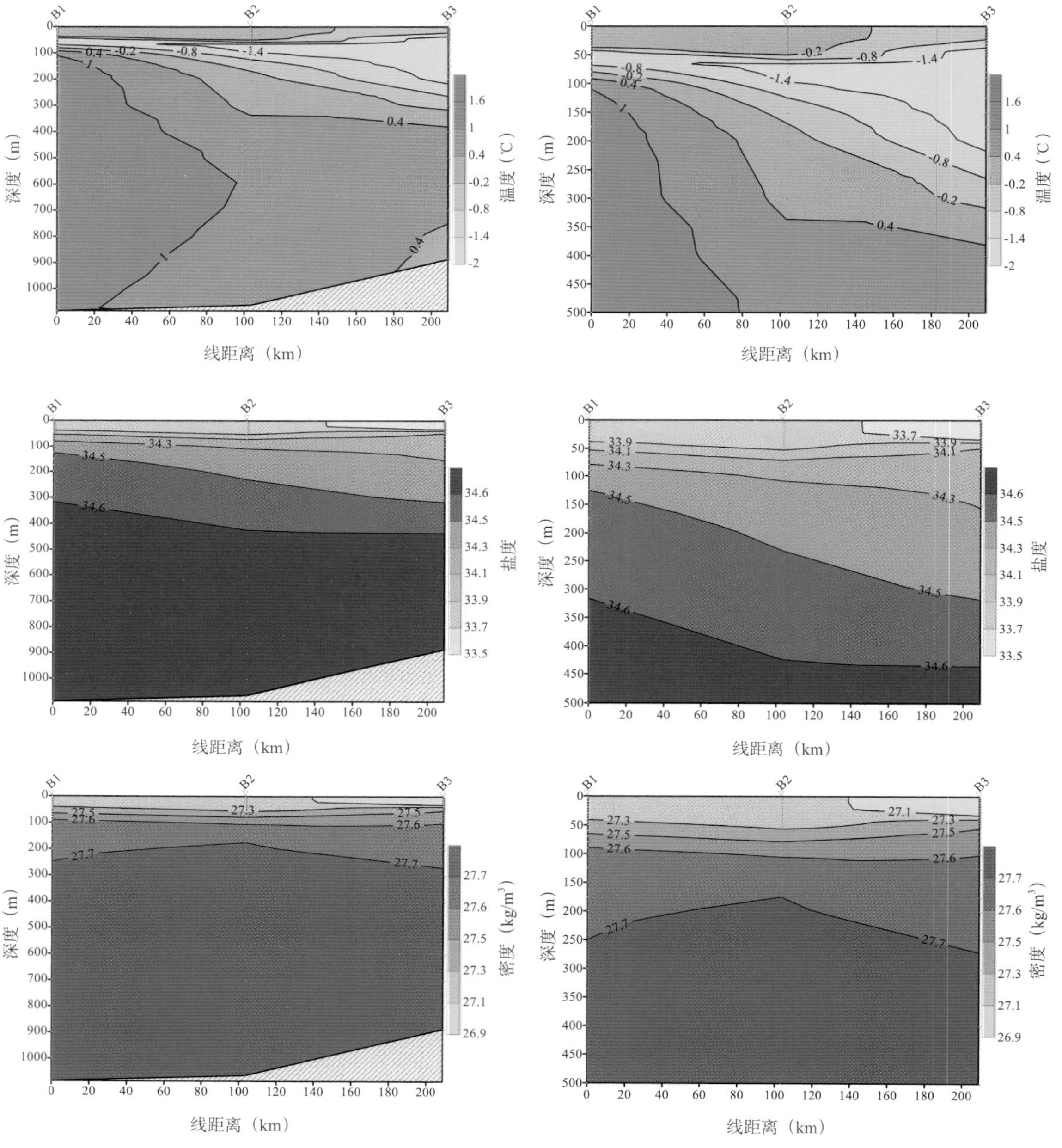

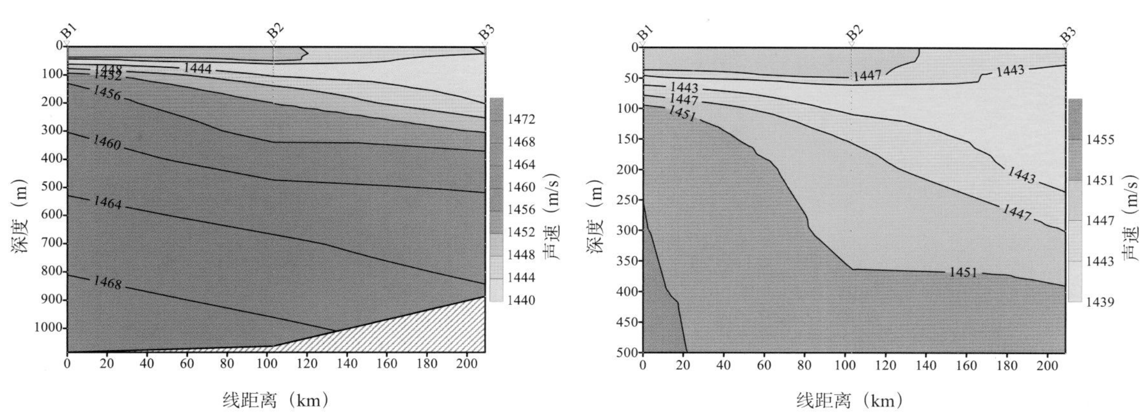

图7.3 断面B温度、盐度、密度、声速分布图

（2）断面 C 温度、盐度、密度、声速分布图

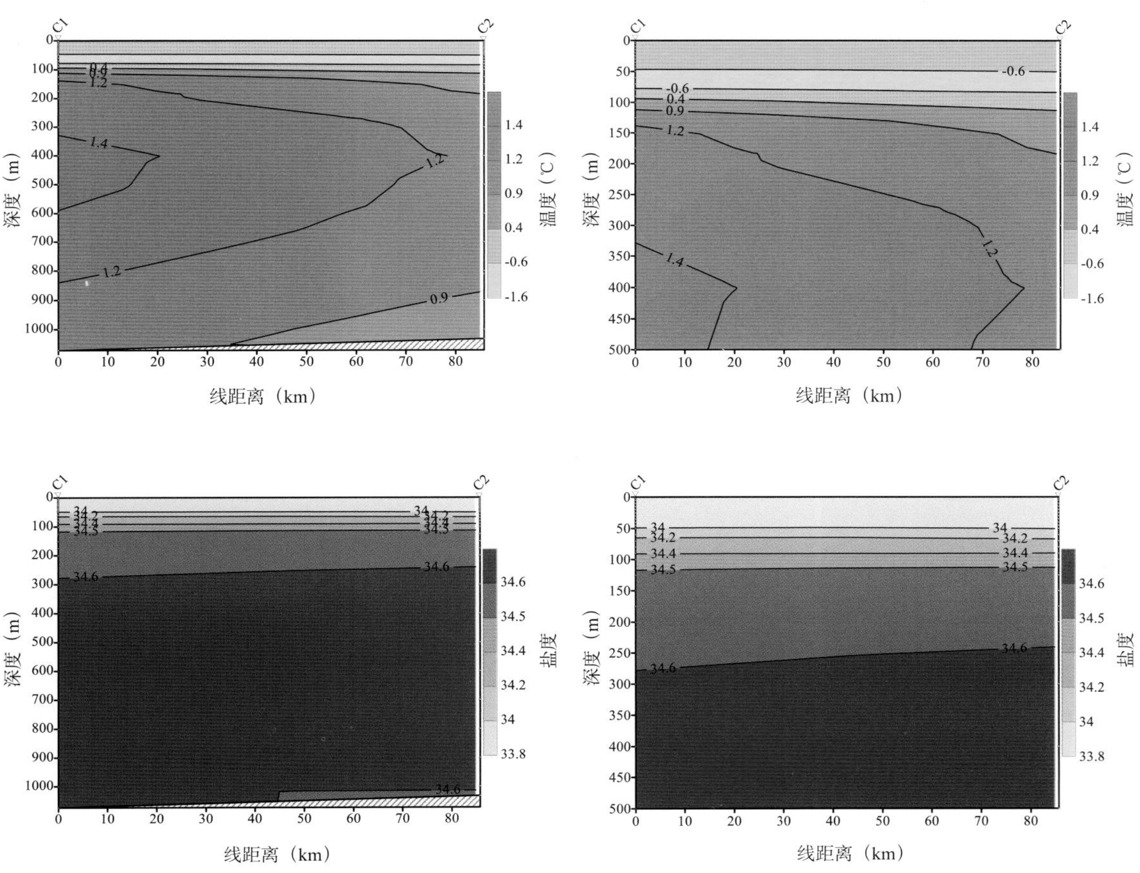

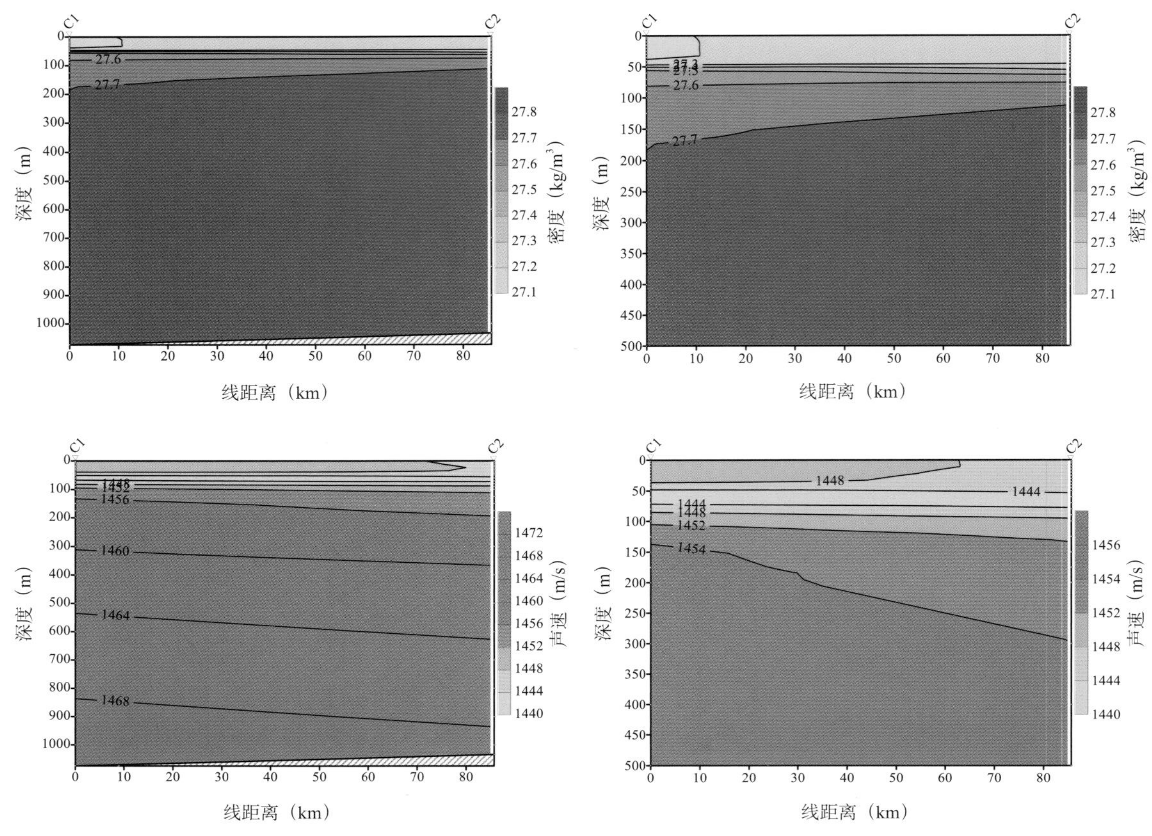

图7.4 断面C温度、盐度、密度、声速分布图

（3）断面 D 温度、盐度、密度、声速分布图

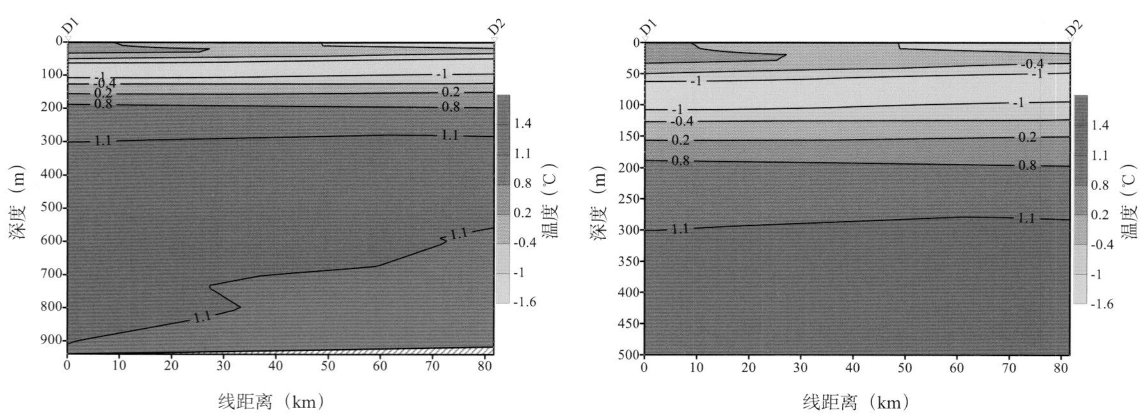

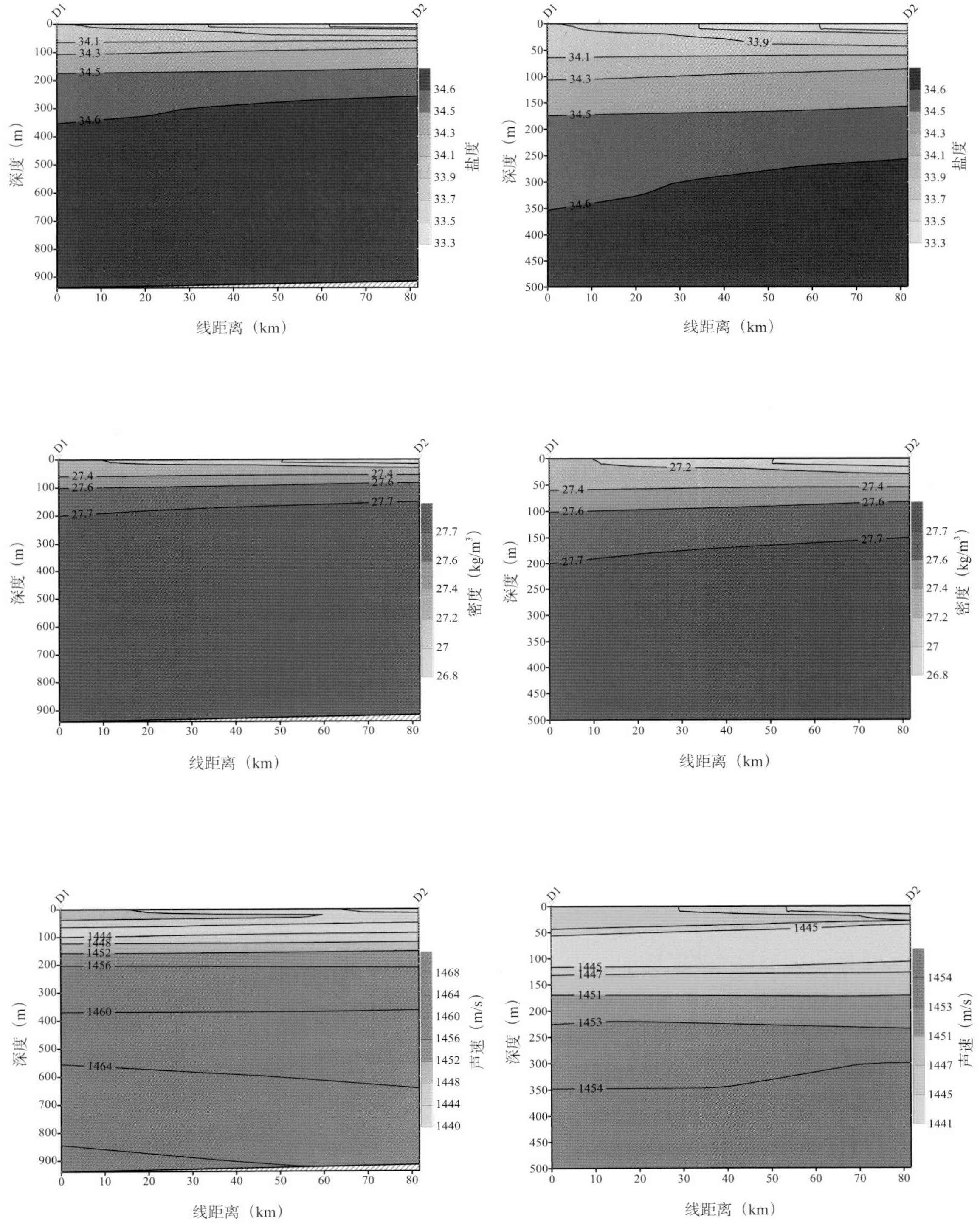

图7.5　断面D温度、盐度、密度、声速分布图

（4）断面 E 温度、盐度、密度、声速分布图

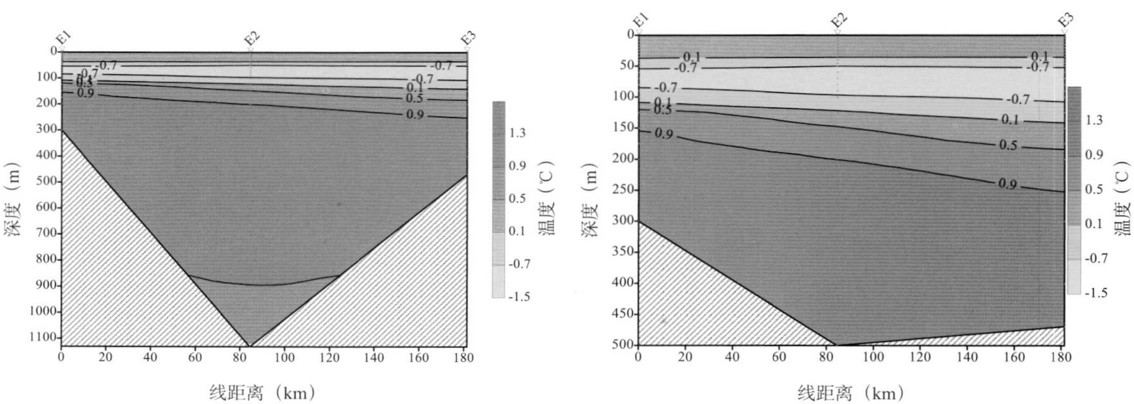

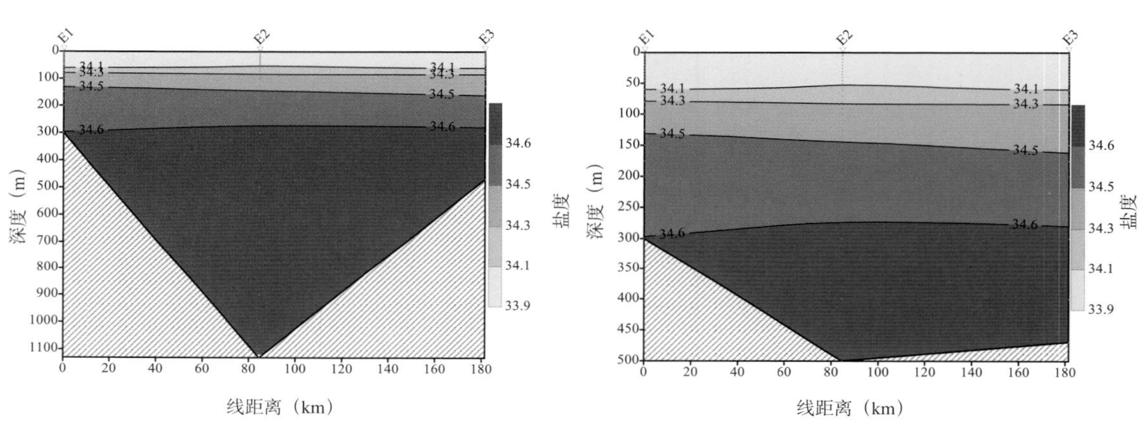

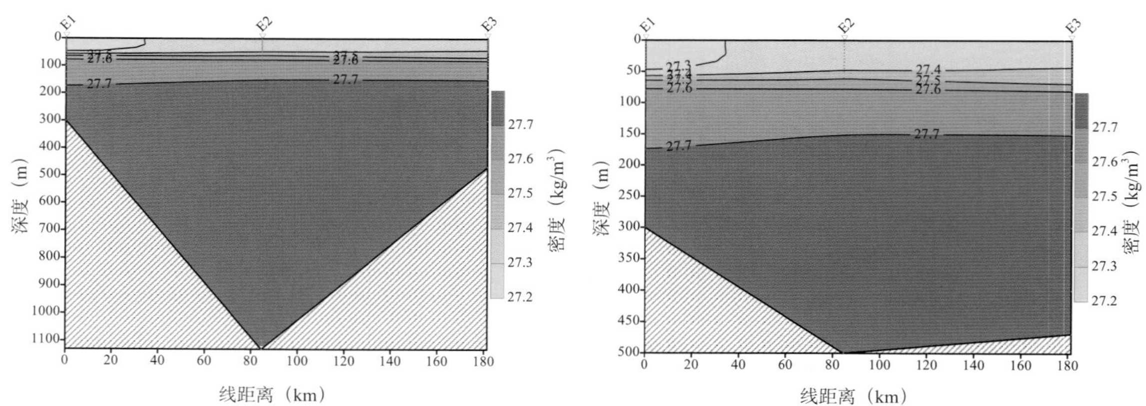

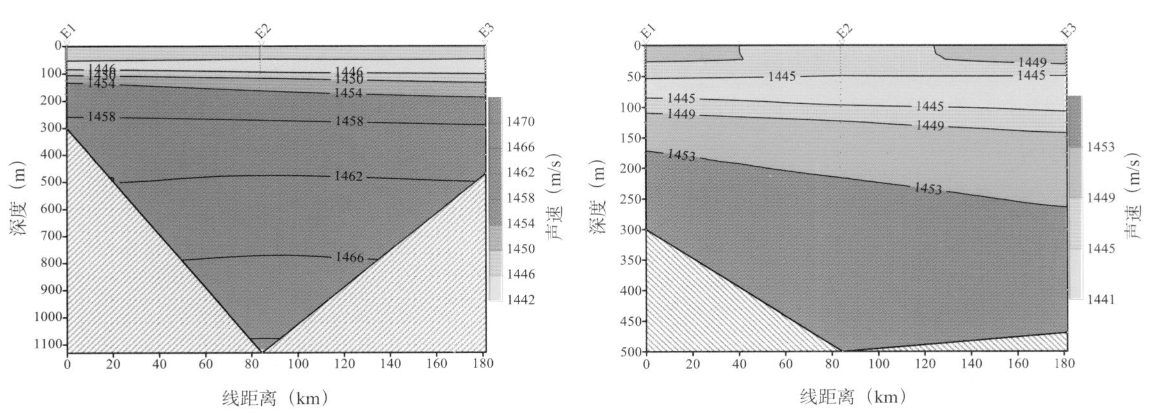

图7.6　断面E温度、盐度、密度、声速分布图

（5）断面 F 温度、盐度、密度、声速分布图

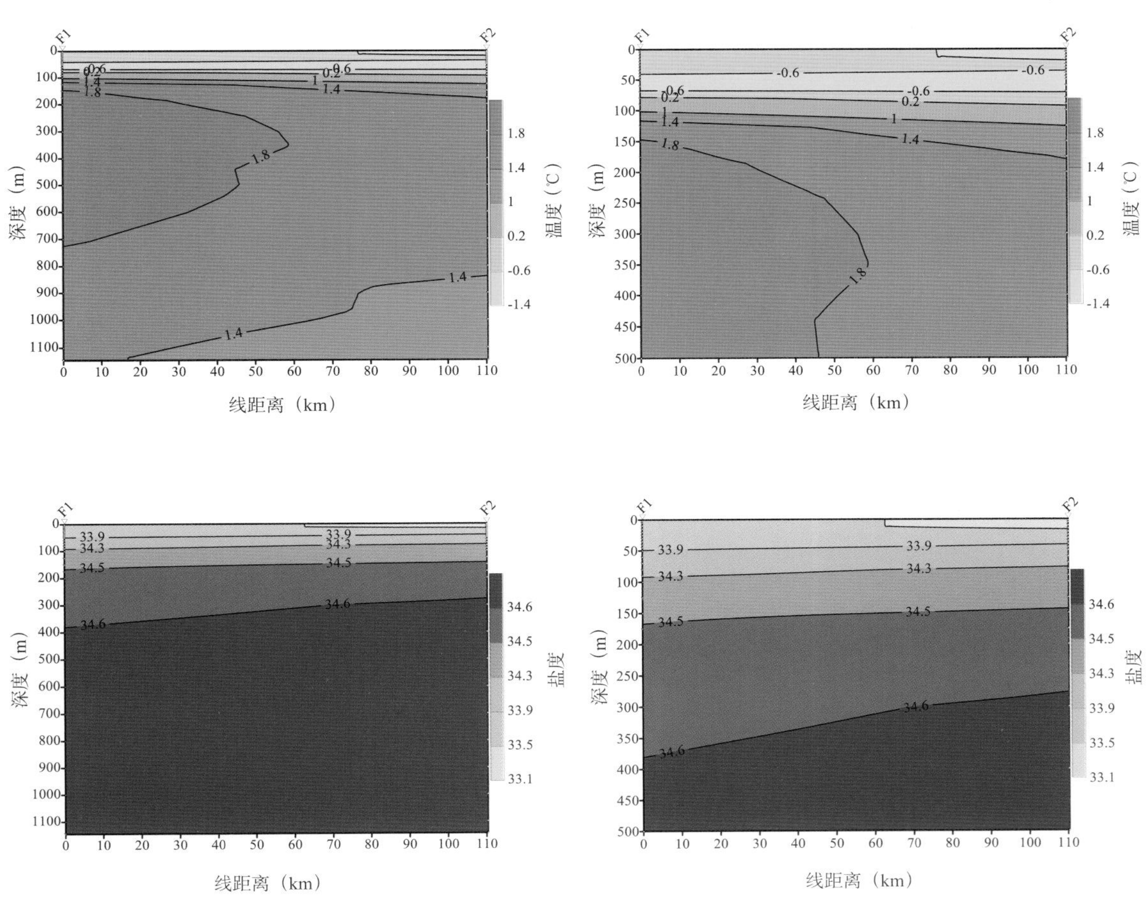

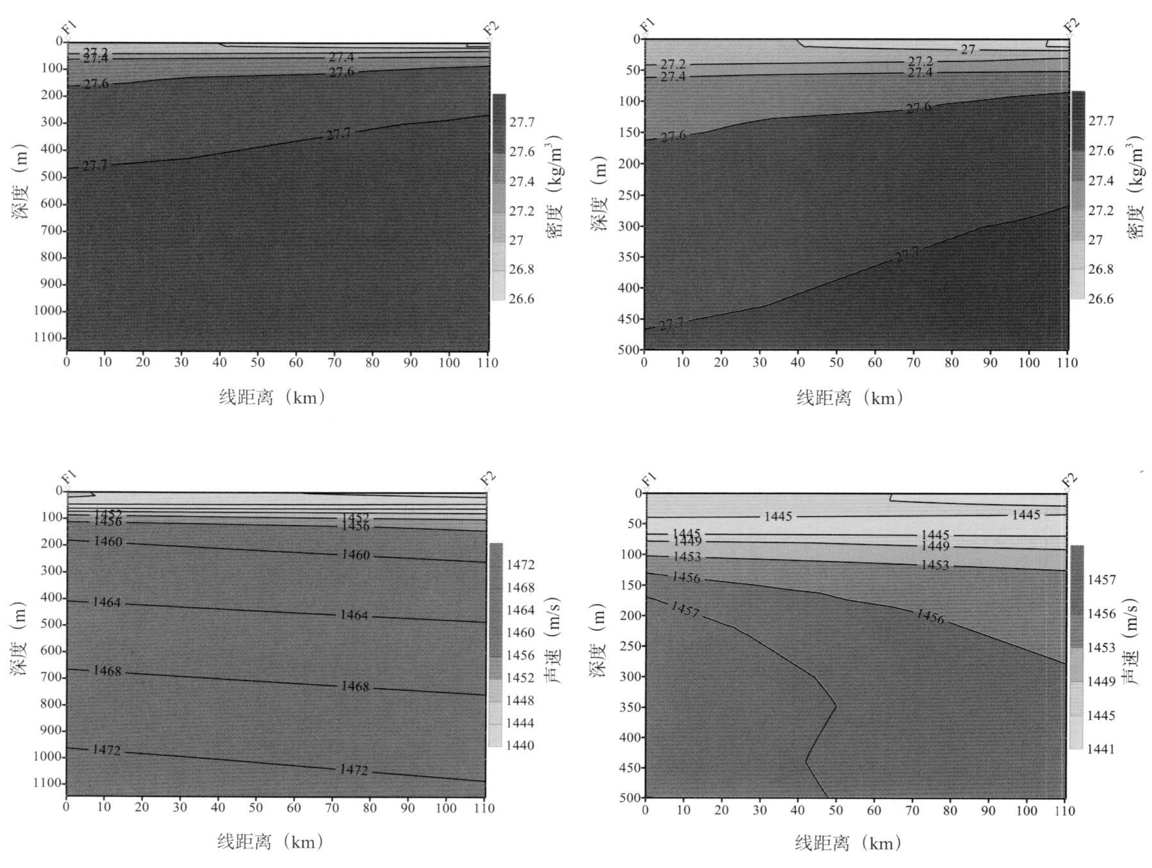

图7.7 断面F温度、盐度、密度、声速分布图

（6）断面G温度、盐度、密度、声速分布图

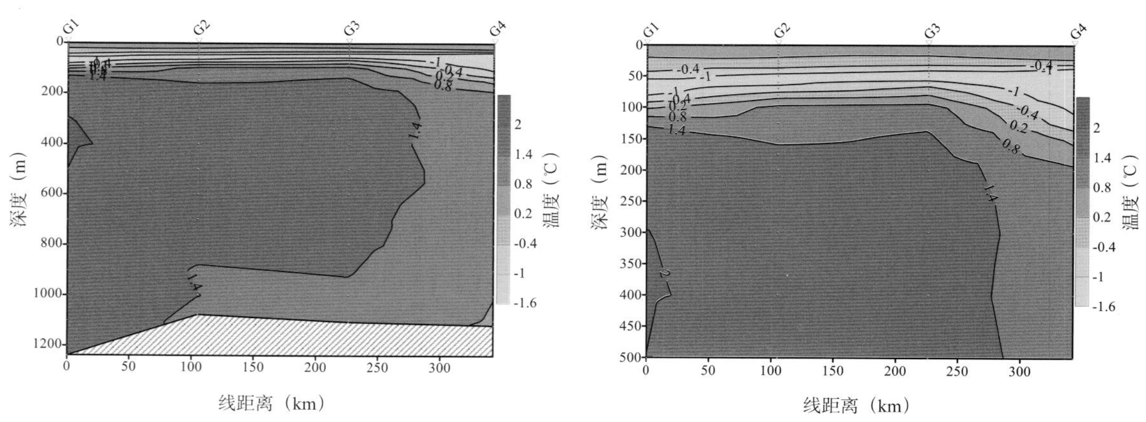

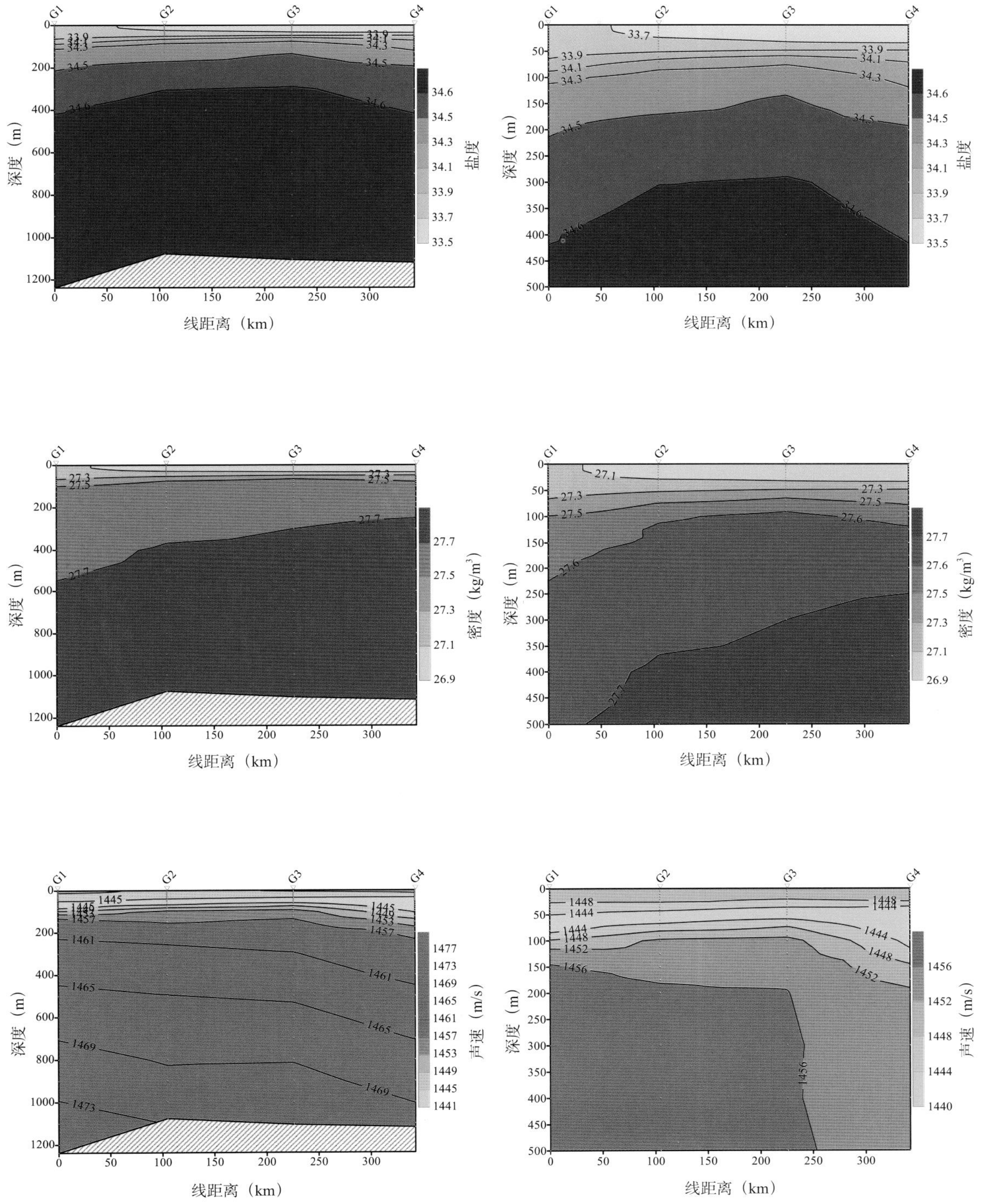

图7.8　断面G温度、盐度、密度、声速分布图

（7）断面 H 温度、盐度、密度、声速分布图

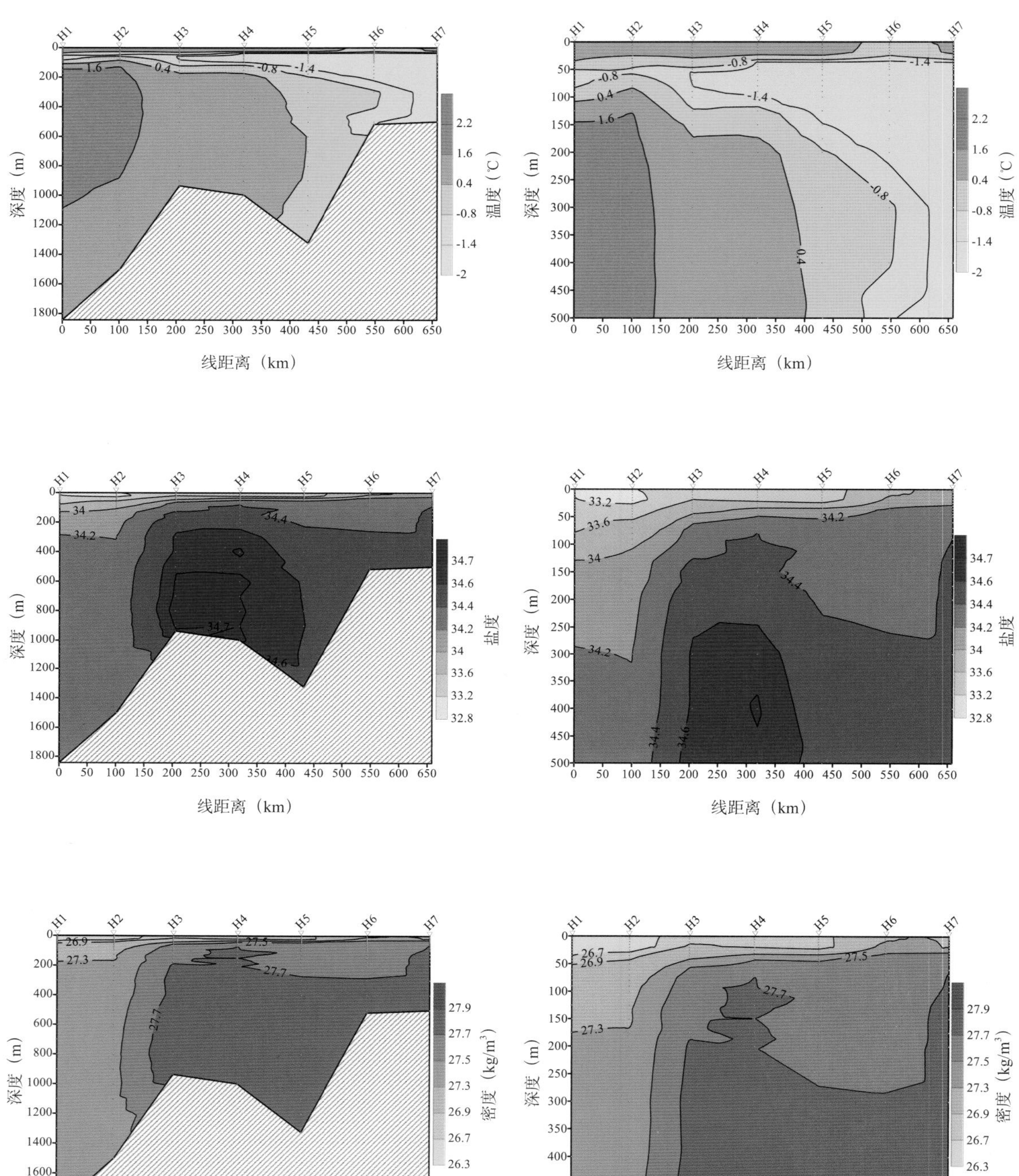

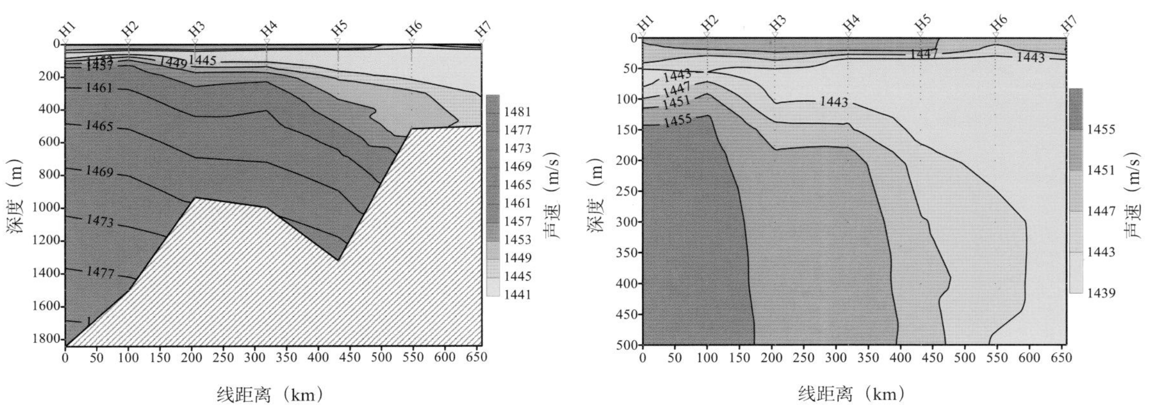

图7.9 断面H温度、盐度、密度、声速分布图

（8）断面I温度、盐度、密度、声速分布图

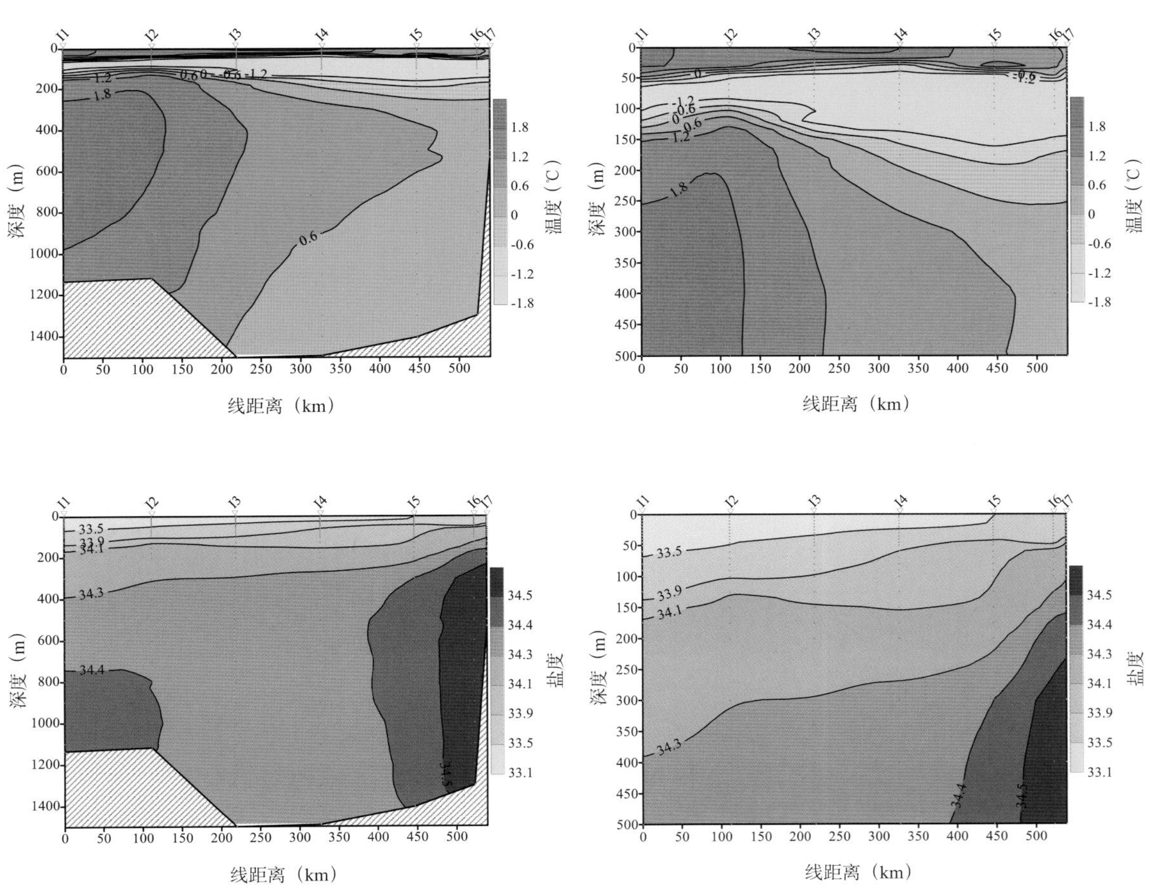

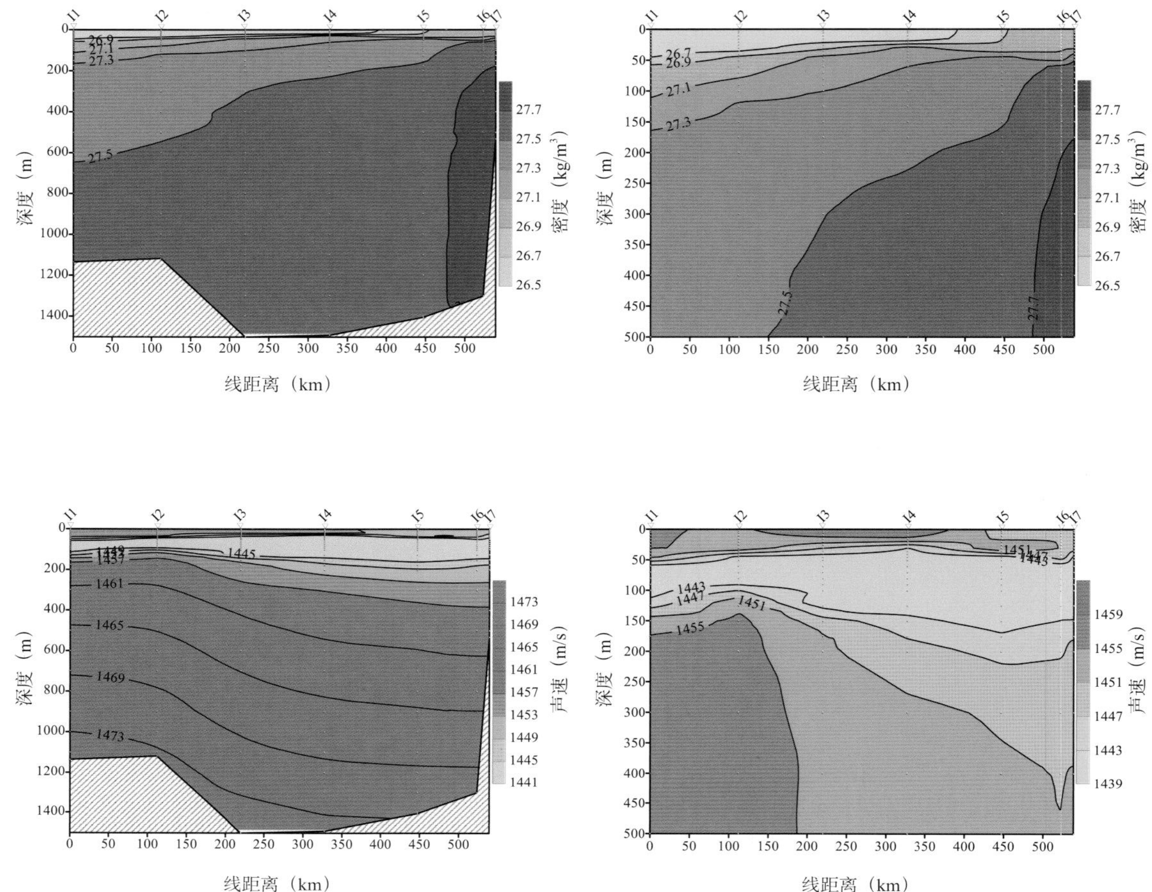

图7.10 断面I温度、盐度、密度、声速分布图

第四节 航次大面剖面图

本航次 7 条平行的断面和其他站位可以构成普里兹湾及其邻近海域的大面观测，10 m 层、50 m 层、100 m 层、500 m 层上的温度、盐度、密度、声速分布情况如图 7.11 至图 7.14 所示。

（1）10 m 层温度、盐度、密度、声速分布图（等值线间隔依次为 0.2，0.1，0.05，1）

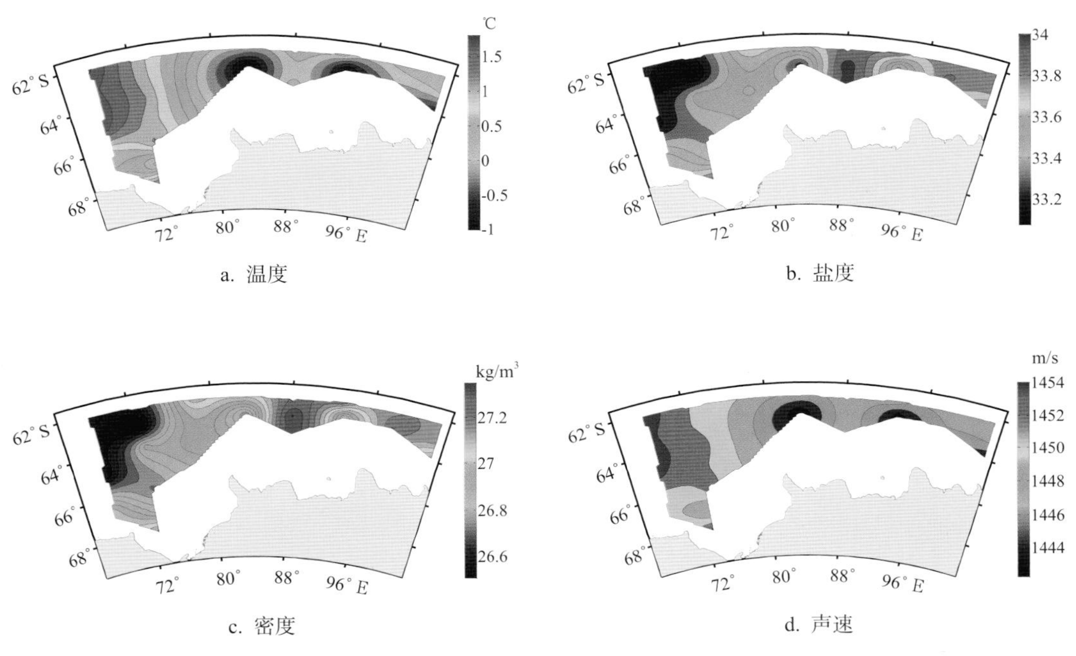

a. 温度

b. 盐度

c. 密度

d. 声速

图7.11 10 m层温度、盐度、密度、声速分布图

（2）50 m 层温度、盐度、密度、声速分布图（等值线间隔依次为 0.2，0.1，0.05，1）

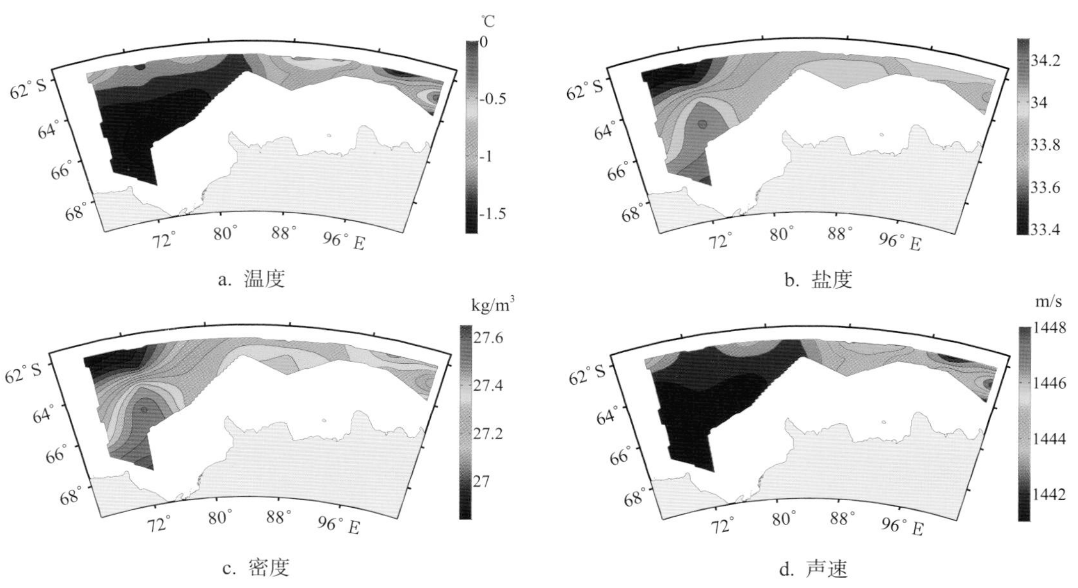

a. 温度 b. 盐度 c. 密度 d. 声速

图7.12 50 m层温度、盐度、密度、声速分布图

（3）100 m 层温度、盐度、密度、声速分布图（等值线间隔依次为 0.2，0.1，0.1，2）

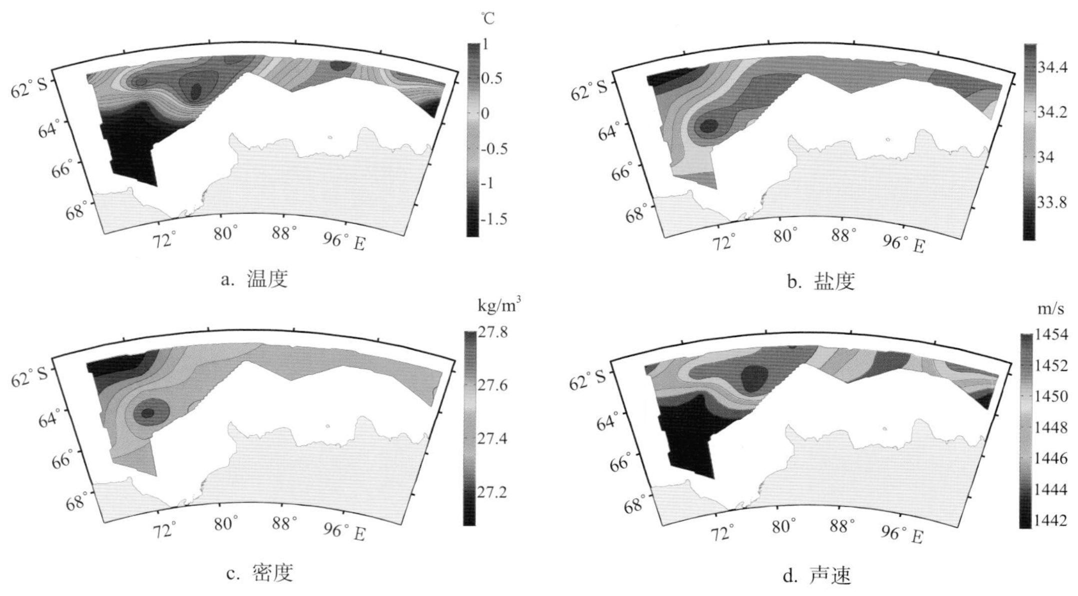

a. 温度 b. 盐度 c. 密度 d. 声速

图7.13 100 m 层温度、盐度、密度、声速分布图

（4）500 m层温度、盐度、密度、声速分布图（等值线间隔依次为0.5，0.05，0.05，2）

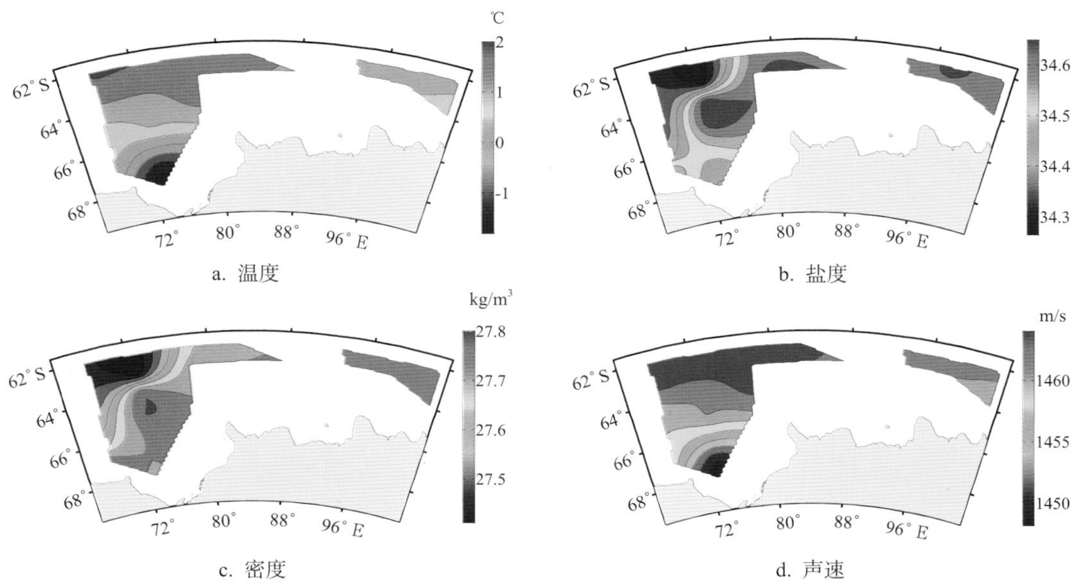

图7.14　500 m层温度、盐度、密度、声速分布图

第八章 中国第九次南极科学考察水文图集

第一节 航次站位情况及TS点聚图

中国第九次南极科学考察共完成海洋考察 CTD 站位 38 个，站位信息见表 8.1。

表8.1 中国第九次南极考察CTD观测站位信息表

序号	站位	日期	时间	纬度 (° S)	经度 (° W)	水深 (m)	最大观测深度 (m)
1	S12	1992-12-30	06:11	60.833	–54.953	950	907
2	S21	1992-12-30	16:51	50.713	–53.041	3 400	1 088
3	S32	1992-12-31	02:28	60.326	–50.017	500	456
4	S41	1992-12-31	10:53	59.487	–49.161	3 000	1 102
5	S52	1992-12-31	21:07	60.240	–46.863	500	436
6	S61	1993-01-01	05:37	59.469	–44.902	3 000	1 208
7	I4(1)	1993-01-11	16:15	64.992	67.817	400	1 214
8	I3(2)	1993-01-12	00:00	63.975	67.875	4 200	1 322
9	I2	1993-01-12	05:40	63.062	68.079	4 500	1 192
10	J2	1993-01-12	18:40	63.056	62.923	4 500	1 500
11	J3	1993-01-13	01:30	63.972	63.012	4 200	1 046
12	J4	1993-01-13	08:50	65.001	63.022	4 000	1 321
13	J6	1993-01-13	10:10	66.728	63.003	250	198
14	J5	1993-01-13	16:25	65.978	62.959	2 000	1 158
15	I5	1993-01-14	09:30	66.021	67.969	2 500	1 096
16	I4(2)	1993-01-14	17:40	65.023	67.997	3 000	1 235
17	I3(1)	1993-01-15	05:20	64.003	67.857	3 500	1 155
18	PB2	1993-01-29	20:40	69.125	74.879	800	658
19	PB3	1993-01-30	03:20	68.827	73.742	760	679
20	PB4	1993-01-30	07:30	68.523	72.775	640	615
21	H7	1993-01-30	11:45	67.974	73.018	600	563
22	H6	1993-01-30	18:50	67.078	73.233	550	521
23	H5	1993-01-31	02:05	66.040	73.263	2 300	1 999
24	H4	1993-01-31	10:00	65.041	73.118	3 300	1 096

续表8.1

序号	站位	日期	时间	纬度 (° S)	经度 (° W)	水深 (m)	最大观测深度 (m)
25	H3	1993-01-31	17:15	64.038	73.230	3 500	1 248
26	H2	1993-02-01	00:05	63.055	73.169	3 800	2 188
27	G2	1993-02-01	13:10	63.007	78.027	3 600	2 441
28	F2	1993-02-02	02:15	63.125	82.940	2 600	2 530
29	F3	1993-02-02	09:10	63.979	83.055	3 600	1 721
30	F4	1993-02-02	14:05	64.415	82.918	3 100	2 184
31	G3	1993-02-03	03:40	64.150	78.053	3 600	1 176
32	G4	1993-02-03	11:15	65.001	77.913	3 300	2 500
33	G5	1993-02-03	19:00	66.028	77.891	2 800	2 556
34	G6	1993-02-04	01:20	66.508	77.538	1 500	929
35	PB5	1993-02-04	17:30	68.458	75.192	625	625
36	PB6	1993-02-04	22:20	68.505	76.355	638	638
37	PB1	1993-02-05	03:20	69.039	78.454	742	742
38	P2	1993-02-05	18:30	69.348	76.421	596	587

本航次的 TS 点聚图如图 8.1 所示。

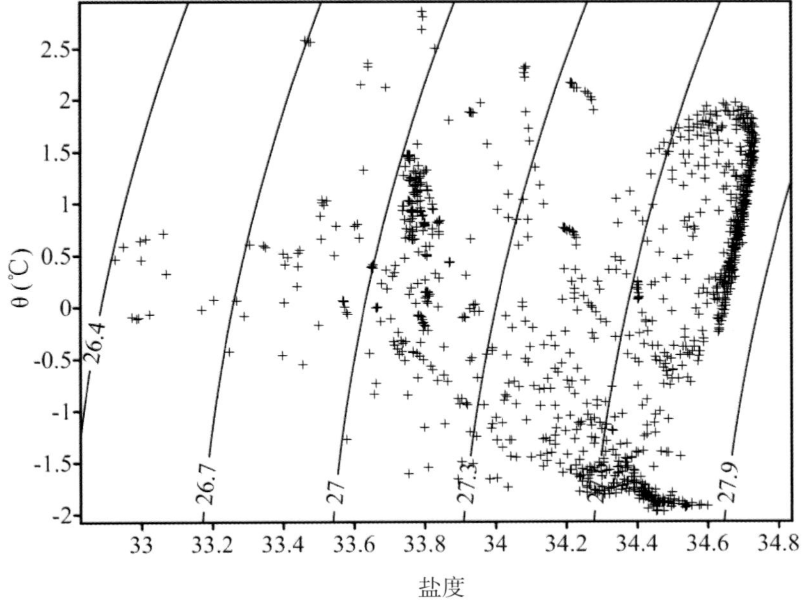

图8.1　中国第九次南极考察TS点聚图

第二节　航次站点剖面图

本航次各站点的 CTD 测量要素温度、盐度、密度、声速剖面分布如图 8.2 所示。

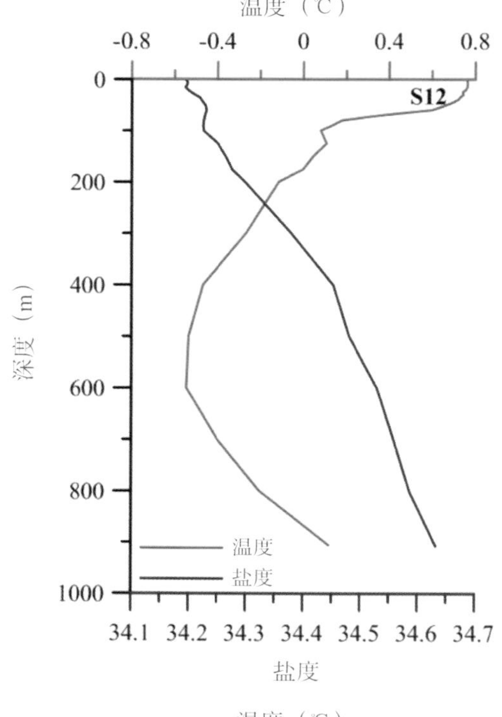

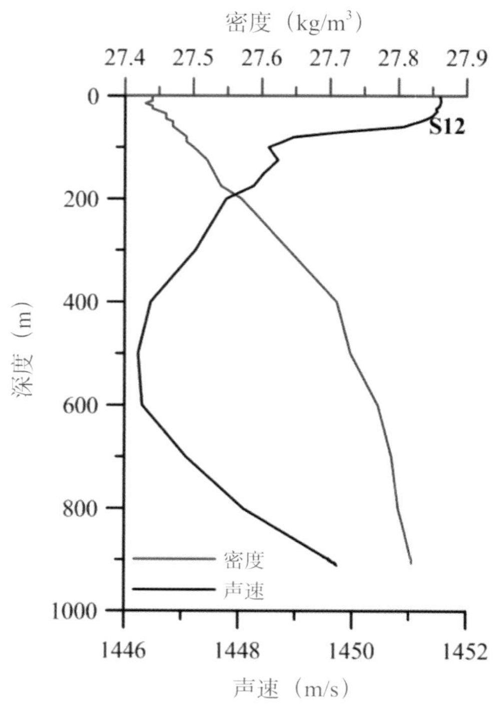

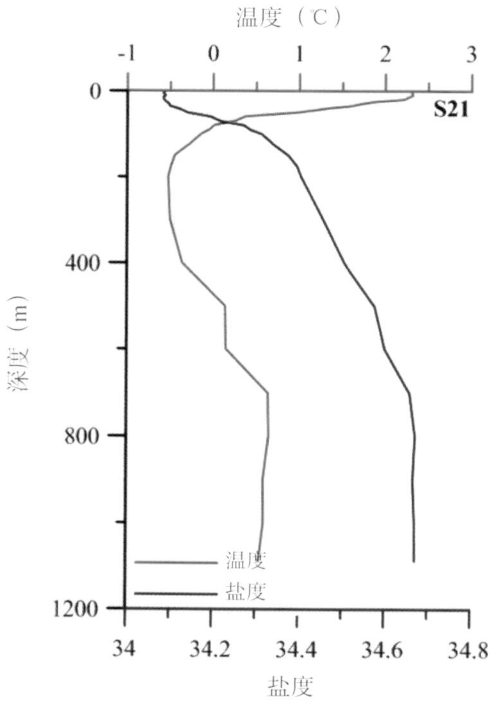

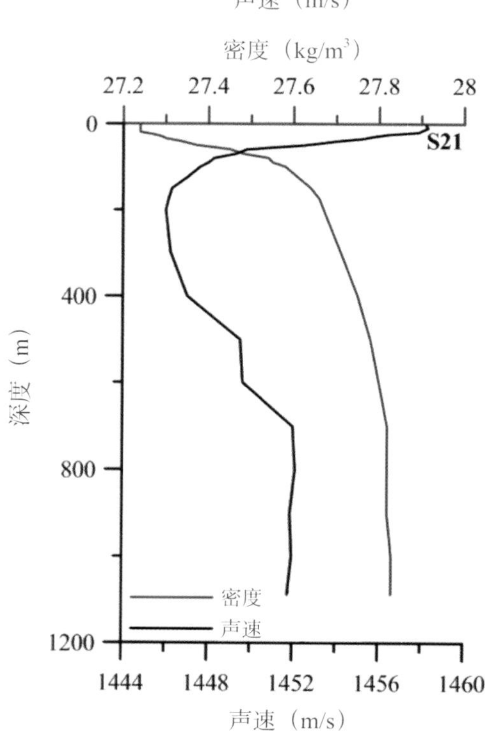

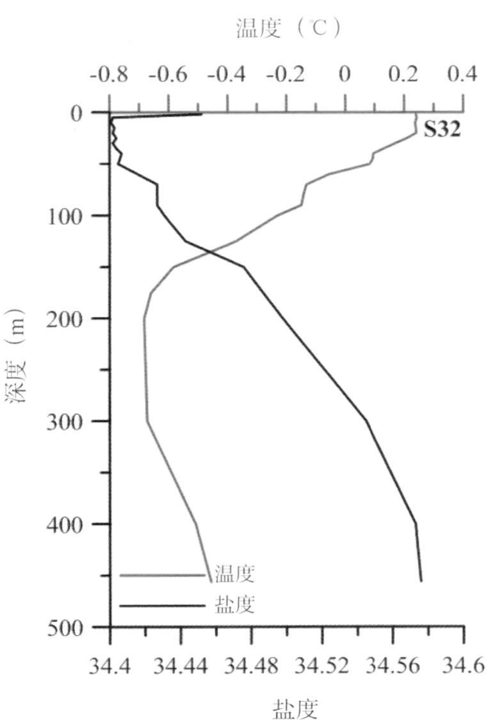
温度（℃）
-0.8 -0.6 -0.4 -0.2 0 0.2 0.4
0
100
200
300
400
500
深度（m）
S32
温度
盐度
34.4 34.44 34.48 34.52 34.56 34.6
盐度

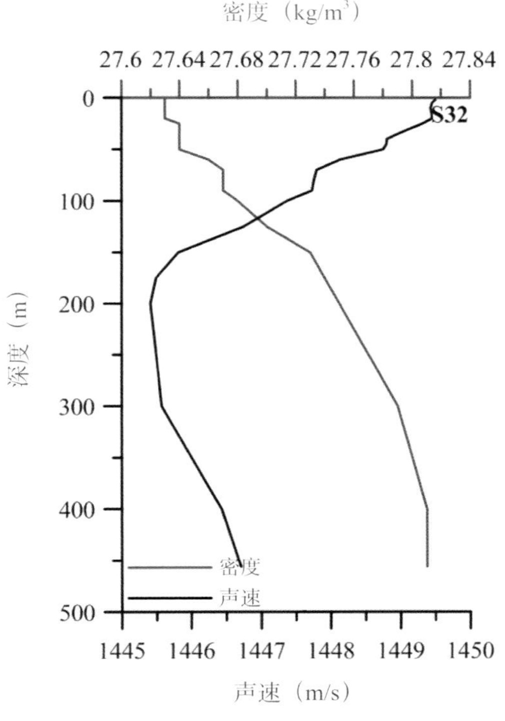
密度（kg/m³）
27.6 27.64 27.68 27.72 27.76 27.8 27.84
0
100
200
300
400
500
深度（m）
S32
密度
声速
1445 1446 1447 1448 1449 1450
声速（m/s）

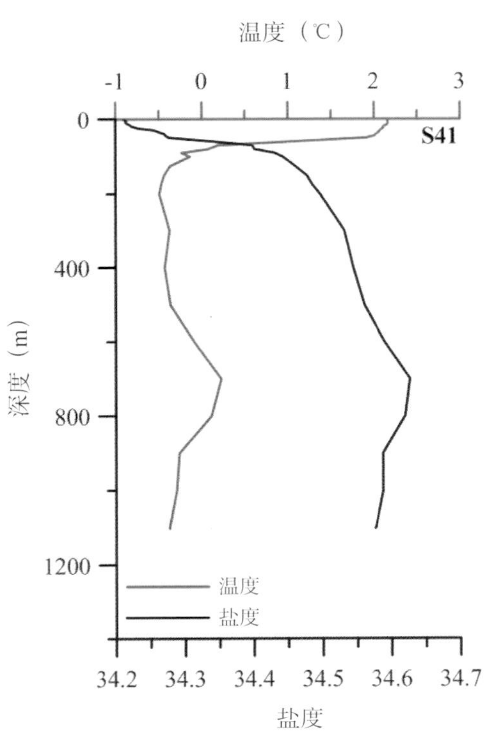
温度（℃）
-1 0 1 2 3
0
400
800
1200
深度（m）
S41
温度
盐度
34.2 34.3 34.4 34.5 34.6 34.7
盐度

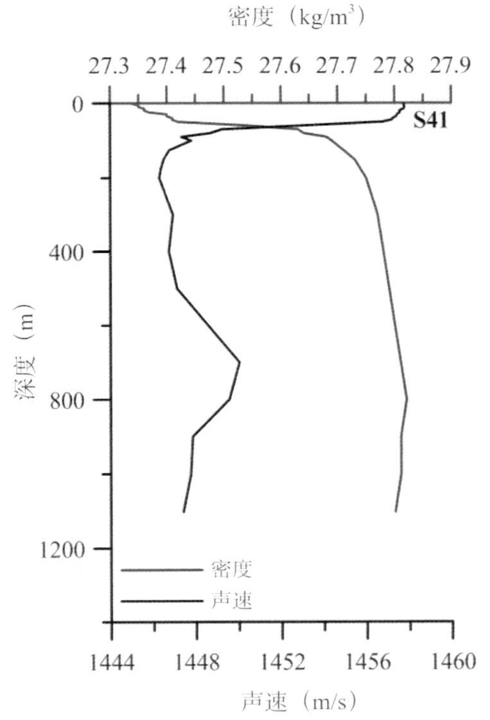
密度（kg/m³）
27.3 27.4 27.5 27.6 27.7 27.8 27.9
0
400
800
1200
深度（m）
S41
密度
声速
1444 1448 1452 1456 1460
声速（m/s）

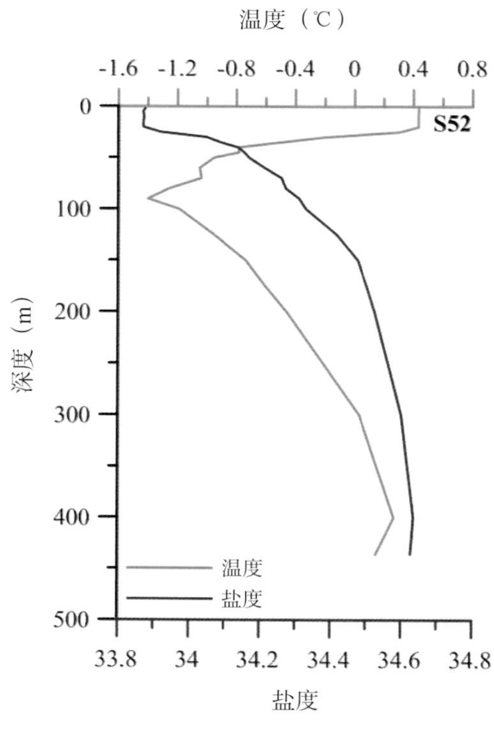
温度（℃）
-1.6 -1.2 -0.8 -0.4 0 0.4 0.8
S52
0
100
200
300
400
500
深度（m）
温度
盐度
33.8 34 34.2 34.4 34.6 34.8
盐度

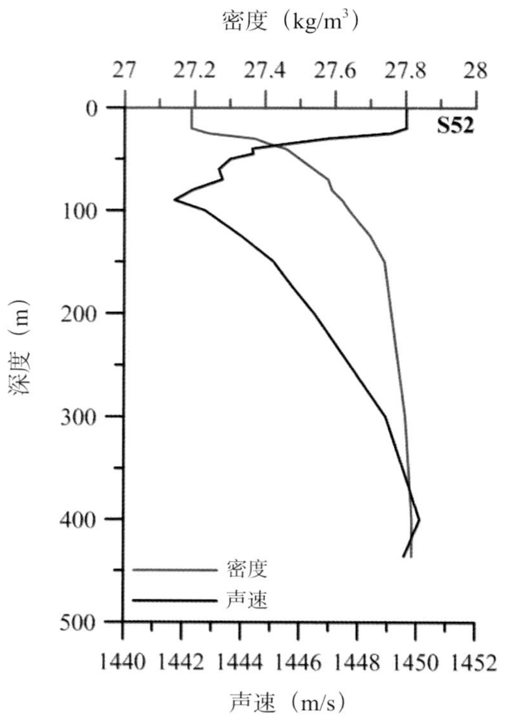
密度（kg/m³）
27 27.2 27.4 27.6 27.8 28
S52
0
100
200
300
400
500
深度（m）
密度
声速
1440 1442 1444 1446 1448 1450 1452
声速（m/s）

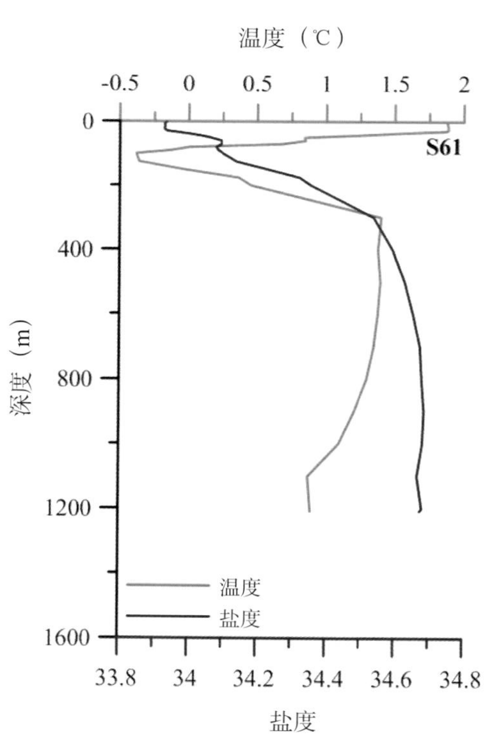
温度（℃）
-0.5 0 0.5 1 1.5 2
S61
0
400
800
1200
1600
深度（m）
温度
盐度
33.8 34 34.2 34.4 34.6 34.8
盐度

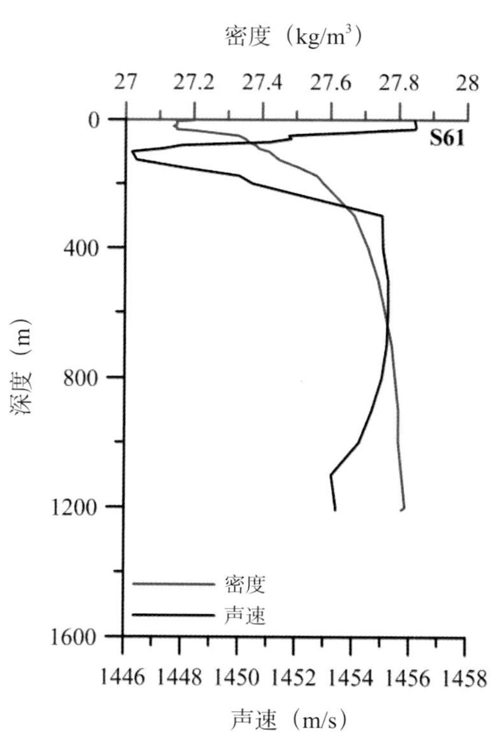
密度（kg/m³）
27 27.2 27.4 27.6 27.8 28
S61
0
400
800
1200
1600
深度（m）
密度
声速
1446 1448 1450 1452 1454 1456 1458
声速（m/s）

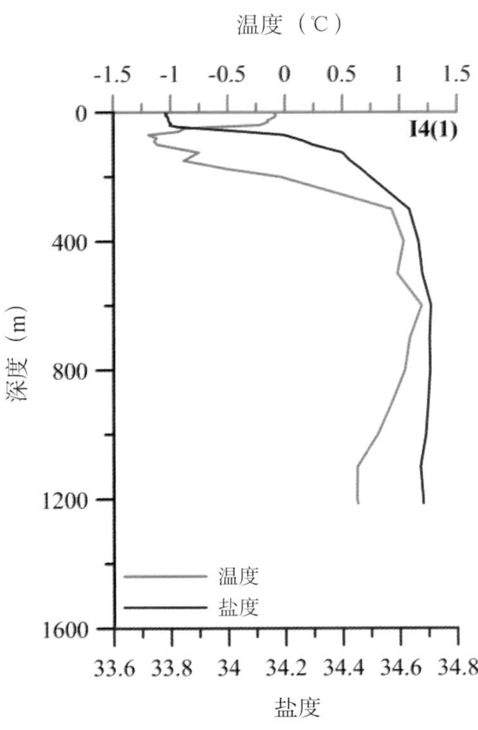
温度（℃）
-1.5 -1 -0.5 0 0.5 1 1.5
I4(1)
0
400
800
1200
1600
深度（m）
温度
盐度
33.6 33.8 34 34.2 34.4 34.6 34.8
盐度

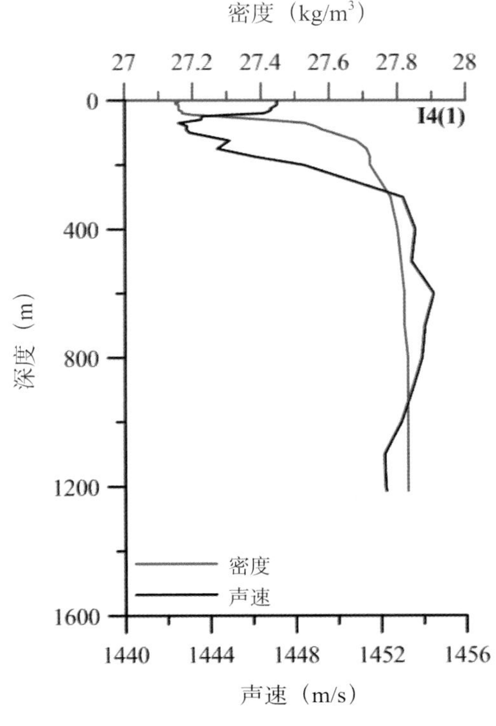
密度（kg/m3）
27 27.2 27.4 27.6 27.8 28
I4(1)
0
400
800
1200
1600
深度（m）
密度
声速
1440 1444 1448 1452 1456
声速（m/s）

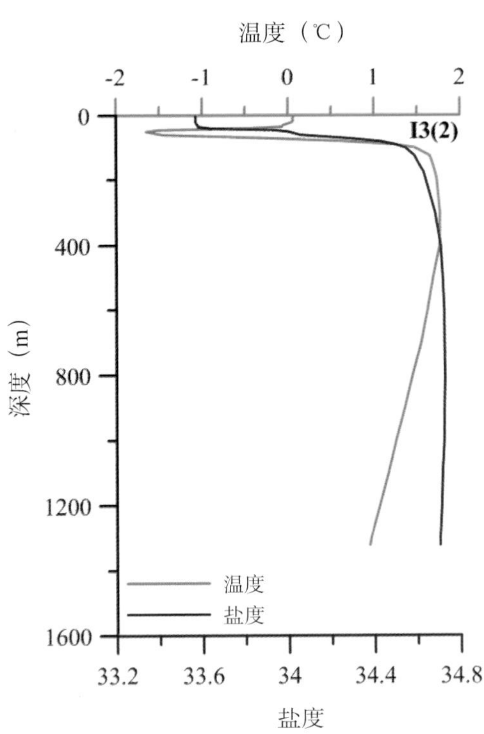
温度（℃）
-2 -1 0 1 2
I3(2)
0
400
800
1200
1600
深度（m）
温度
盐度
33.2 33.6 34 34.4 34.8
盐度

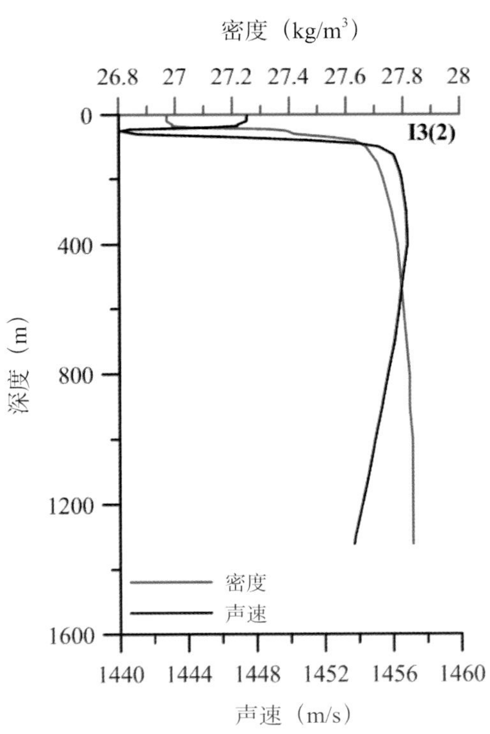
密度（kg/m3）
26.8 27 27.2 27.4 27.6 27.8 28
I3(2)
0
400
800
1200
1600
深度（m）
密度
声速
1440 1444 1448 1452 1456 1460
声速（m/s）

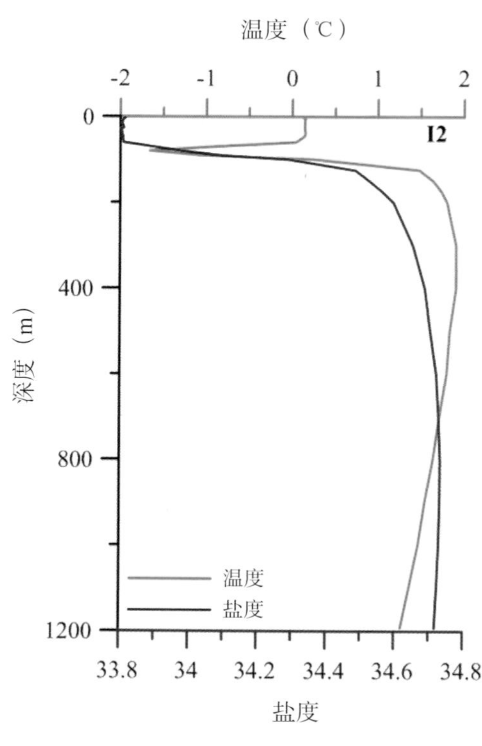
温度（℃）
-2
-1
0
1
2
I2
0
400
800
1200
深度（m）
温度
盐度
33.8
34
34.2
34.4
34.6
34.8
盐度

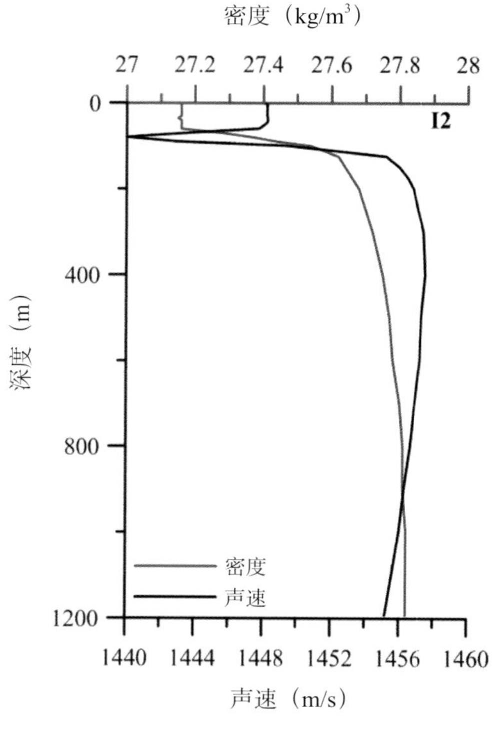
密度（kg/m3）
27
27.2
27.4
27.6
27.8
28
I2
0
400
800
1200
深度（m）
密度
声速
1440
1444
1448
1452
1456
1460
声速（m/s）

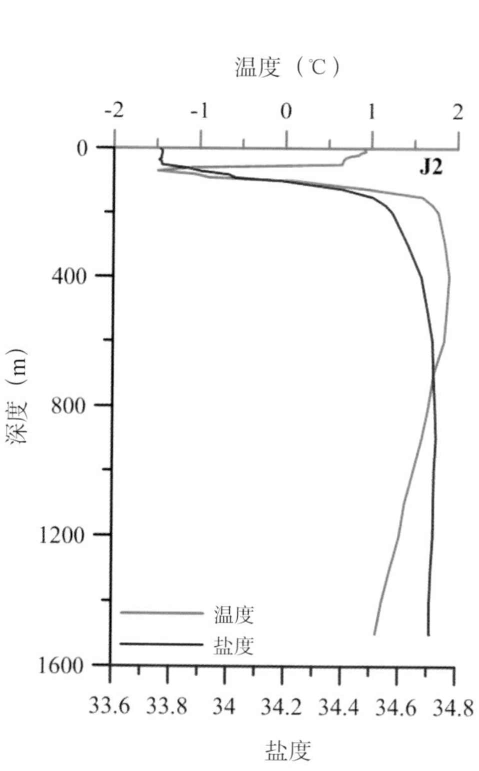
温度（℃）
-2
-1
0
1
2
J2
0
400
800
1200
1600
深度（m）
温度
盐度
33.6
33.8
34
34.2
34.4
34.6
34.8
盐度

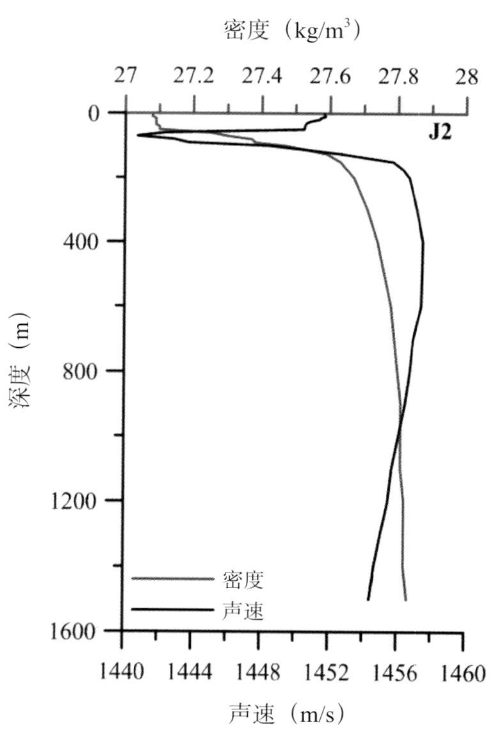
密度（kg/m3）
27
27.2
27.4
27.6
27.8
28
J2
0
400
800
1200
1600
深度（m）
密度
声速
1440
1444
1448
1452
1456
1460
声速（m/s）

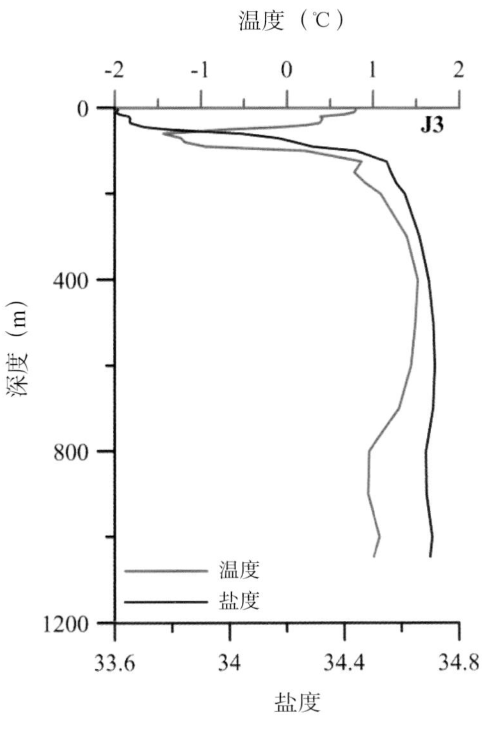
温度（℃）
-2
-1
0
1
2
J3
0
400
800
1200
深度（m）
温度
盐度
33.6
34
34.4
34.8
盐度

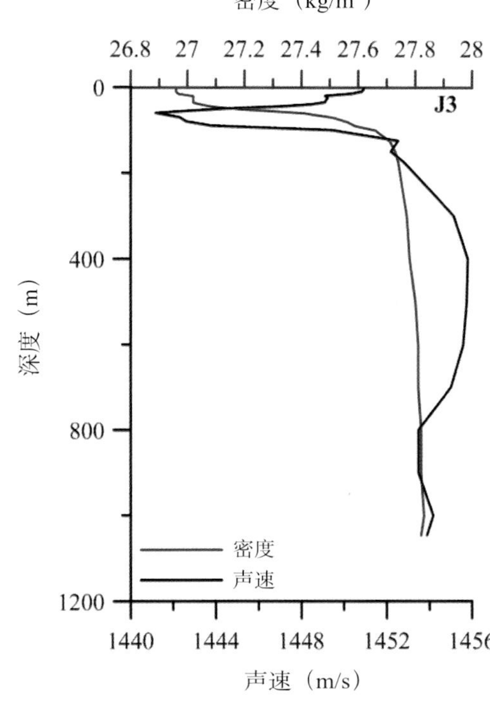
密度（kg/m³）
26.8
27
27.2
27.4
27.6
27.8
28
J3
0
400
800
1200
深度（m）
密度
声速
1440
1444
1448
1452
1456
声速（m/s）

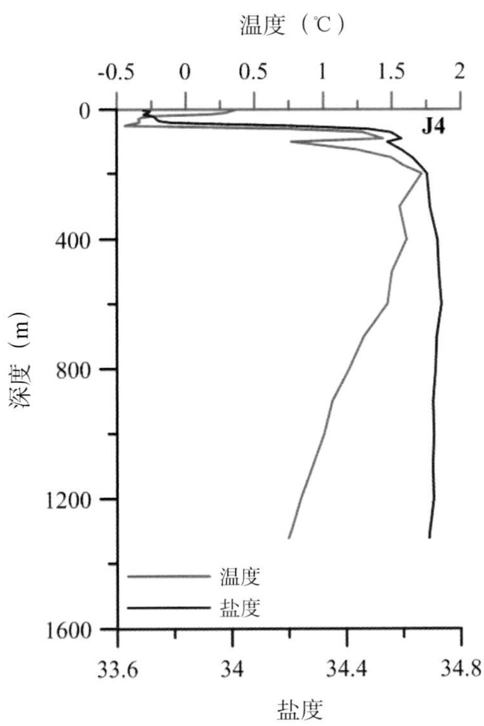
温度（℃）
-0.5
0
0.5
1
1.5
2
J4
0
400
800
1200
1600
深度（m）
温度
盐度
33.6
34
34.4
34.8
盐度

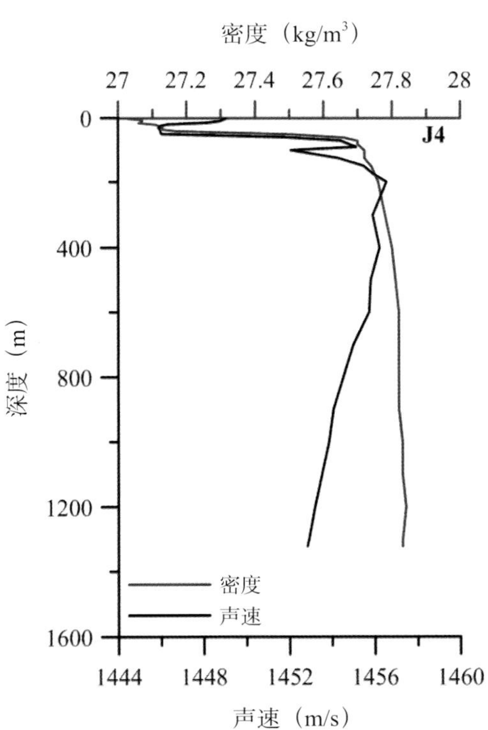
密度（kg/m³）
27
27.2
27.4
27.6
27.8
28
J4
0
400
800
1200
1600
深度（m）
密度
声速
1444
1448
1452
1456
1460
声速（m/s）

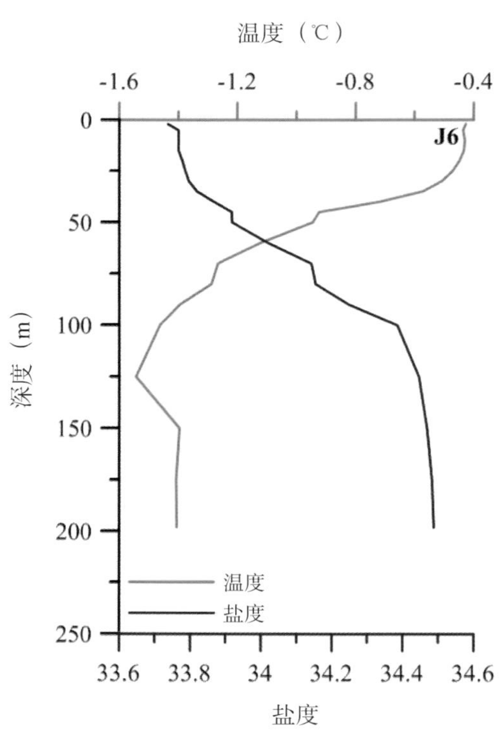
温度（℃）
-1.6
-1.2
-0.8
-0.4
J6
0
50
100
150
200
250
深度（m）
温度
盐度
33.6
33.8
34
34.2
34.4
34.6
盐度

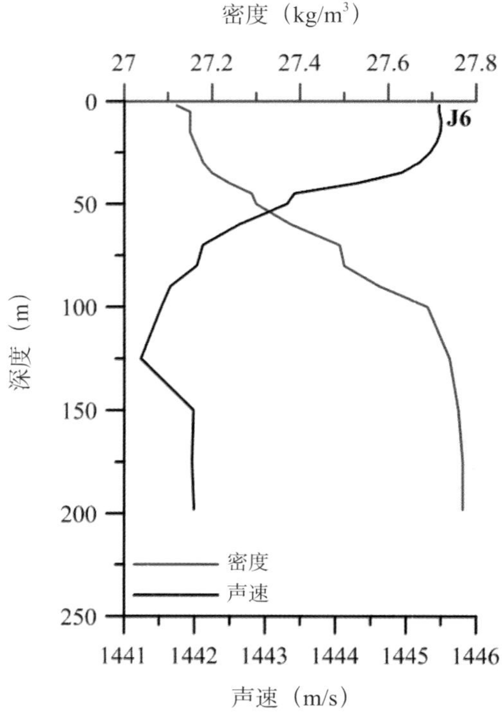
密度（kg/m³）
27
27.2
27.4
27.6
27.8
J6
0
50
100
150
200
250
深度（m）
密度
声速
1441
1442
1443
1444
1445
1446
声速（m/s）

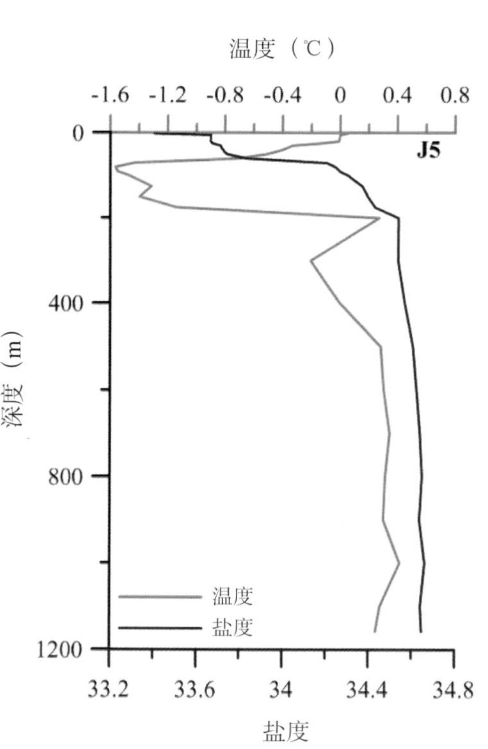
温度（℃）
-1.6
-1.2
-0.8
-0.4
0
0.4
0.8
J5
0
400
800
1200
深度（m）
温度
盐度
33.2
33.6
34
34.4
34.8
盐度

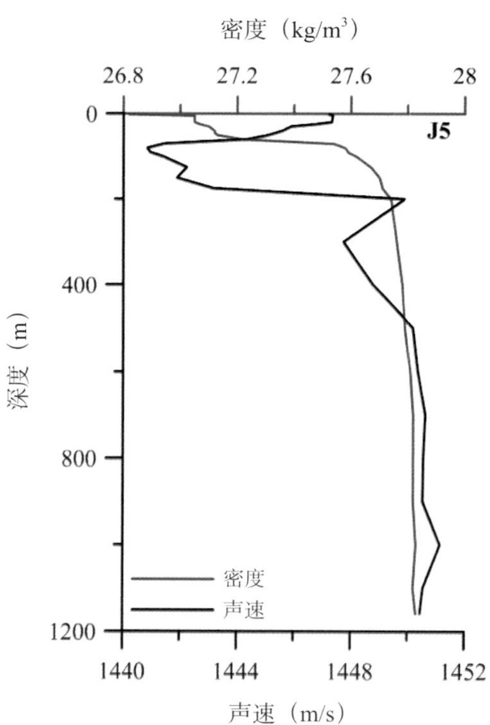
密度（kg/m³）
26.8
27.2
27.6
28
J5
0
400
800
1200
深度（m）
密度
声速
1440
1444
1448
1452
声速（m/s）

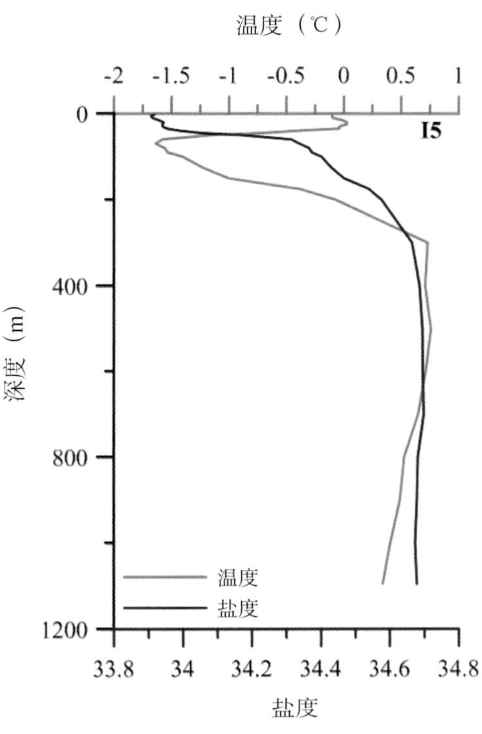
温度（℃）
-2 -1.5 -1 -0.5 0 0.5 1
I5
0
400
800
1200
深度（m）
温度
盐度
33.8 34 34.2 34.4 34.6 34.8
盐度

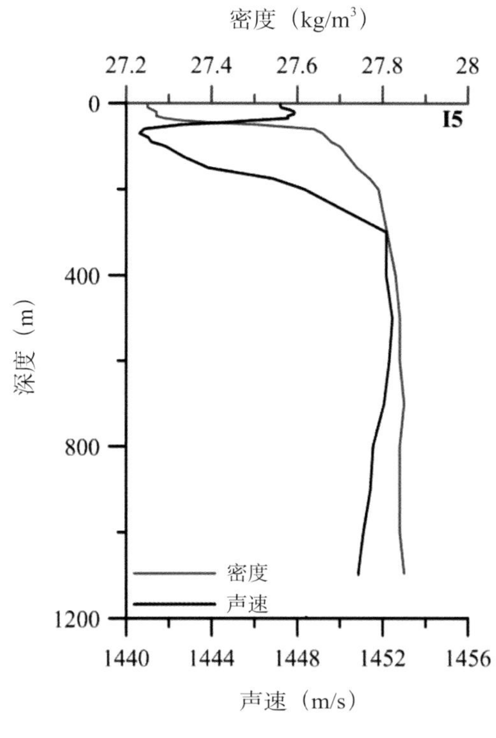
密度（kg/m³）
27.2 27.4 27.6 27.8 28
I5
0
400
800
1200
深度（m）
密度
声速
1440 1444 1448 1452 1456
声速（m/s）

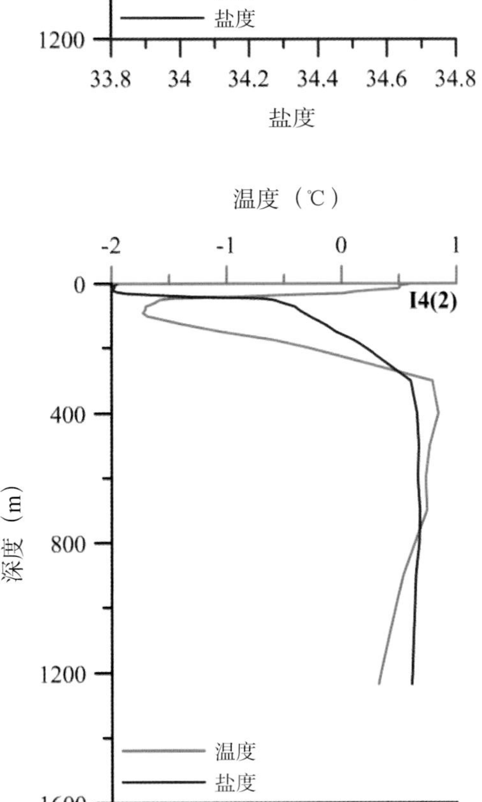
温度（℃）
-2 -1 0 1
I4(2)
0
400
800
1200
1600
深度（m）
温度
盐度
33.8 34 34.2 34.4 34.6 34.8
盐度

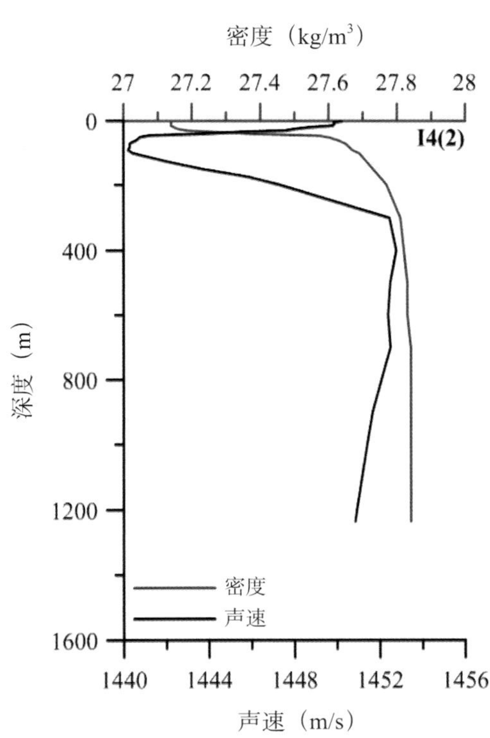
密度（kg/m³）
27 27.2 27.4 27.6 27.8 28
I4(2)
0
400
800
1200
1600
深度（m）
密度
声速
1440 1444 1448 1452 1456
声速（m/s）

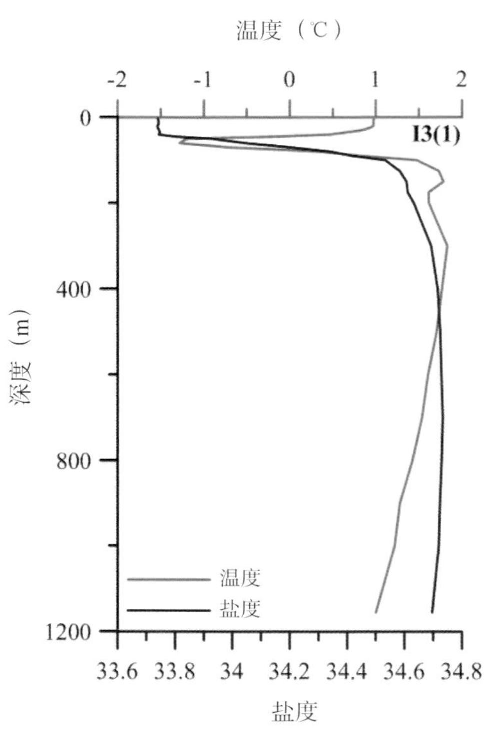
温度（℃）
-2
-1
0
1
2
0
400
800
1200
I3(1)
深度（m）
温度
盐度
33.6
33.8
34
34.2
34.4
34.6
34.8
盐度

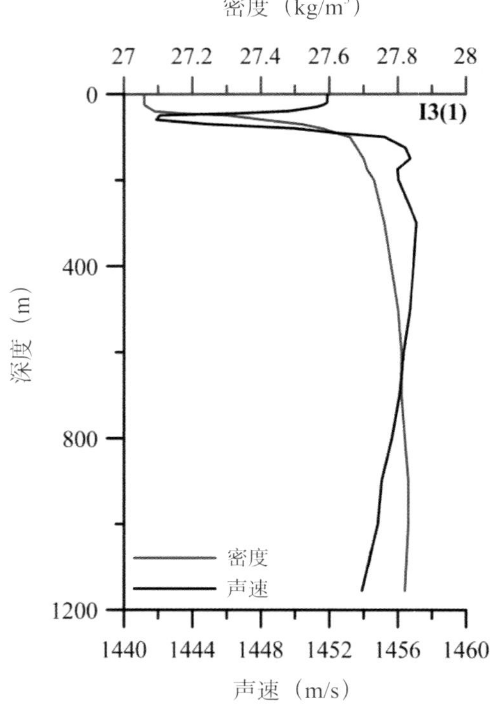
密度（kg/m³）
27
27.2
27.4
27.6
27.8
28
0
400
800
1200
I3(1)
深度（m）
密度
声速
1440
1444
1448
1452
1456
1460
声速（m/s）

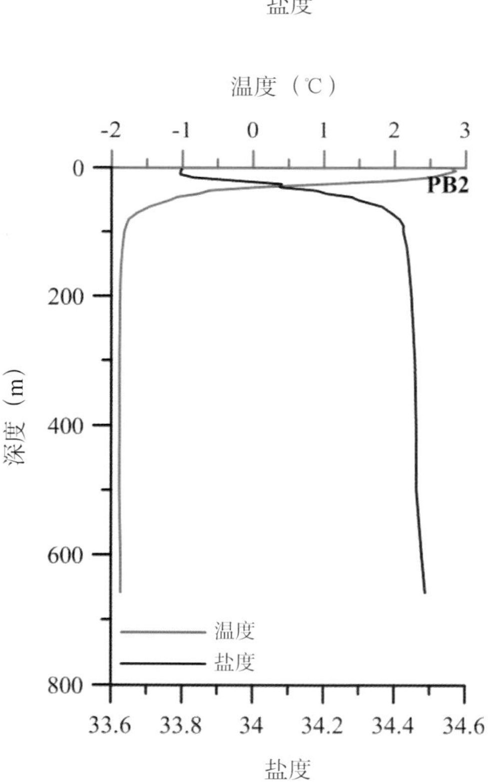
温度（℃）
-2
-1
0
1
2
3
0
200
400
600
800
PB2
深度（m）
温度
盐度
33.6
33.8
34
34.2
34.4
34.6
盐度

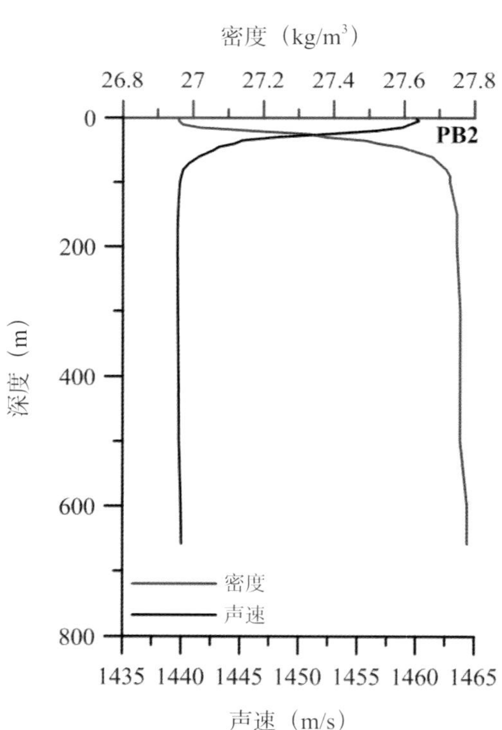
密度（kg/m³）
26.8
27
27.2
27.4
27.6
27.8
0
200
400
600
800
PB2
深度（m）
密度
声速
1435
1440
1445
1450
1455
1460
1465
声速（m/s）

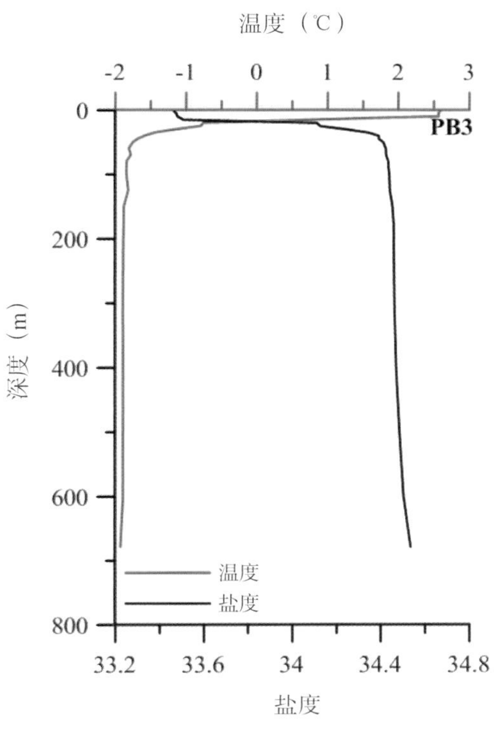
温度（℃）
-2 -1 0 1 2 3
PB3
深度（m）
0 200 400 600 800
温度
盐度
33.2 33.6 34 34.4 34.8
盐度

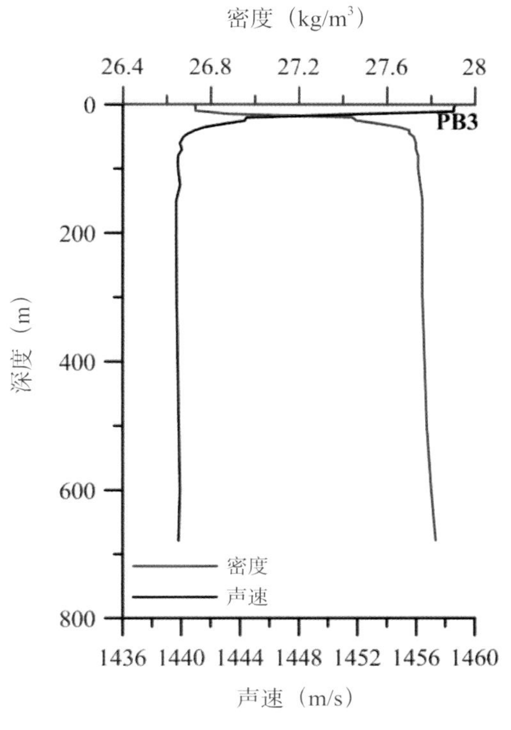
密度（kg/m3）
26.4 26.8 27.2 27.6 28
PB3
深度（m）
0 200 400 600 800
密度
声速
1436 1440 1444 1448 1452 1456 1460
声速（m/s）

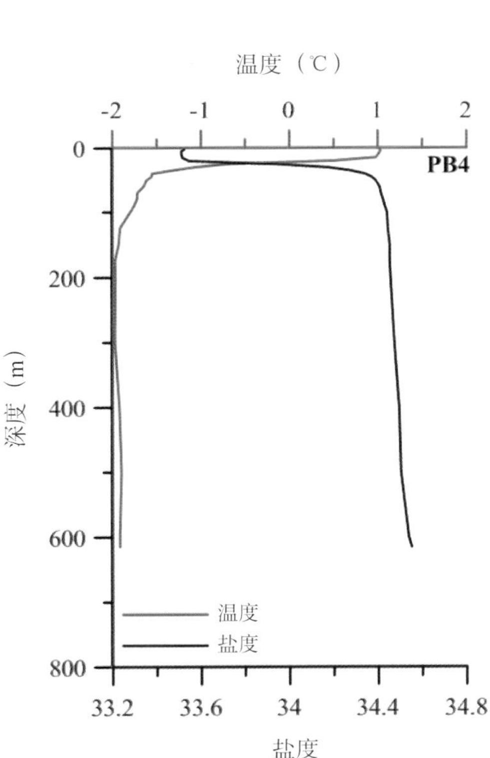
温度（℃）
-2 -1 0 1 2
PB4
深度（m）
0 200 400 600 800
温度
盐度
33.2 33.6 34 34.4 34.8
盐度

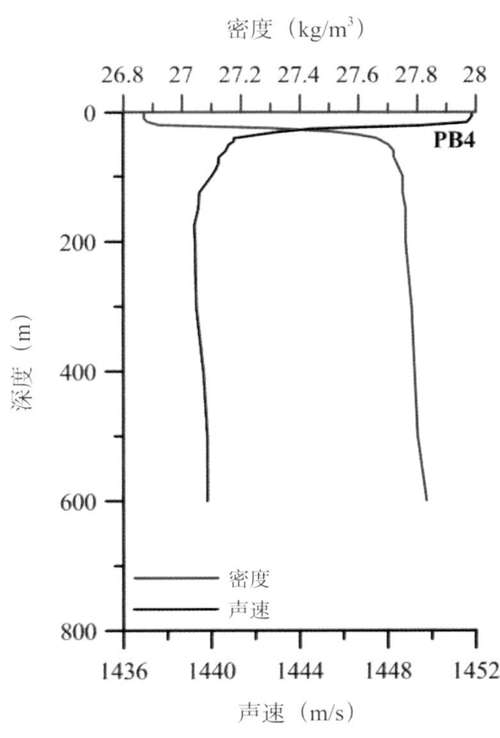
密度（kg/m3）
26.8 27 27.2 27.4 27.6 27.8 28
PB4
深度（m）
0 200 400 600 800
密度
声速
1436 1440 1444 1448 1452
声速（m/s）

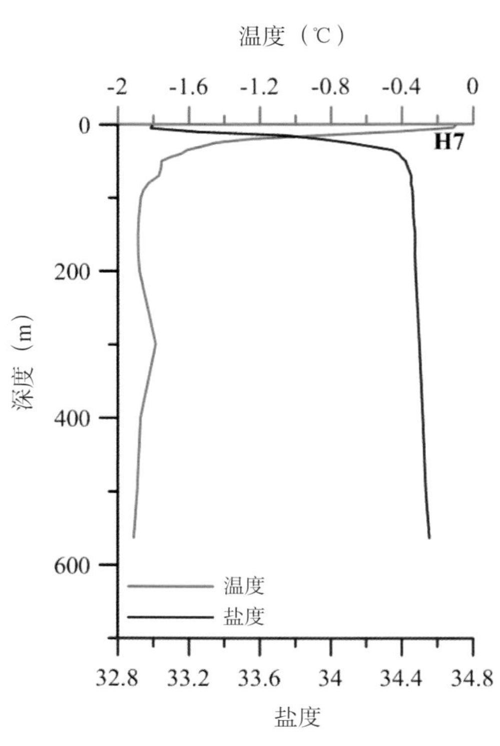
温度（℃）
-2
-1.6
-1.2
-0.8
-0.4
0
H7
0
200
400
600
深度（m）
温度
盐度
32.8
33.2
33.6
34
34.4
34.8
盐度

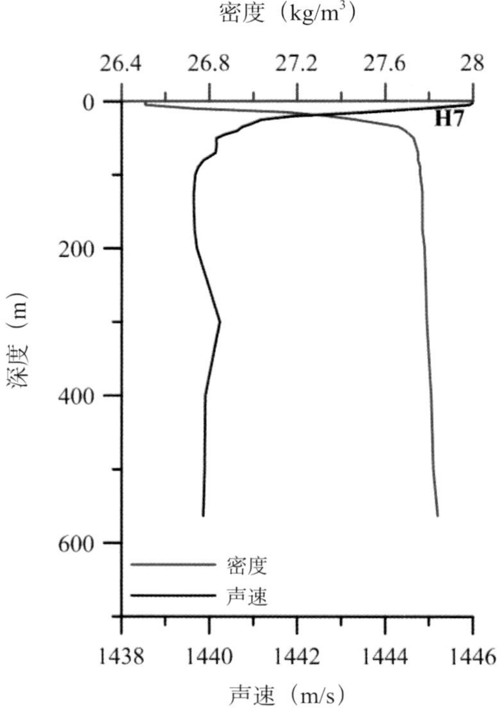
密度（kg/m³）
26.4
26.8
27.2
27.6
28
H7
0
200
400
600
深度（m）
密度
声速
1438
1440
1442
1444
1446
声速（m/s）

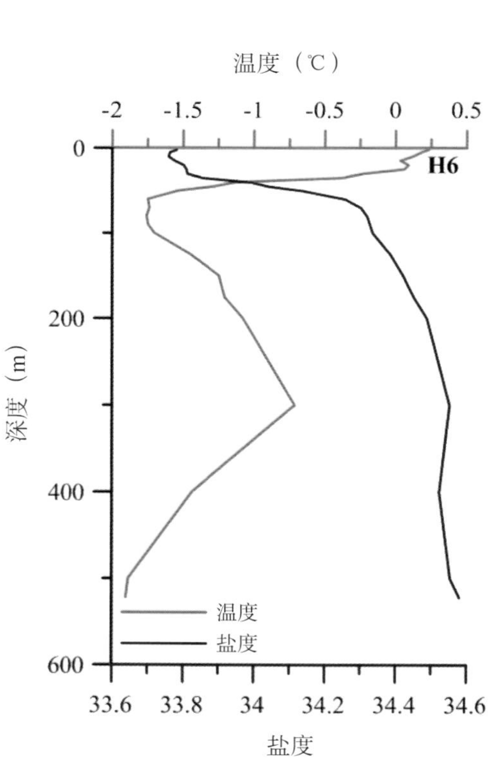
温度（℃）
-2
-1.5
-1
-0.5
0
0.5
H6
0
200
400
600
深度（m）
温度
盐度
33.6
33.8
34
34.2
34.4
34.6
盐度

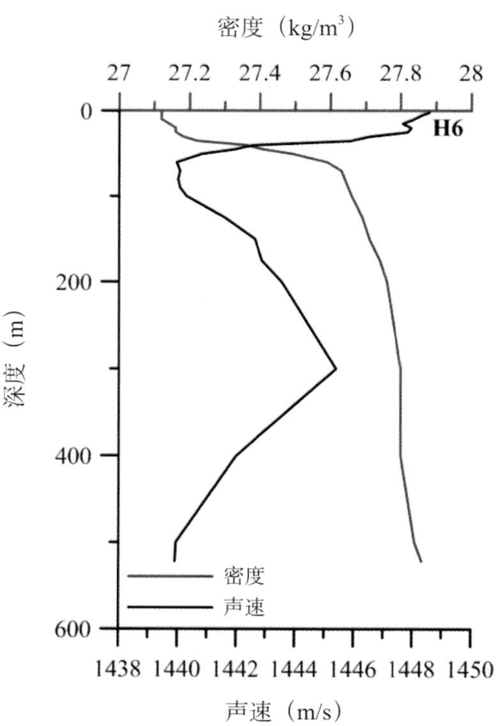
密度（kg/m³）
27
27.2
27.4
27.6
27.8
28
H6
0
200
400
600
深度（m）
密度
声速
1438
1440
1442
1444
1446
1448
1450
声速（m/s）

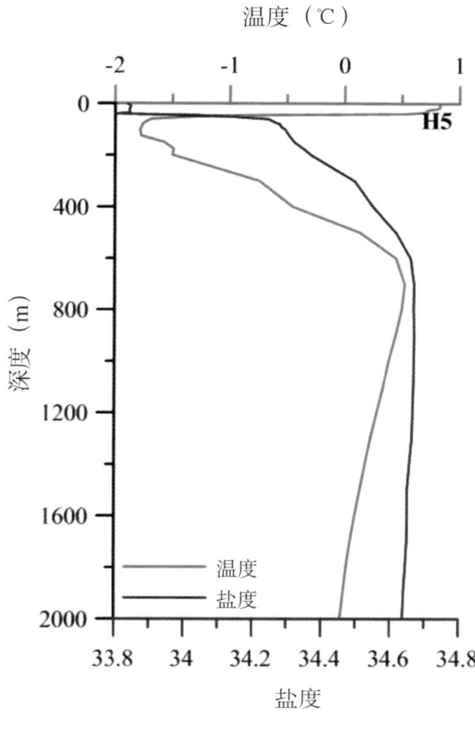
温度（℃）
-2
-1
0
1
0
400
800
1200
1600
2000
H5
深度（m）
温度
盐度
33.8
34
34.2
34.4
34.6
34.8
盐度

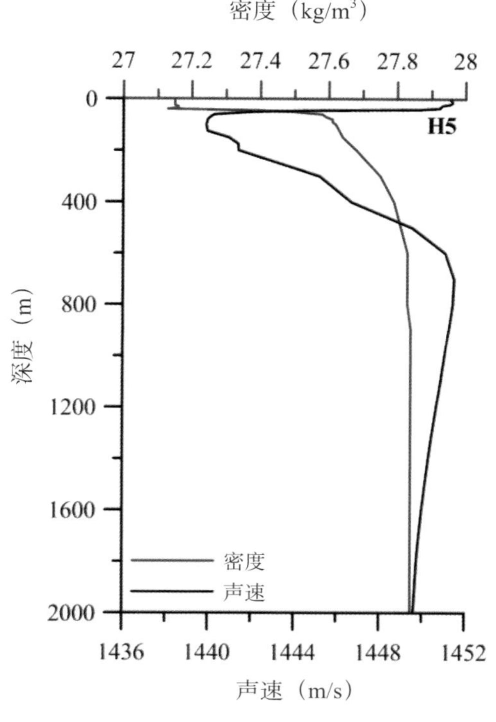
密度（kg/m³）
27
27.2
27.4
27.6
27.8
28
0
400
800
1200
1600
2000
H5
深度（m）
密度
声速
1436
1440
1444
1448
1452
声速（m/s）

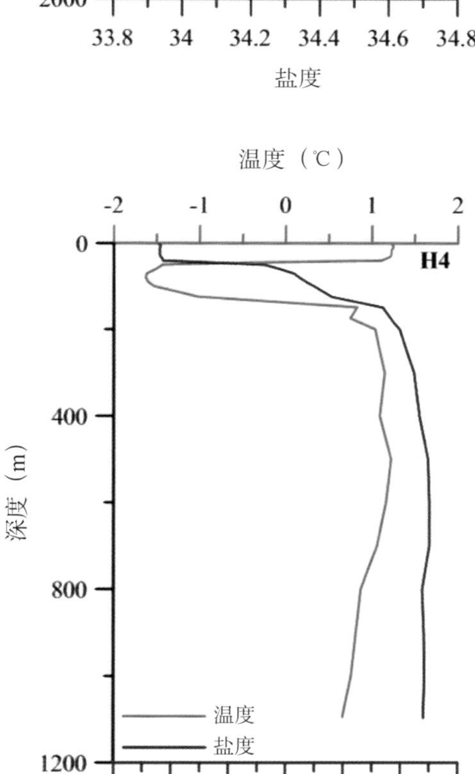
温度（℃）
-2
-1
0
1
2
0
400
800
1200
H4
深度（m）
温度
盐度
33.6
33.8
34
34.2
34.4
34.6
34.8
盐度

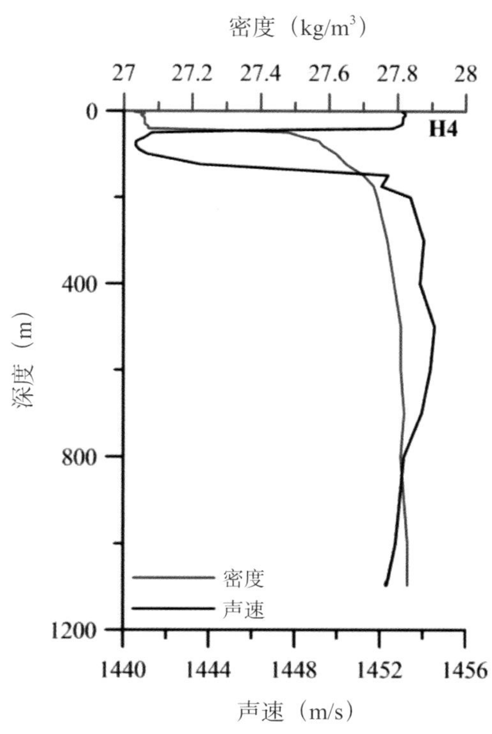
密度（kg/m³）
27
27.2
27.4
27.6
27.8
28
0
400
800
1200
H4
深度（m）
密度
声速
1440
1444
1448
1452
1456
声速（m/s）

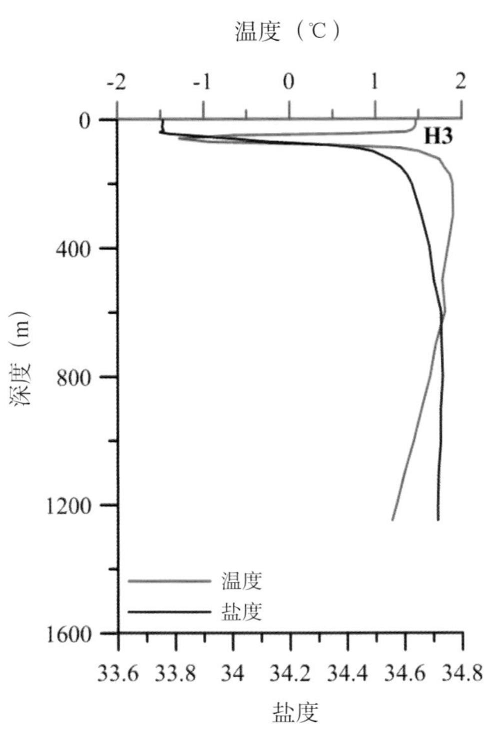
温度（℃）
-2
-1
0
1
2
0
400
800
1200
1600
深度（m）
H3
温度
盐度
33.6
33.8
34
34.2
34.4
34.6
34.8
盐度

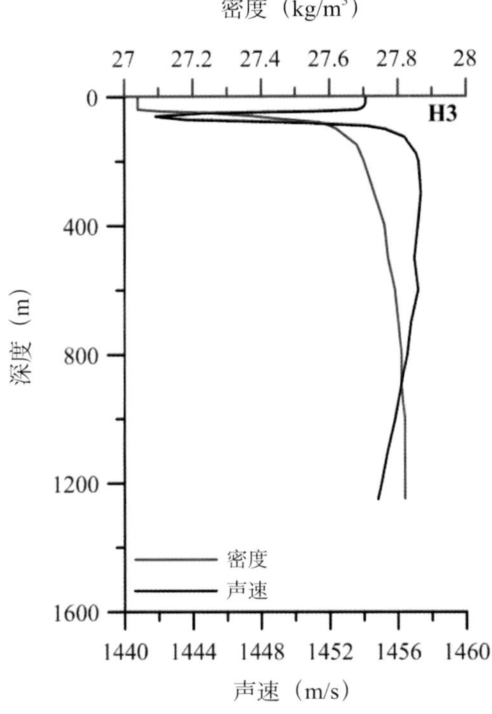
密度（kg/m³）
27
27.2
27.4
27.6
27.8
28
0
400
800
1200
1600
深度（m）
H3
密度
声速
1440
1444
1448
1452
1456
1460
声速（m/s）

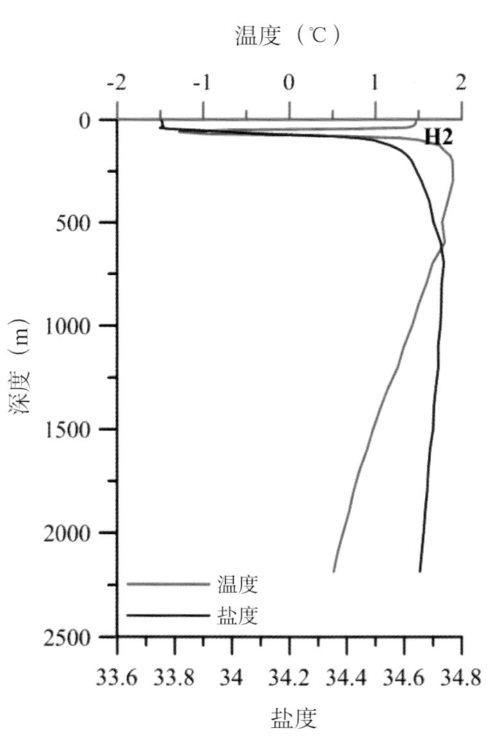
温度（℃）
-2
-1
0
1
2
0
500
1000
1500
2000
2500
深度（m）
H2
温度
盐度
33.6
33.8
34
34.2
34.4
34.6
34.8
盐度

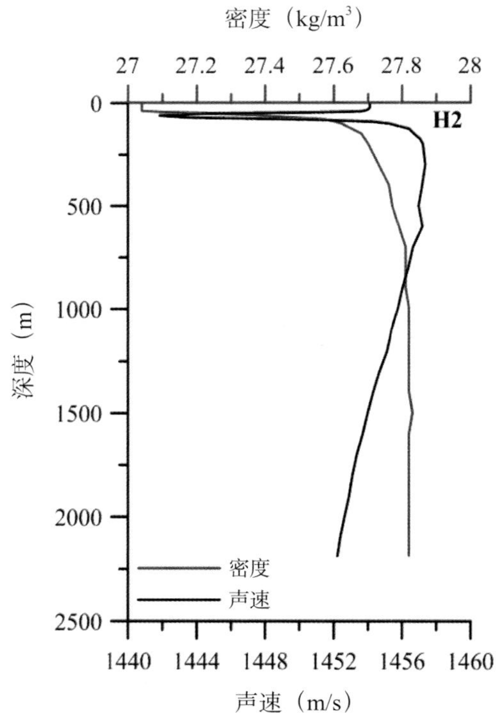
密度（kg/m³）
27
27.2
27.4
27.6
27.8
28
0
500
1000
1500
2000
2500
深度（m）
H2
密度
声速
1440
1444
1448
1452
1456
1460
声速（m/s）

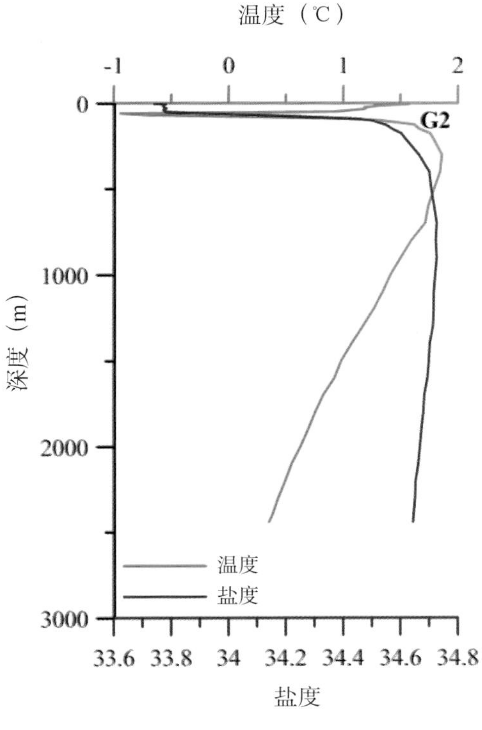
温度（℃）
-1
0
1
2
G2
0
1000
2000
3000
深度（m）
温度
盐度
33.6
33.8
34
34.2
34.4
34.6
34.8
盐度

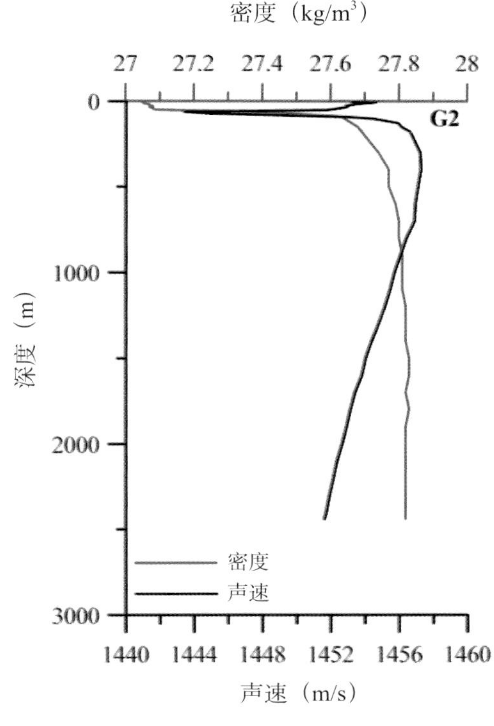
密度（kg/m³）
27
27.2
27.4
27.6
27.8
28
G2
0
1000
2000
3000
深度（m）
密度
声速
1440
1444
1448
1452
1456
1460
声速（m/s）

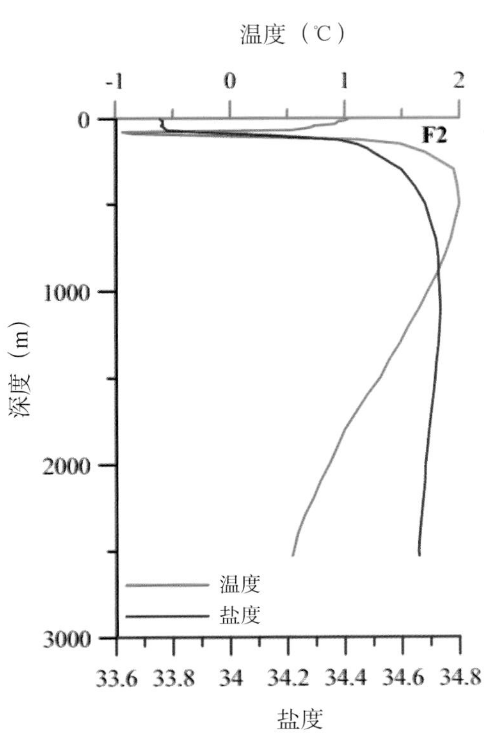
温度（℃）
-1
0
1
2
F2
0
1000
2000
3000
深度（m）
温度
盐度
33.6
33.8
34
34.2
34.4
34.6
34.8
盐度

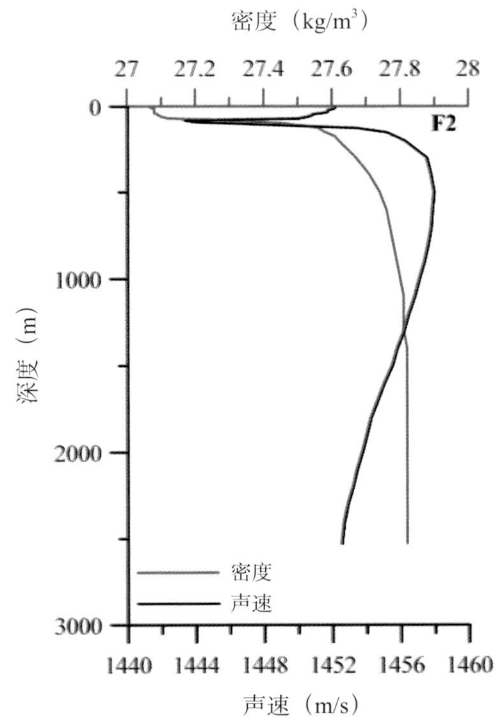
密度（kg/m³）
27
27.2
27.4
27.6
27.8
28
F2
0
1000
2000
3000
深度（m）
密度
声速
1440
1444
1448
1452
1456
1460
声速（m/s）

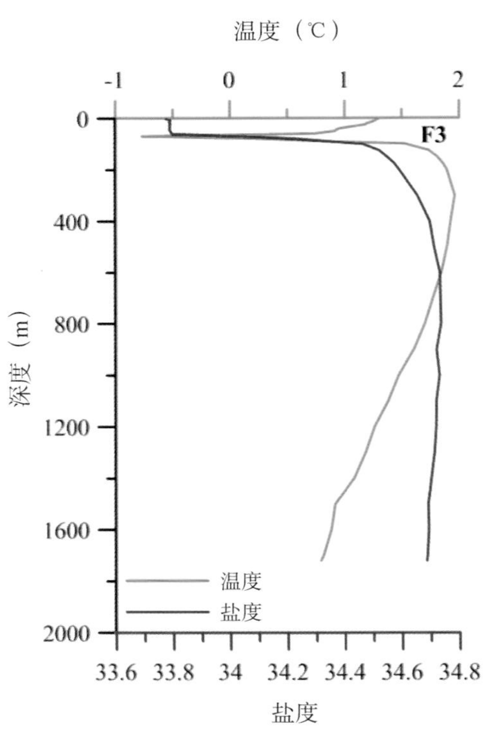
温度（℃）
-1
0
1
2
F3
深度（m）
0
400
800
1200
1600
2000
温度
盐度
33.6
33.8
34
34.2
34.4
34.6
34.8
盐度

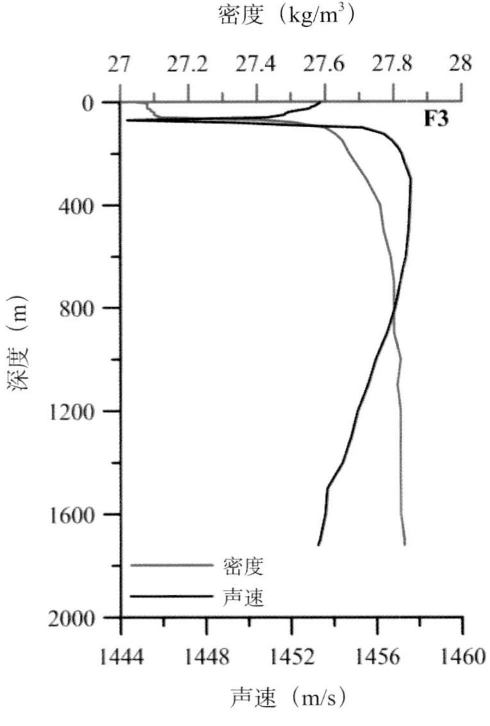
密度（kg/m³）
27
27.2
27.4
27.6
27.8
28
F3
深度（m）
0
400
800
1200
1600
2000
密度
声速
1444
1448
1452
1456
1460
声速（m/s）

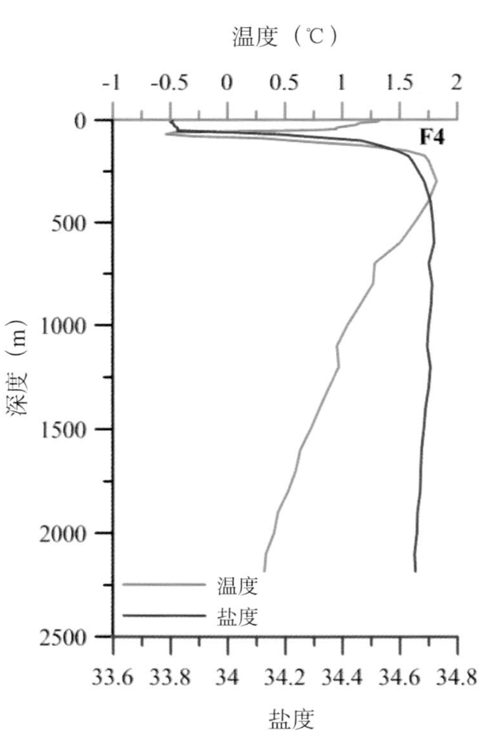
温度（℃）
-1
-0.5
0
0.5
1
1.5
2
F4
深度（m）
0
500
1000
1500
2000
2500
温度
盐度
33.6
33.8
34
34.2
34.4
34.6
34.8
盐度

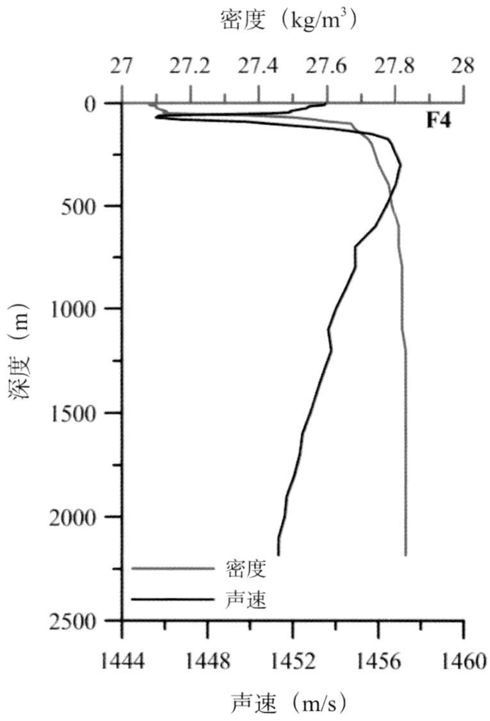
密度（kg/m³）
27
27.2
27.4
27.6
27.8
28
F4
深度（m）
0
500
1000
1500
2000
2500
密度
声速
1444
1448
1452
1456
1460
声速（m/s）

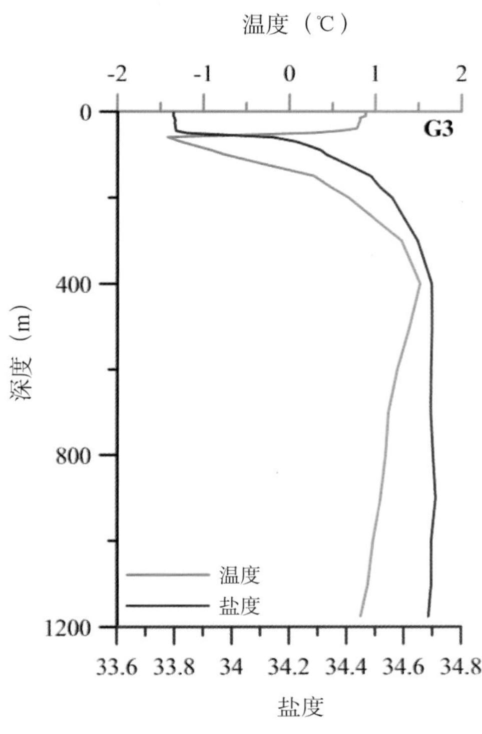
温度（℃）
-2
-1
0
1
2
0
400
800
1200
G3
深度（m）
温度
盐度
33.6
33.8
34
34.2
34.4
34.6
34.8
盐度

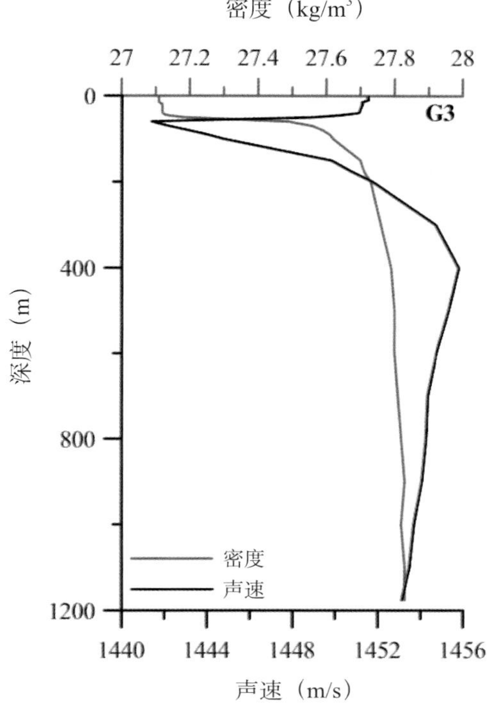
密度（kg/m³）
27
27.2
27.4
27.6
27.8
28
0
400
800
1200
G3
深度（m）
密度
声速
1440
1444
1448
1452
1456
声速（m/s）

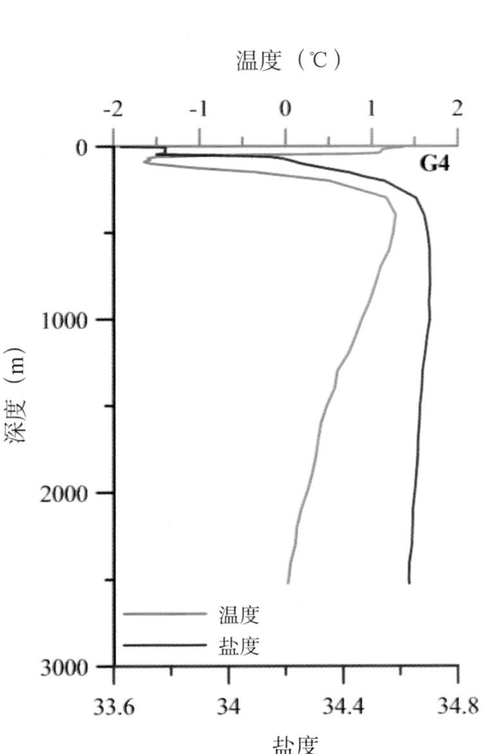
温度（℃）
-2
-1
0
1
2
0
1000
2000
3000
G4
深度（m）
温度
盐度
33.6
34
34.4
34.8
盐度

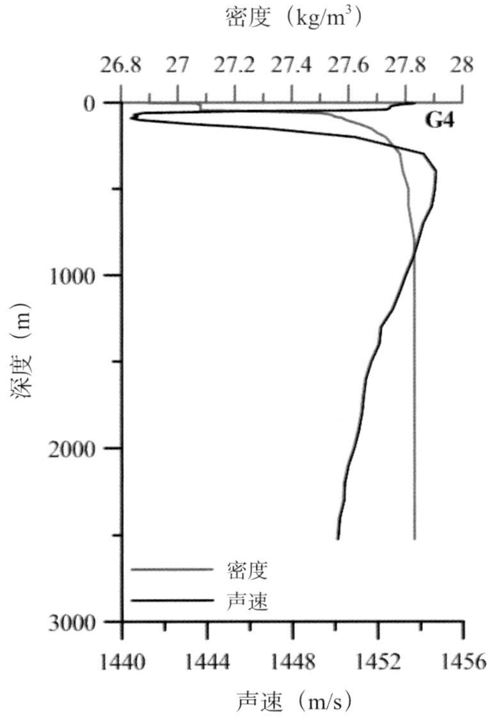
密度（kg/m³）
26.8
27
27.2
27.4
27.6
27.8
28
0
1000
2000
3000
G4
深度（m）
密度
声速
1440
1444
1448
1452
1456
声速（m/s）

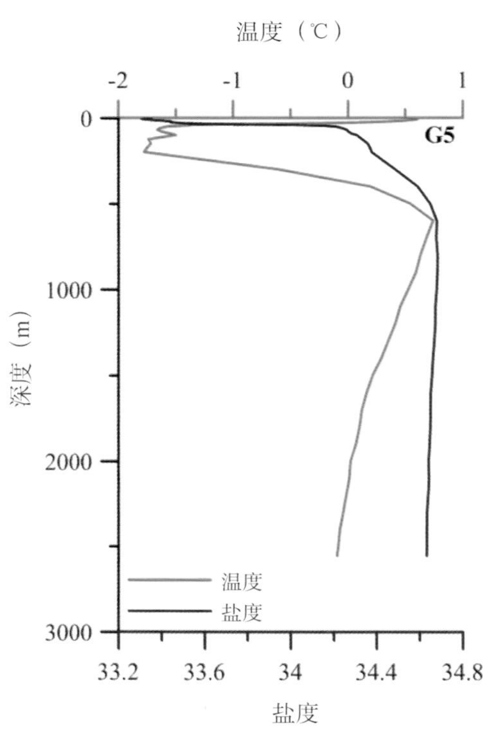
温度（℃）
-2
-1
0
1
G5
深度（m）
0
1000
2000
3000
温度
盐度
33.2
33.6
34
34.4
34.8
盐度

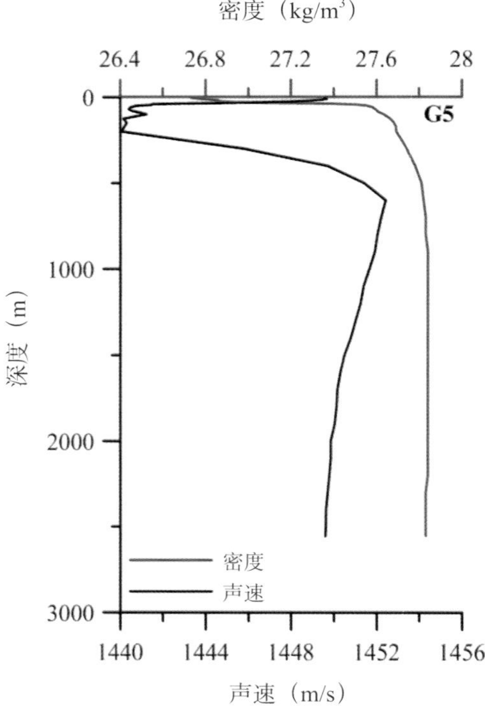
密度（kg/m³）
26.4
26.8
27.2
27.6
28
G5
深度（m）
0
1000
2000
3000
密度
声速
1440
1444
1448
1452
1456
声速（m/s）

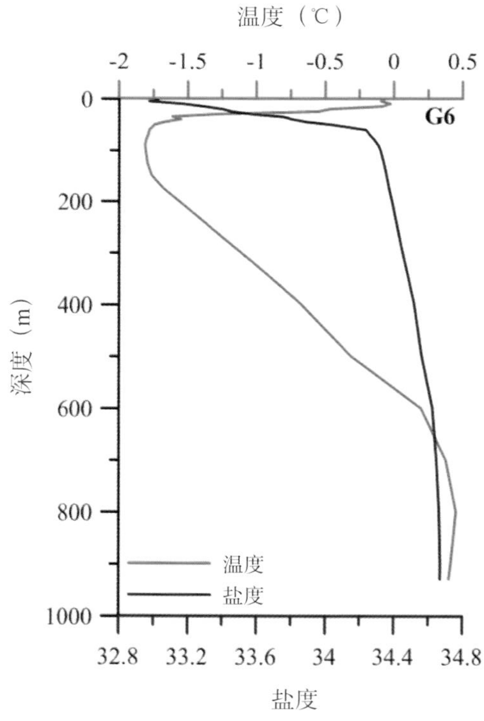
温度（℃）
-2
-1.5
-1
-0.5
0
0.5
G6
深度（m）
0
200
400
600
800
1000
温度
盐度
32.8
33.2
33.6
34
34.4
34.8
盐度

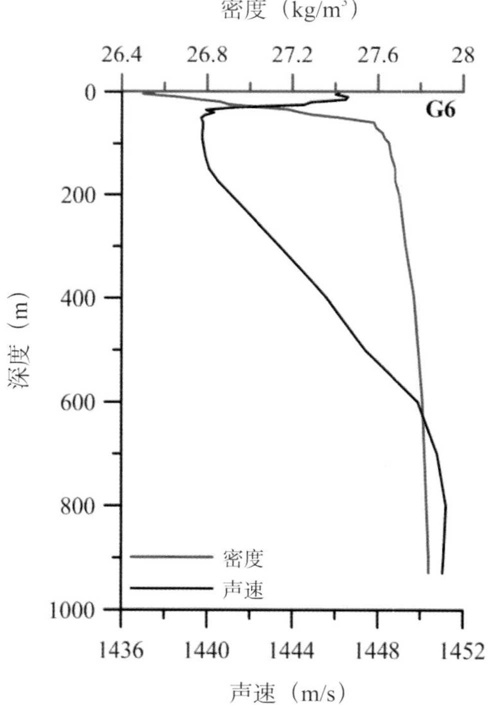
密度（kg/m³）
26.4
26.8
27.2
27.6
28
G6
深度（m）
0
200
400
600
800
1000
密度
声速
1436
1440
1444
1448
1452
声速（m/s）

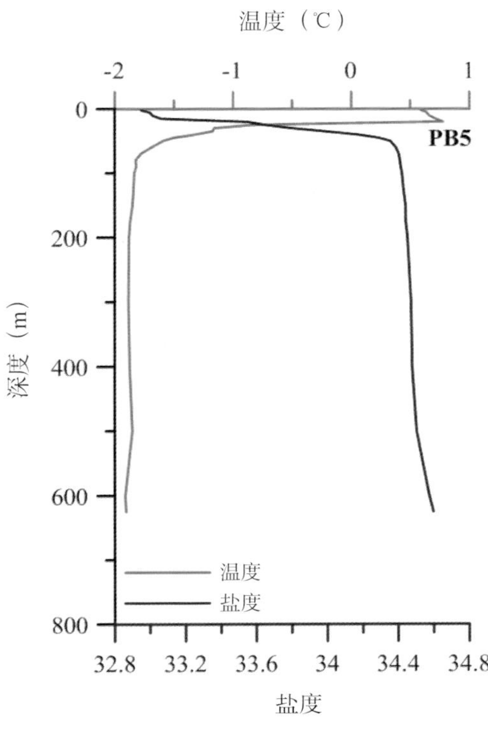
温度（℃）
-2
-1
0
1
0
200
400
600
800
深度（m）
PB5
温度
盐度
32.8
33.2
33.6
34
34.4
34.8
盐度

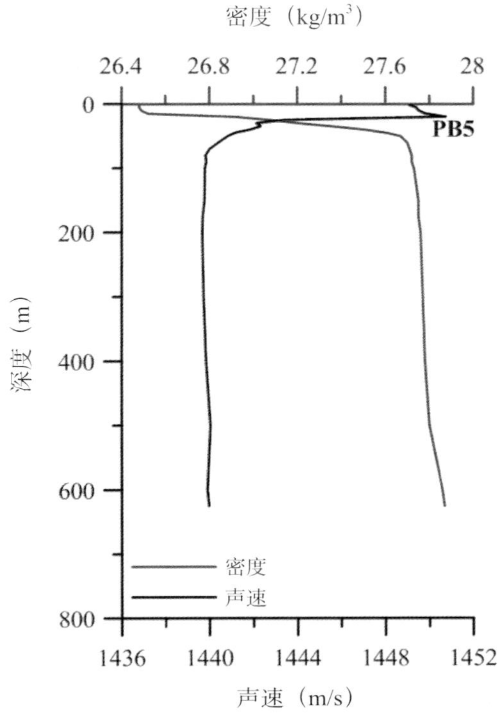
密度（kg/m³）
26.4
26.8
27.2
27.6
28
0
200
400
600
800
深度（m）
PB5
密度
声速
1436
1440
1444
1448
1452
声速（m/s）

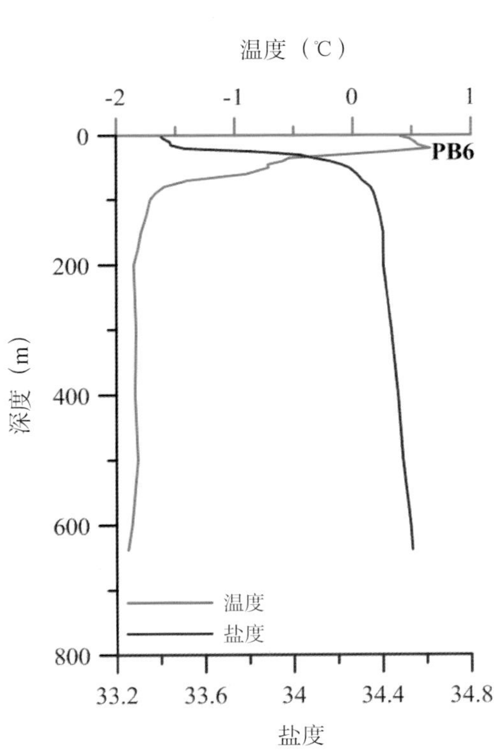
温度（℃）
-2
-1
0
1
0
200
400
600
800
深度（m）
PB6
温度
盐度
33.2
33.6
34
34.4
34.8
盐度

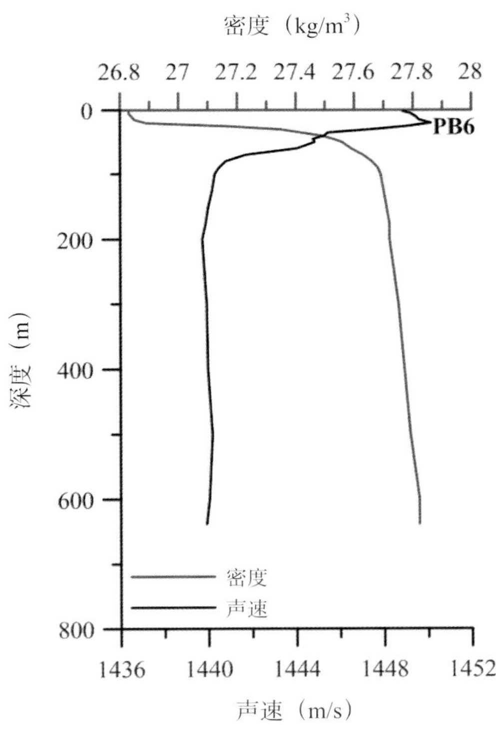
密度（kg/m³）
26.8
27
27.2
27.4
27.6
27.8
28
0
200
400
600
800
深度（m）
PB6
密度
声速
1436
1440
1444
1448
1452
声速（m/s）

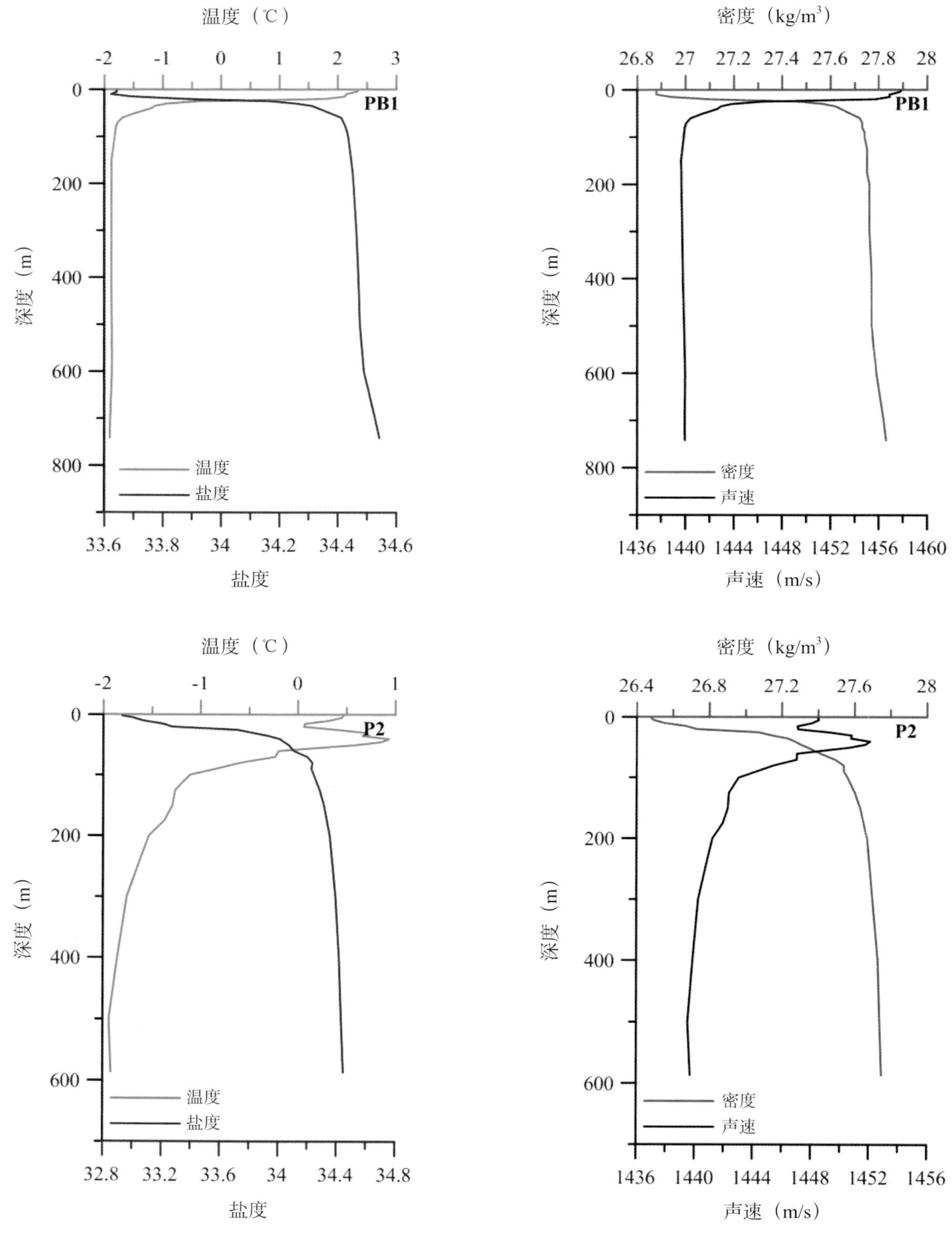

图8.2 CTD 测量要素温度、盐度、密度、声速剖面分布图

第三节　航次断面图

本航次在普里兹湾及其邻近海域的站位布设较为规则，可以构成5条横跨深水海盆、陆坡、陆架的经向断面，依次为F、G、H、I、J，在冰架前缘的PB4、PB3、PB2、P2可以构成PB断面。这些断面上全深度和500 m以上的温度、盐度、密度、声速断面分布如图8.3至图8.8所示。

（1）断面F温度、盐度、密度、声速分布图

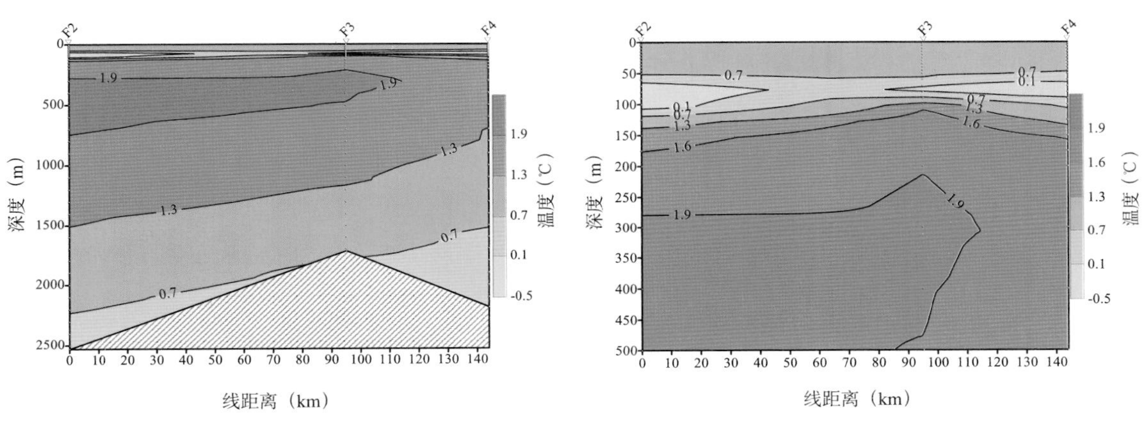

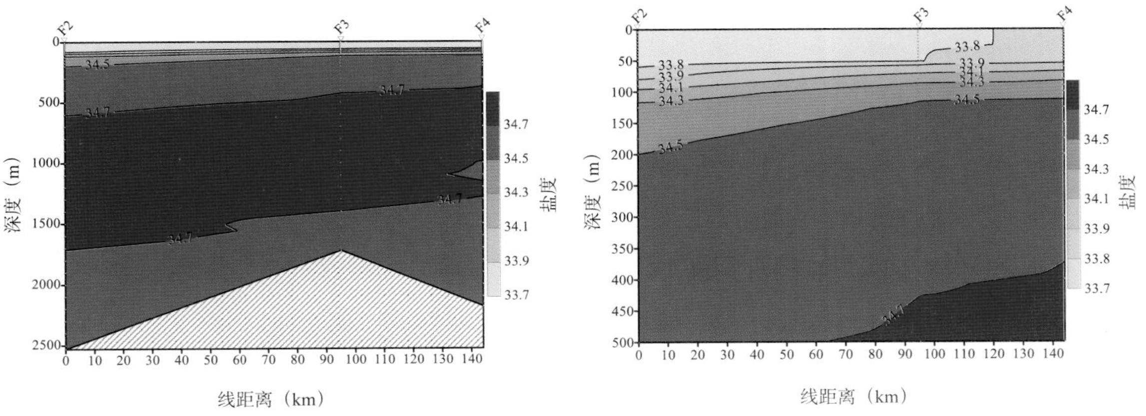

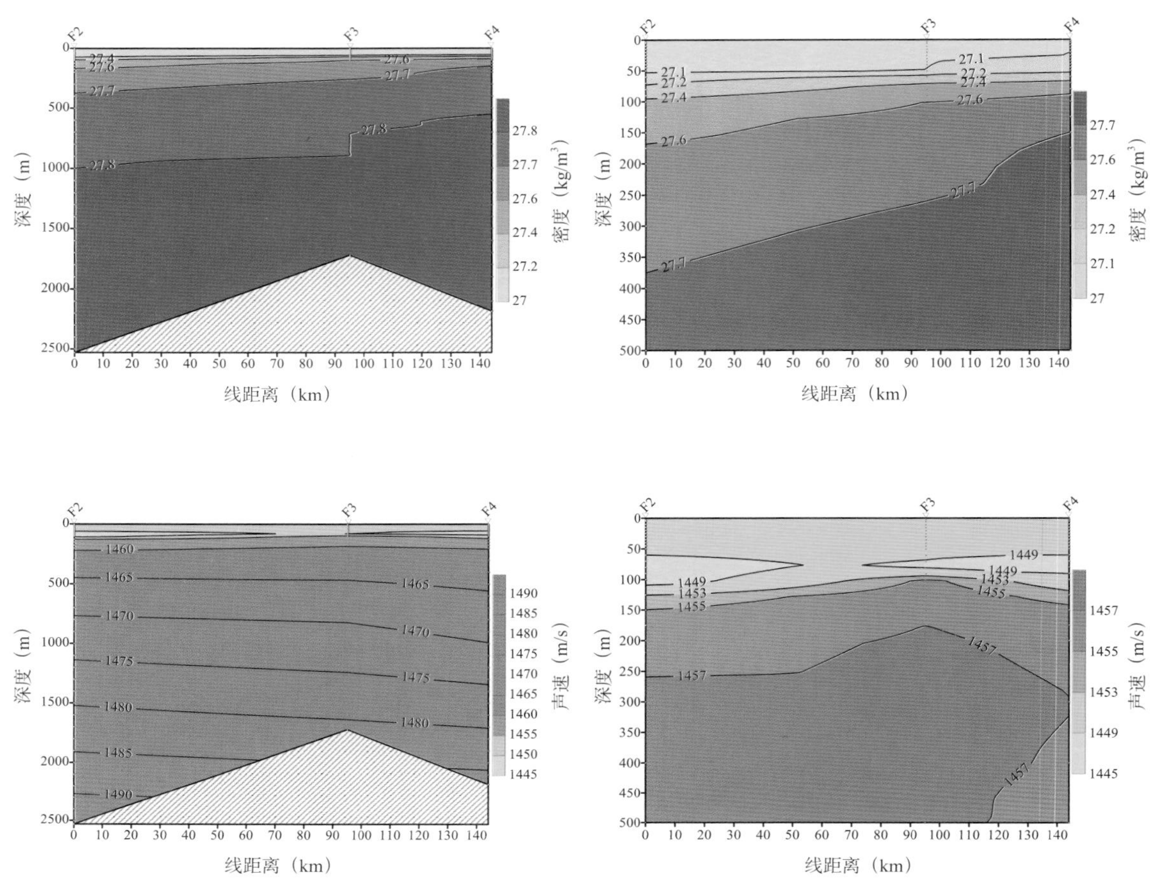

图8.3　断面F温度、盐度、密度、声速分布图

（2）断面 G 温度、盐度、密度、声速分布图

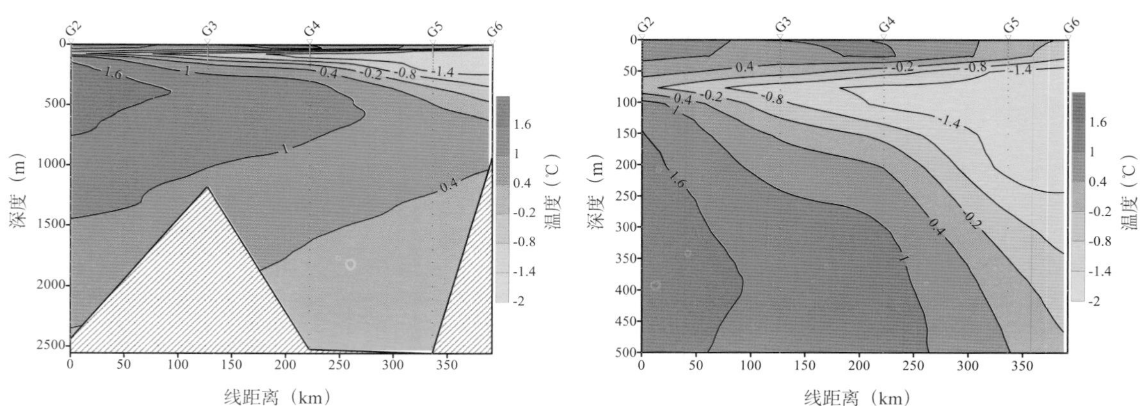

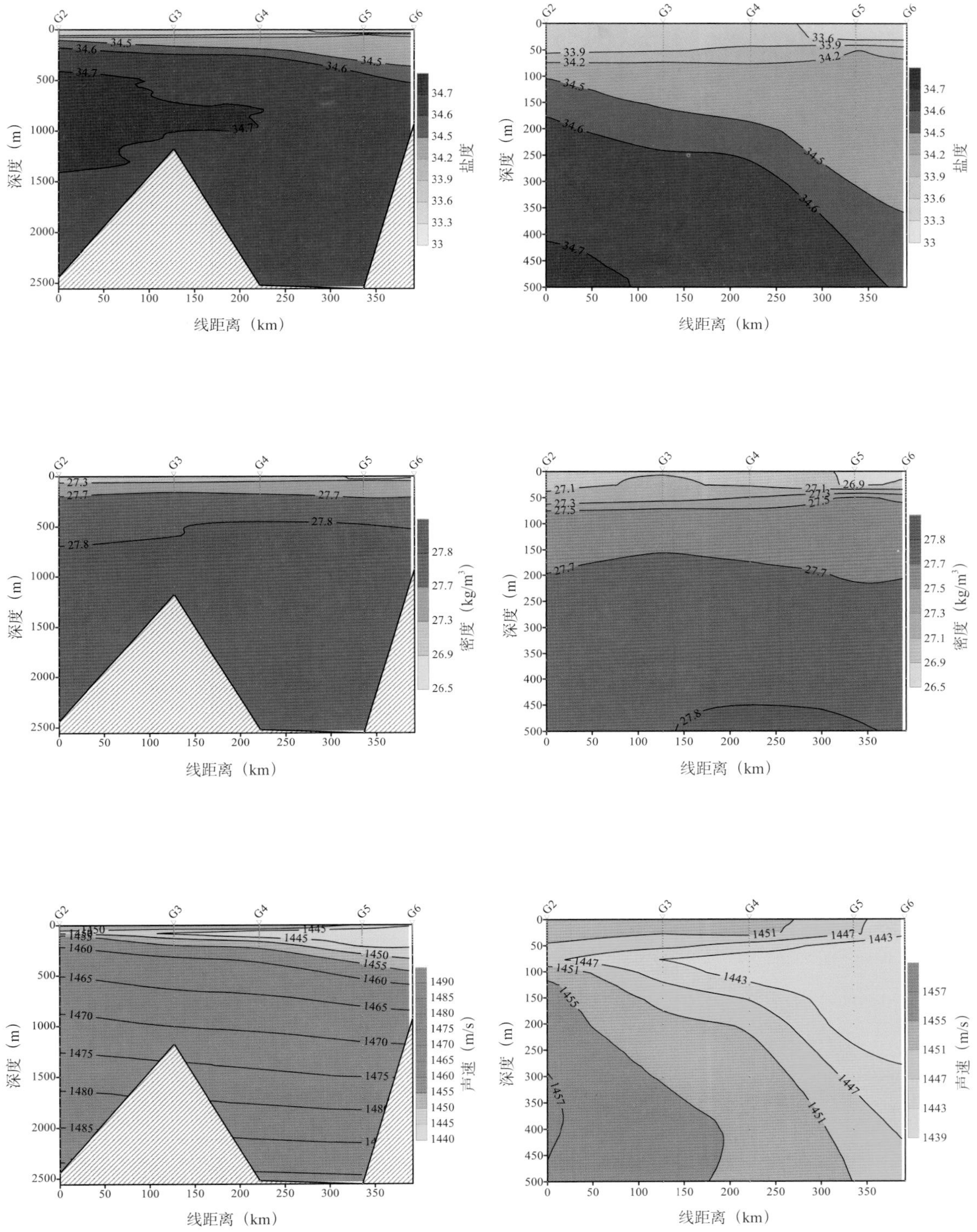

图8.4　断面G温度、盐度、密度、声速分布图

（3）断面 H 温度、盐度、密度、声速分布图

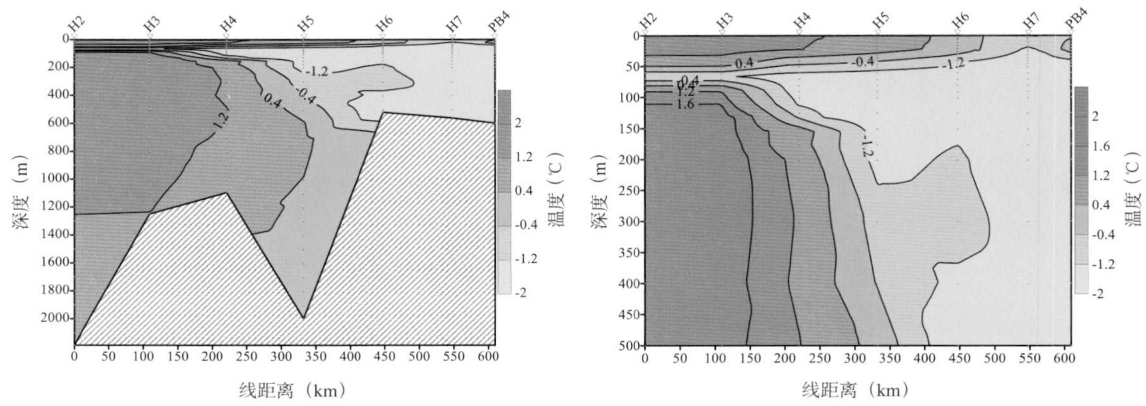

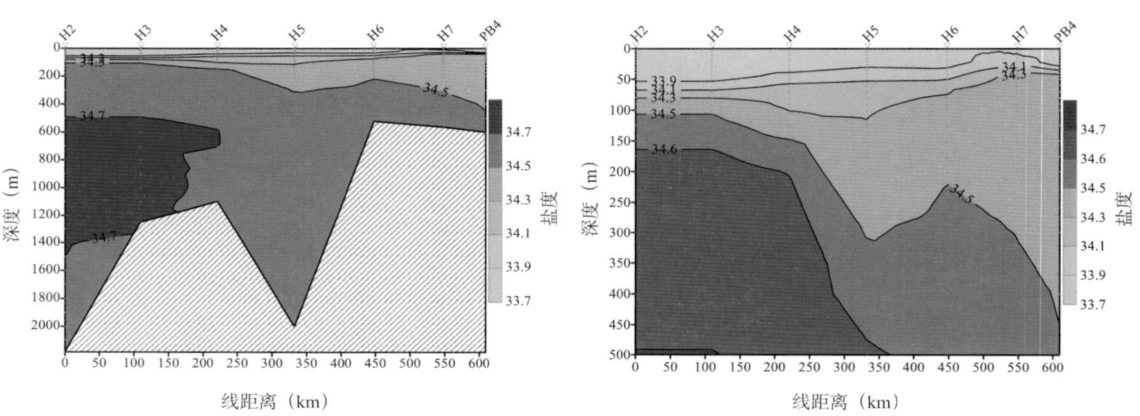

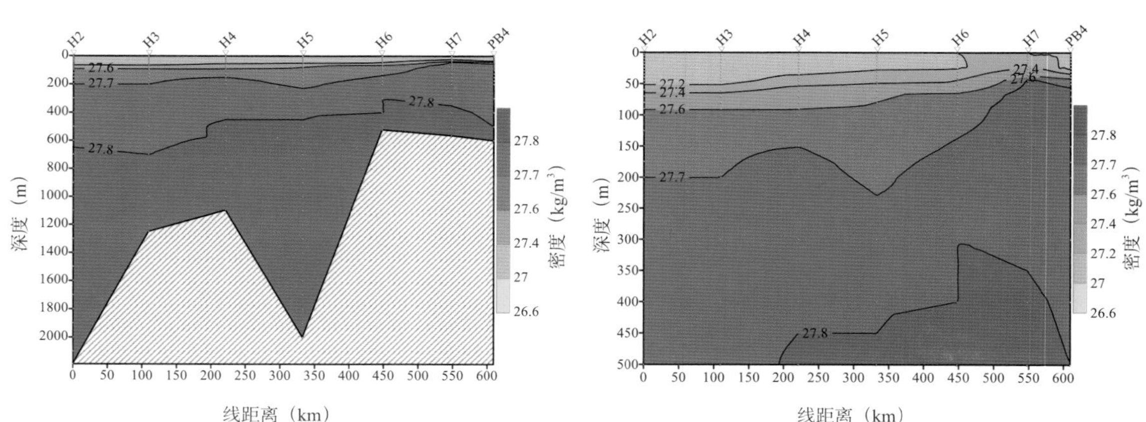

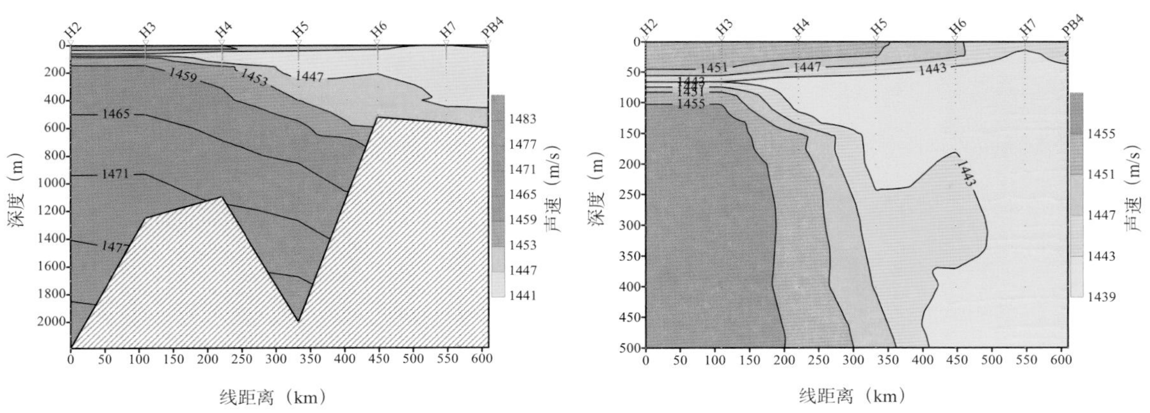

图8.5　断面H温度、盐度、密度、声速分布图

（4）断面I温度、盐度、密度、声速分布图

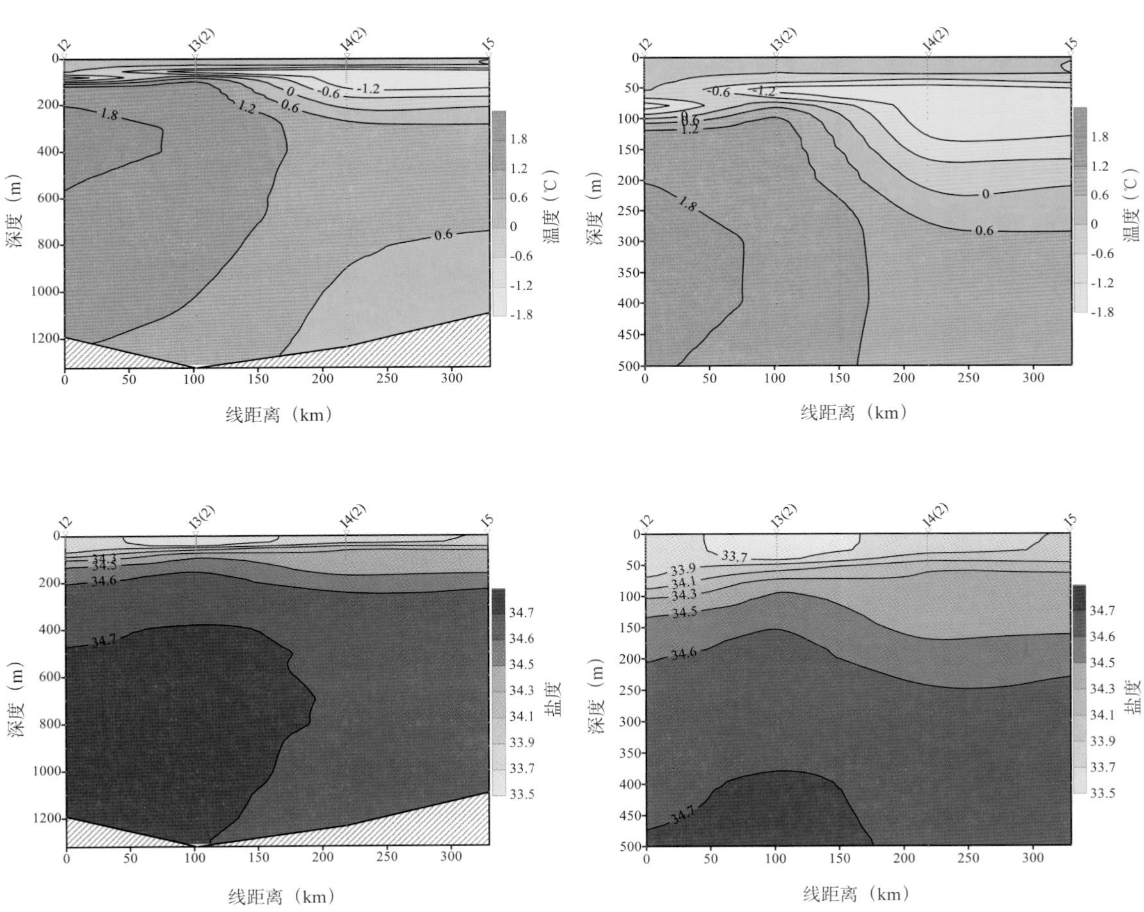

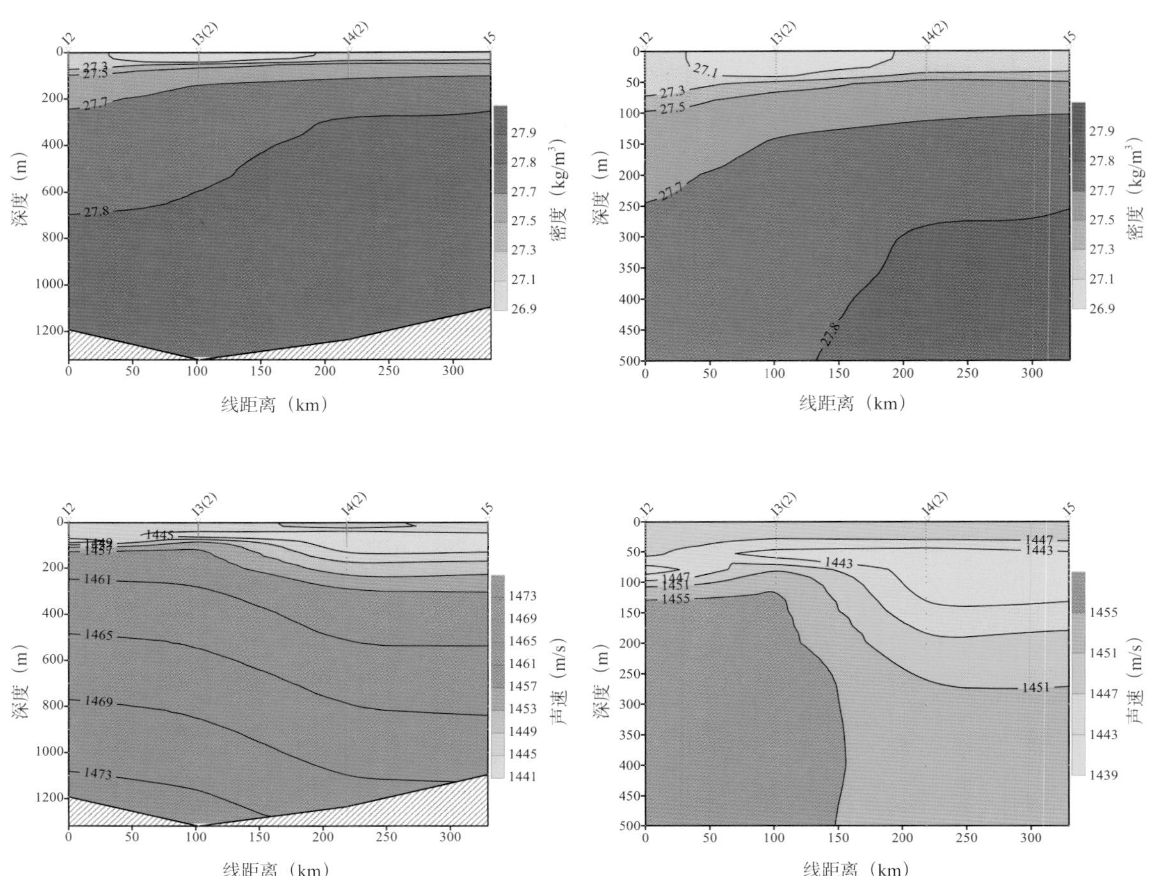

图8.6 断面I温度、盐度、密度、声速分布图

（5）断面J温度、盐度、密度、声速分布图

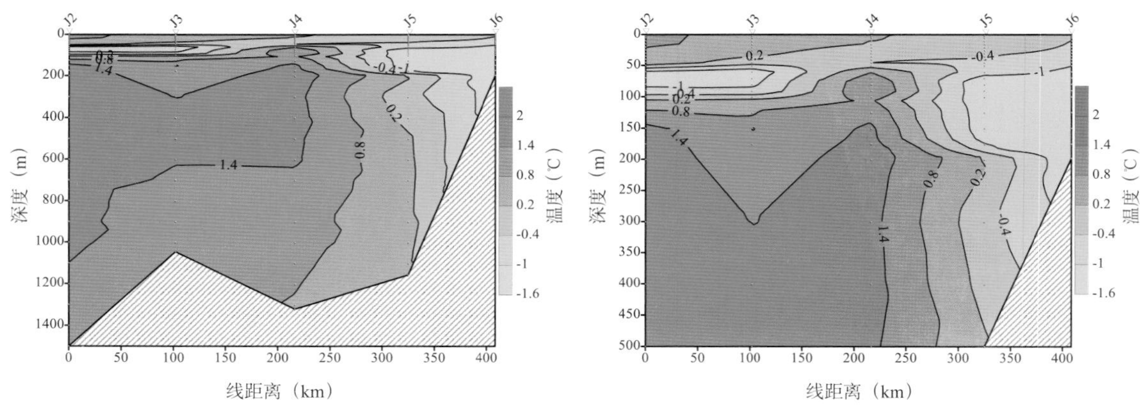

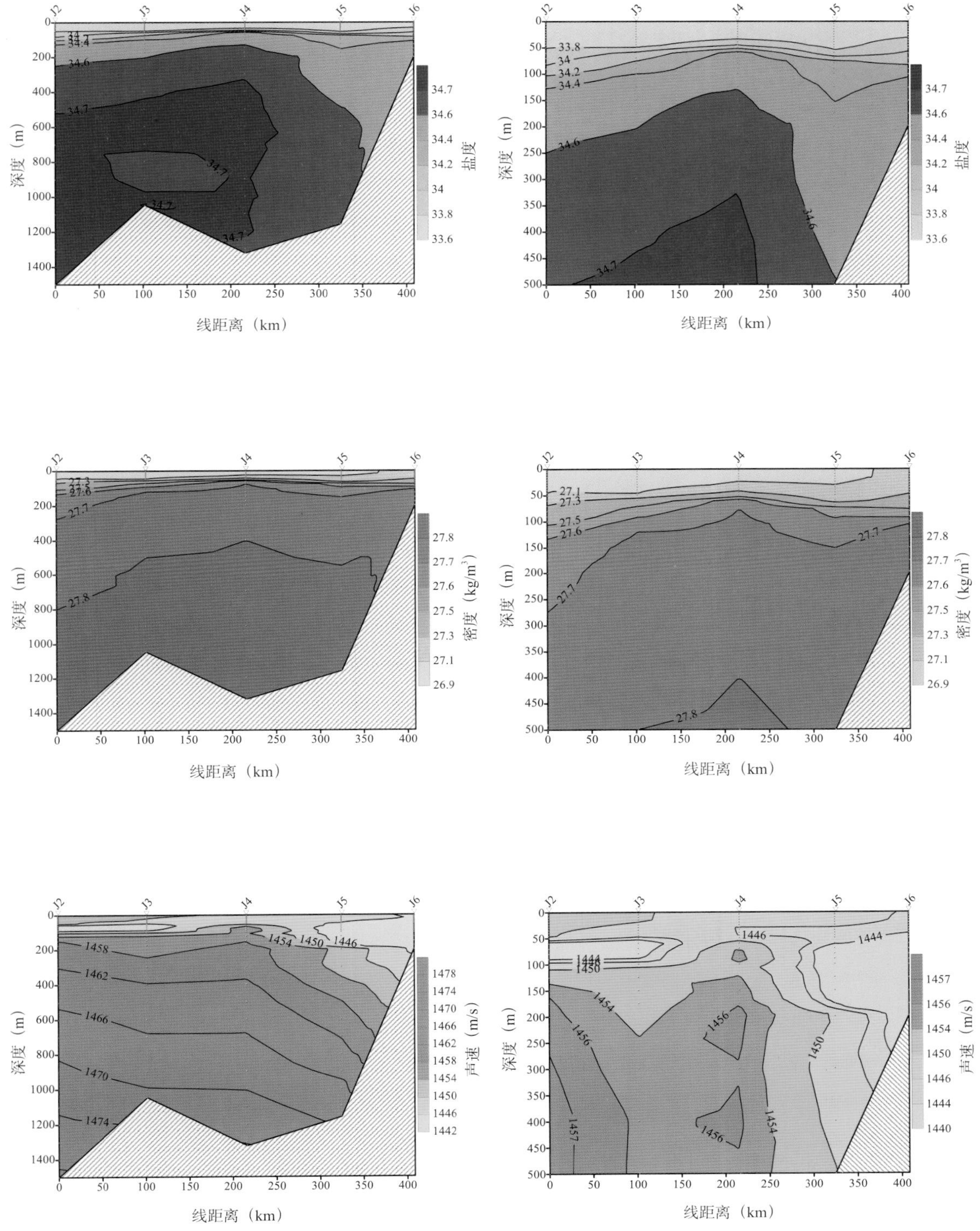

图8.7　断面J温度、盐度、密度、声速分布图

（6）断面 PB 温度、盐度、密度、声速分布图

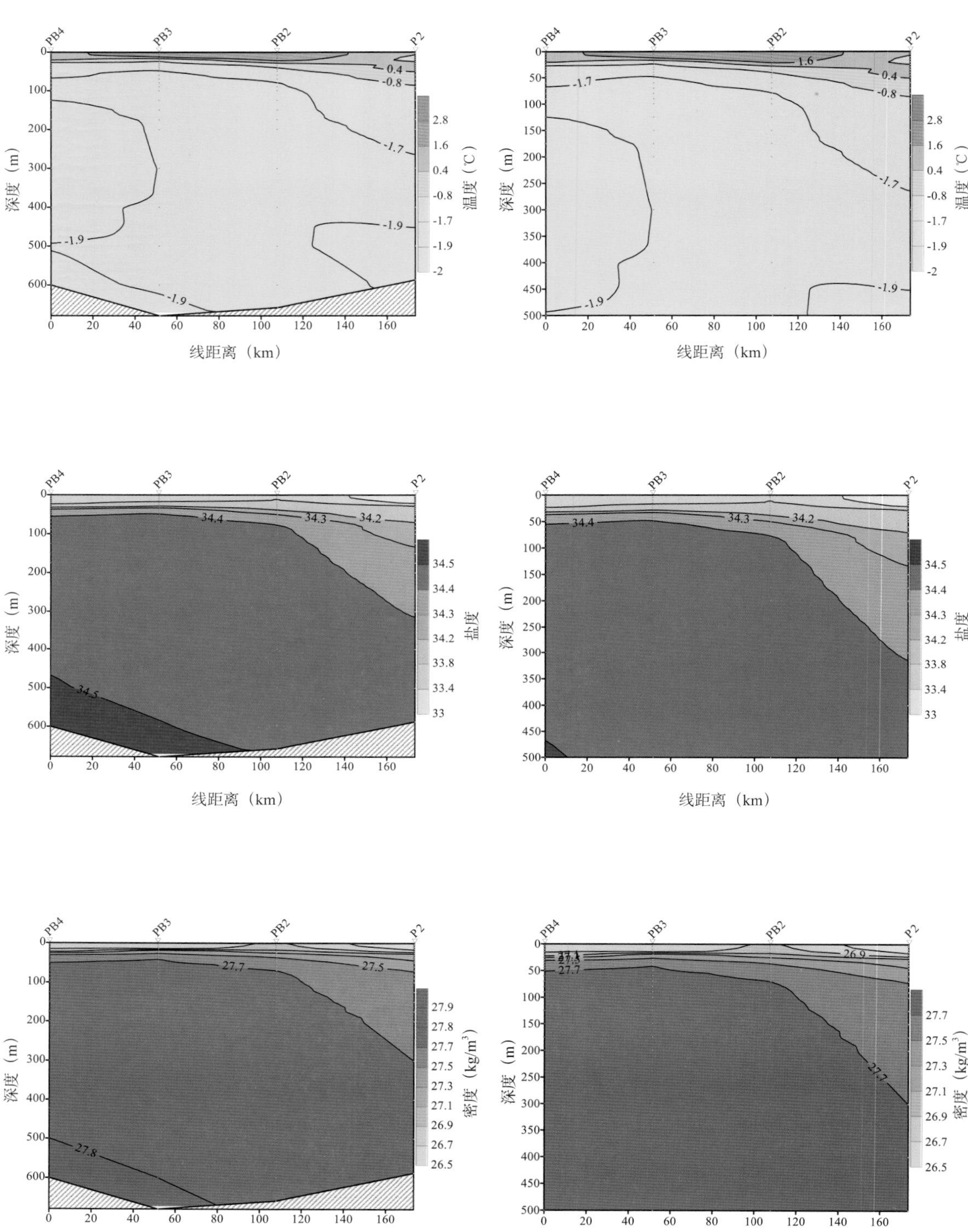

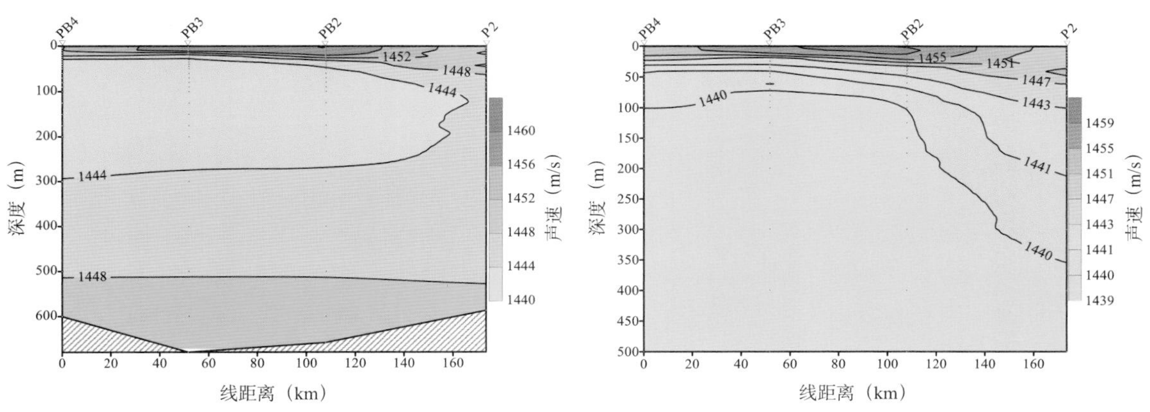

图8.8　断面PB温度、盐度、密度、声速分布图

第四节　航次大面剖面图

本航次5条平行的经向断面和冰架前缘站位可以构成普里兹湾及其邻近海域的大面观测，10 m层、50 m层、100 m层、500 m层上的温度、盐度、密度、声速分布情况如图8.9至图8.12所示。

（1）10 m层温度、盐度、密度、声速分布图（等值线间隔依次为0.2，0.1，0.05，1）

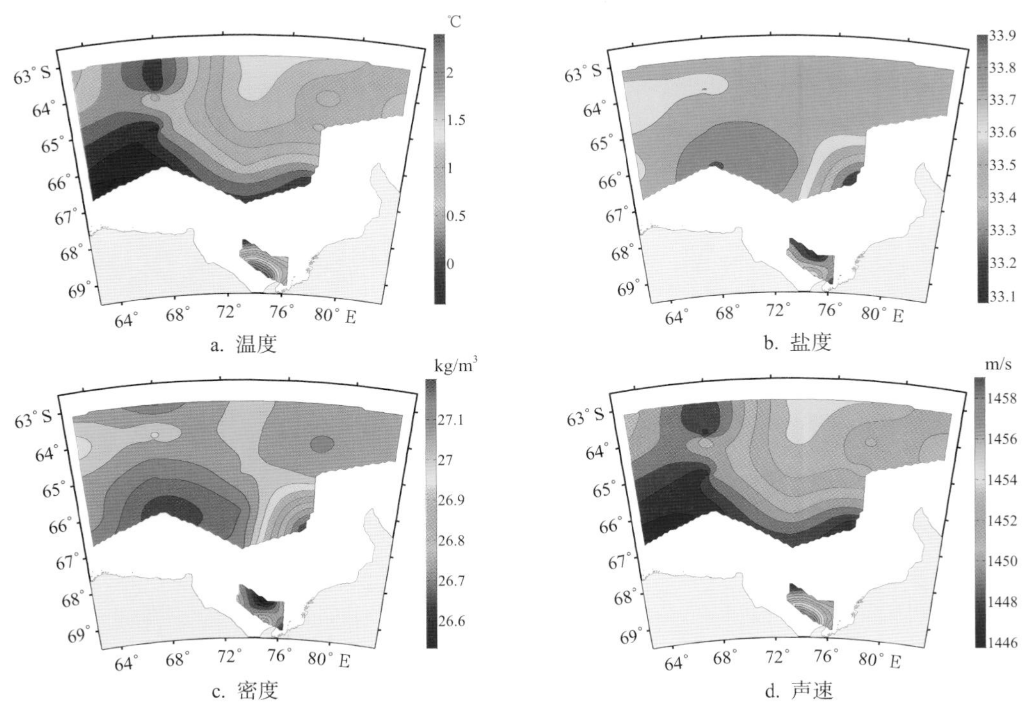

图8.9　10 m层温度、盐度、密度、声速分布图

（2）50 m层温度、盐度、密度、声速分布图（等值线间隔依次为0.2，0.1，0.05，1）

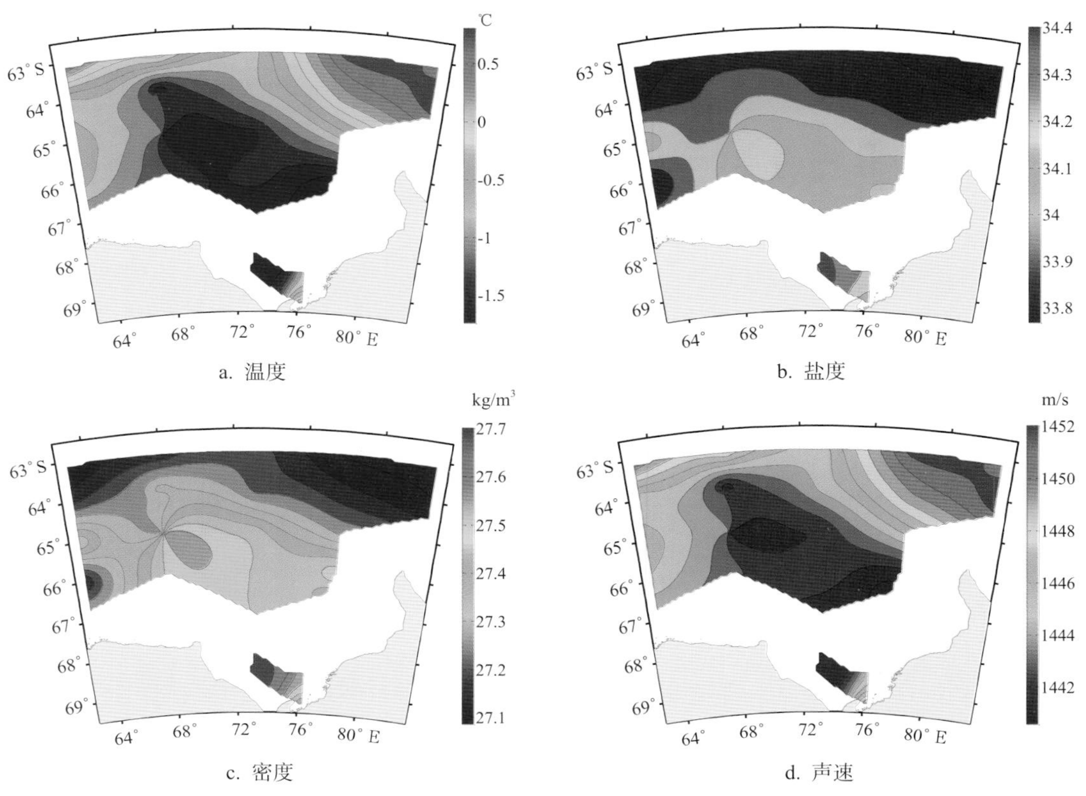

a. 温度
b. 盐度
c. 密度
d. 声速

图8.10　50 m层温度、盐度、密度、声速分布图

（3）100 m层温度、盐度、密度、声速分布图（等值线间隔依次为0.5，0.05，0.05，2）

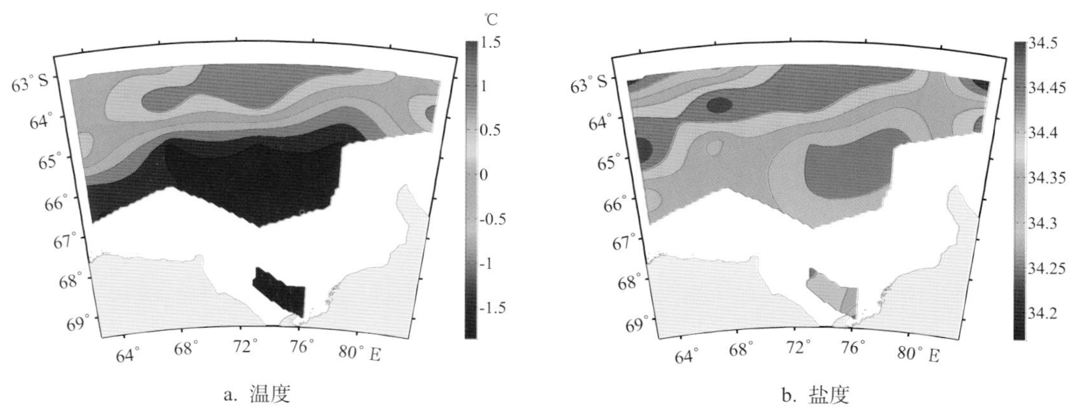

a. 温度
b. 盐度

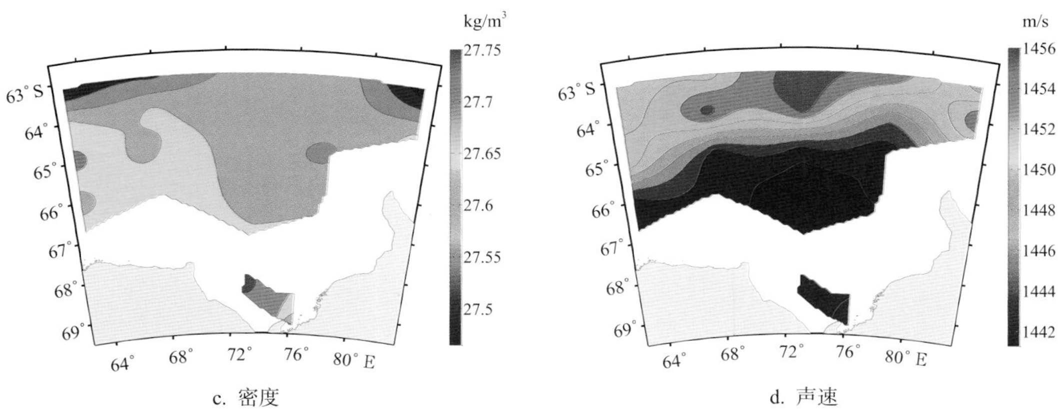

c. 密度

d. 声速

图8.11 100 m层温度、盐度、密度、声速分布图

（4）500 m 层温度、盐度、密度、声速分布图（等值线间隔依次为 0.2，0.1，0.05，1）

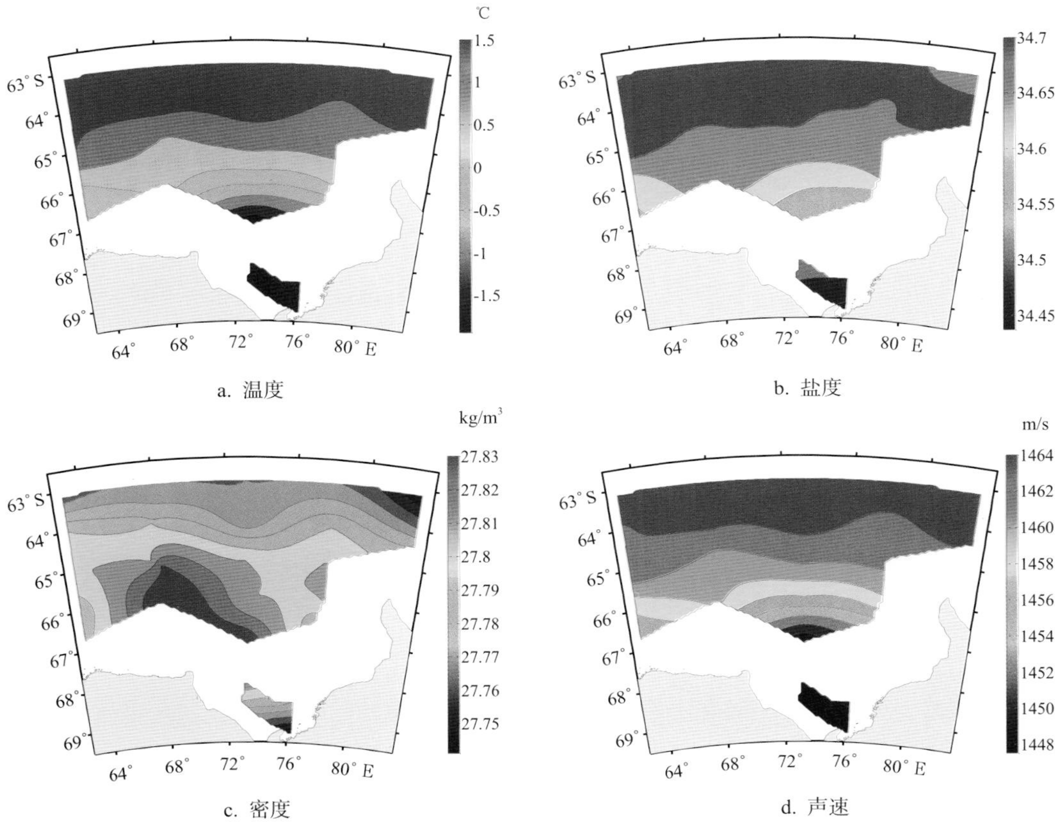

a. 温度

b. 盐度

c. 密度

d. 声速

图8.12 500 m层温度、盐度、密度、声速分布图

第九章 中国第11次南极科学考察水文图集

第一节　航次站位情况及TS点聚图

中国第 11 次南极科学考察共完成海洋考察 CTD 站位 9 个，站位信息见表 9.1。

表9.1　中国第十一次南极考察CTD观测站位信息表

序号	站位	日期	时间	纬度 (° S)	经度 (° W)	水深 (m)	最大观测深度 (m)
1	P–1	1994–11–30	23:30	61.967	78.000	3 500	2 100
2	P–2	1994–12–02	02:27	62.918	73.333	3 900	1 950
3	P–3	1994–12–03	13:27	66.735	74.767	1 938	1 750
4	ZSG–1	1995–01–15	14:35	69.334	76.418	550	110
5	ZSG–2	1995–01–15	19:19	69.334	76.418	550	110
6	ZSG–3	1995–01–15	23:17	69.334	76.418	550	500
7	P–4	1995–01–21	01:49	68.084	75.034		200
8	P–5	1995–01–21	12:56	66.596	74.983		200
9	P–6	1995–01–21	20:09	65.952	74.917		200

本航次的 TS 点聚图如图 9.1 所示。

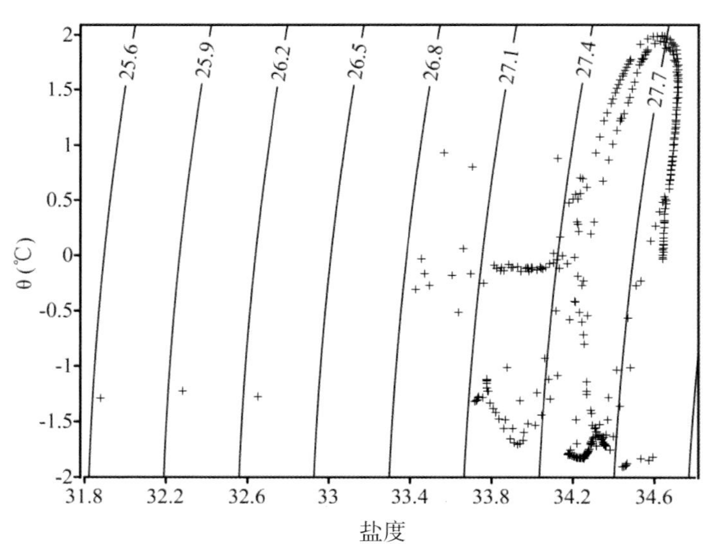

图9.1　中国第九次南极考察TS点聚图

第二节　航次站点剖面图

本航次各站点的 CTD 测量要素温度、盐度、密度、声速剖面分布如图 9.2 所示。

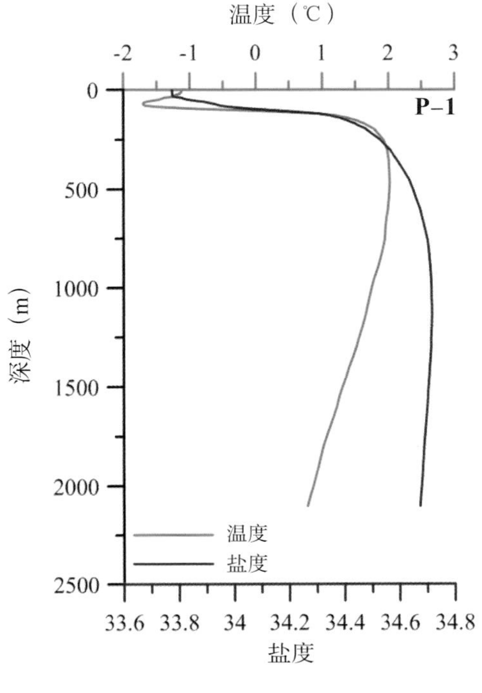

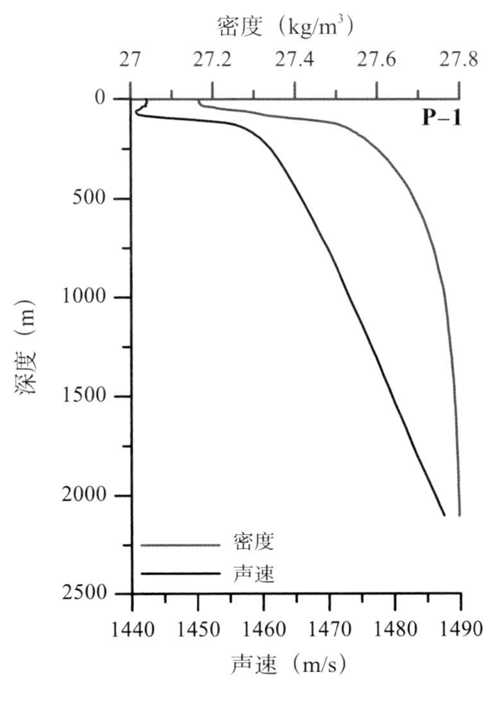

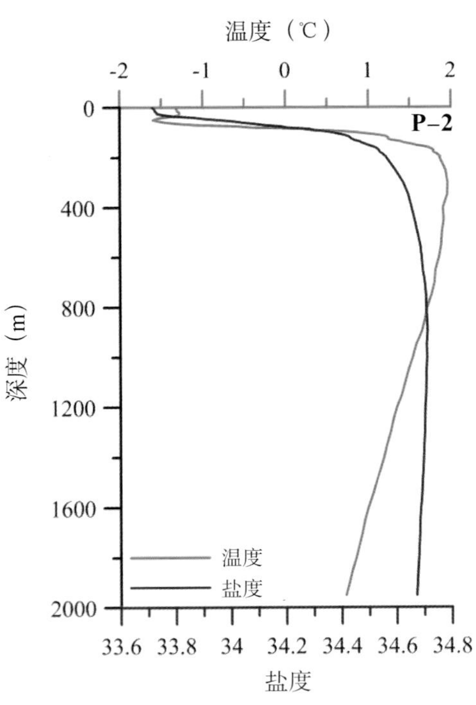

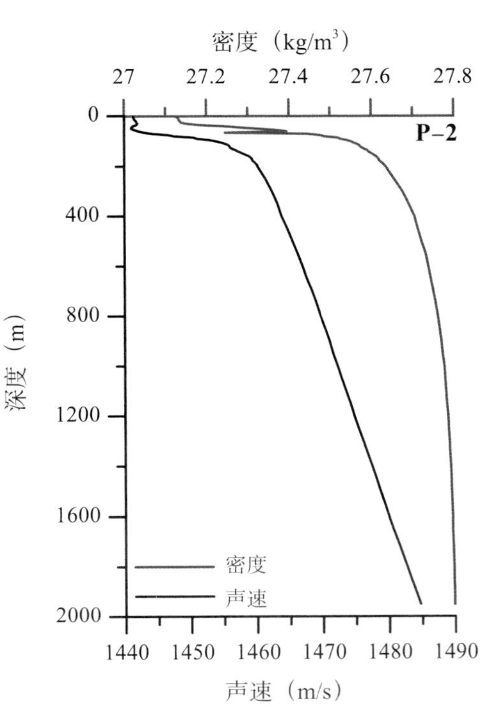

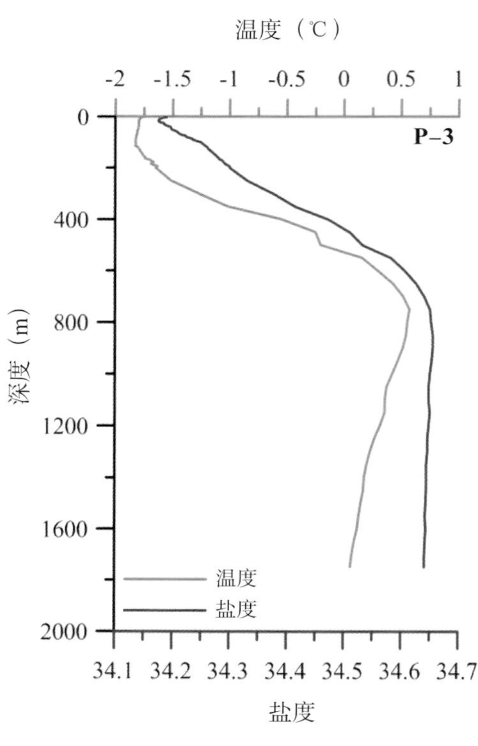
温度（℃）
-2 -1.5 -1 -0.5 0 0.5 1
P-3
深度（m）
0 400 800 1200 1600 2000
温度
盐度
34.1 34.2 34.3 34.4 34.5 34.6 34.7
盐度

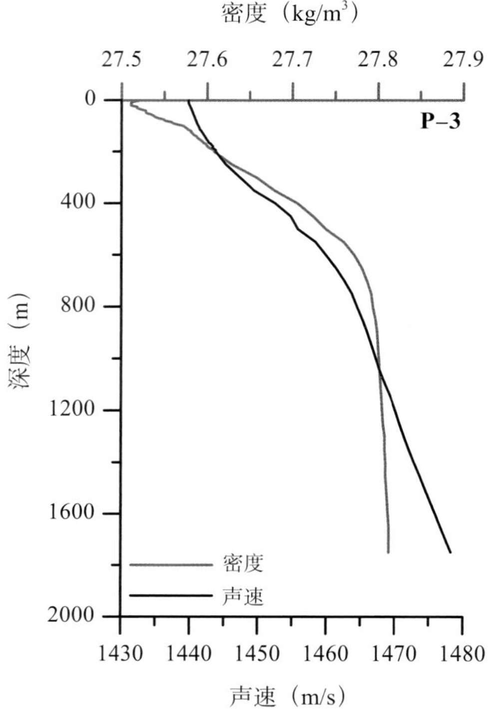
密度（kg/m³）
27.5 27.6 27.7 27.8 27.9
P-3
深度（m）
0 400 800 1200 1600 2000
密度
声速
1430 1440 1450 1460 1470 1480
声速（m/s）

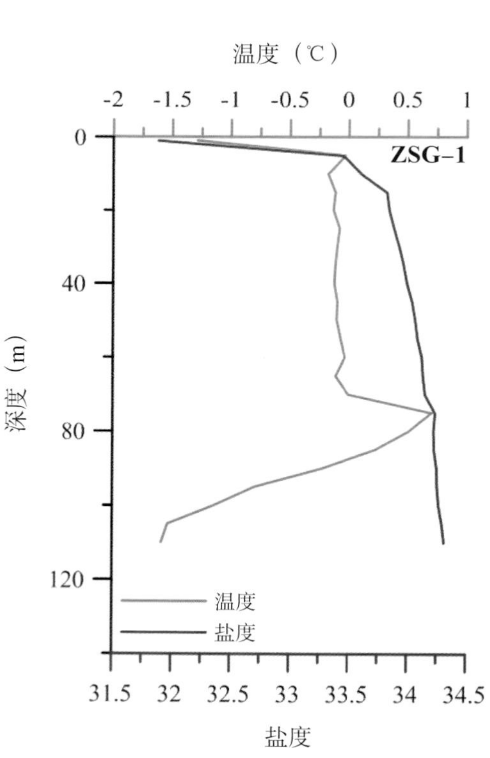
温度（℃）
-2 -1.5 -1 -0.5 0 0.5 1
ZSG-1
深度（m）
0 40 80 120
温度
盐度
31.5 32 32.5 33 33.5 34 34.5
盐度

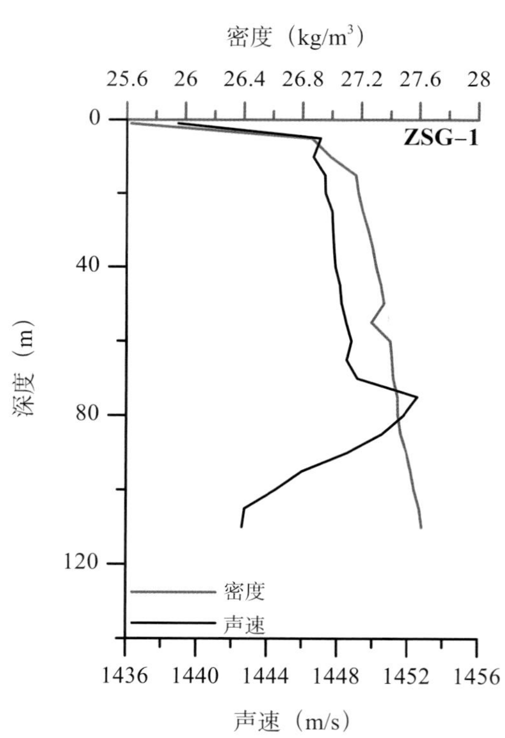
密度（kg/m³）
25.6 26 26.4 26.8 27.2 27.6 28
ZSG-1
深度（m）
0 40 80 120
密度
声速
1436 1440 1444 1448 1452 1456
声速（m/s）

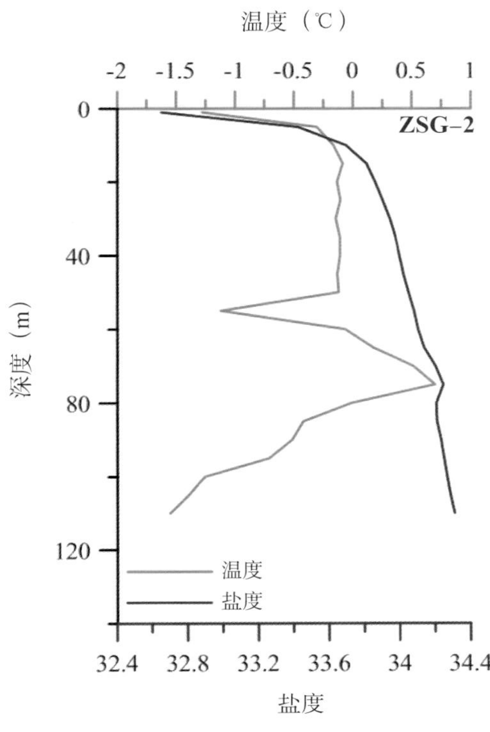
温度（℃）
-2 -1.5 -1 -0.5 0 0.5 1
ZSG-2
0
40
80
120
深度（m）
温度
盐度
32.4 32.8 33.2 33.6 34 34.4
盐度

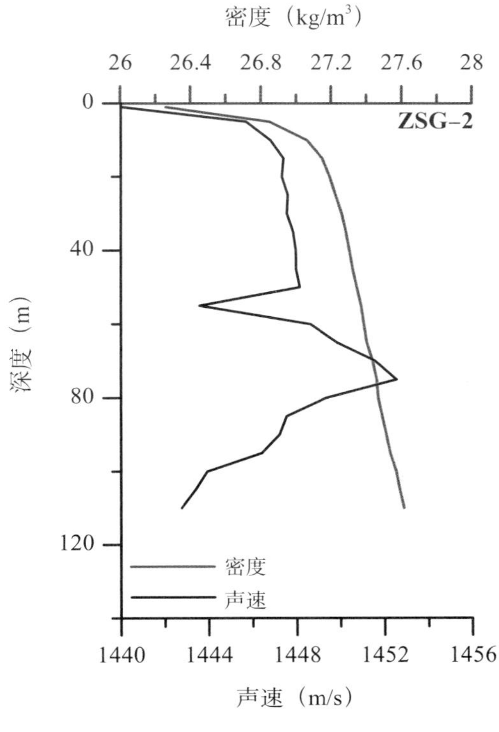
密度（kg/m³）
26 26.4 26.8 27.2 27.6 28
ZSG-2
0
40
80
120
深度（m）
密度
声速
1440 1444 1448 1452 1456
声速（m/s）

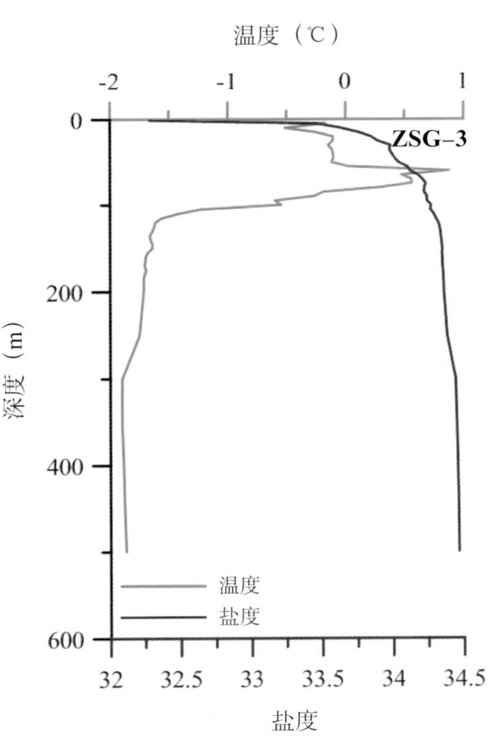
温度（℃）
-2 -1 0 1
ZSG-3
0
200
400
600
深度（m）
温度
盐度
32 32.5 33 33.5 34 34.5
盐度

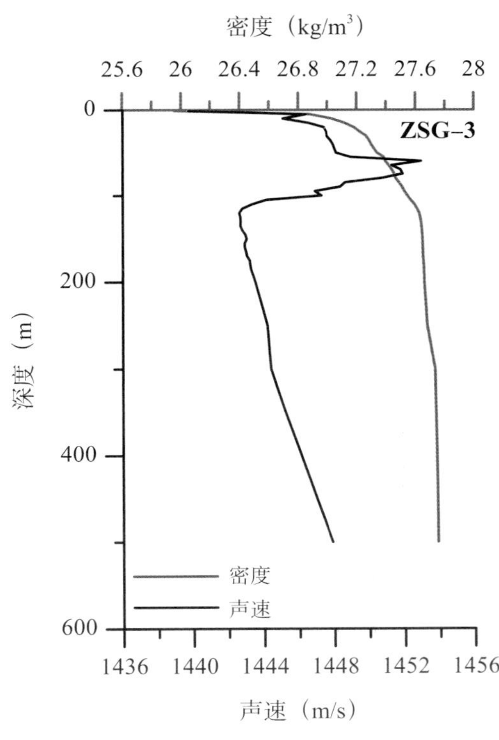
密度（kg/m³）
25.6 26 26.4 26.8 27.2 27.6 28
ZSG-3
0
200
400
600
深度（m）
密度
声速
1436 1440 1444 1448 1452 1456
声速（m/s）

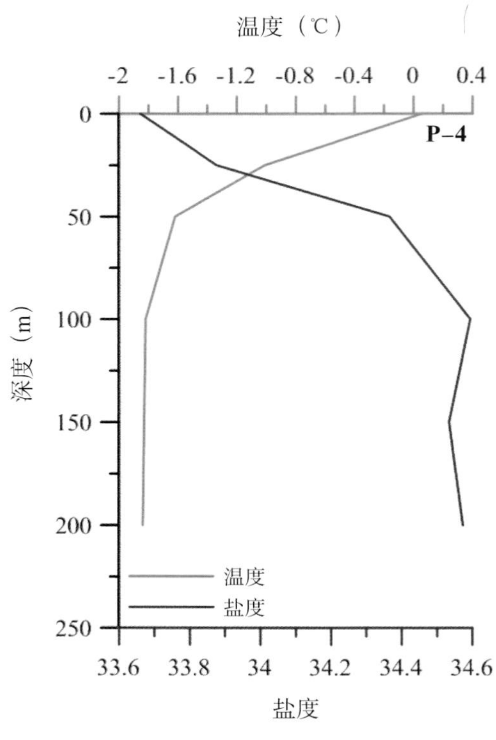
温度（℃）
-2
-1.6
-1.2
-0.8
-0.4
0
0.4
P-4
深度（m）
0
50
100
150
200
250
温度
盐度
33.6
33.8
34
34.2
34.4
34.6
盐度

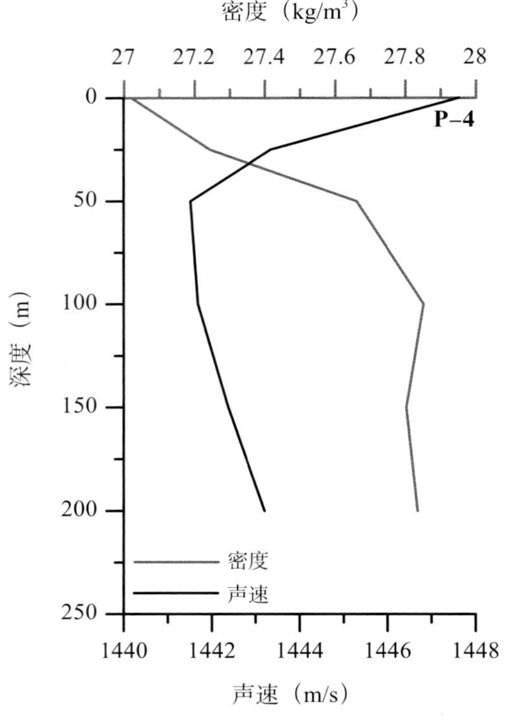
密度（kg/m³）
27
27.2
27.4
27.6
27.8
28
P-4
深度（m）
0
50
100
150
200
250
密度
声速
1440
1442
1444
1446
1448
声速（m/s）

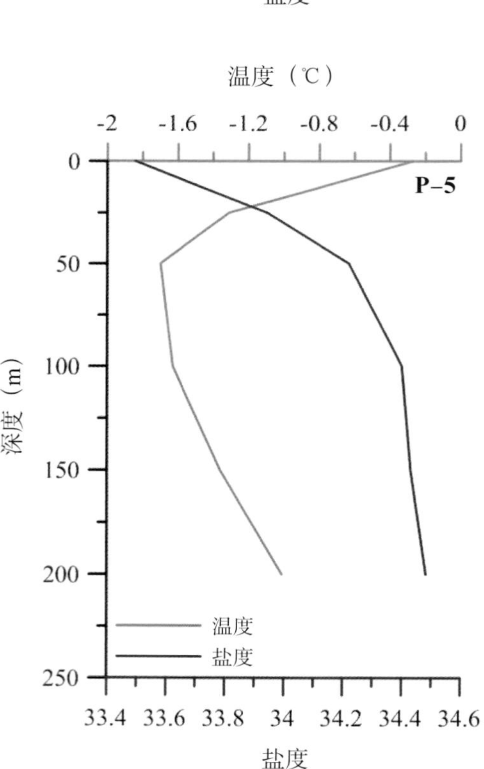
温度（℃）
-2
-1.6
-1.2
-0.8
-0.4
0
P-5
深度（m）
0
50
100
150
200
250
温度
盐度
33.4
33.6
33.8
34
34.2
34.4
34.6
盐度

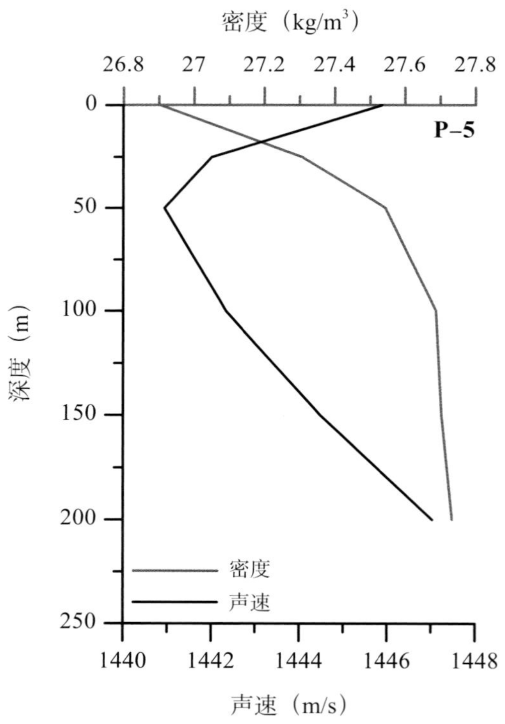
密度（kg/m³）
26.8
27
27.2
27.4
27.6
27.8
P-5
深度（m）
0
50
100
150
200
250
密度
声速
1440
1442
1444
1446
1448
声速（m/s）

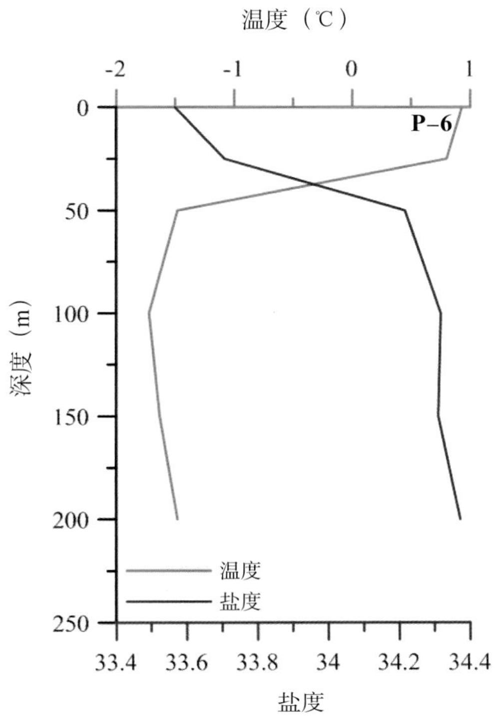

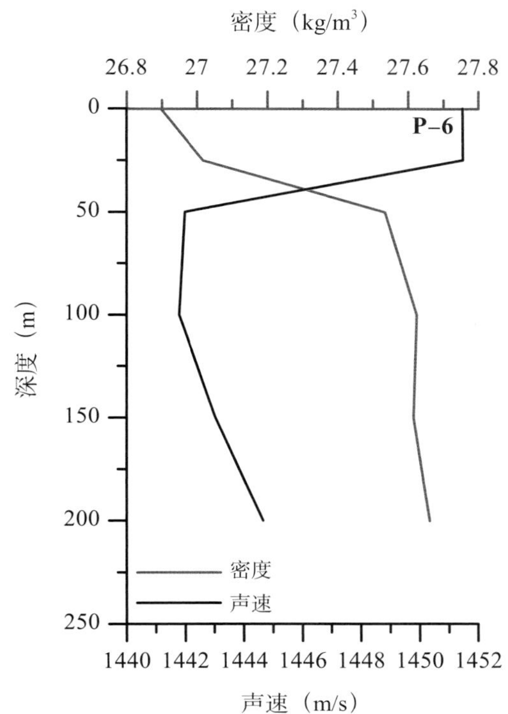

图9.2 CTD 测量要素温度、盐度、密度、声速剖面分布图

第三节 航次断面图

本航次站位布设较少，自北向南 P-01、P-02、P-06、P-05、P-03、P-04 可以构成一条以经向为主的横跨深水海盆、陆坡、陆架的断面 P。这一断面上全深度和 500 m 以上的温度、盐度、密度、声速断面分布如图 9.3 所示。

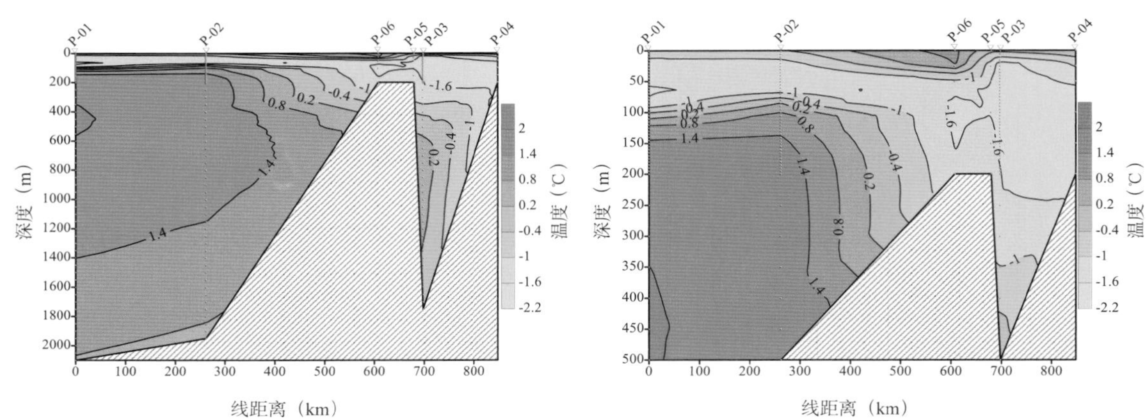

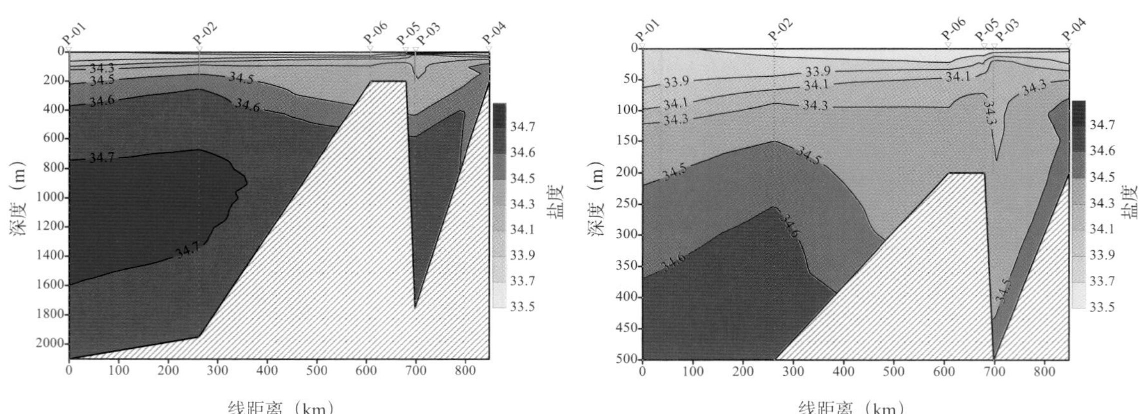

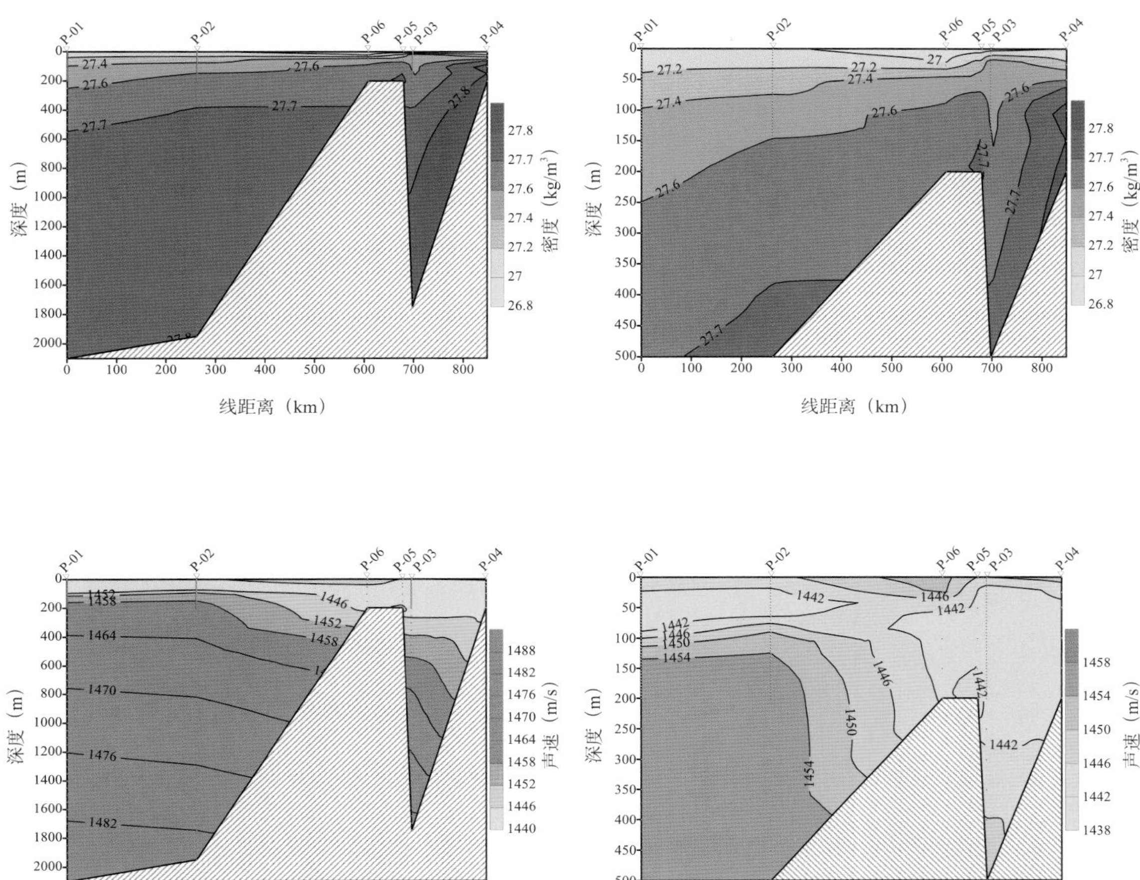

图9.3　断面P温度、盐度、密度、声速分布图

第十章 中国第13次南极科学考察水文图集

第一节　航次站位情况及TS点聚图

中国第 13 次南极科学考察共完成海洋考察 CTD 站位 23 个，站位信息见表 10.1。

表10.1　中国第13次南极考察CTD观测站位信息表

序号	站位	日期	时间	纬度 (° S)	经度 (° W)	水深 (m)	最大观测深度 (m)
1	Ⅲ-11	1997-01-09	09:49:06	68.99	75.33	740	636
2	Ⅲ-10	1997-01-09	17:09:07	68.51	75.54	650	511
3	Ⅲ-9	1997-01-10	00:22:01	68.02	75.47	500	449
4	Ⅲ-8	1997-01-10	03:34:16	67.72	75.64	400	347
5	Ⅱ-8	1997-01-10	12:54:18	67.73	73.17	600	502
6	Ⅱ-7	1997-01-10	18:28:04	67.41	73.78	540	494
7	Ⅱ-6	1997-01-10	23:58:30	67.03	73.81	500	396
8	Ⅱ-5	1997-01-14	07:40:32	66.68	74.13	1 950	1 489
9	Ⅱ-4	1997-01-14	14:43:26	66.37	74.14	1 050	795
10	Ⅱ-3	1997-01-14	21:08:41	66.04	74.18	2 550	2 012
11	Ⅱ-2	1997-01-15	10:02:16	65.48	74.48	2 950	2 237
12	Ⅱ-1	1997-01-15	16:59:08	64.98	74.94	3 260	2 325
13	Ⅰ-1	1997-01-16	02:25:15	65.02	70.47	3 200	2 507
14	Ⅰ-3	1997-01-16	13:11:13	66.04	70.65	2 650	2 305
15	Ⅰ-4	1997-01-16	20:26:21	66.30	70.79	2 300	1 963
16	Ⅱ-9	1997-01-22	01:25:24	67.97	72.96	650	551
17	Ⅱ-10	1997-01-22	08:21:10	68.51	72.98	570	501
18	Ⅳ-4	1997-01-22	12:33:55	68.44	72.07	500	450
19	Ⅰ-9	1997-01-22	17:21:53	68.23	71.23	520	452
20	Ⅳ-3	1997-01-23	03:51:37	69.17	74.48	810	754
21	Ⅳ-5	1997-01-23	13:15:51	68.84	76.73	760	703
22	Ⅳ-6	1997-01-23	16:29:26	68.52	77.06	680	602
23	Ⅳ-7	1997-01-23	20:59:08	68.00	77.04	440	389

本航次的 TS 点聚图如图 10.1 所示。

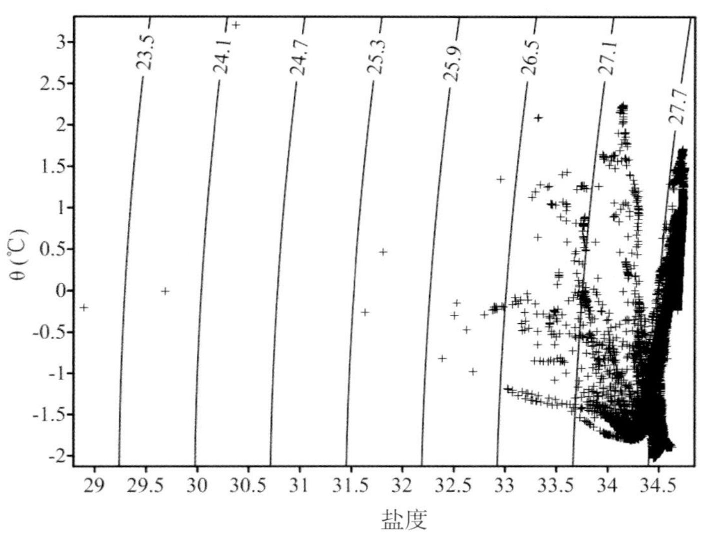

图10.1　中国第13次南极考察TS点聚图

第二节　航次站点剖面图

本航次各站点的 CTD 测量要素温度、盐度、密度、声速剖面分布如图 10.2 所示。

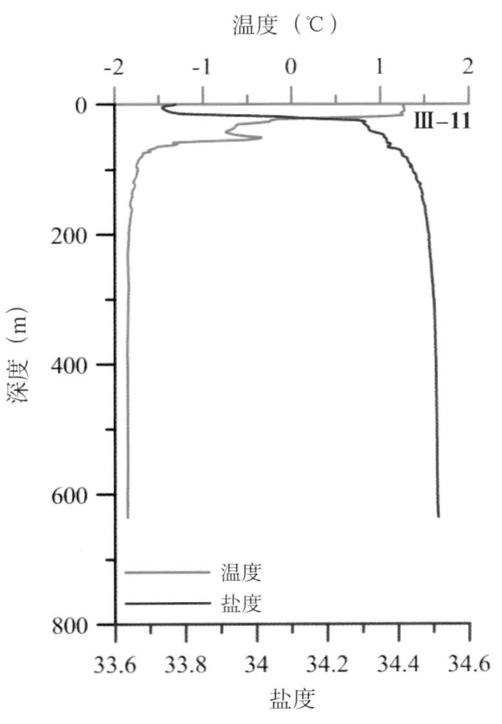

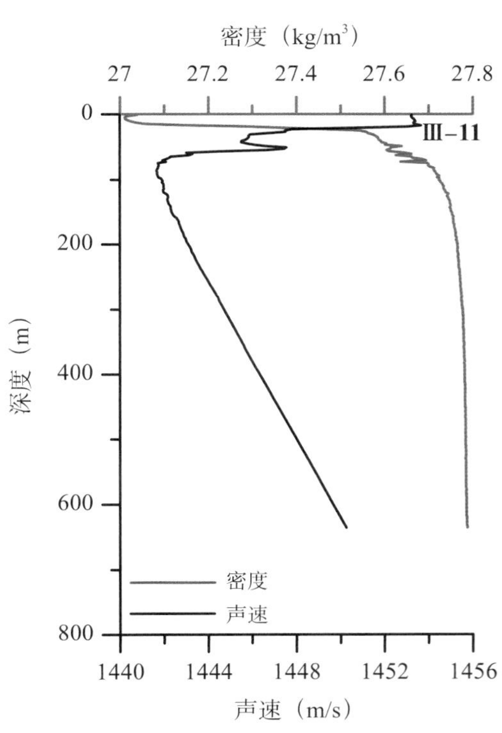

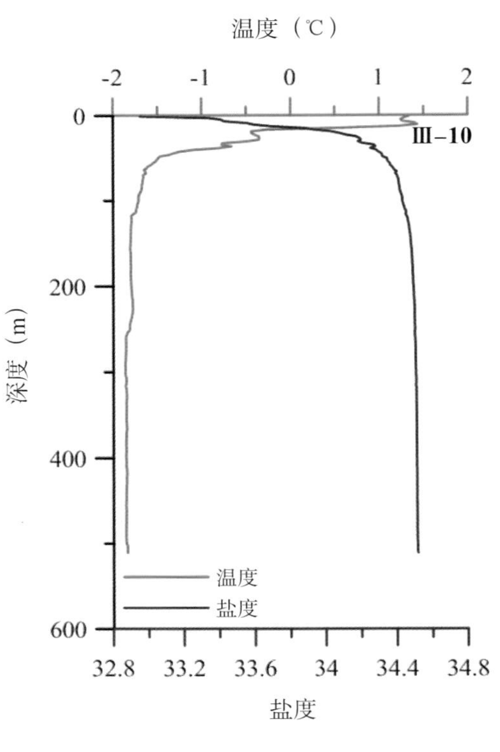
温度（℃）
-2
-1
0
1
2
0
200
400
600
深度（m）
Ⅲ-10
温度
盐度
32.8
33.2
33.6
34
34.4
34.8
盐度

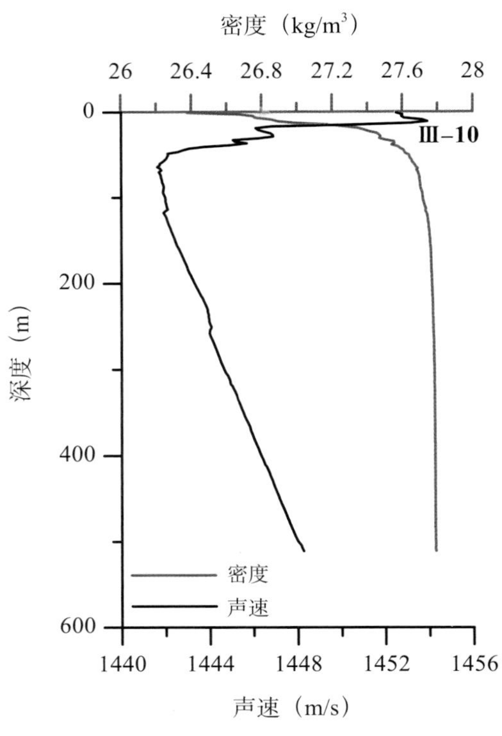
密度（kg/m³）
26
26.4
26.8
27.2
27.6
28
0
200
400
600
深度（m）
Ⅲ-10
密度
声速
1440
1444
1448
1452
1456
声速（m/s）

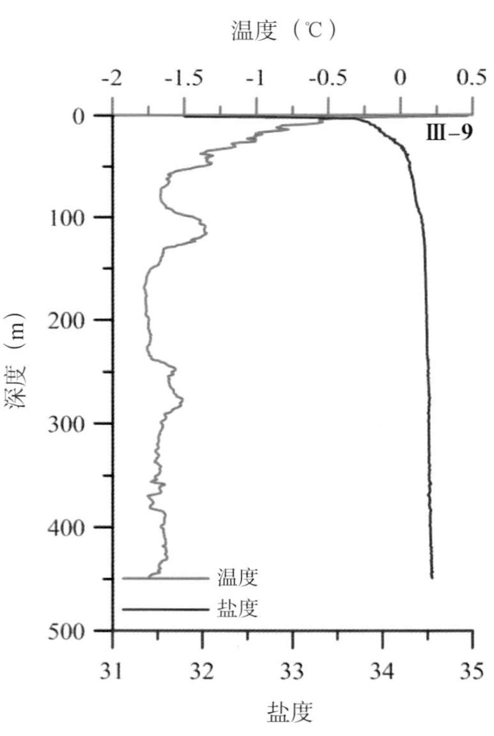
温度（℃）
-2
-1.5
-1
-0.5
0
0.5
0
100
200
300
400
500
深度（m）
Ⅲ-9
温度
盐度
31
32
33
34
35
盐度

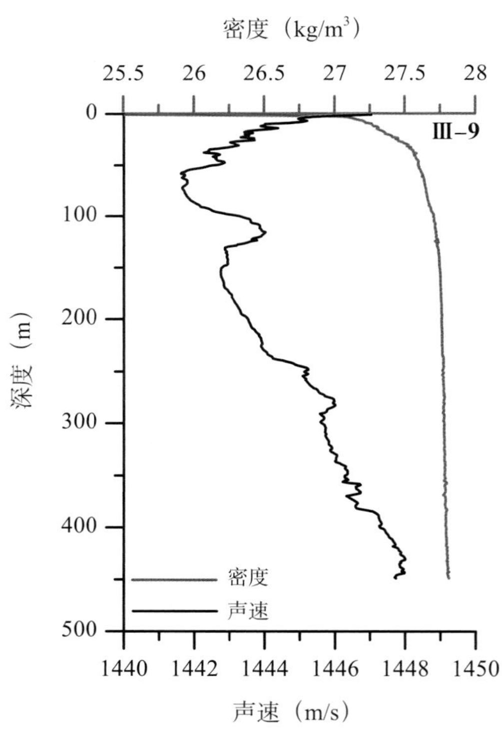
密度（kg/m³）
25.5
26
26.5
27
27.5
28
0
100
200
300
400
500
深度（m）
Ⅲ-9
密度
声速
1440
1442
1444
1446
1448
1450
声速（m/s）

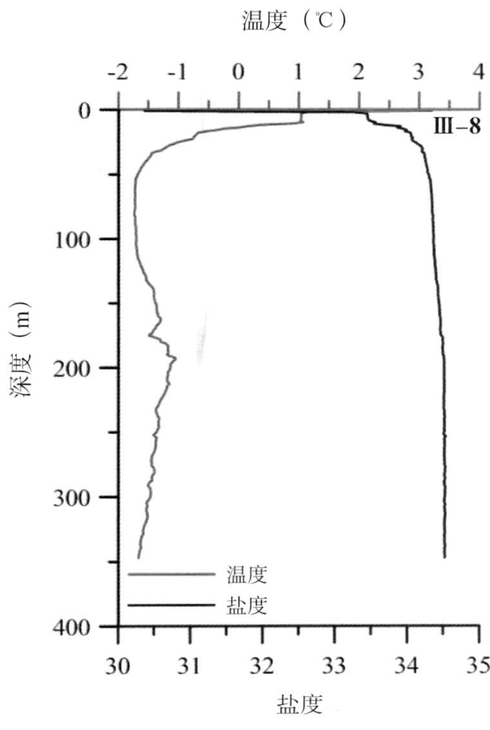

温度（℃）
-2 -1 0 1 2 3 4
Ⅲ-8
深度（m）
0 100 200 300 400
温度
盐度
30 31 32 33 34 35
盐度

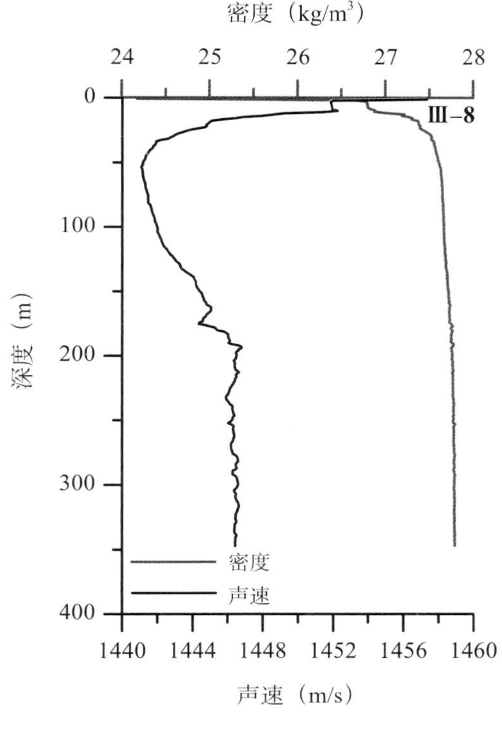

密度（kg/m³）
24 25 26 27 28
Ⅲ-8
深度（m）
0 100 200 300 400
密度
声速
1440 1444 1448 1452 1456 1460
声速（m/s）

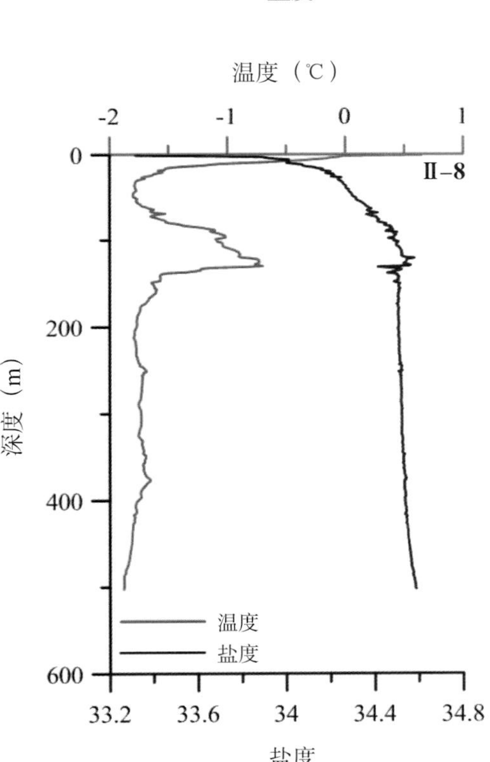

温度（℃）
-2 -1 0 1
Ⅱ-8
深度（m）
0 200 400 600
温度
盐度
33.2 33.6 34 34.4 34.8
盐度

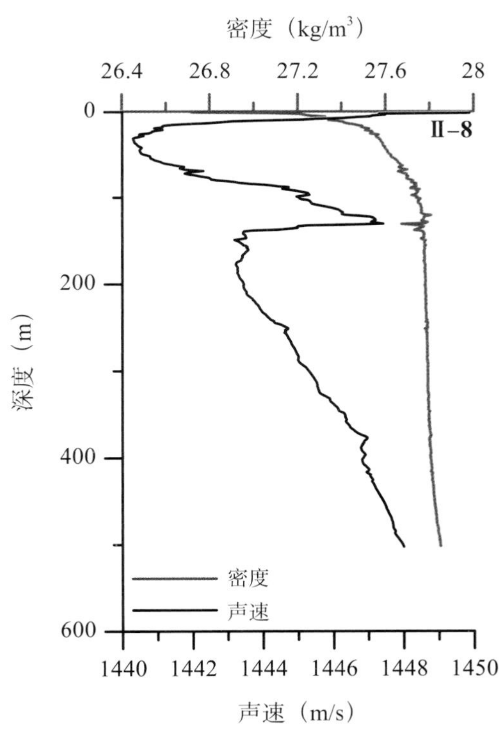

密度（kg/m³）
26.4 26.8 27.2 27.6 28
Ⅱ-8
深度（m）
0 200 400 600
密度
声速
1440 1442 1444 1446 1448 1450
声速（m/s）

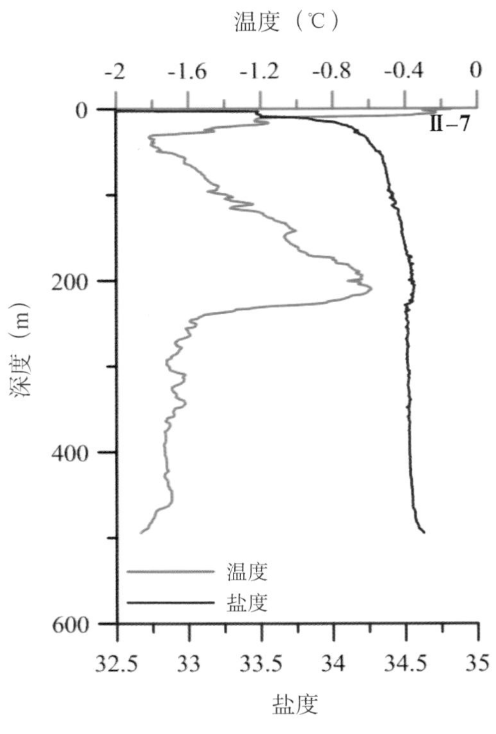
温度（℃）
-2
-1.6
-1.2
-0.8
-0.4
0
Ⅱ-7
0
200
400
600
深度（m）
温度
盐度
32.5
33
33.5
34
34.5
35
盐度

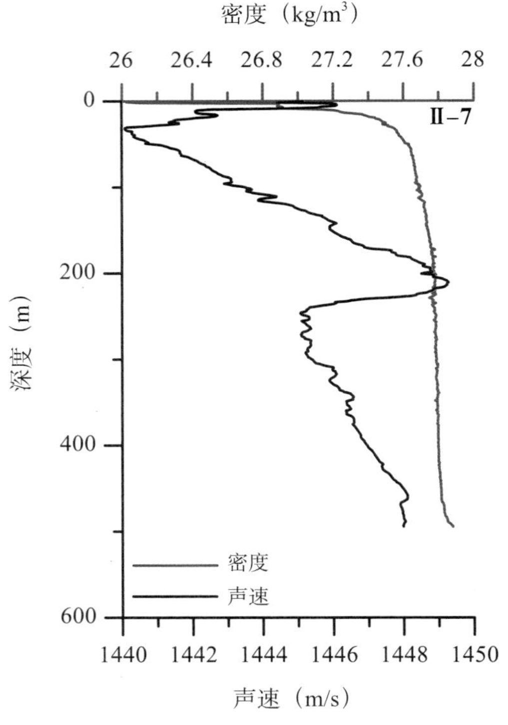
密度（kg/m3）
26
26.4
26.8
27.2
27.6
28
Ⅱ-7
0
200
400
600
深度（m）
密度
声速
1440
1442
1444
1446
1448
1450
声速（m/s）

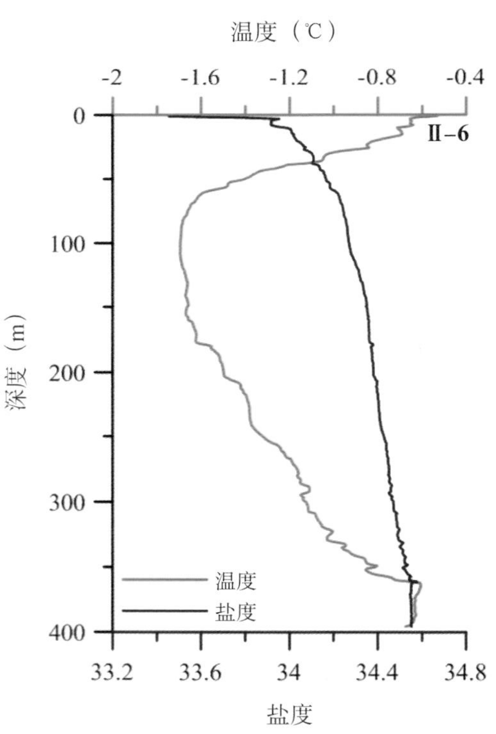
温度（℃）
-2
-1.6
-1.2
-0.8
-0.4
Ⅱ-6
0
100
200
300
400
深度（m）
温度
盐度
33.2
33.6
34
34.4
34.8
盐度

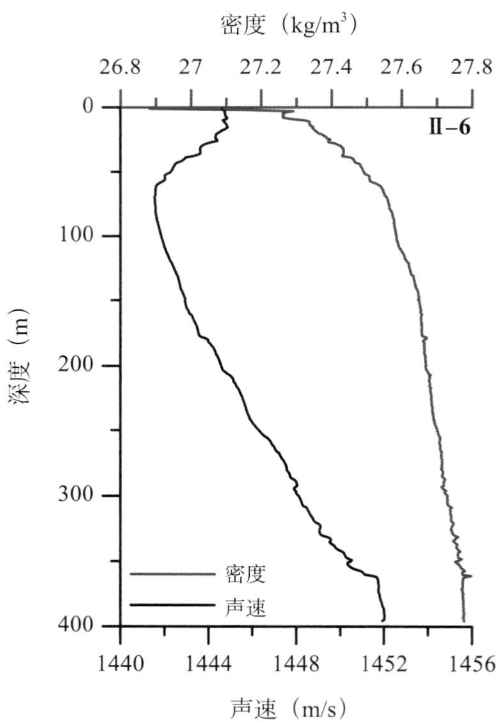
密度（kg/m3）
26.8
27
27.2
27.4
27.6
27.8
Ⅱ-6
0
100
200
300
400
深度（m）
密度
声速
1440
1444
1448
1452
1456
声速（m/s）

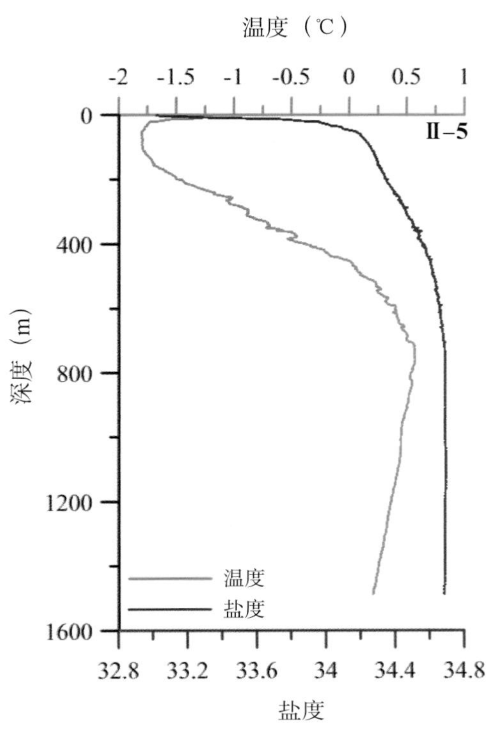
温度（℃）
-2 -1.5 -1 -0.5 0 0.5 1
Ⅱ-5
深度（m）
0 400 800 1200 1600
温度
盐度
32.8 33.2 33.6 34 34.4 34.8
盐度

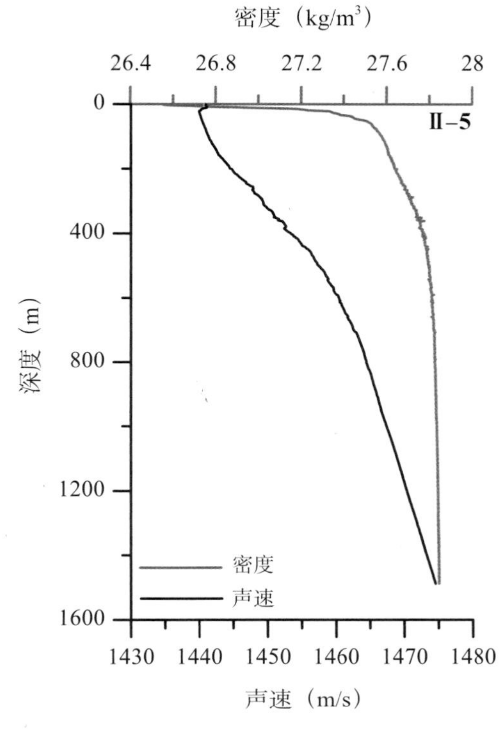
密度（kg/m³）
26.4 26.8 27.2 27.6 28
Ⅱ-5
深度（m）
0 400 800 1200 1600
密度
声速
1430 1440 1450 1460 1470 1480
声速（m/s）

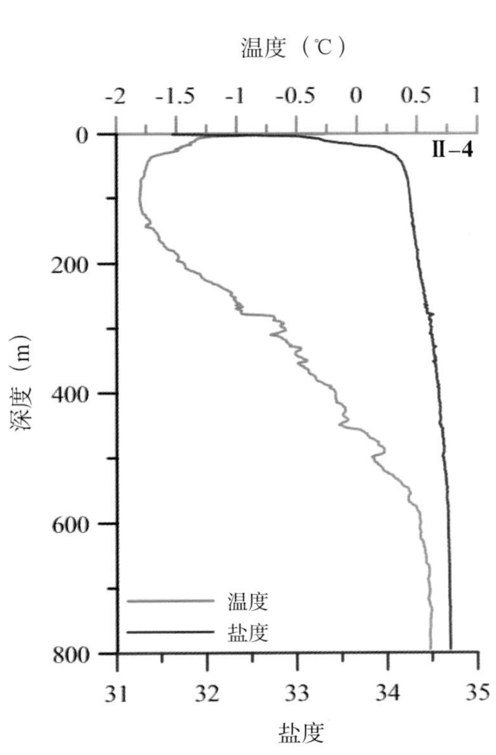
温度（℃）
-2 -1.5 -1 -0.5 0 0.5 1
Ⅱ-4
深度（m）
0 200 400 600 800
温度
盐度
31 32 33 34 35
盐度

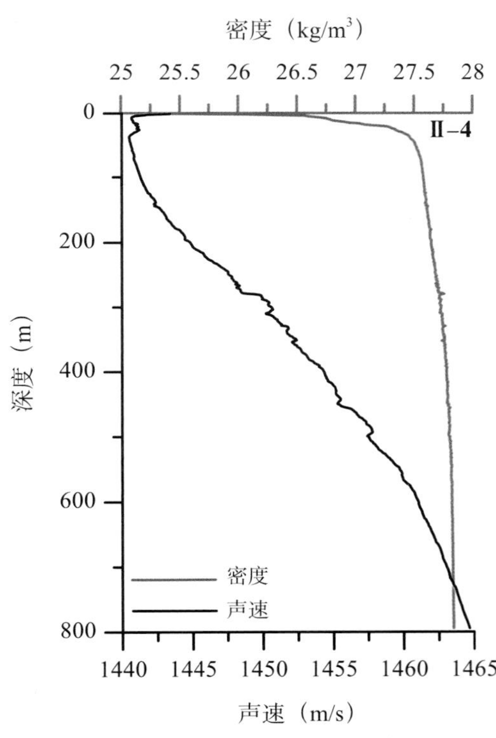
密度（kg/m³）
25 25.5 26 26.5 27 27.5 28
Ⅱ-4
深度（m）
0 200 400 600 800
密度
声速
1440 1445 1450 1455 1460 1465
声速（m/s）

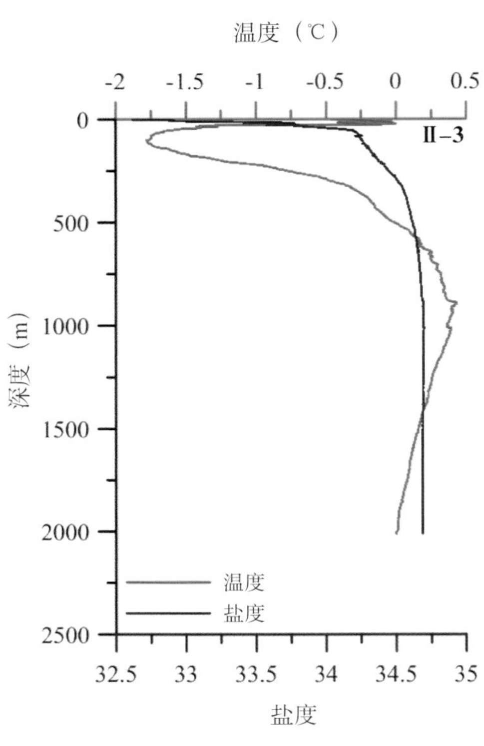
温度（℃）
-2
-1.5
-1
-0.5
0
0.5
Ⅱ-3
深度（m）
0
500
1000
1500
2000
2500
温度
盐度
32.5
33
33.5
34
34.5
35
盐度

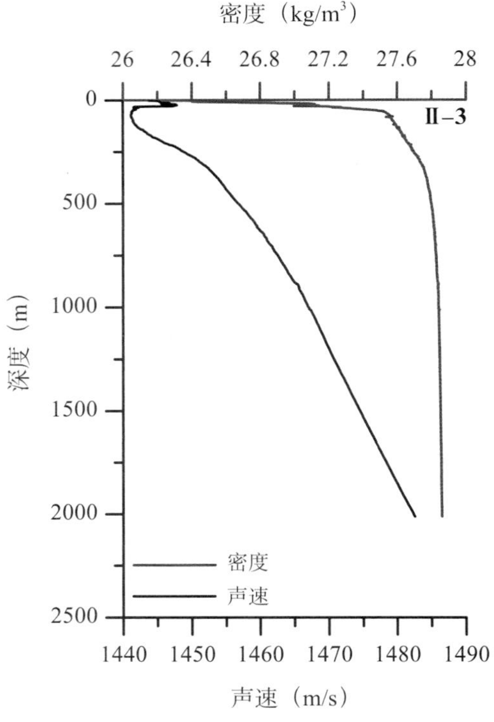
密度（kg/m³）
26
26.4
26.8
27.2
27.6
28
Ⅱ-3
深度（m）
0
500
1000
1500
2000
2500
密度
声速
1440
1450
1460
1470
1480
1490
声速（m/s）

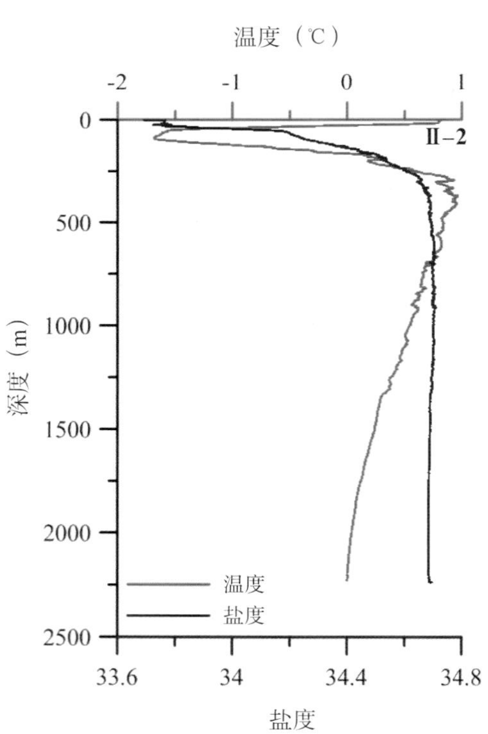
温度（℃）
-2
-1
0
1
Ⅱ-2
深度（m）
0
500
1000
1500
2000
2500
温度
盐度
33.6
34
34.4
34.8
盐度

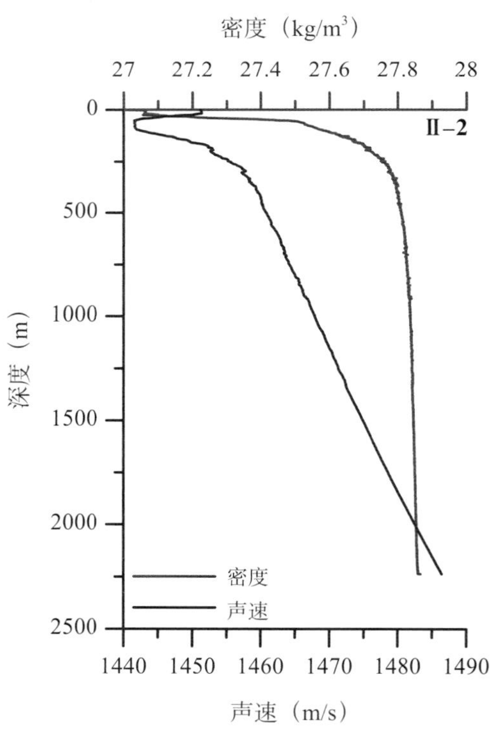
密度（kg/m³）
27
27.2
27.4
27.6
27.8
28
Ⅱ-2
深度（m）
0
500
1000
1500
2000
2500
密度
声速
1440
1450
1460
1470
1480
1490
声速（m/s）

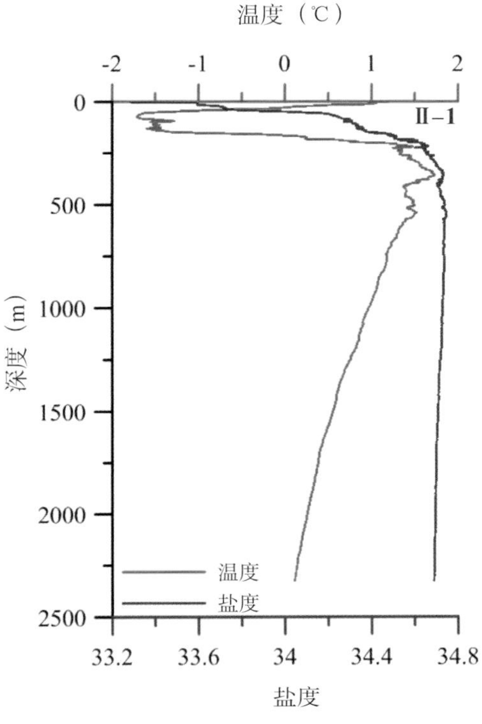
温度（℃）
-2
-1
0
1
2
0
500
1000
1500
2000
2500
Ⅱ-1
深度（m）
温度
盐度
33.2
33.6
34
34.4
34.8
盐度

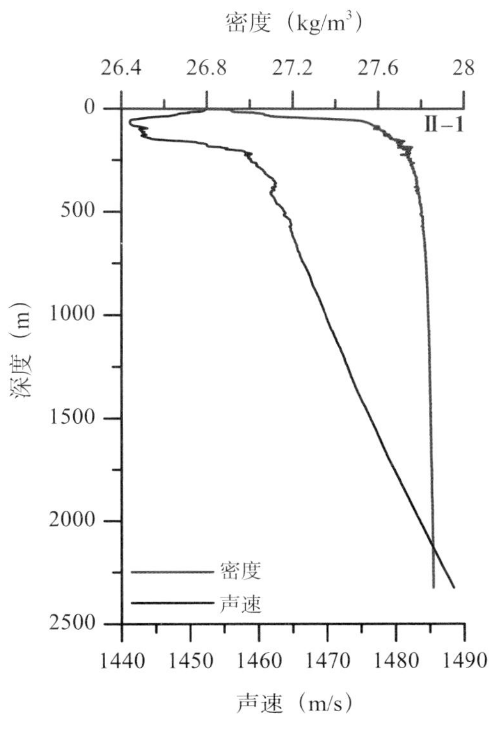
密度（kg/m³）
26.4
26.8
27.2
27.6
28
0
500
1000
1500
2000
2500
Ⅱ-1
深度（m）
密度
声速
1440
1450
1460
1470
1480
1490
声速（m/s）

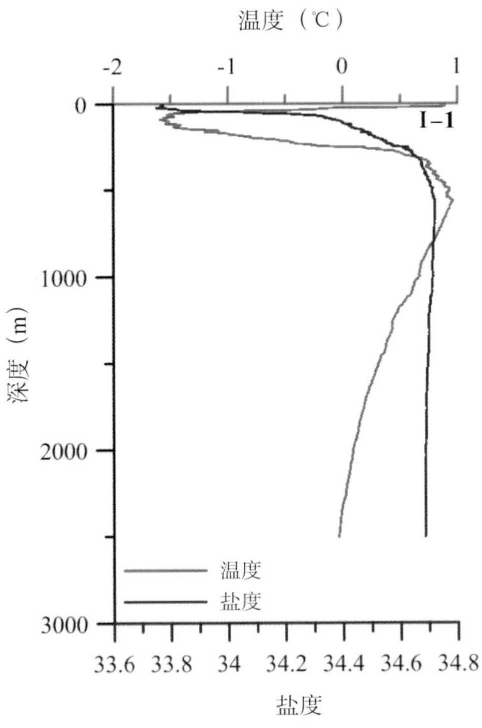
温度（℃）
-2
-1
0
1
0
1000
2000
3000
Ⅰ-1
深度（m）
温度
盐度
33.6
33.8
34
34.2
34.4
34.6
34.8
盐度

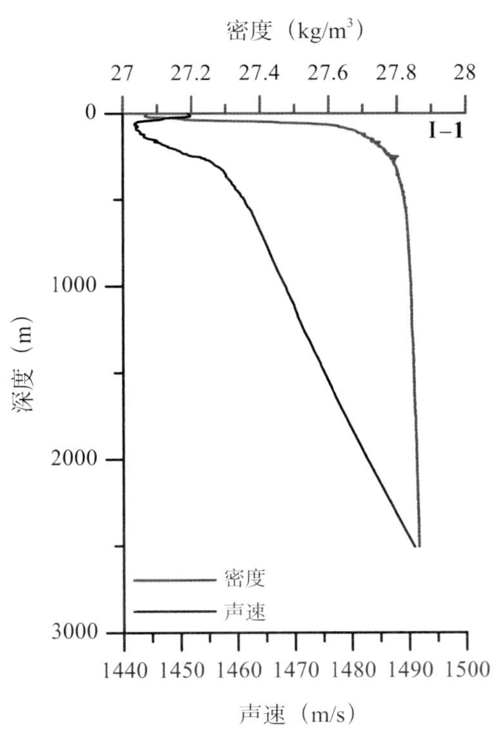
密度（kg/m³）
27
27.2
27.4
27.6
27.8
28
0
1000
2000
3000
Ⅰ-1
深度（m）
密度
声速
1440
1450
1460
1470
1480
1490
1500
声速（m/s）

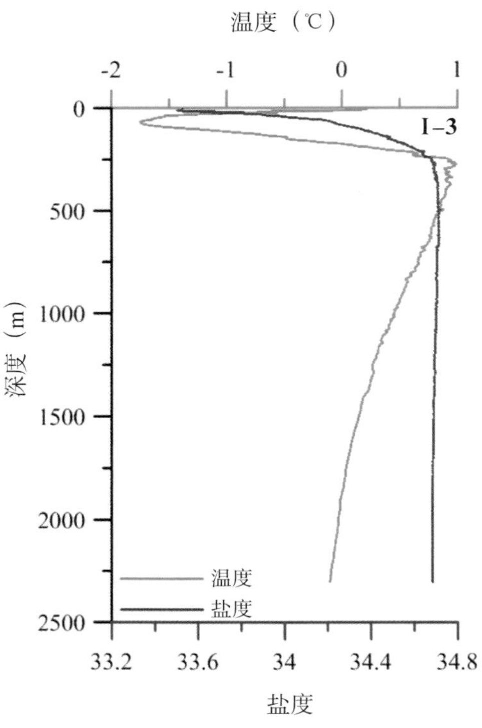
温度（℃）
-2
-1
0
1
0
500
1000
1500
2000
2500
I–3
深度（m）
温度
盐度
33.2
33.6
34
34.4
34.8
盐度

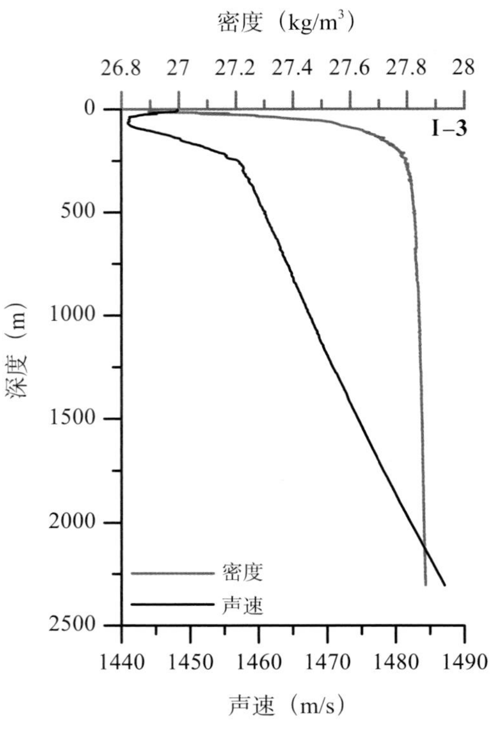
密度（kg/m³）
26.8
27
27.2
27.4
27.6
27.8
28
0
500
1000
1500
2000
2500
I–3
深度（m）
密度
声速
1440
1450
1460
1470
1480
1490
声速（m/s）

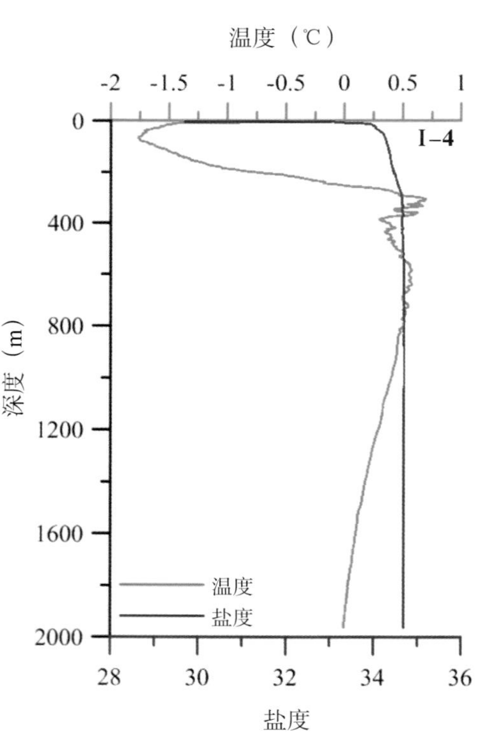
温度（℃）
-2
-1.5
-1
-0.5
0
0.5
1
0
400
800
1200
1600
2000
I–4
深度（m）
温度
盐度
28
30
32
34
36
盐度

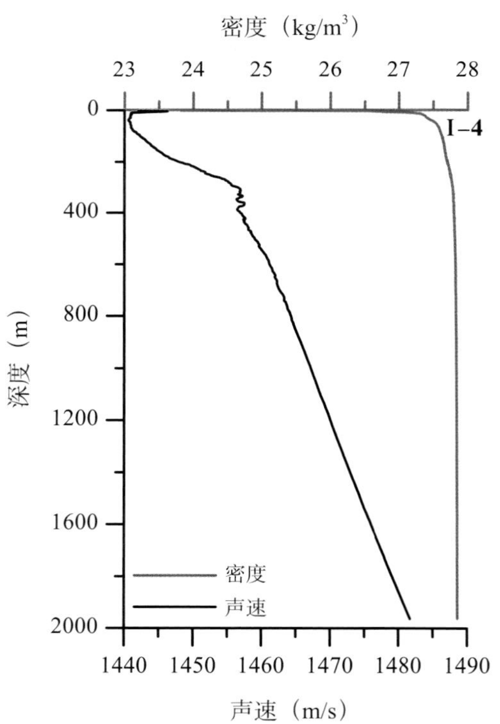
密度（kg/m³）
23
24
25
26
27
28
0
400
800
1200
1600
2000
I–4
深度（m）
密度
声速
1440
1450
1460
1470
1480
1490
声速（m/s）

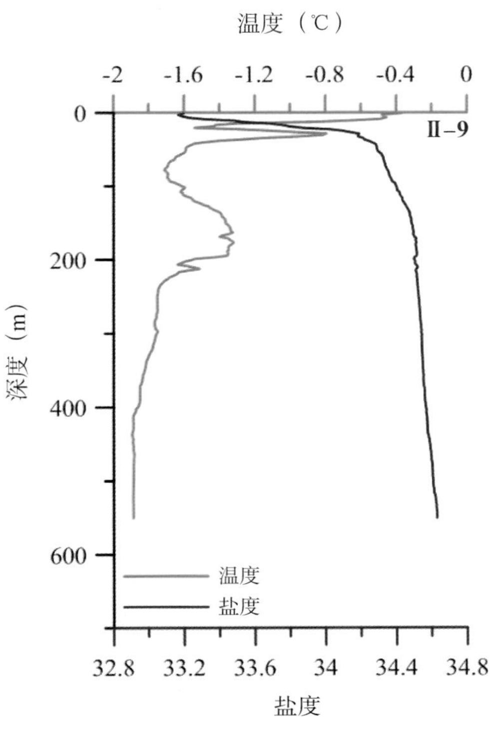
温度（℃）
-2
-1.6
-1.2
-0.8
-0.4
0
0
200
400
600
深度（m）
Ⅱ-9
温度
盐度
32.8
33.2
33.6
34
34.4
34.8
盐度

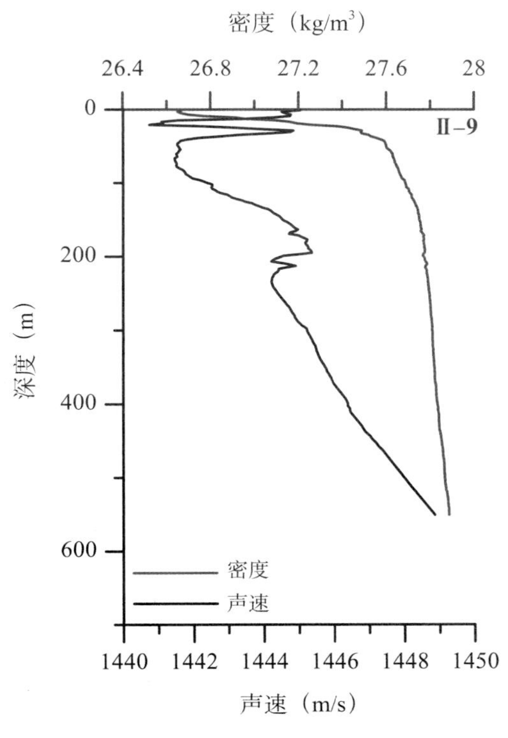
密度（kg/m³）
26.4
26.8
27.2
27.6
28
0
200
400
600
深度（m）
Ⅱ-9
密度
声速
1440
1442
1444
1446
1448
1450
声速（m/s）

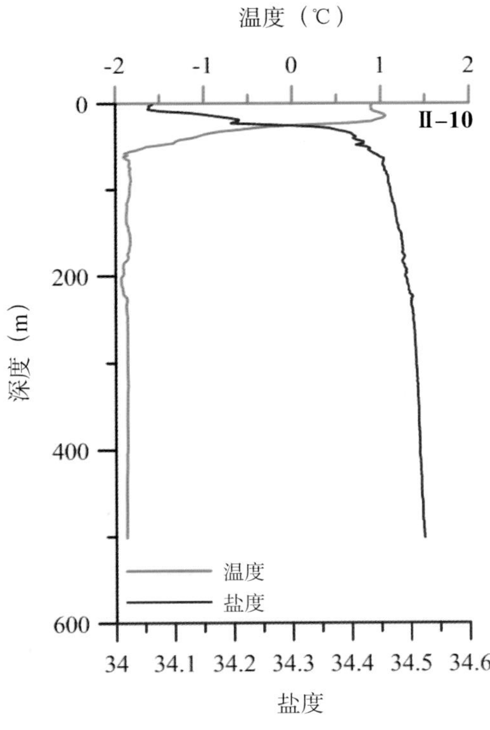
温度（℃）
-2
-1
0
1
2
0
200
400
600
深度（m）
Ⅱ-10
温度
盐度
34
34.1
34.2
34.3
34.4
34.5
34.6
盐度

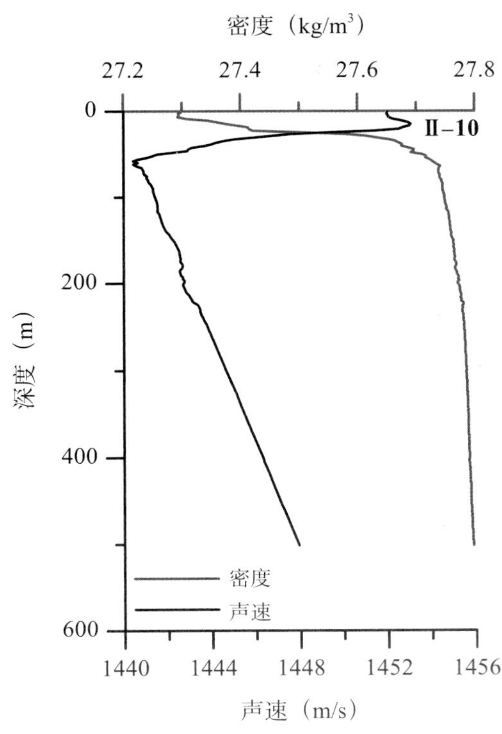
密度（kg/m³）
27.2
27.4
27.6
27.8
0
200
400
600
深度（m）
Ⅱ-10
密度
声速
1440
1444
1448
1452
1456
声速（m/s）

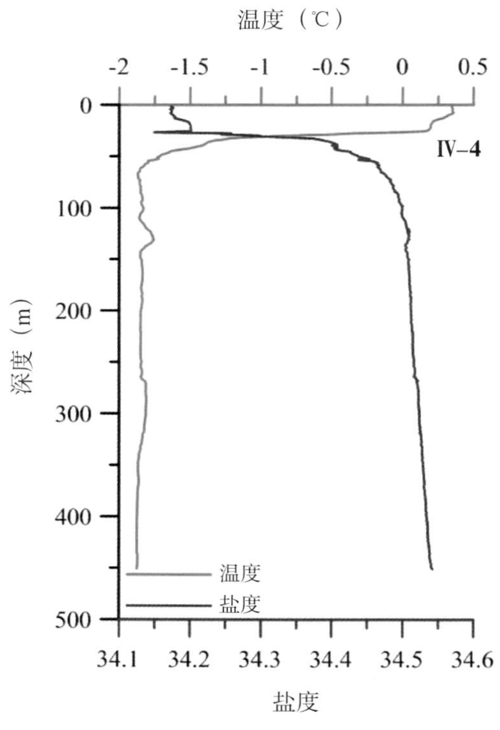

温度（℃）
-2
-1.5
-1
-0.5
0
0.5
0
100
200
300
400
500
深度（m）
IV-4
温度
盐度
34.1
34.2
34.3
34.4
34.5
34.6
盐度

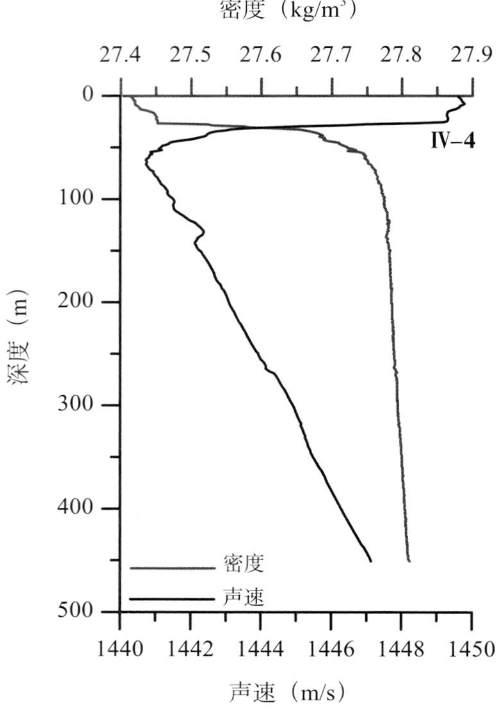

密度（kg/m³）
27.4
27.5
27.6
27.7
27.8
27.9
0
100
200
300
400
500
深度（m）
IV-4
密度
声速
1440
1442
1444
1446
1448
1450
声速（m/s）

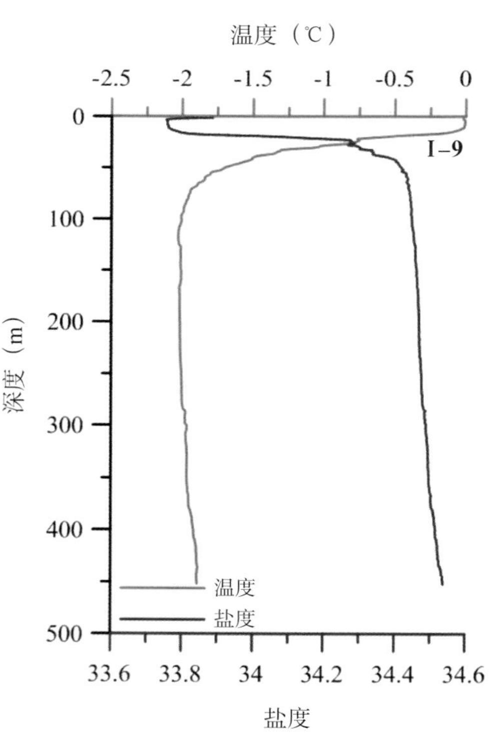

温度（℃）
-2.5
-2
-1.5
-1
-0.5
0
0
100
200
300
400
500
深度（m）
I-9
温度
盐度
33.6
33.8
34
34.2
34.4
34.6
盐度

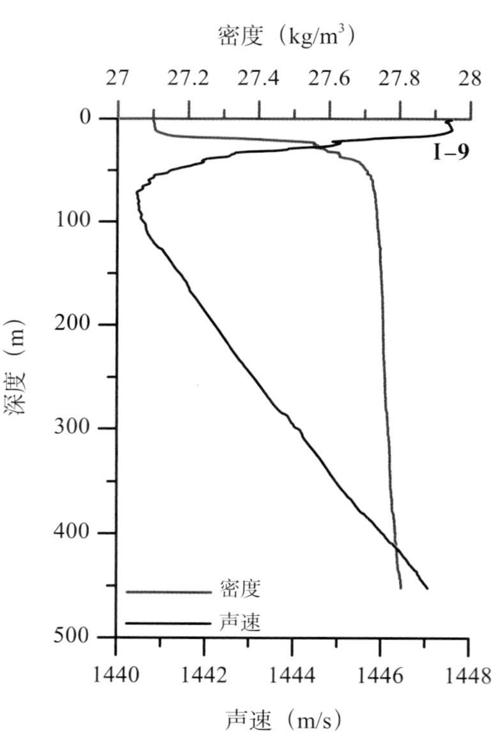

密度（kg/m³）
27
27.2
27.4
27.6
27.8
28
0
100
200
300
400
500
深度（m）
I-9
密度
声速
1440
1442
1444
1446
1448
声速（m/s）

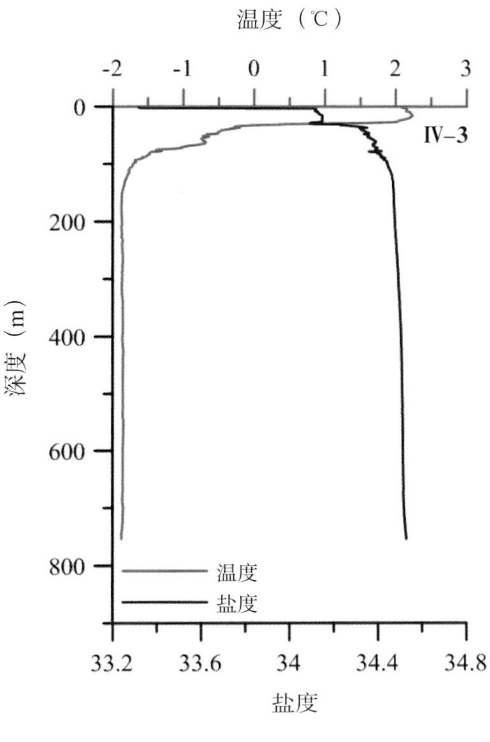
温度（℃）
-2
-1
0
1
2
3
0
200
400
600
800
深度（m）
IV–3
温度
盐度
33.2
33.6
34
34.4
34.8
盐度

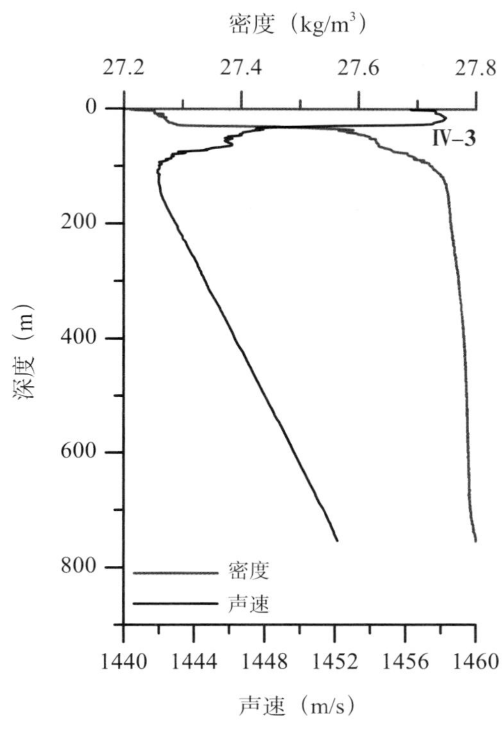
密度（kg/m³）
27.2
27.4
27.6
27.8
0
200
400
600
800
深度（m）
IV–3
密度
声速
1440
1444
1448
1452
1456
1460
声速（m/s）

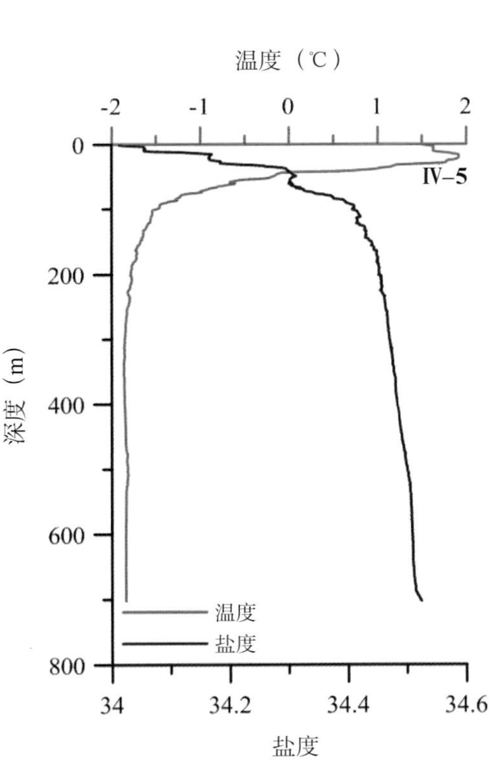
温度（℃）
-2
-1
0
1
2
0
200
400
600
800
深度（m）
IV–5
温度
盐度
34
34.2
34.4
34.6
盐度

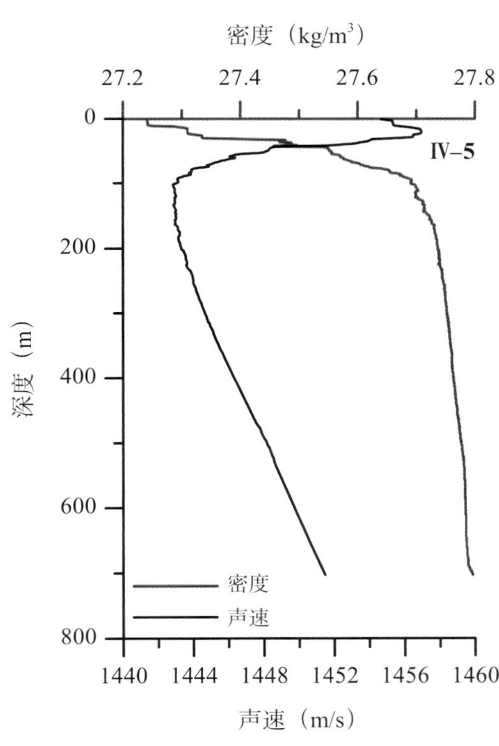
密度（kg/m³）
27.2
27.4
27.6
27.8
0
200
400
600
800
深度（m）
IV–5
密度
声速
1440
1444
1448
1452
1456
1460
声速（m/s）

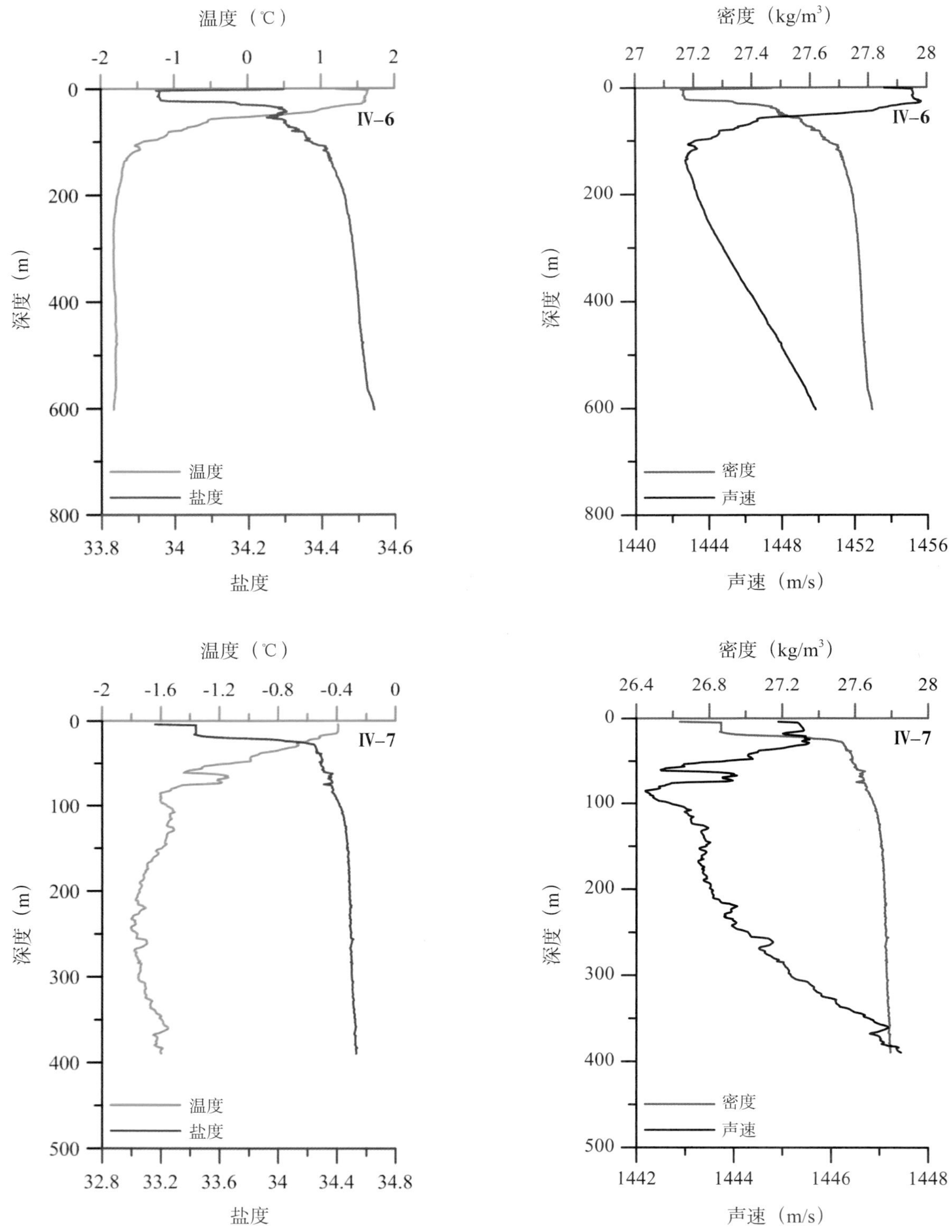

图10.2 CTD测量要素温度、盐度、密度、声速剖面分布图

第三节 航次断面图

依据断面的走向，本航次站位可以构成4条横跨深水海盆、陆坡、陆架的准经向断面，依次为Ⅰ、Ⅱ、Ⅲ、Ⅳ断面。这些断面上全深度和500 m以上的温度、盐度、密度、声速断面分布如图10.3至图10.6所示。

（1）断面Ⅰ温度、盐度、密度、声速分布图

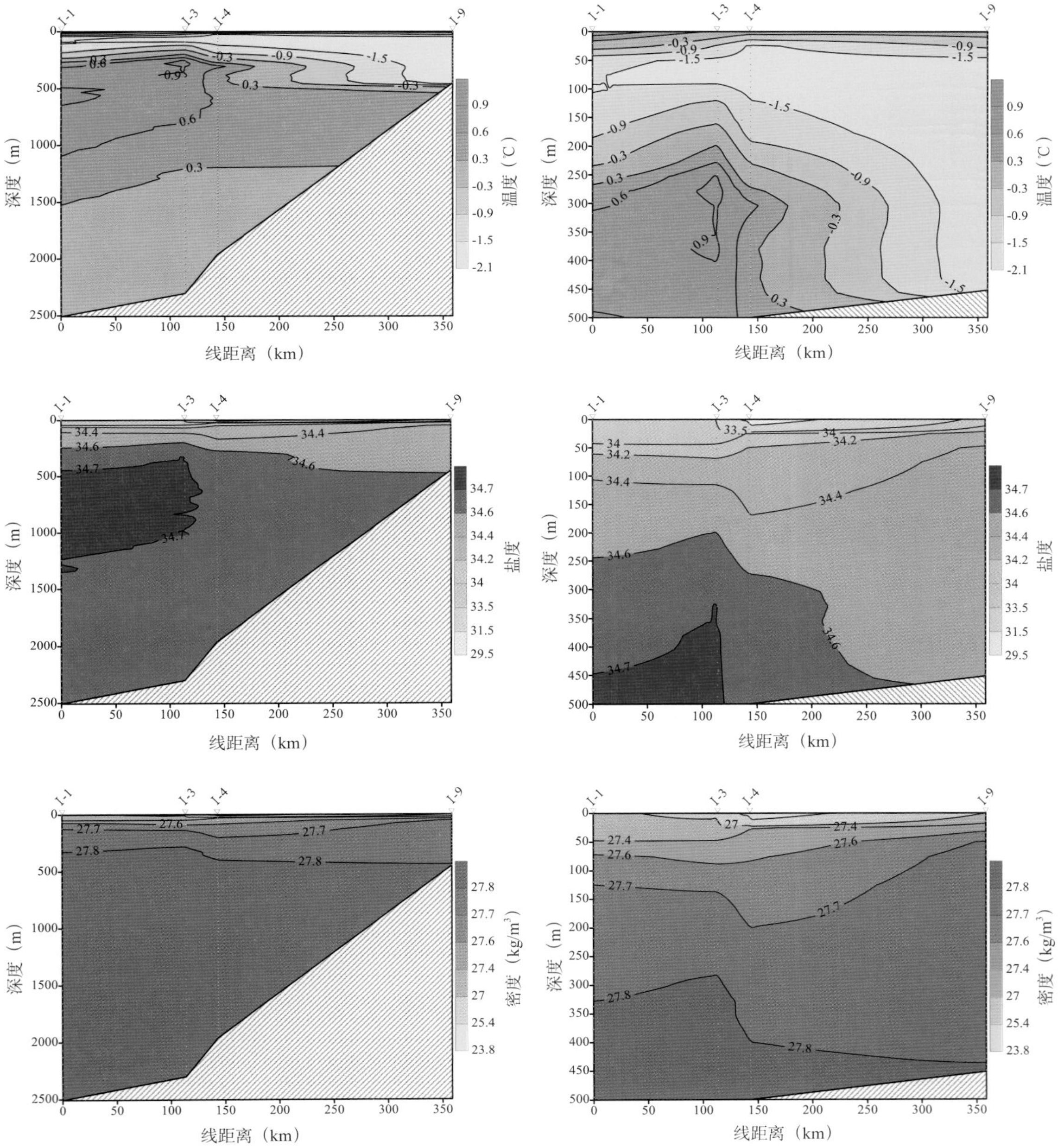

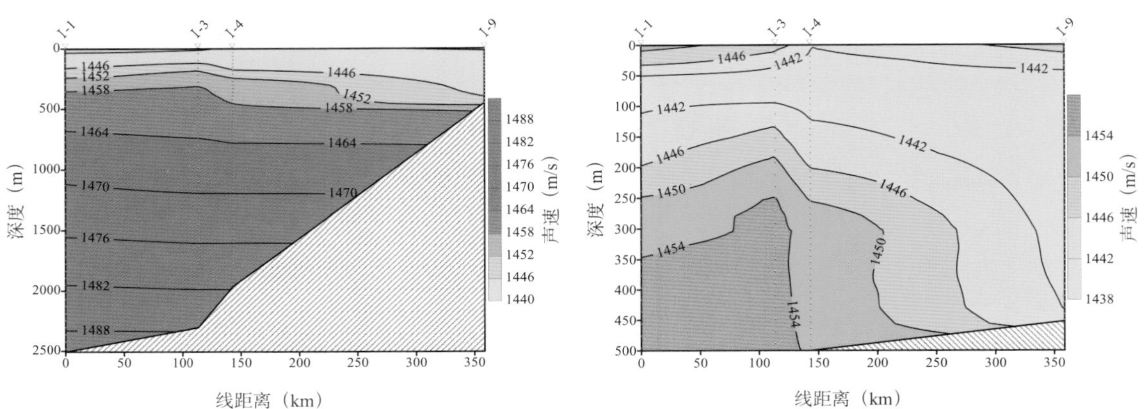

图10.3 断面Ⅰ温度、盐度、密度、声速分布图

（2）断面Ⅱ温度、盐度、密度、声速分布图

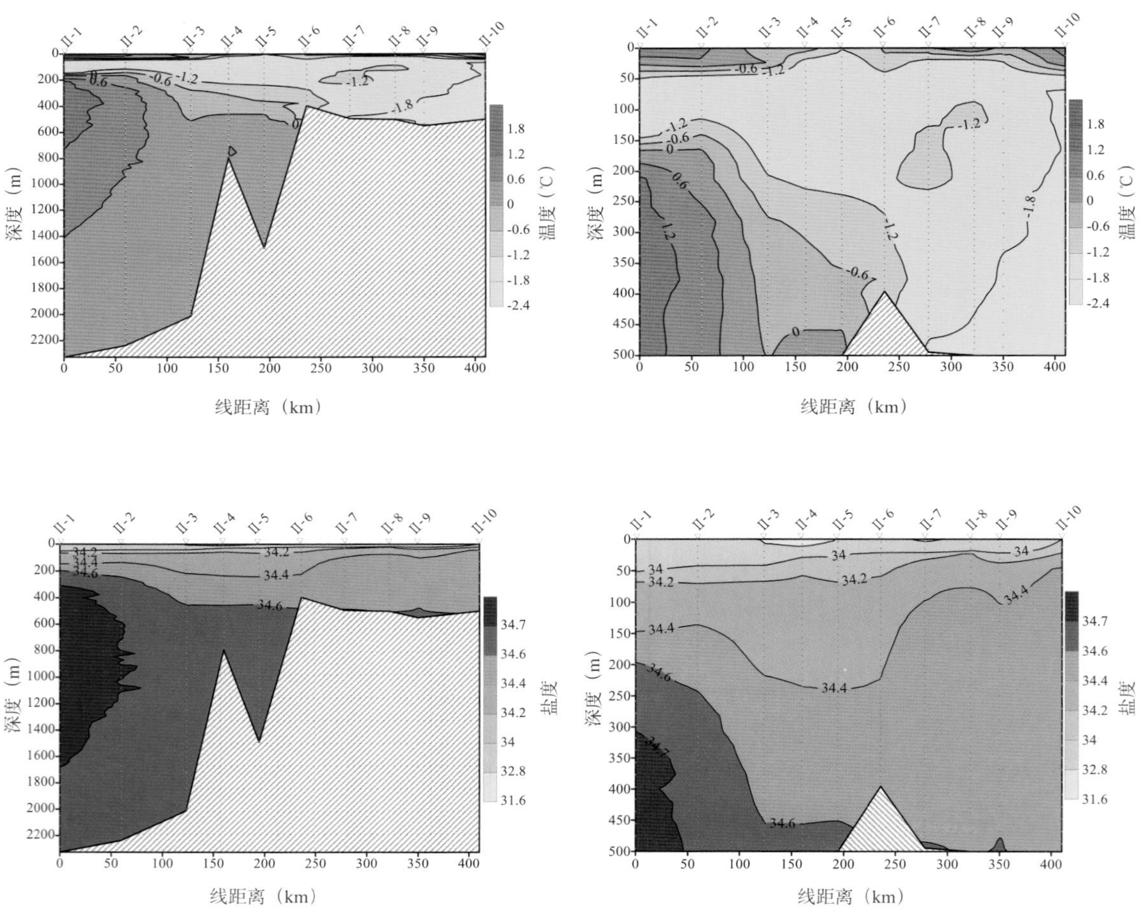

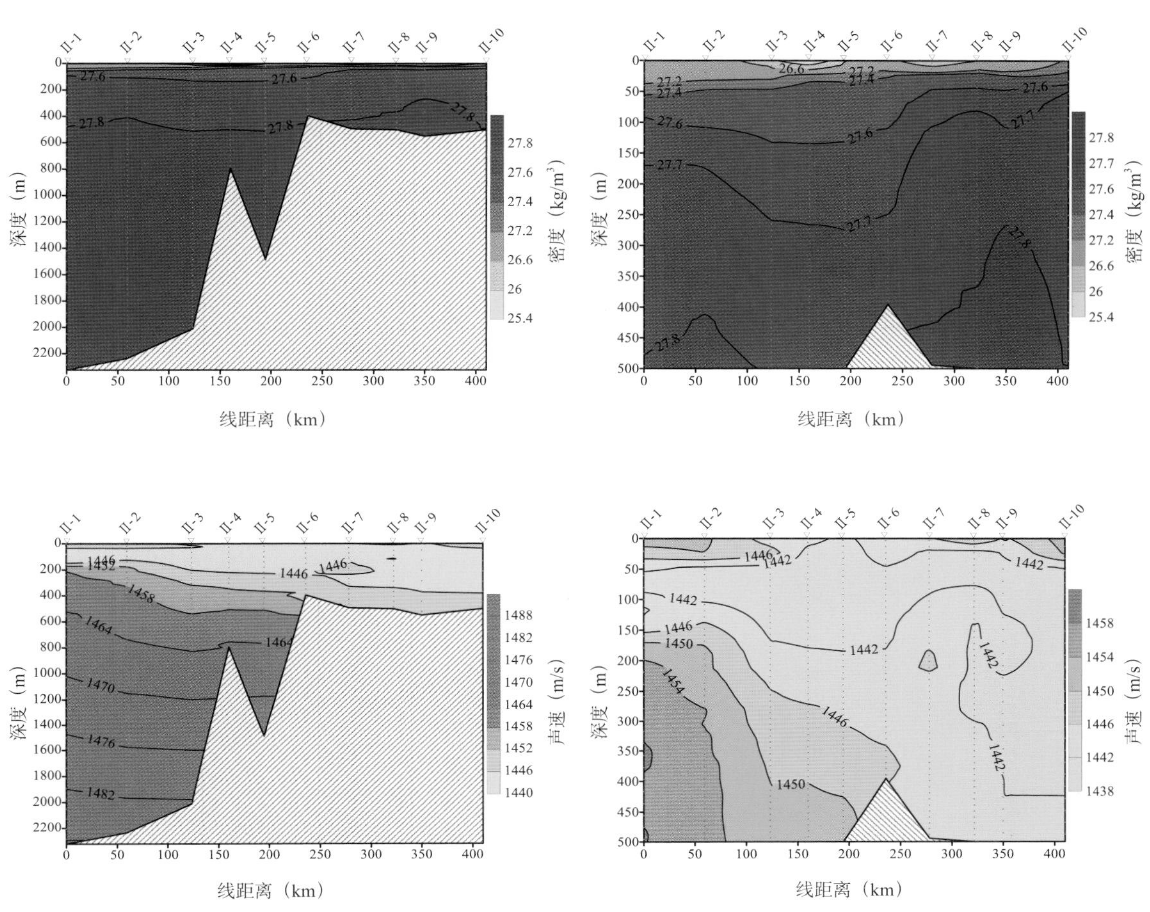

图10.4 断面Ⅱ温度、盐度、密度、声速分布图

（3）断面Ⅲ温度、盐度、密度、声速分布图

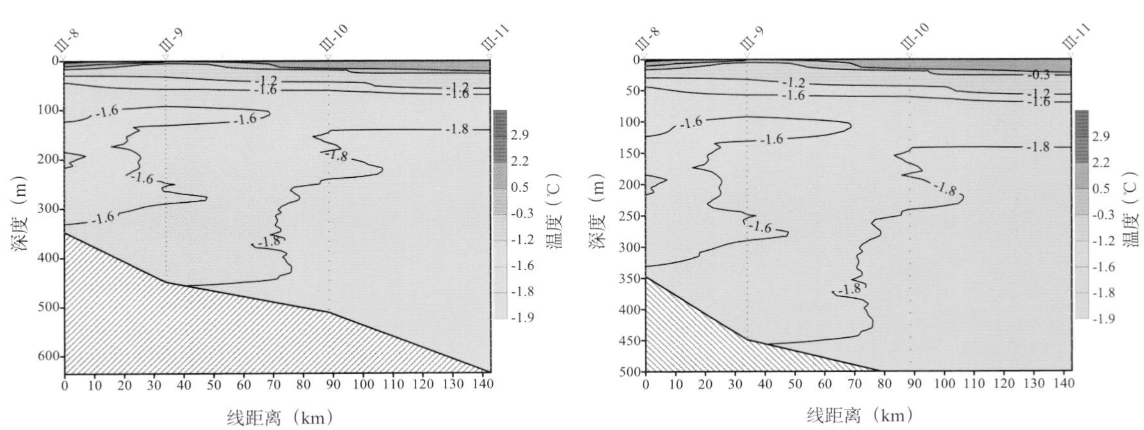

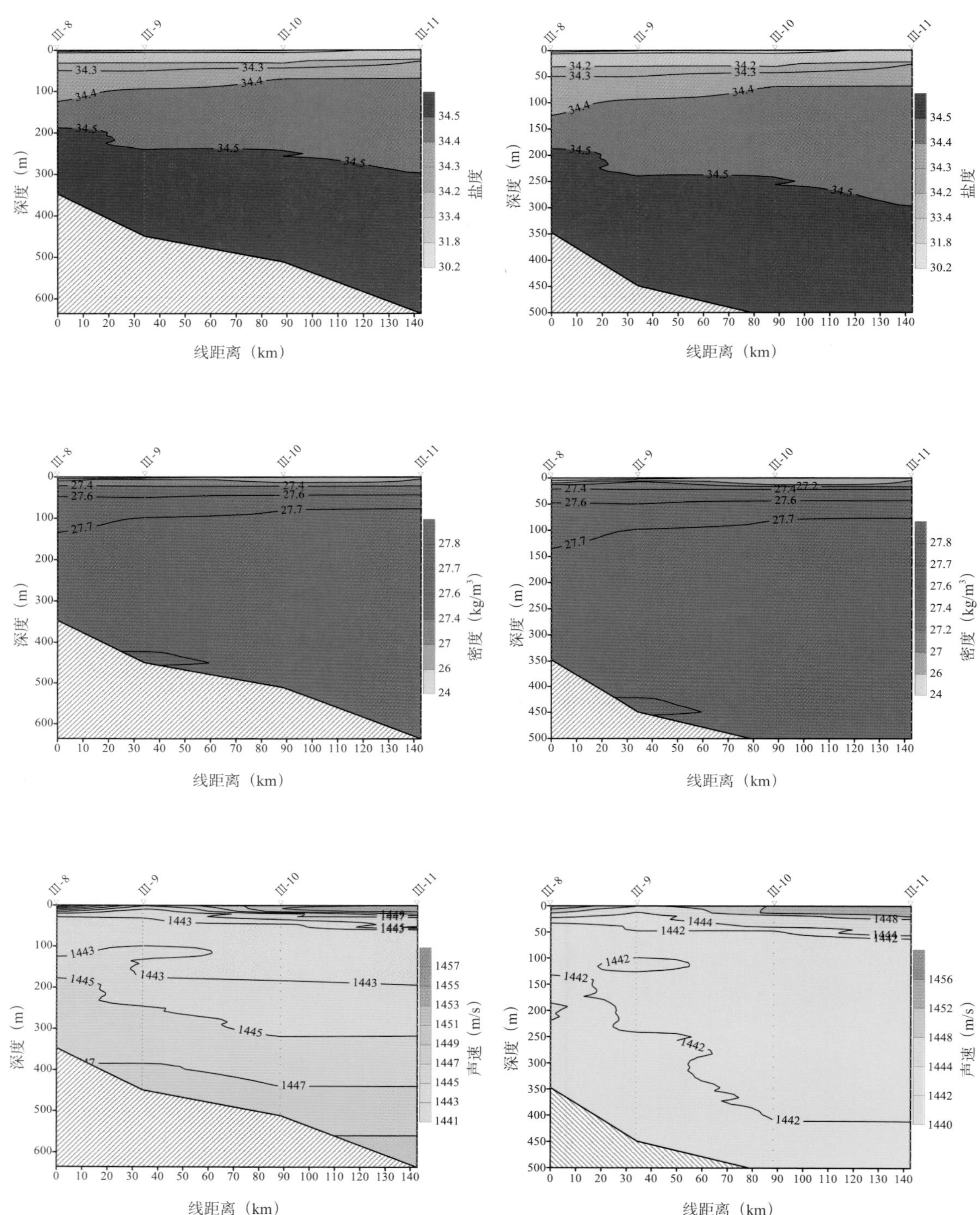

图10.5 断面Ⅲ温度、盐度、密度、声速分布图

（4）断面Ⅳ温度、盐度、密度、声速分布图

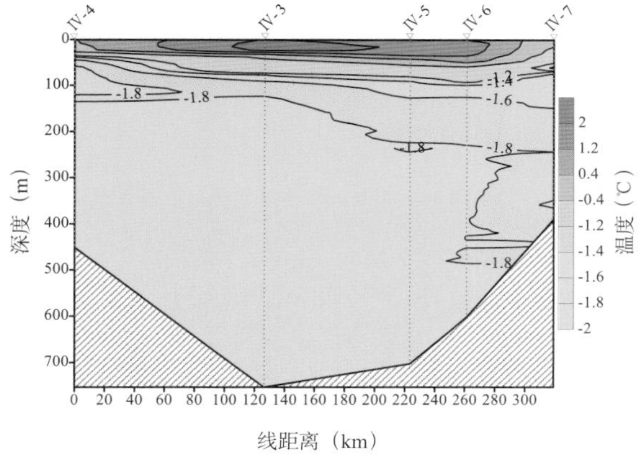

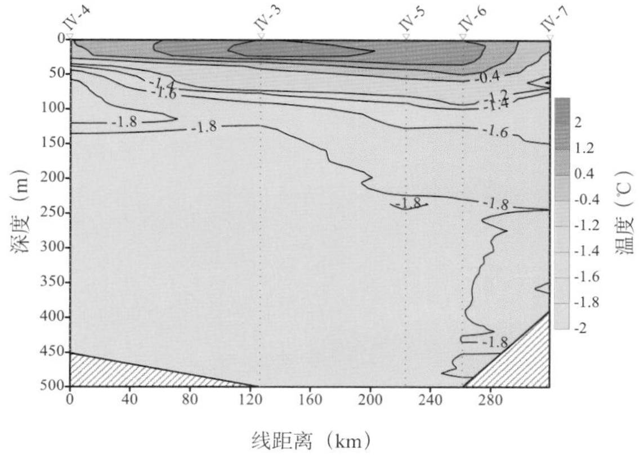

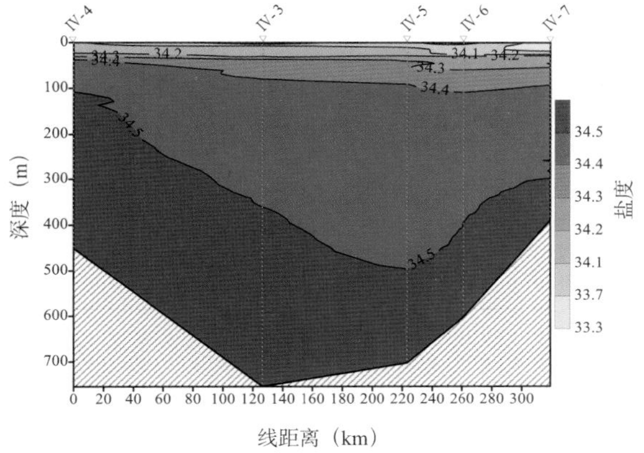

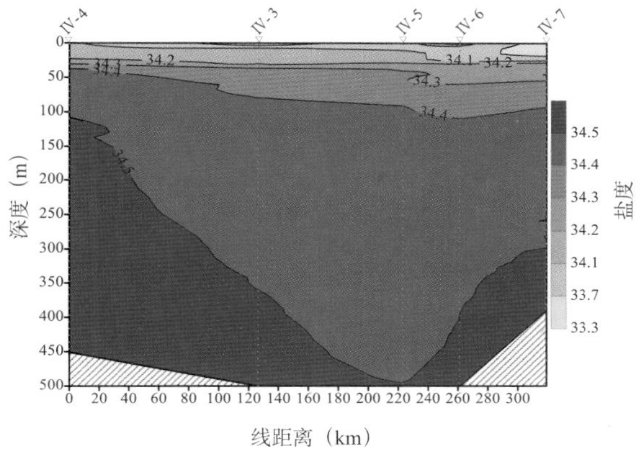

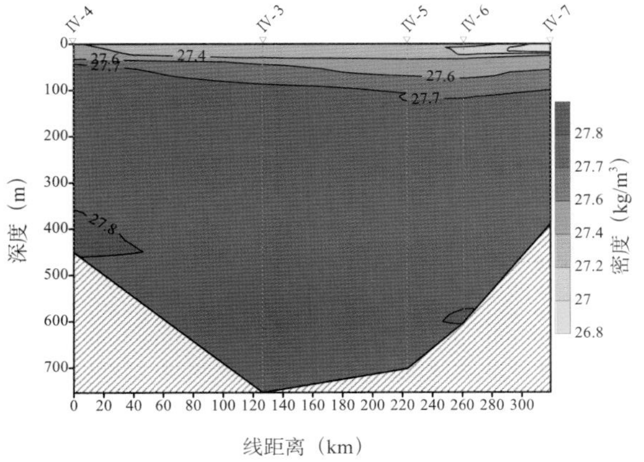

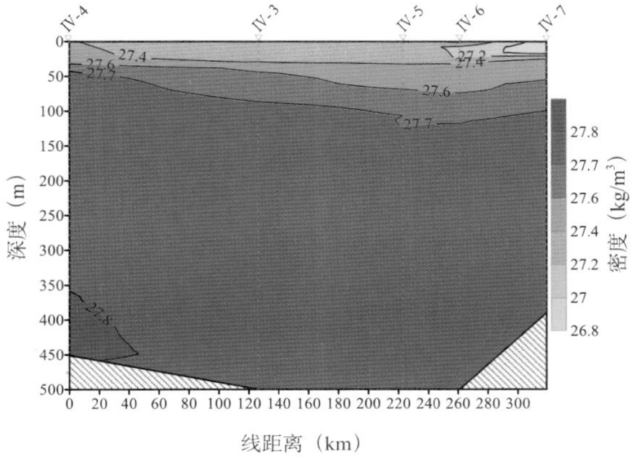

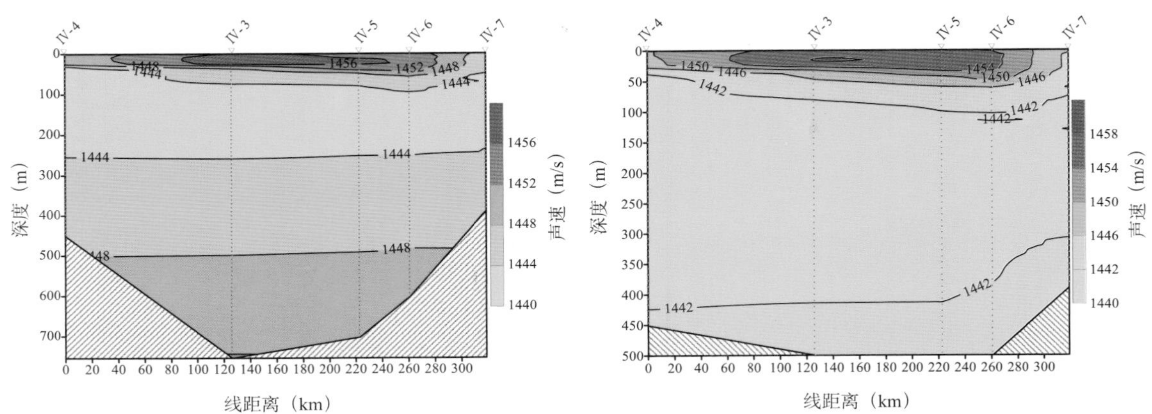

图10.6 断面Ⅳ温度、盐度、密度、声速分布图

第四节 航次大面剖面图

本航次5条平行的断面和其他站位可以构成南极半岛附近海域的大面观测，10 m层、50 m层、100 m层、500 m层上的温度、盐度、密度、声速分布情况如图10.7至图10.10所示。

（1）10 m层温度、盐度、密度、声速分布图（等值线间隔依次为0.5，0.1，0.1，1）

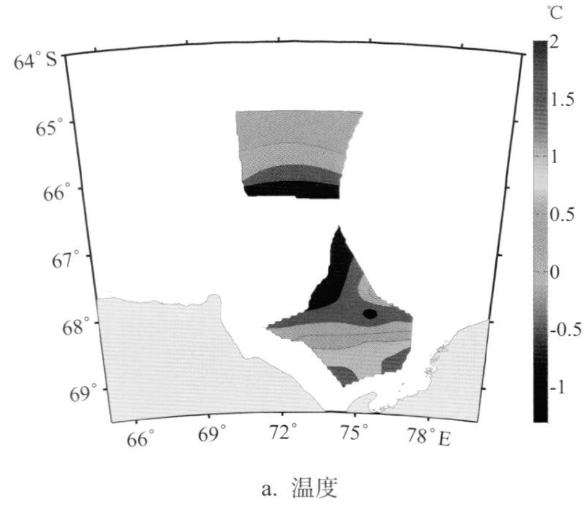

a. 温度

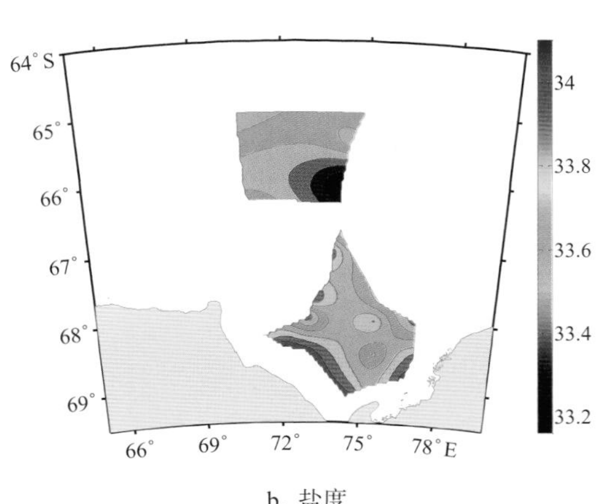

b. 盐度

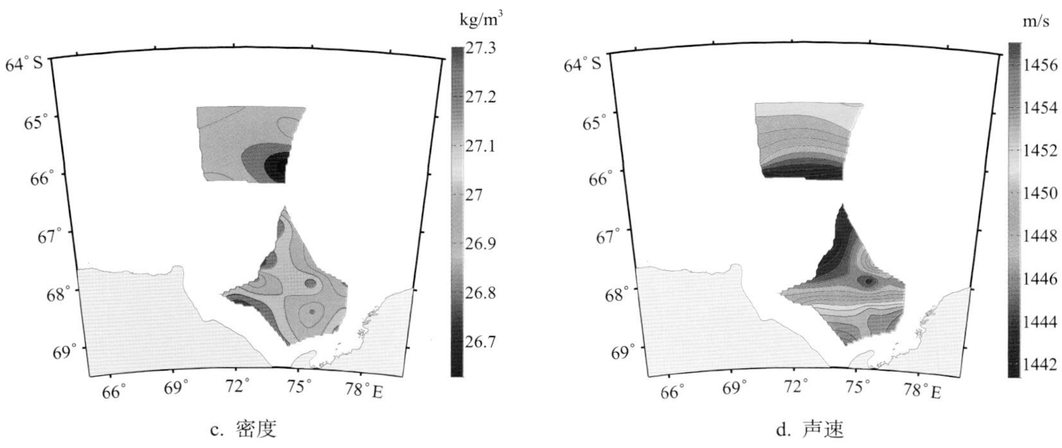

c. 密度

d. 声速

图10.7 10 m层温度、盐度、密度、声速分布图

（2）50 m 层温度、盐度、密度、声速分布图（等值线间隔依次为 0.2，0.05，0.05，1）

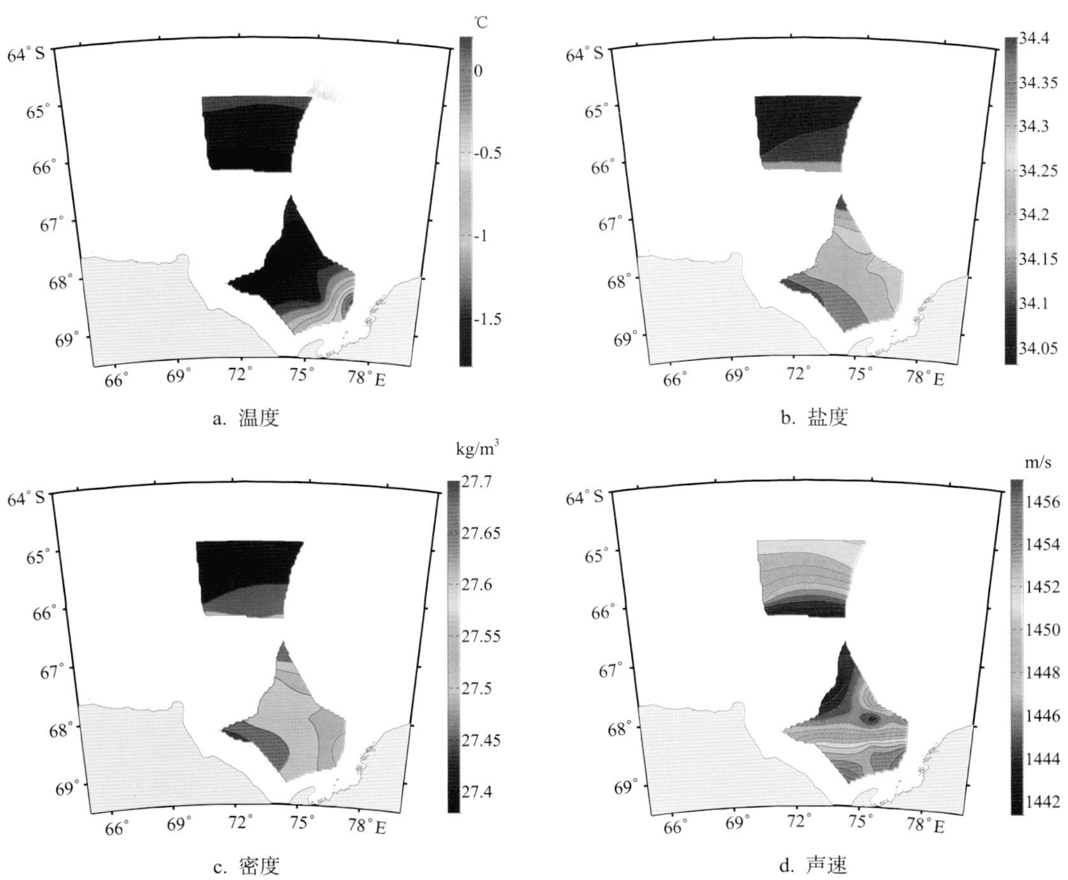

a. 温度

b. 盐度

c. 密度

d. 声速

图10.8 50 m层温度、盐度、密度、声速分布图

（3）100 m 层温度、盐度、密度、声速分布图（等值线间隔依次为 0.1，0.05，0.05，0.5）

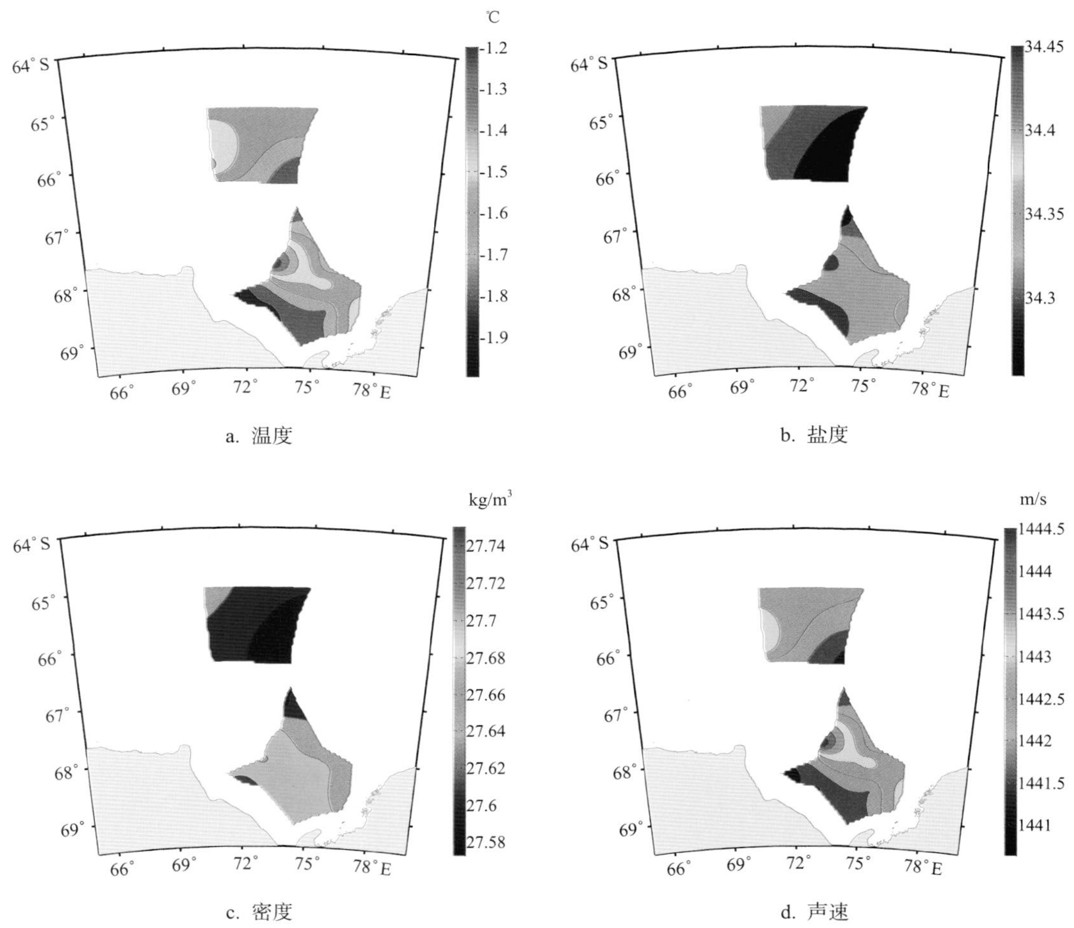

a. 温度　b. 盐度　c. 密度　d. 声速

图10.9　100 m层温度、盐度、密度、声速分布图

（4）500 m 层温度、盐度、密度、声速分布图（等值线间隔依次为 0.2，0.02，0.02，2）

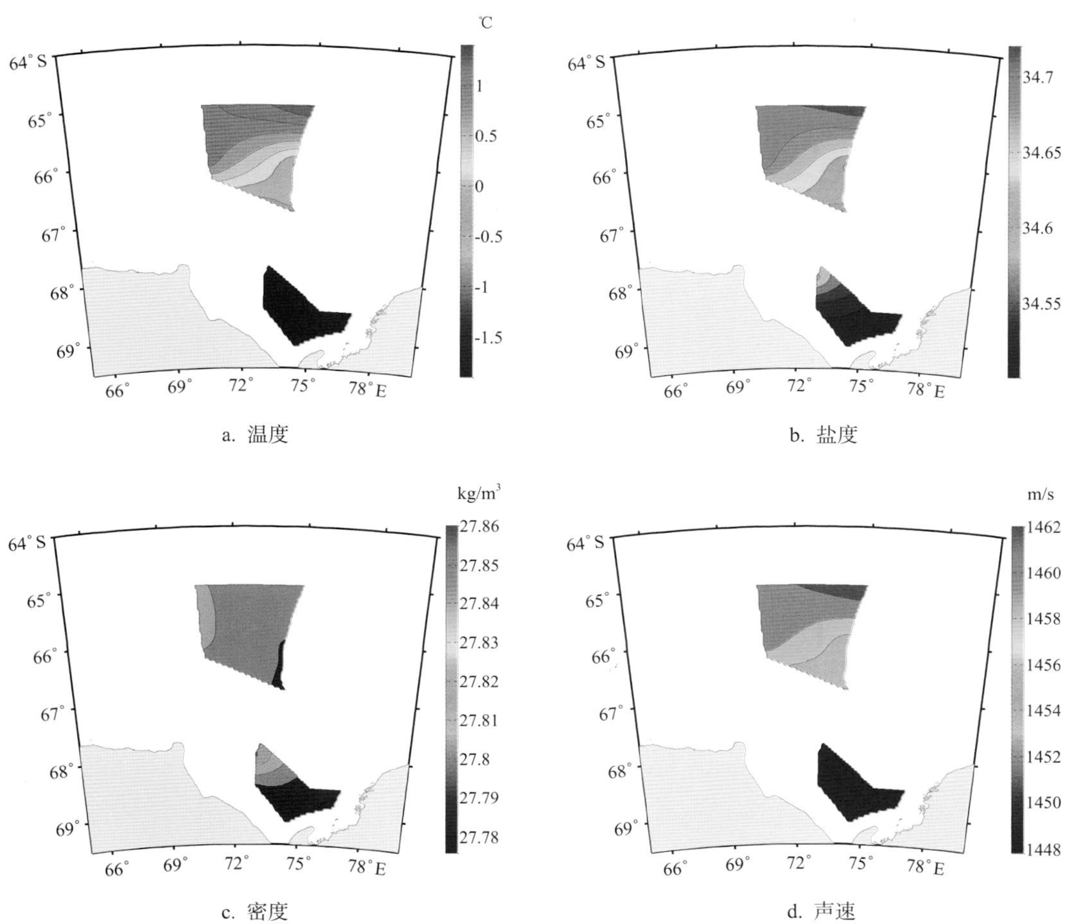

a. 温度

b. 盐度

c. 密度

d. 声速

图10.10 500 m层温度、盐度、密度、声速分布图

第十一章

中国第14次南极科学考察水文图集

第一节　航次站位情况及TS点聚图

中国第 14 次南极科学考察共完成海洋考察 CTD 站位 15 个，站位信息见表 11.1。

表11.1　中国第14次南极考察CTD观测站位信息表

序号	站位	日期	时间	纬度 (° S)	经度 (° W)	水深 (m)	最大观测深度 (m)
1	1	1998-01-23	14:14:33	69.083	75.541	650	543.2
2	Ⅵ-2	1998-01-30	17:18:36	69.350	74.500	850	554.6
3	Ⅵ-3	1998-01-30	18:26:38	69.167	74.367	850	660.2
4	Ⅲ-14	1998-01-30	00:08:29	69.000	73.045	760	737.2
5	Ⅱ-12	1998-01-31	17:21:16	68.000	70.500	800	246.4
6	Ⅱ-13	1998-01-31	22:30:21	68.500	70.500	1 000	709.6
7	Ⅵ-14	1998-02-01	02:35:57	68.583	72.000	500	414.4
8	Ⅲ-12	1998-02-01	06:13:44	68.000	73.000	600	607.8
9	Ⅳ-12	1998-02-01	17:50:54	68.074	75.831	600	444.0
10	Ⅵ-7	1998-02-01	20:33:43	68.065	77.000	500	450.9
11	Ⅵ-6	1998-02-01	23:34:03	68.500	77.083	600	450.9
12	Ⅵ-5	1998-02-02	02:00:12	68.967	77.083	700	607.9
13	Ⅲ-1	1998-02-15	12:15:01	67.450	73.539	600	415.4
14	Ⅳ-15	1998-02-17	15:41:31	69.267	75.500	700	217.7
15	Ⅵ-1	1998-02-18	15:24:34	69.350	76.417	600	548.7

本航次的 TS 点聚图如下图所示。

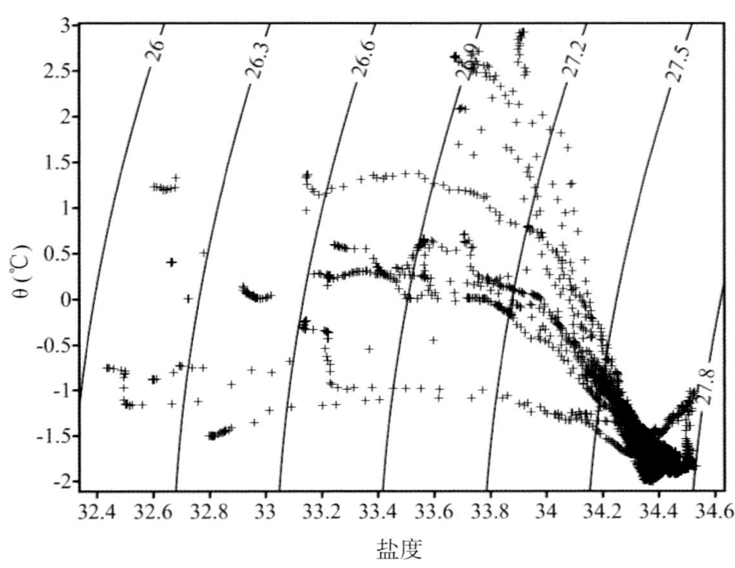

图11.1　中国第14次南极考察TS点聚图

第二节　航次站点剖面图

本航次各站点的 CTD 测量要素温度、盐度、密度、声速剖面分布如图 11.2 所示。

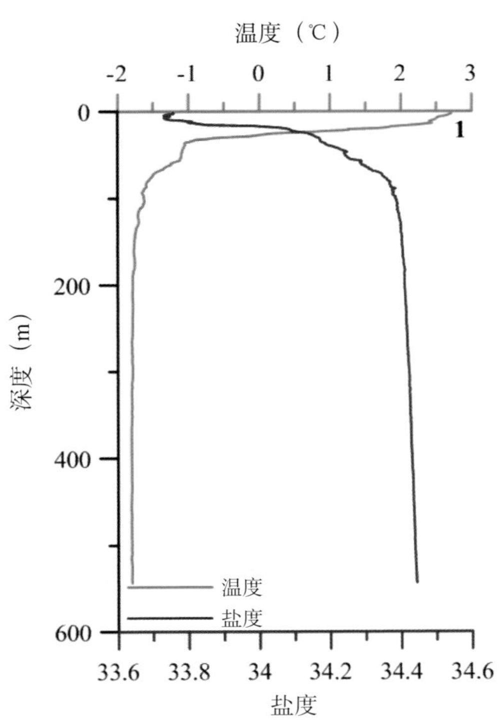

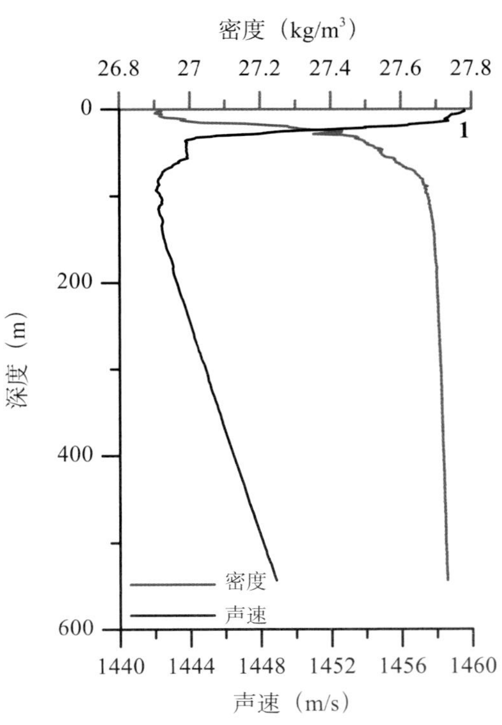

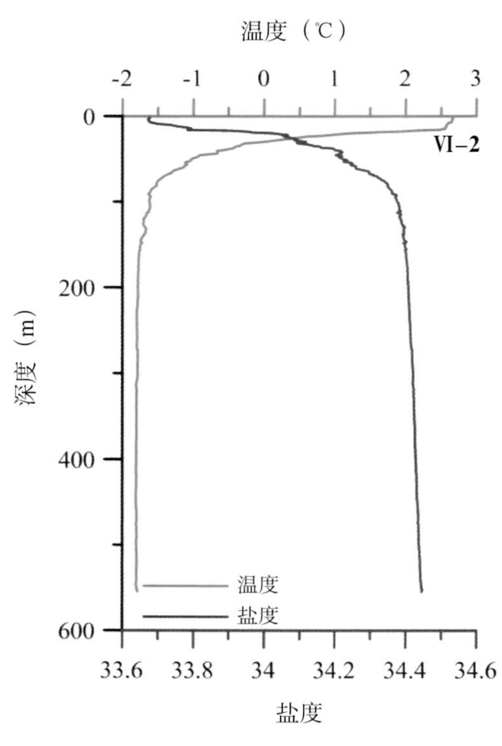
温度（℃）
-2
-1
0
1
2
3
0
200
400
600
深度（m）
VI-2
温度
盐度
33.6
33.8
34
34.2
34.4
34.6
盐度

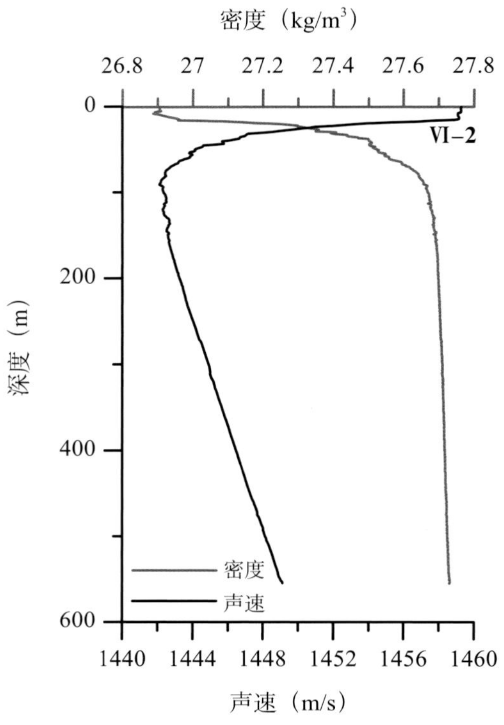
密度（kg/m³）
26.8
27
27.2
27.4
27.6
27.8
0
200
400
600
深度（m）
VI-2
密度
声速
1440
1444
1448
1452
1456
1460
声速（m/s）

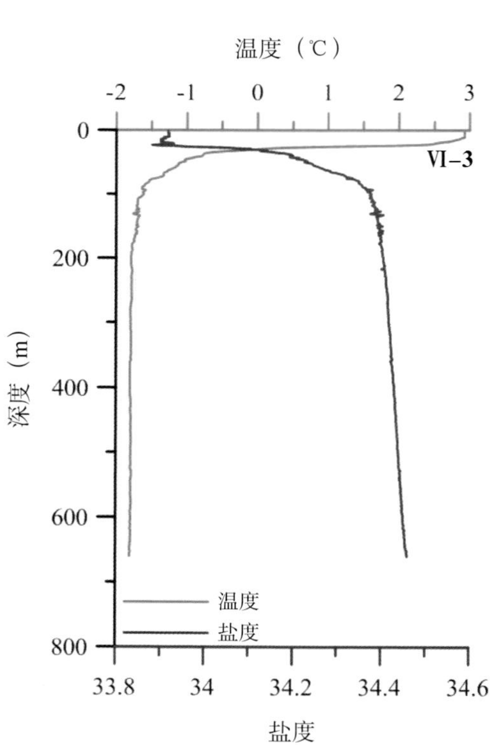
温度（℃）
-2
-1
0
1
2
3
0
200
400
600
800
深度（m）
VI-3
温度
盐度
33.8
34
34.2
34.4
34.6
盐度

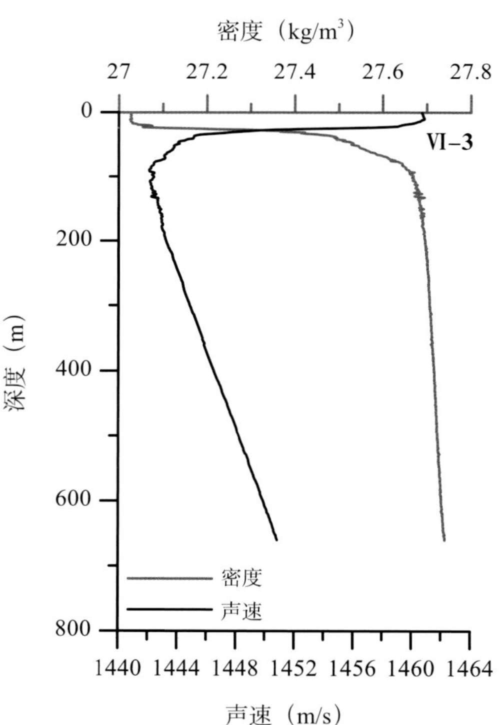
密度（kg/m³）
27
27.2
27.4
27.6
27.8
0
200
400
600
800
深度（m）
VI-3
密度
声速
1440
1444
1448
1452
1456
1460
1464
声速（m/s）

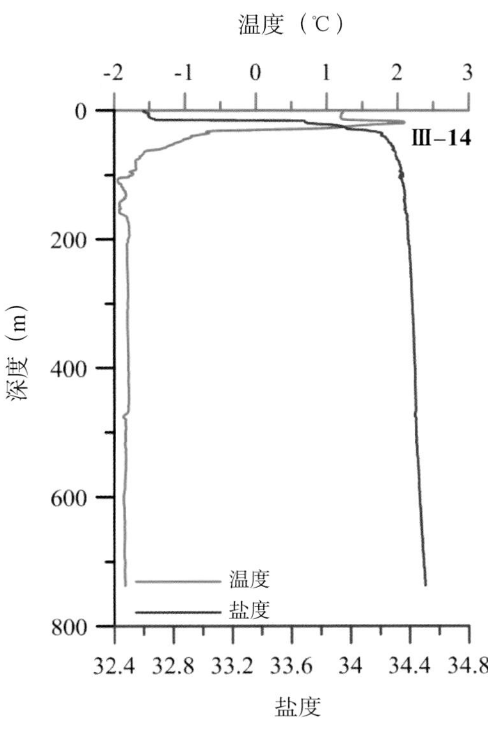
温度（℃）
-2 -1 0 1 2 3
Ⅲ-14
深度（m）
0 200 400 600 800
温度
盐度
32.4 32.8 33.2 33.6 34 34.4 34.8
盐度

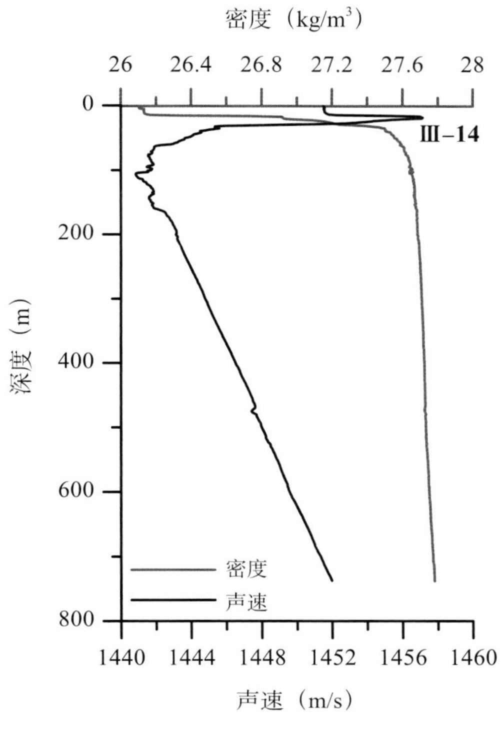
密度（kg/m³）
26 26.4 26.8 27.2 27.6 28
Ⅲ-14
深度（m）
0 200 400 600 800
密度
声速
1440 1444 1448 1452 1456 1460
声速（m/s）

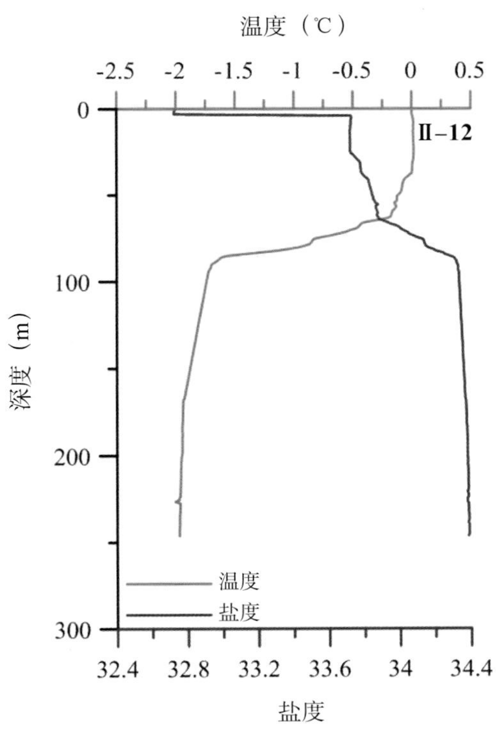
温度（℃）
-2.5 -2 -1.5 -1 -0.5 0 0.5
Ⅱ-12
深度（m）
0 100 200 300
温度
盐度
32.4 32.8 33.2 33.6 34 34.4
盐度

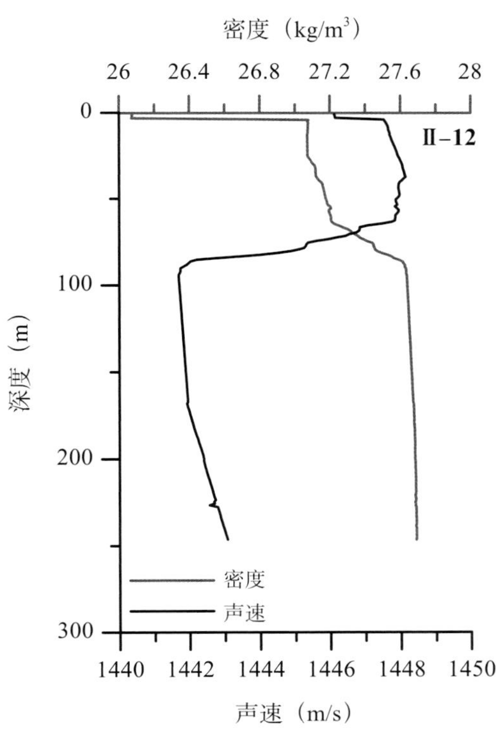
密度（kg/m³）
26 26.4 26.8 27.2 27.6 28
Ⅱ-12
深度（m）
0 100 200 300
密度
声速
1440 1442 1444 1446 1448 1450
声速（m/s）

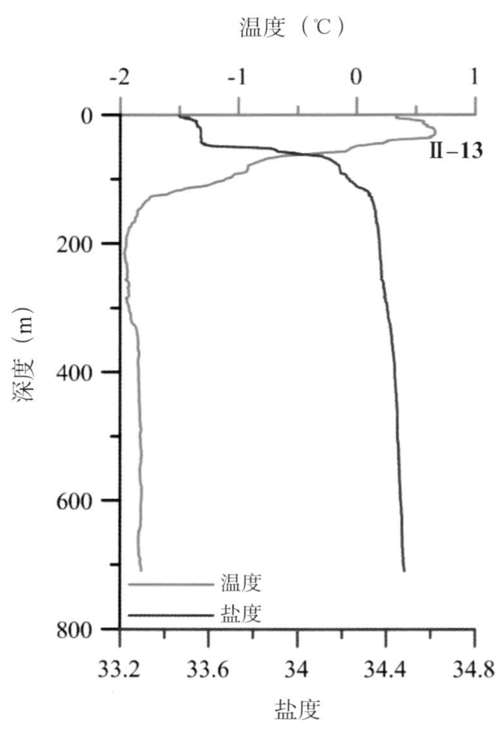
温度（℃）
-2
-1
0
1
0
200
400
600
800
深度（m）
Ⅱ-13
温度
盐度
33.2
33.6
34
34.4
34.8
盐度

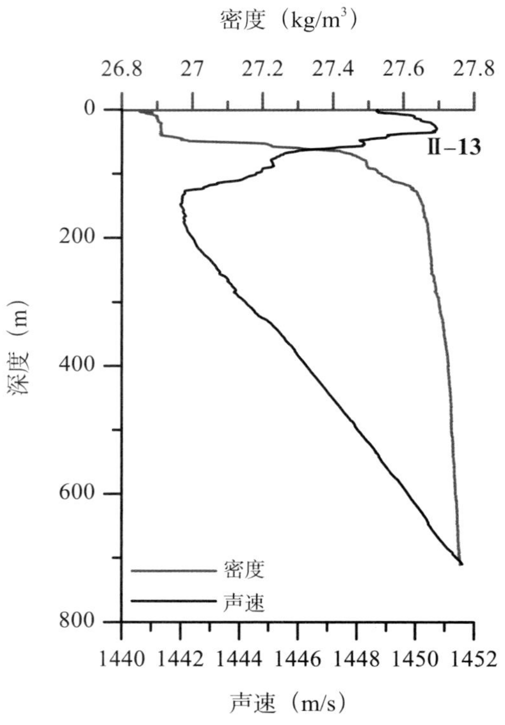
密度（kg/m³）
26.8
27
27.2
27.4
27.6
27.8
0
200
400
600
800
深度（m）
Ⅱ-13
密度
声速
1440
1442
1444
1446
1448
1450
1452
声速（m/s）

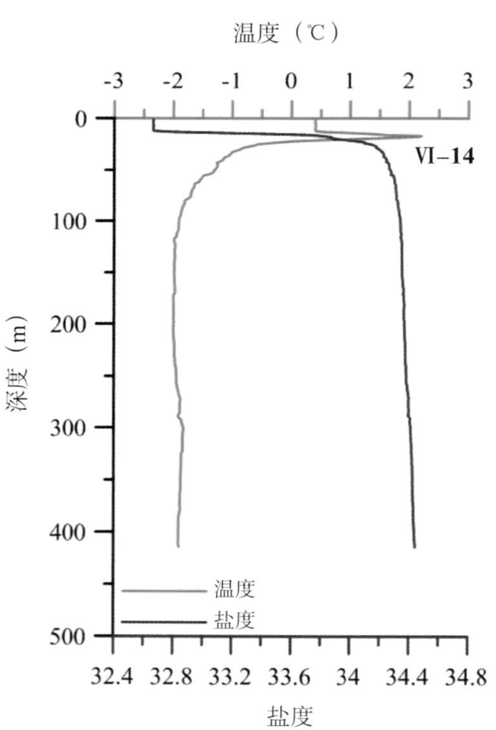
温度（℃）
-3
-2
-1
0
1
2
3
0
100
200
300
400
500
深度（m）
Ⅵ-14
温度
盐度
32.4
32.8
33.2
33.6
34
34.4
34.8
盐度

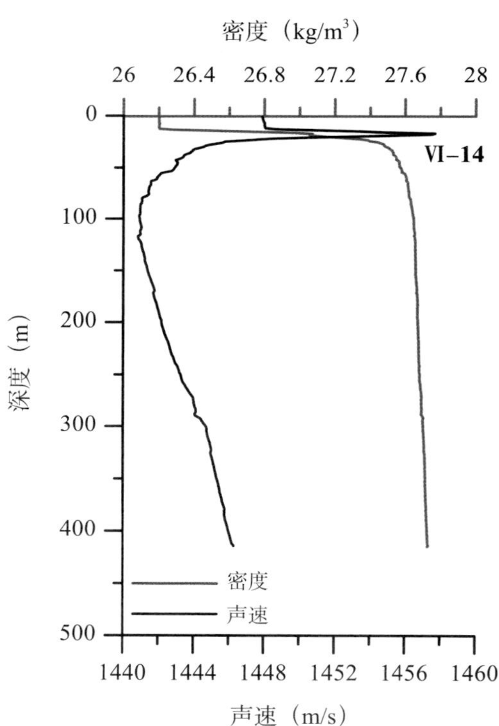
密度（kg/m³）
26
26.4
26.8
27.2
27.6
28
0
100
200
300
400
500
深度（m）
Ⅵ-14
密度
声速
1440
1444
1448
1452
1456
1460
声速（m/s）

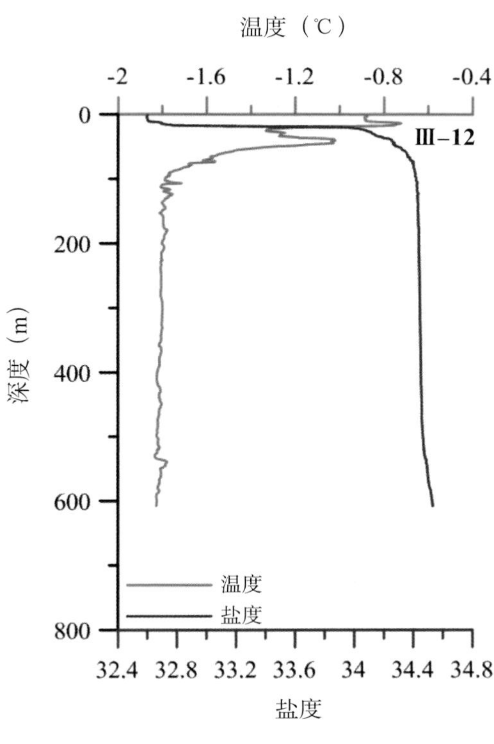
温度（℃）
-2
-1.6
-1.2
-0.8
-0.4
0
200
400
600
800
深度（m）
Ⅲ-12
温度
盐度
32.4
32.8
33.2
33.6
34
34.4
34.8
盐度

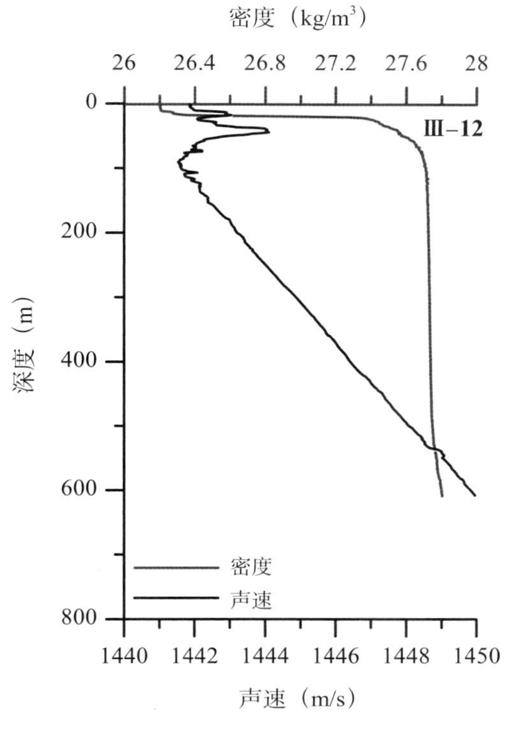
密度（kg/m3）
26
26.4
26.8
27.2
27.6
28
0
200
400
600
800
深度（m）
Ⅲ-12
密度
声速
1440
1442
1444
1446
1448
1450
声速（m/s）

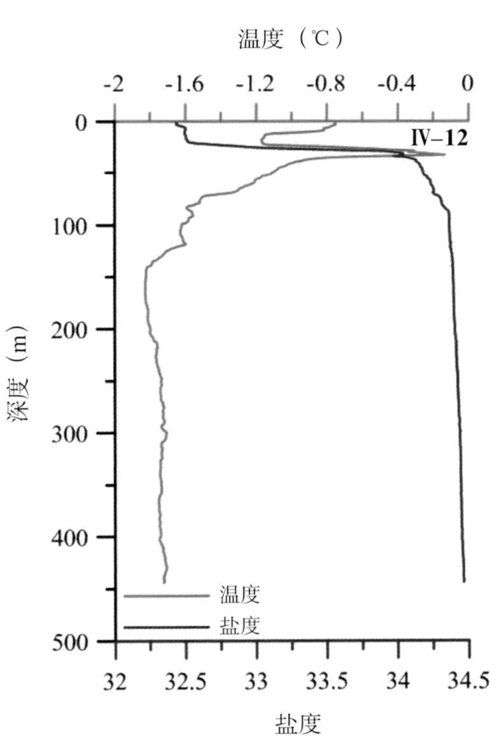
温度（℃）
-2
-1.6
-1.2
-0.8
-0.4
0
0
100
200
300
400
500
深度（m）
Ⅳ-12
温度
盐度
32
32.5
33
33.5
34
34.5
盐度

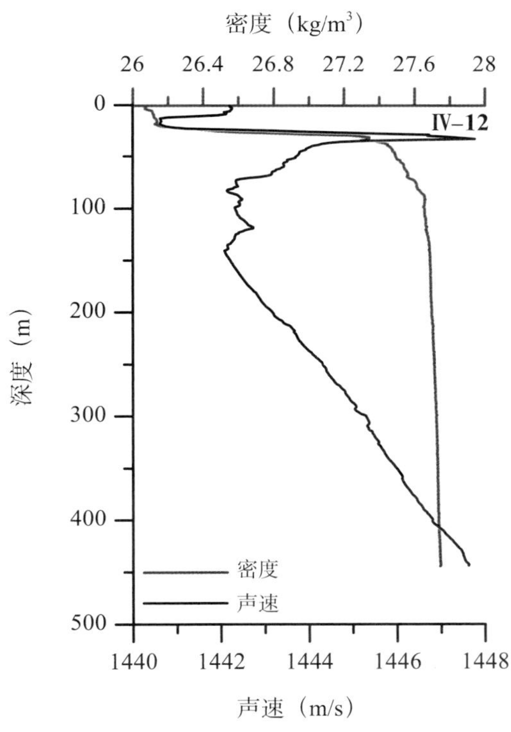
密度（kg/m3）
26
26.4
26.8
27.2
27.6
28
0
100
200
300
400
500
深度（m）
Ⅳ-12
密度
声速
1440
1442
1444
1446
1448
声速（m/s）

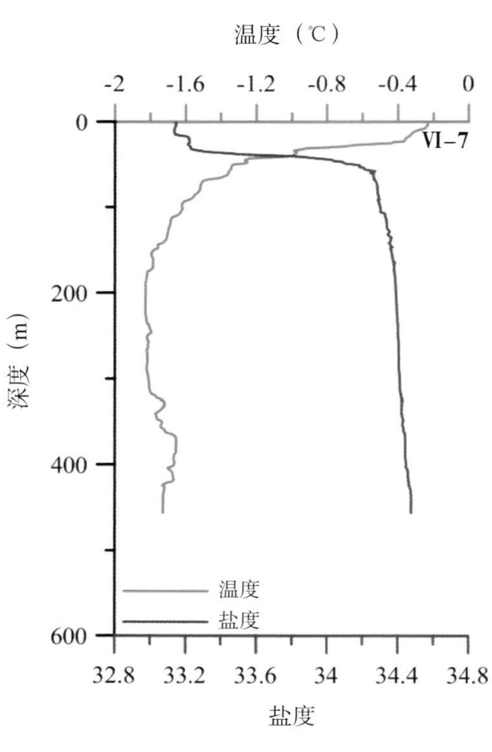
温度（℃）
-2
-1.6
-1.2
-0.8
-0.4
0
Ⅵ-7
0
200
400
600
深度（m）
温度
盐度
32.8
33.2
33.6
34
34.4
34.8
盐度

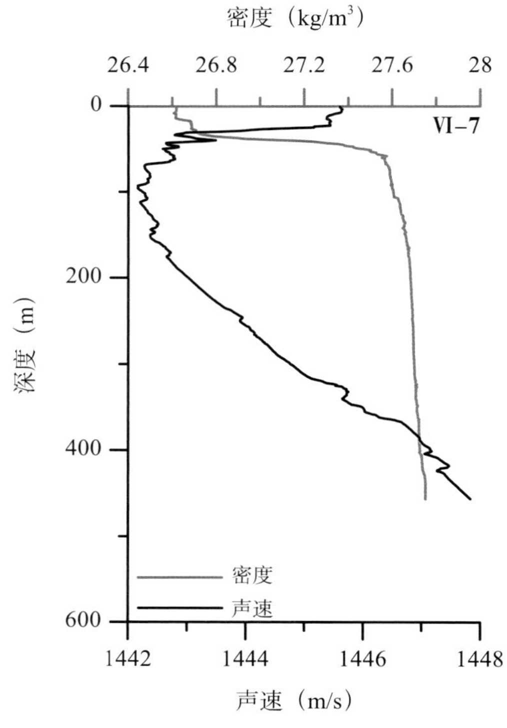
密度（kg/m3）
26.4
26.8
27.2
27.6
28
Ⅵ-7
0
200
400
600
深度（m）
密度
声速
1442
1444
1446
1448
声速（m/s）

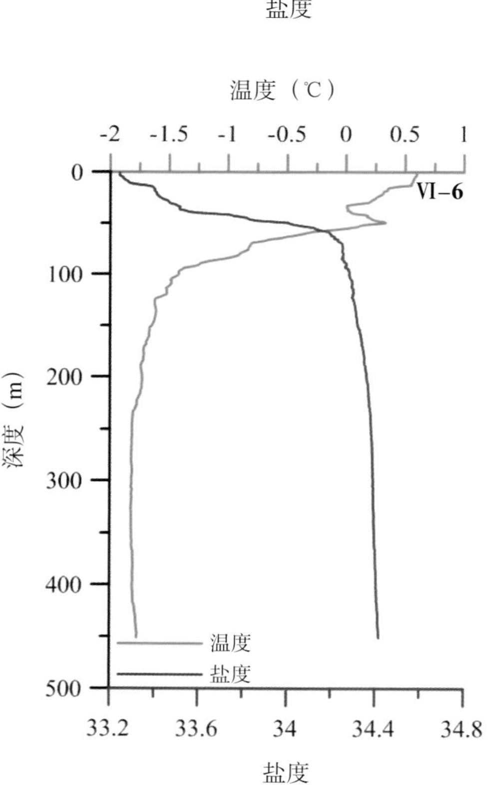
温度（℃）
-2
-1.5
-1
-0.5
0
0.5
1
Ⅵ-6
0
100
200
300
400
500
深度（m）
温度
盐度
33.2
33.6
34
34.4
34.8
盐度

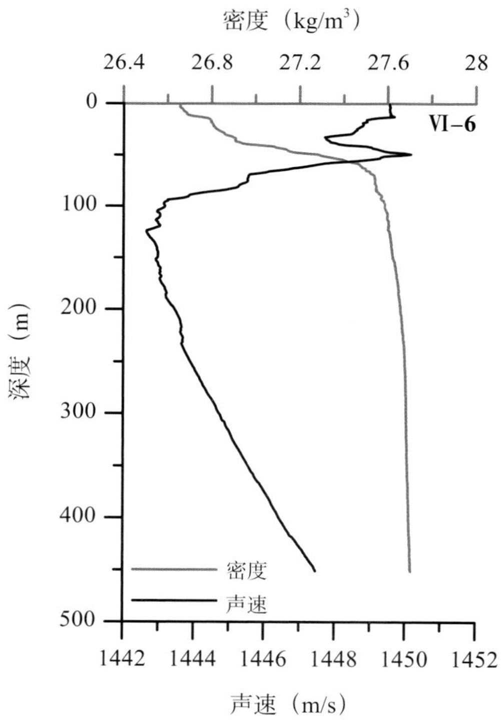
密度（kg/m3）
26.4
26.8
27.2
27.6
28
Ⅵ-6
0
100
200
300
400
500
深度（m）
密度
声速
1442
1444
1446
1448
1450
1452
声速（m/s）

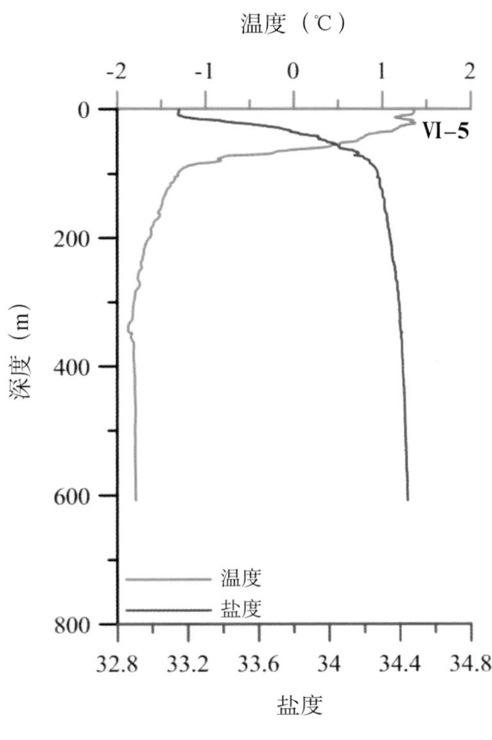
温度（℃）
-2 -1 0 1 2
0 200 400 600 800
深度（m）
VI-5
温度
盐度
32.8 33.2 33.6 34 34.4 34.8
盐度

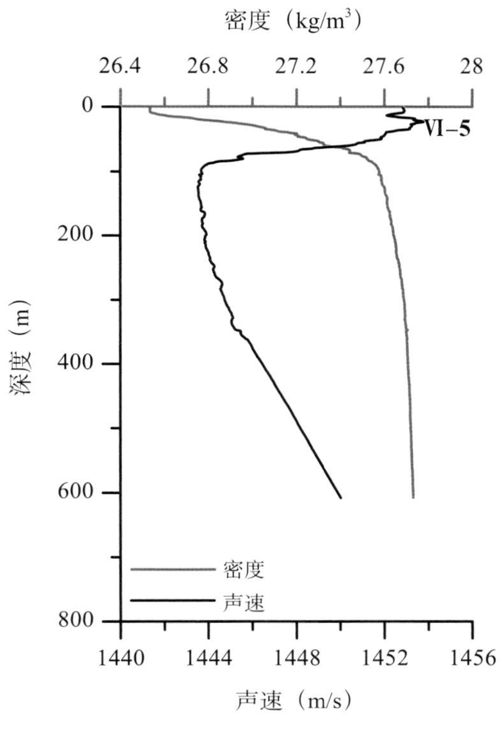
密度（kg/m³）
26.4 26.8 27.2 27.6 28
0 200 400 600 800
深度（m）
VI-5
密度
声速
1440 1444 1448 1452 1456
声速（m/s）

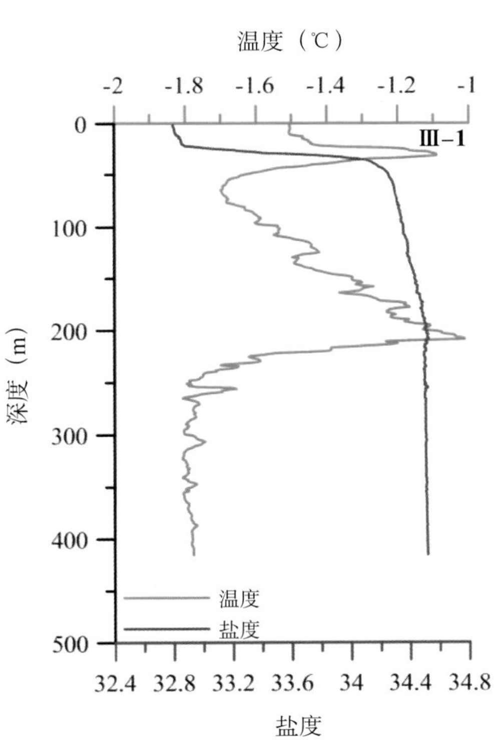
温度（℃）
-2 -1.8 -1.6 -1.4 -1.2 -1
0 100 200 300 400 500
深度（m）
III-1
温度
盐度
32.4 32.8 33.2 33.6 34 34.4 34.8
盐度

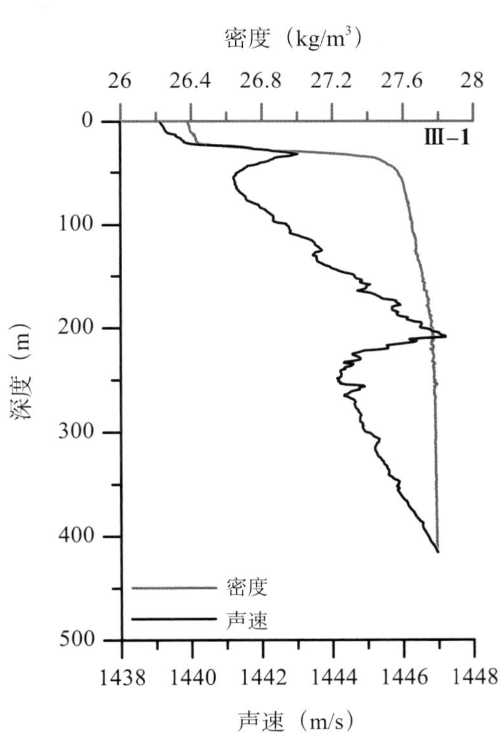
密度（kg/m³）
26 26.4 26.8 27.2 27.6 28
0 100 200 300 400 500
深度（m）
III-1
密度
声速
1438 1440 1442 1444 1446 1448
声速（m/s）

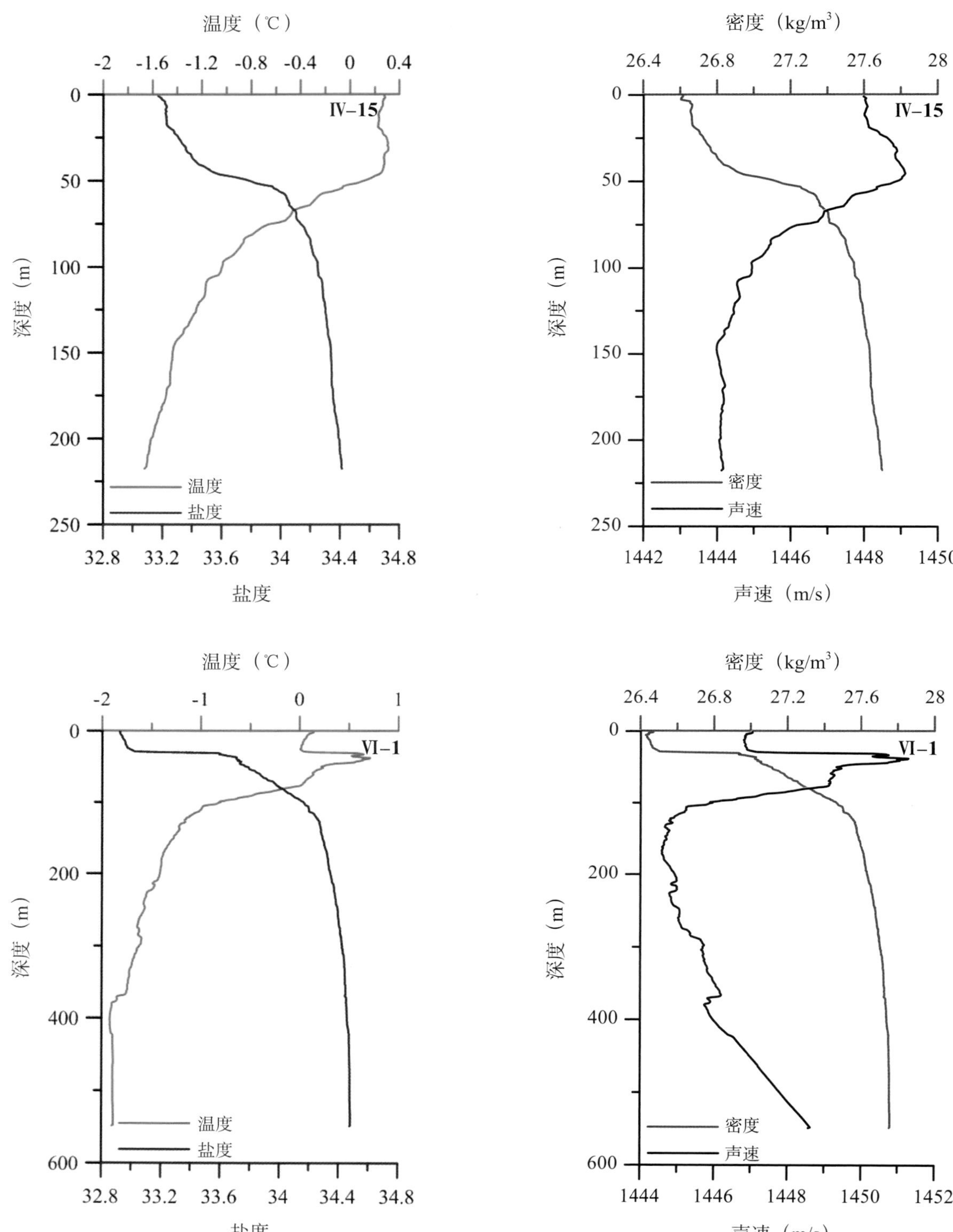

图11.2 CTD测量要素温度、盐度、密度、声速剖面分布图

第三节　航次断面图

本航次站位布设较为分散，站点Ⅲ-1、Ⅳ-12、Ⅵ-7、Ⅵ-6、Ⅵ-5 构成 1 条自普里兹湾湾口沿 400 m 等深线顺时针方向向湾内延伸的断面 1，站点Ⅱ-12、Ⅵ-14、Ⅲ-14、Ⅵ-3、Ⅳ-15、Ⅵ-1 构成 1 条自湾口向湾内逆时针延伸的断面 2。这 2 条断面上全深度的温度、盐度、密度、声速断面分布如图 11.3 至图 11.4 所示。

（1）断面 1 温度、盐度、密度、声速分布图

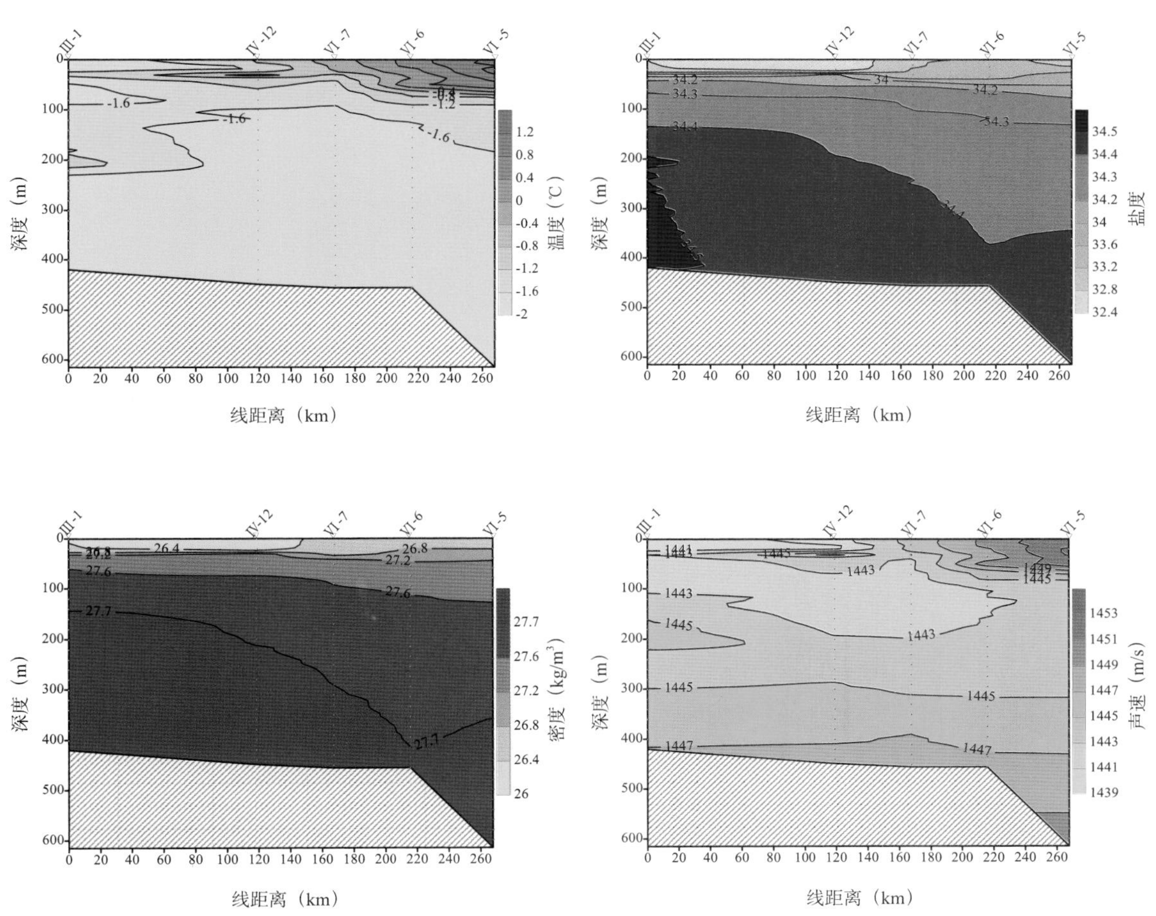

图11.3　断面 1 温度、盐度、密度、声速分布图

（2）断面 2 温度、盐度、密度、声速分布图

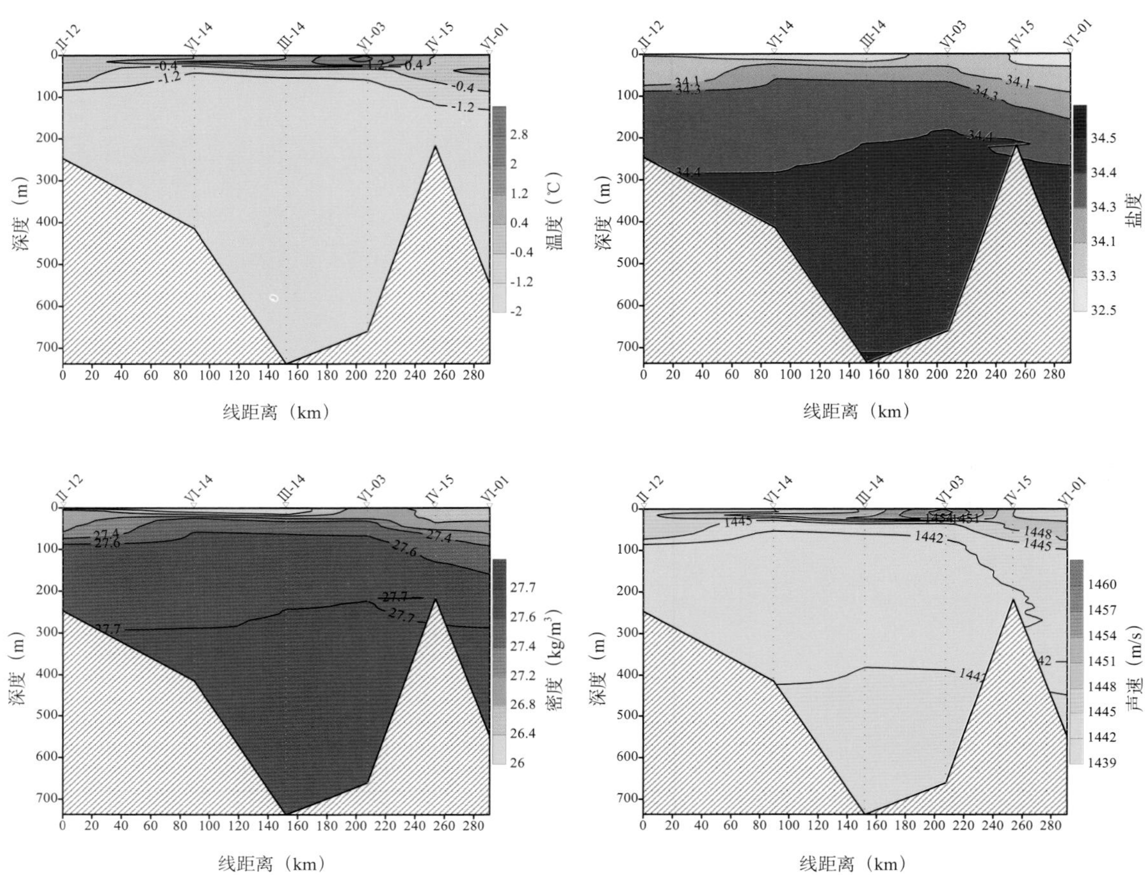

图11.4　断面 2 温度、盐度、密度、声速分布图

第四节　航次大面剖面图

本航次站位可以构成普里兹湾海域的大面观测，10 m 层、50 m 层、100 m 层上的温度、盐度、密度、声速分布情况如图 11.5 至图 11.7 所示。由于多数站位水深不到 500 m，500 m 层上诸要素分布这里就不再给出。

（1）10 m 层温度、盐度、密度、声速分布图（等值线间隔依次为 0.5，0.2，0.2，2）

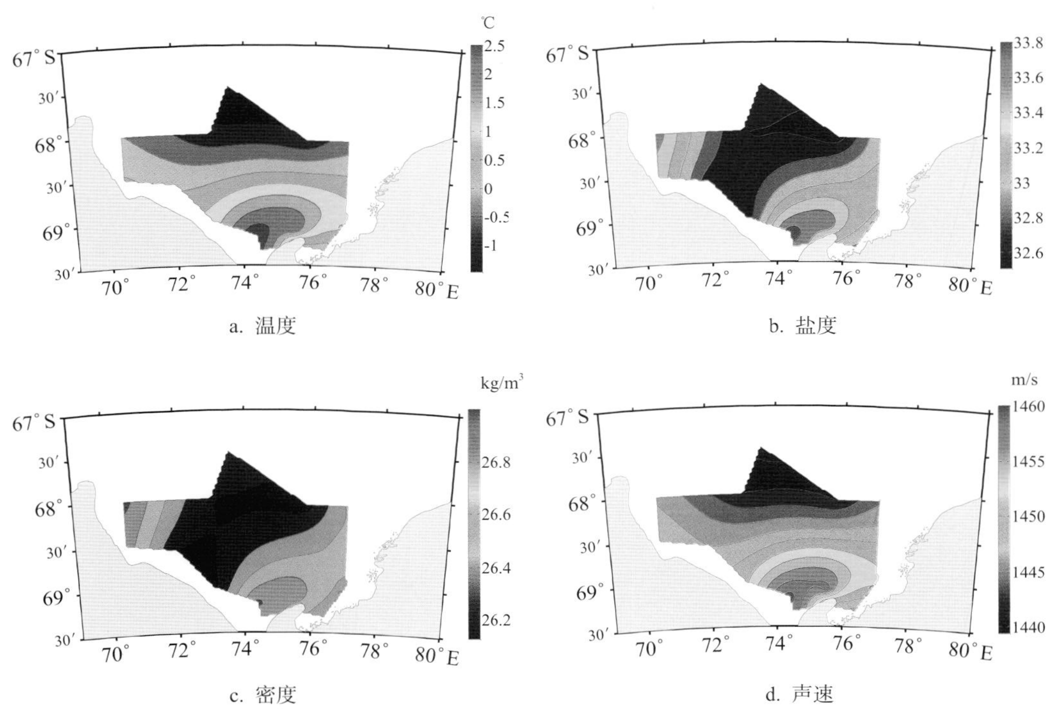

a. 温度　b. 盐度　c. 密度　d. 声速

图11.5　10 m层温度、盐度、密度、声速分布图

（2）50 m 层温度、盐度、密度、声速分布图（等值线间隔依次为 0.5，0.1，0.1，2）

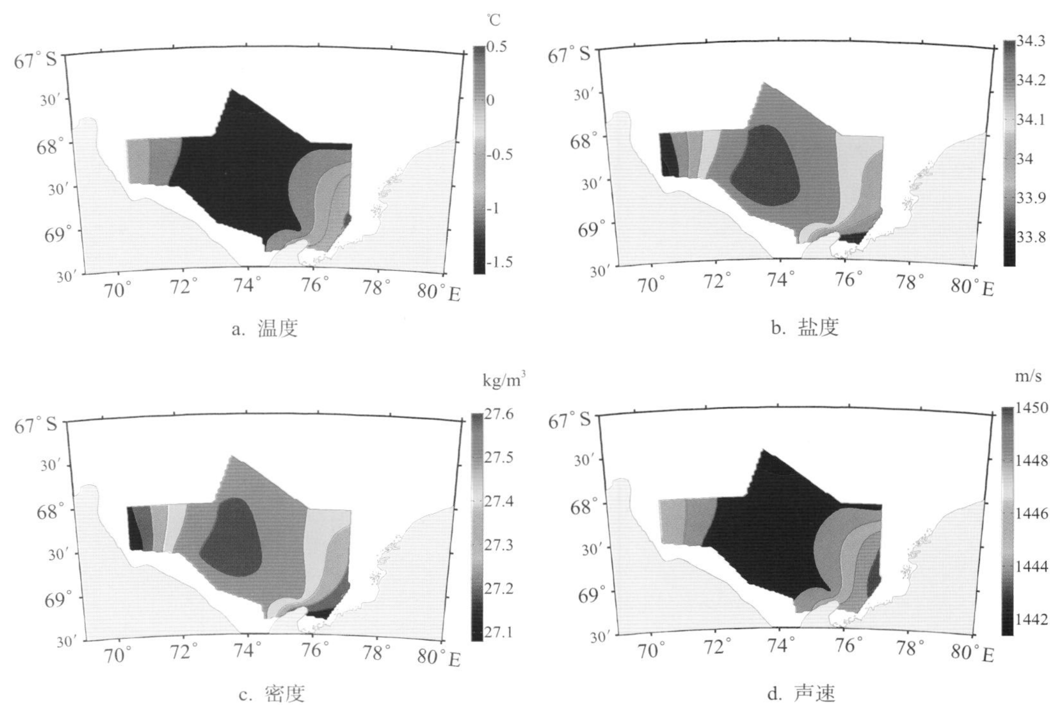

图11.6　50 m层温度、盐度、密度、声速分布图

（3）100 m层温度、盐度、密度、声速分布图（等值线间隔依次为0.2，0.05，0.05，1）

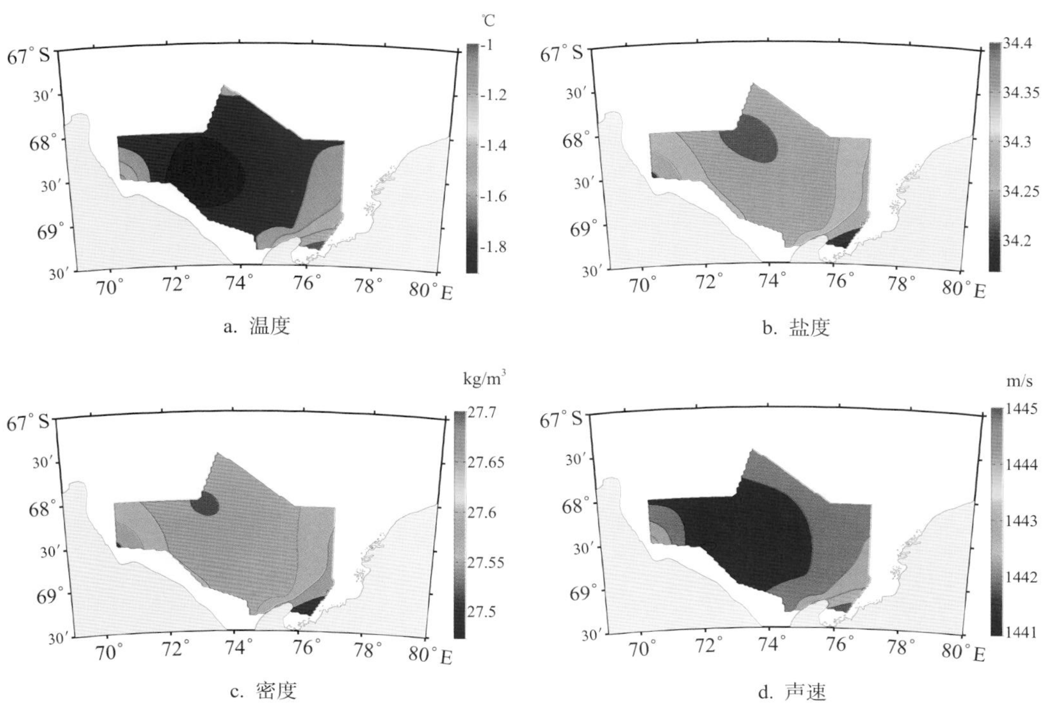

图11.7　100 m层温度、盐度、密度、声速分布图

第十二章 中国第15次南极科学考察水文图集

第一节　航次站位情况及TS点聚图

中国第 15 次南极科学考察共完成海洋考察 CTD 站位 33 个，站位信息见表 12.1。

表12.1　中国第15次南极考察CTD观测站位信息表

序号	站位	日期	时间	纬度 (° S)	经度 (° W)	水深 (m)	最大观测深度 (m)
1	Ⅲ-4	1998-12-19	05:09:56	64.975	72.687	3 425	3 348
2	Ⅱ-4	1998-12-19	16:53:49	64.953	70.610	3 300	3 044
3	Ⅱ-3	1998-12-20	07:56:41	64.083	70.383	3 475	3 406
4	Ⅲ-3	1998-12-20	20:10:36	64.050	72.983	3 700	3 421
5	Ⅲ-2	1998-12-21	09:45:30	62.050	73.067	3 970	3 426
6	trap	1998-12-22	00:37:43	62.547	72.922	4 100	3 571
7	Ⅳ-2	1998-12-22	09:29:39	63.019	75.493	3 910	3 702
8	Ⅳ-3	1998-12-22	19:35:07	64.000	75.541	3 800	3 585
9	Ⅳ-4	1998-12-23	06:39:21	64.898	75.410	3 380	3 167
10	Ⅳ-6	1998-12-23	21:56:26	66.000	75.494	3 050	2 874
11	Ⅳ-8	1998-12-24	07:04:51	66.481	75.491	2 580	2 204
12	Ⅳ-9a	1998-12-24	16:24:26	66.895	75.316	1 050	938
13	Ⅳ-9b	1998-12-24	17:40:41	66.940	75.321	400	360
14	Ⅳ-11	1998-12-24	22:08:11	67.491	75.490	430	403
15	Ⅳ-12	1998-12-25	04:24:07	67.993	75.455	540	475
16	Ⅳ-14a	1998-12-25	12:57:06	67.992	75.539	760	714
17	Ⅳ-14b	1998-12-25	13:45:36	68.986	75.492	725	501
18	Ⅳ-15	1998-12-25	18:58:58	69.206	75.241	740	713
19	Ⅲ-14(1)	1999-01-12	03:47:33	68.635	72.986	718	671
20	Ⅲ-14(2)	1999-01-12	12:01:11	68.633	72.967	760	201
21	Ⅲ-14(3)	1999-01-12	20:09:27	68.600	72.933	760	200
22	Ⅲ-14(4)	1999-01-13	05:30:12	68.633	72.967	760	201
23	Ⅲ-12	1999-01-13	11:46:19	68.000	73.013	675	632

续表12.1

序号	站位	日期	时间	纬度 (° S)	经度 (° W)	水深 (m)	最大观测深度 (m)
24	Ⅲ-11	1999-01-13	17:46:54	67.569	73.051	610	582
25	Ⅲ-9	1999-01-16	23:57:00	67.013	73.000	520	482
26	Ⅲ-8	1999-01-17	06:44:37	66.467	73.033	1 720	1 616
27	Ⅲ-6	1999-01-17	12:46:39	66.004	73.024	2 690	2 504
28	Ⅱ-6	1999-01-17	22:08:41	66.008	70.479	2 675	2 540
29	Ⅱ-8	1999-01-18	03:43:49	66.483	70.484	2 175	2 085
30	Ⅱ-9	1999-01-18	13:20:12	66.950	70.333	270	247
31	Ⅱ-12	1999-01-20	11:35:04	68.050	71.135	540	509
32	Ⅱ-13	1999-01-20	17:29:55	68.433	70.483	628	557
33	Ⅲ-15	1999-01-21	00:20:07	68.867	73.367	745	713

本航次的 TS 点聚图如图 12.1 所示。

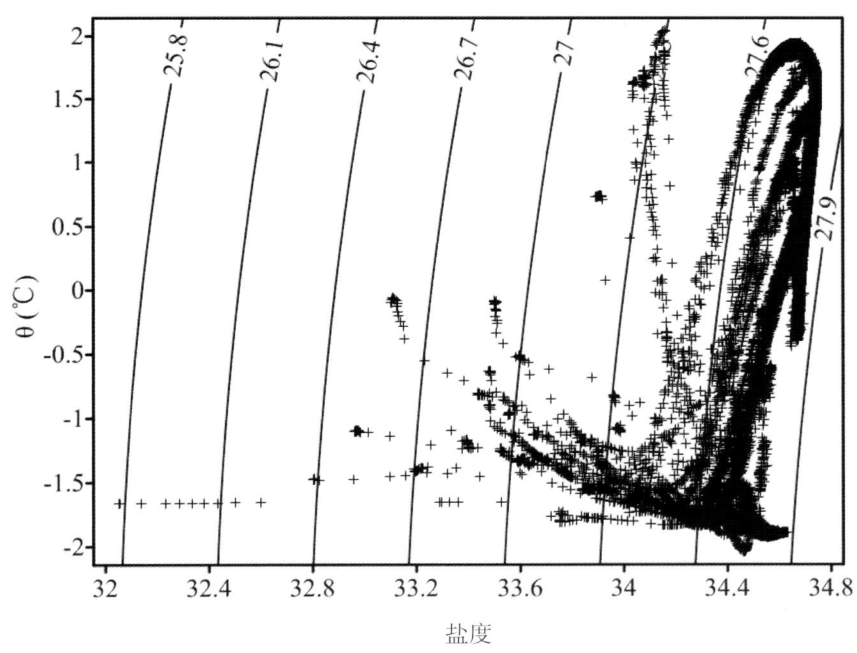

图12.1　中国第15次南极考察TS点聚图

第二节 航次站点剖面图

本航次各站点的 CTD 测量要素温度、盐度、密度、声速剖面分布如图 12.2 所示。

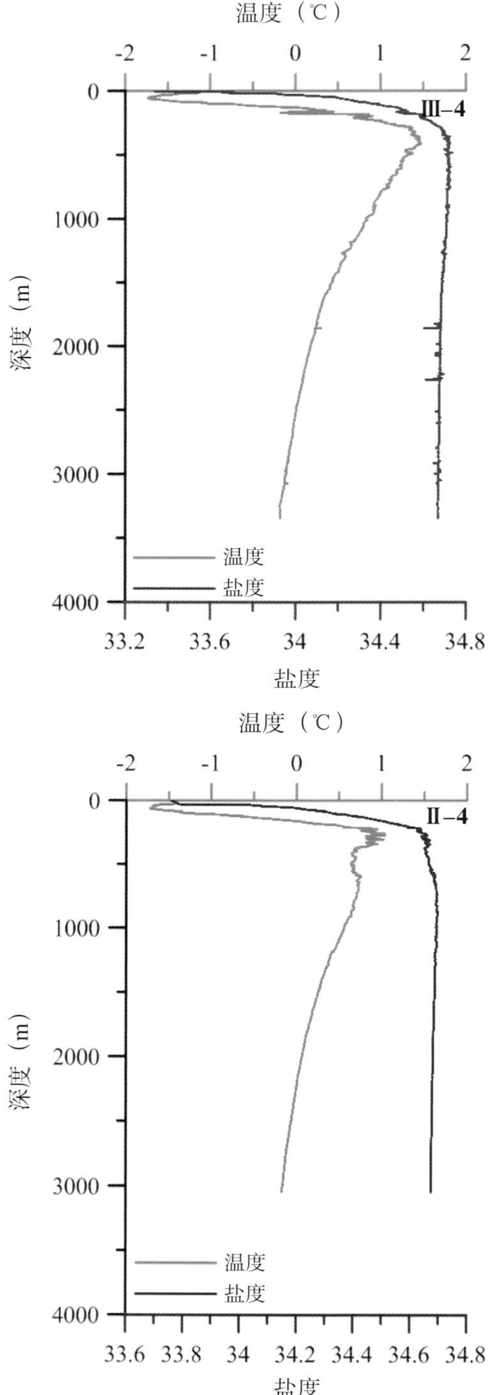

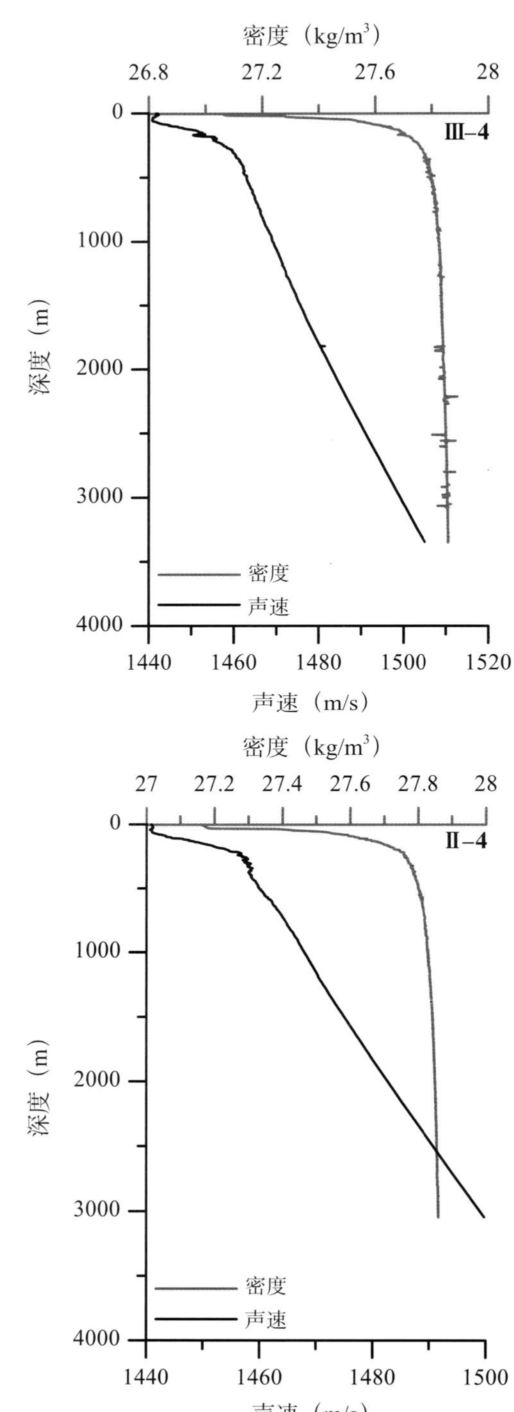

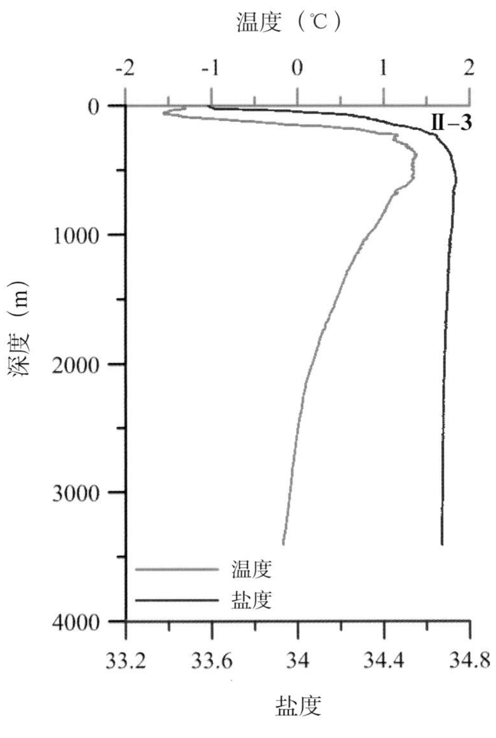
温度（℃）
-2
-1
0
1
2
0
1000
2000
3000
4000
深度（m）
Ⅱ-3
温度
盐度
33.2
33.6
34
34.4
34.8
盐度

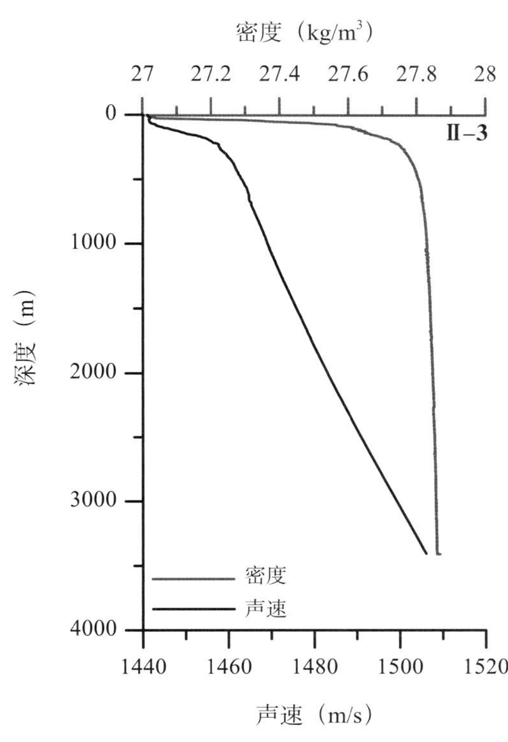
密度（kg/m³）
27
27.2
27.4
27.6
27.8
28
0
1000
2000
3000
4000
深度（m）
Ⅱ-3
密度
声速
1440
1460
1480
1500
1520
声速（m/s）

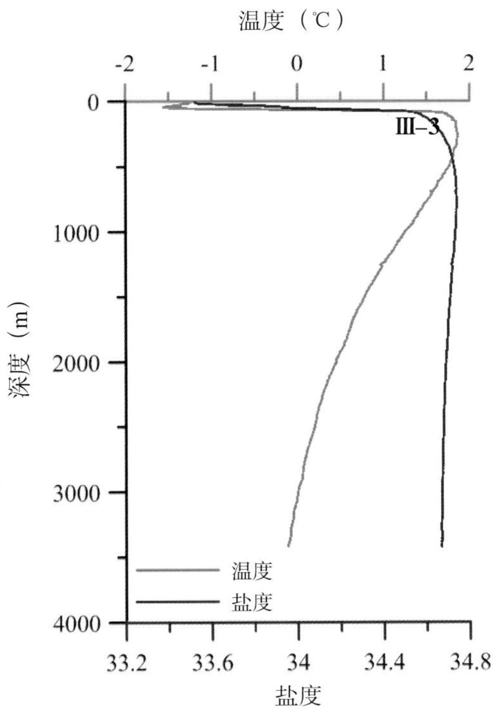
温度（℃）
-2
-1
0
1
2
0
1000
2000
3000
4000
深度（m）
Ⅲ-3
温度
盐度
33.2
33.6
34
34.4
34.8
盐度

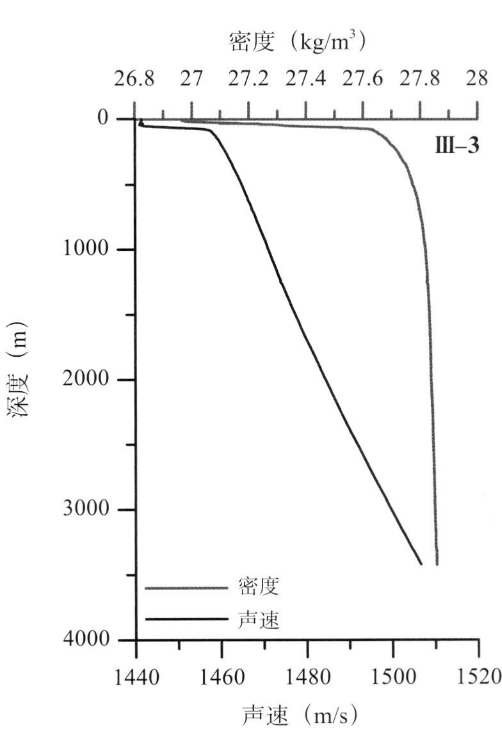
密度（kg/m³）
26.8
27
27.2
27.4
27.6
27.8
28
0
1000
2000
3000
4000
深度（m）
Ⅲ-3
密度
声速
1440
1460
1480
1500
1520
声速（m/s）

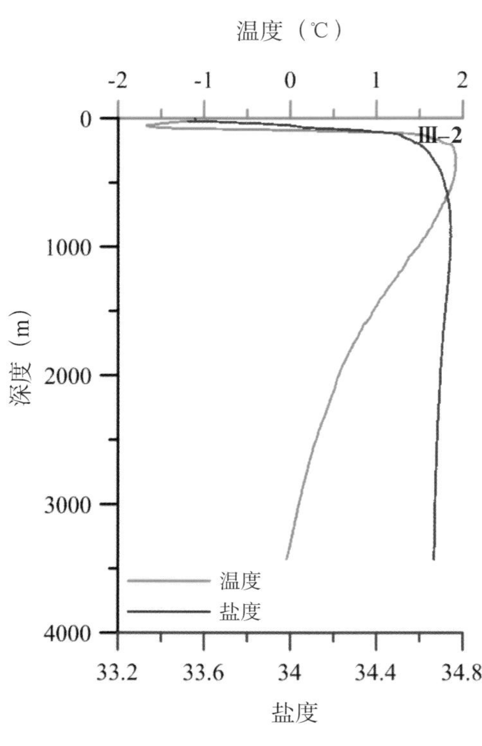
温度（℃）
-2
-1
0
1
2
0
1000
2000
3000
4000
深度（m）
Ⅲ-2
温度
盐度
33.2
33.6
34
34.4
34.8
盐度

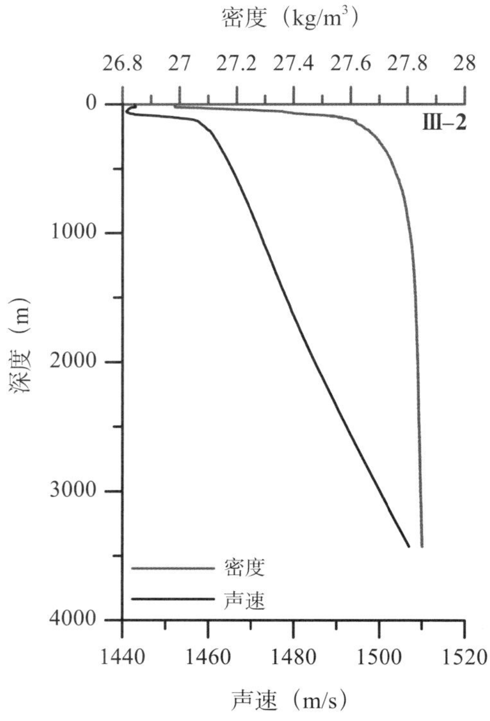
密度（kg/m3）
26.8
27
27.2
27.4
27.6
27.8
28
0
1000
2000
3000
4000
深度（m）
Ⅲ-2
密度
声速
1440
1460
1480
1500
1520
声速（m/s）

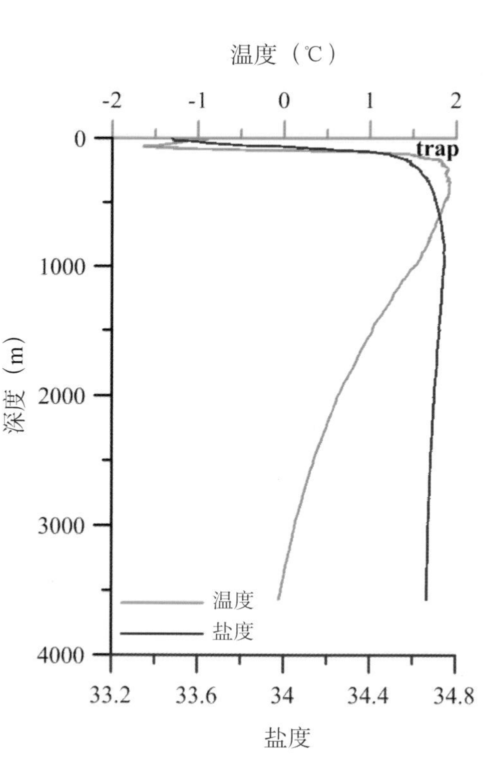
温度（℃）
-2
-1
0
1
2
0
1000
2000
3000
4000
深度（m）
trap
温度
盐度
33.2
33.6
34
34.4
34.8
盐度

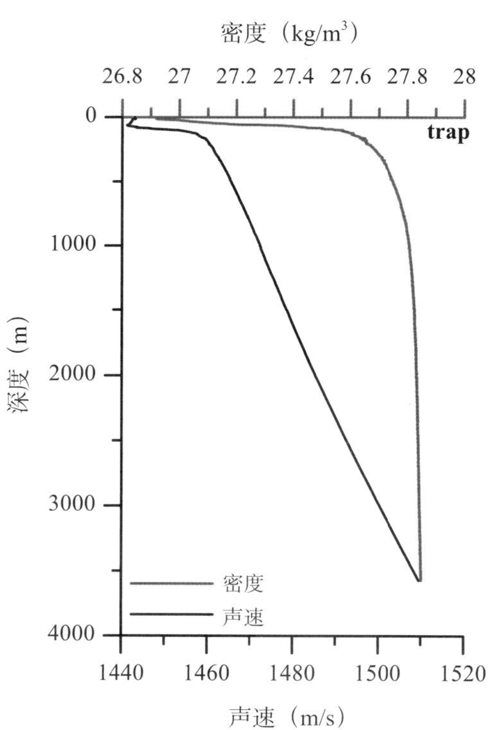
密度（kg/m3）
26.8
27
27.2
27.4
27.6
27.8
28
0
1000
2000
3000
4000
深度（m）
trap
密度
声速
1440
1460
1480
1500
1520
声速（m/s）

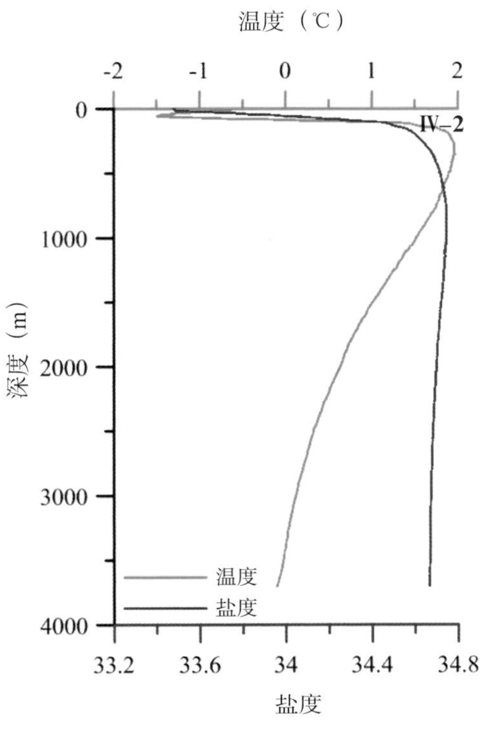
温度（℃）
-2
-1
0
1
2
0
1000
2000
3000
4000
IV-2
深度（m）
温度
盐度
33.2
33.6
34
34.4
34.8
盐度

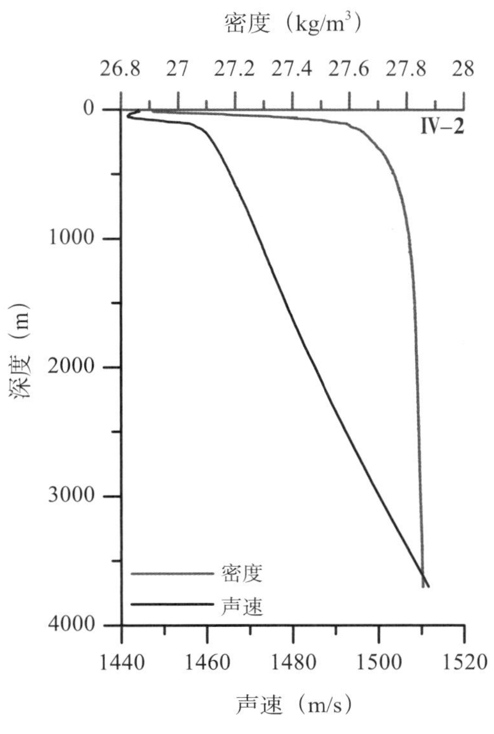
密度（kg/m³）
26.8
27
27.2
27.4
27.6
27.8
28
0
1000
2000
3000
4000
IV-2
深度（m）
密度
声速
1440
1460
1480
1500
1520
声速（m/s）

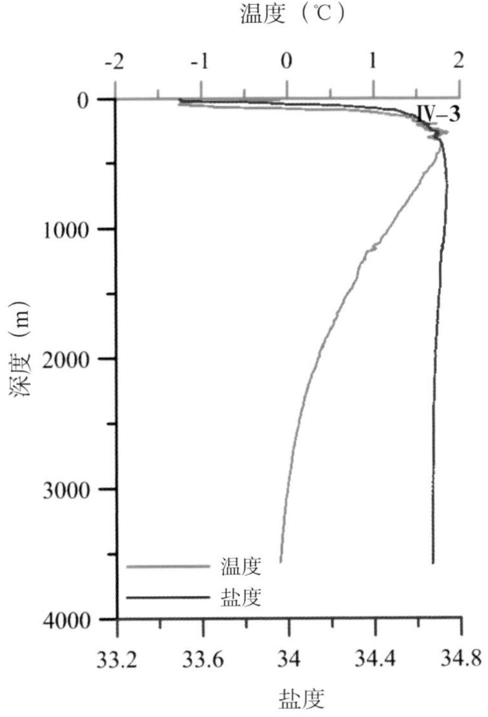
温度（℃）
-2
-1
0
1
2
0
1000
2000
3000
4000
IV-3
深度（m）
温度
盐度
33.2
33.6
34
34.4
34.8
盐度

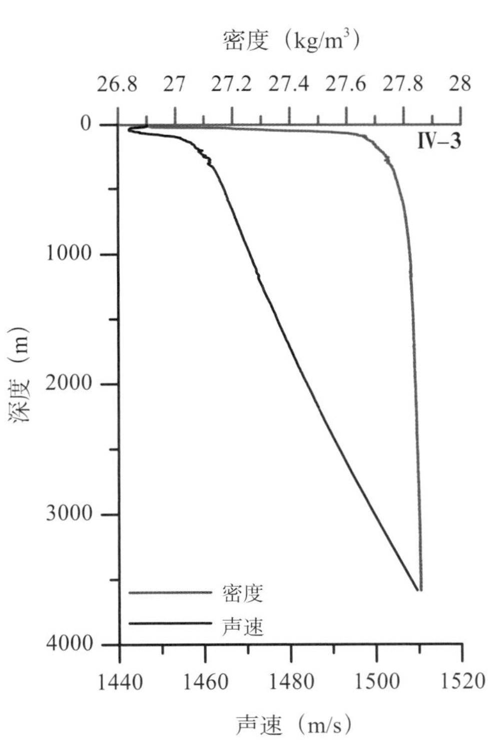
密度（kg/m³）
26.8
27
27.2
27.4
27.6
27.8
28
0
1000
2000
3000
4000
IV-3
深度（m）
密度
声速
1440
1460
1480
1500
1520
声速（m/s）

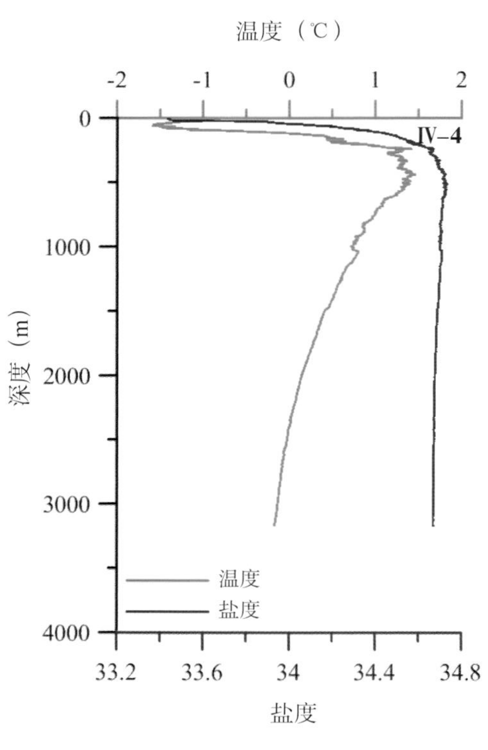
温度（℃）
-2 -1 0 1 2
0 1000 2000 3000 4000
深度（m）
IV–4
温度
盐度
33.2 33.6 34 34.4 34.8
盐度

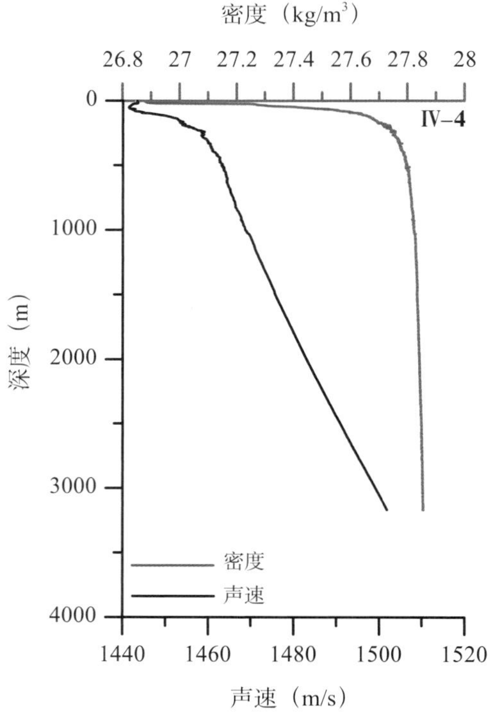
密度（kg/m³）
26.8 27 27.2 27.4 27.6 27.8 28
0 1000 2000 3000 4000
深度（m）
IV–4
密度
声速
1440 1460 1480 1500 1520
声速（m/s）

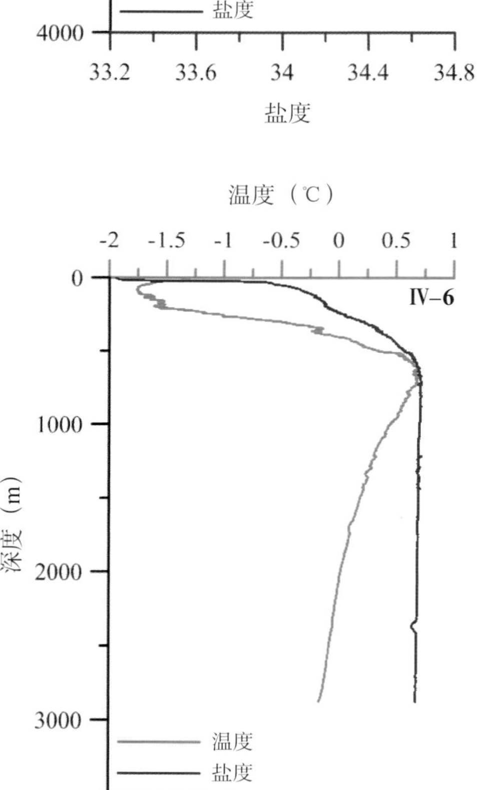
温度（℃）
-2 -1.5 -1 -0.5 0 0.5 1
0 1000 2000 3000
深度（m）
IV–6
温度
盐度
33.6 34 34.4 34.8
盐度

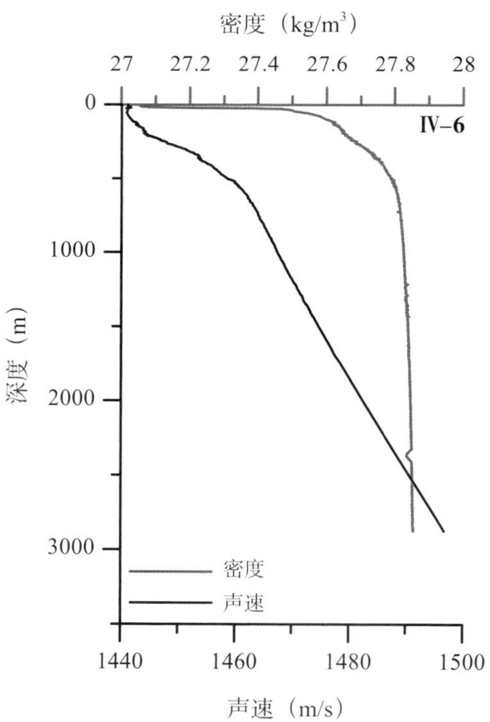
密度（kg/m³）
27 27.2 27.4 27.6 27.8 28
0 1000 2000 3000
深度（m）
IV–6
密度
声速
1440 1460 1480 1500
声速（m/s）

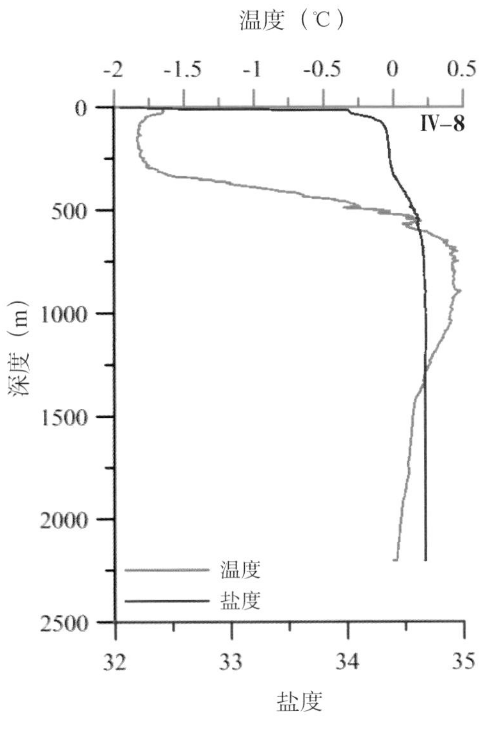

温度（℃）
-2
-1.5
-1
-0.5
0
0.5
Ⅳ-8
深度（m）
0
500
1000
1500
2000
2500
温度
盐度
32
33
34
35
盐度

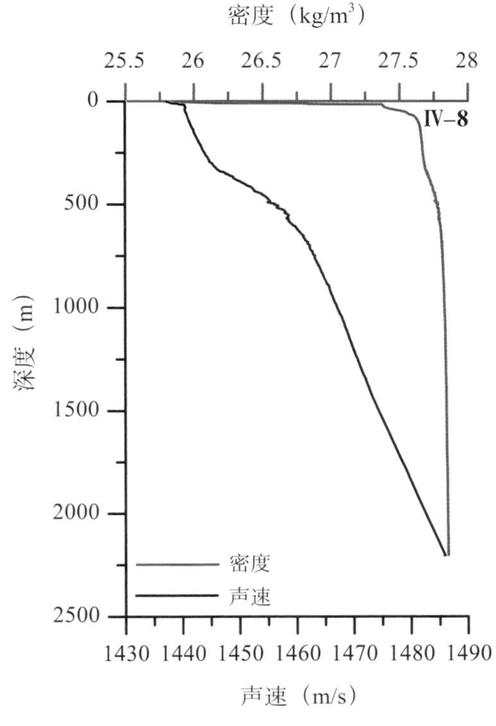

密度（kg/m3）
25.5
26
26.5
27
27.5
28
Ⅳ-8
深度（m）
0
500
1000
1500
2000
2500
密度
声速
1430
1440
1450
1460
1470
1480
1490
声速（m/s）

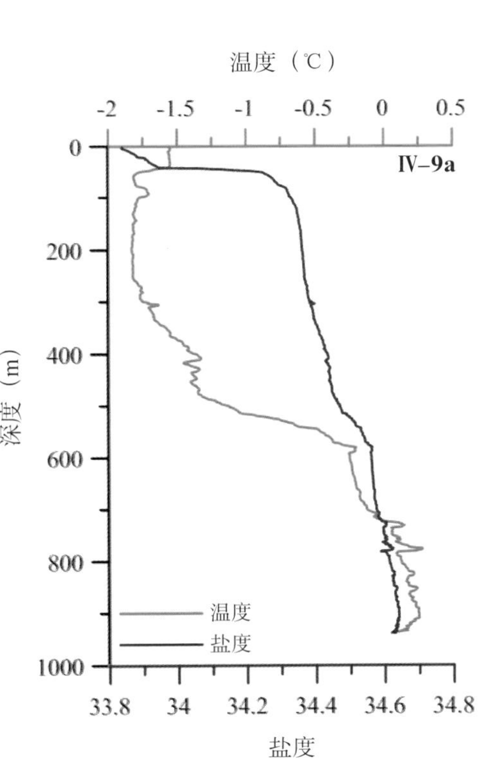

温度（℃）
-2
-1.5
-1
-0.5
0
0.5
Ⅳ-9a
深度（m）
0
200
400
600
800
1000
温度
盐度
33.8
34
34.2
34.4
34.6
34.8
盐度

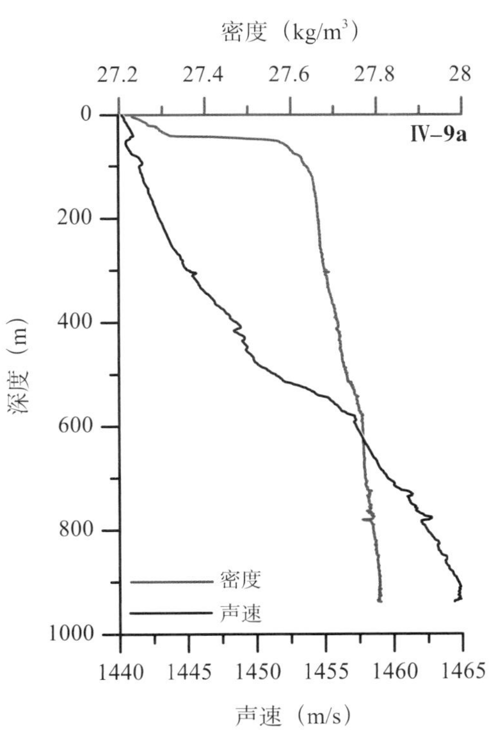

密度（kg/m3）
27.2
27.4
27.6
27.8
28
Ⅳ-9a
深度（m）
0
200
400
600
800
1000
密度
声速
1440
1445
1450
1455
1460
1465
声速（m/s）

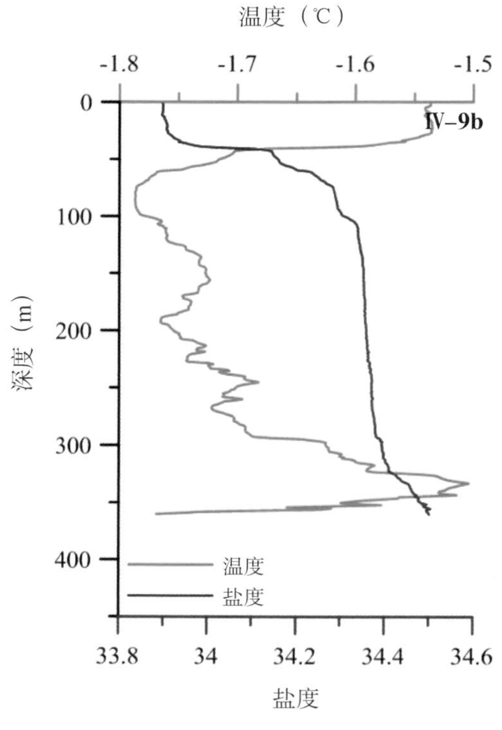

温度（℃）
-1.8
-1.7
-1.6
-1.5
0
100
200
300
400
深度（m）
Ⅳ-9b
温度
盐度
33.8
34
34.2
34.4
34.6
盐度

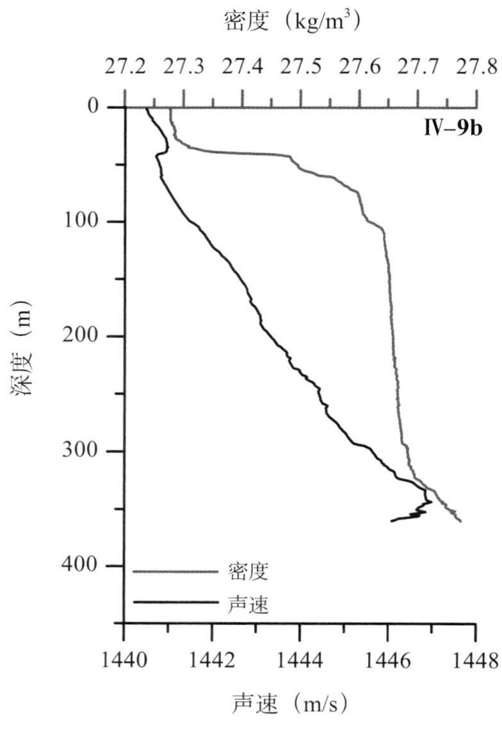

密度（kg/m3）
27.2
27.3
27.4
27.5
27.6
27.7
27.8
0
100
200
300
400
深度（m）
Ⅳ-9b
密度
声速
1440
1442
1444
1446
1448
声速（m/s）

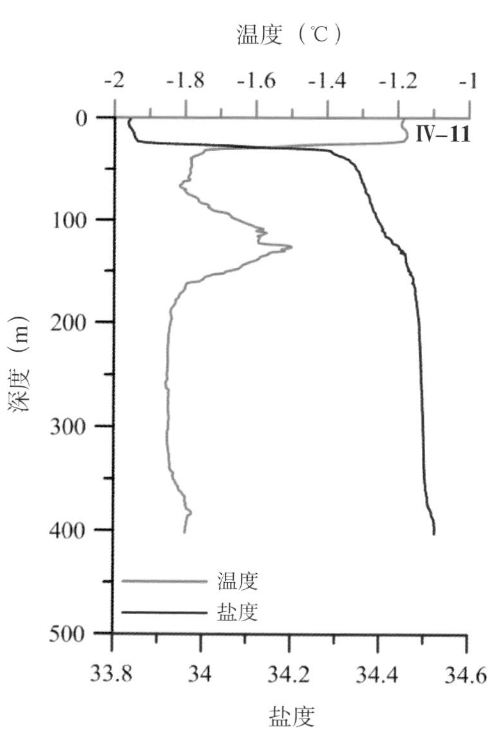

温度（℃）
-2
-1.8
-1.6
-1.4
-1.2
-1
0
100
200
300
400
500
深度（m）
Ⅳ-11
温度
盐度
33.8
34
34.2
34.4
34.6
盐度

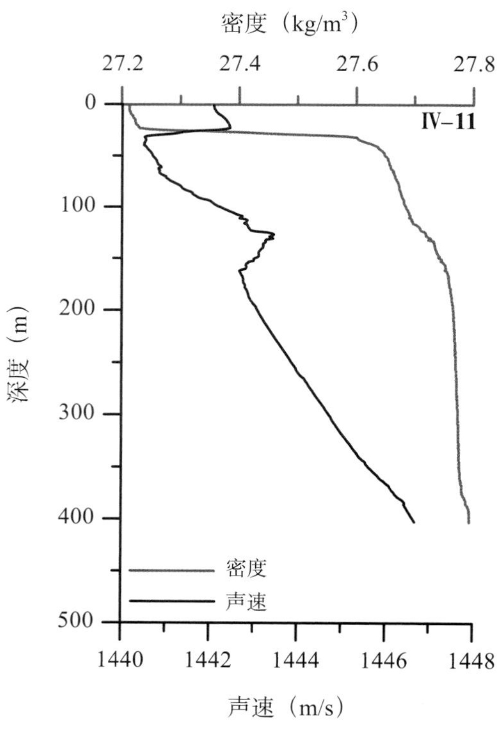

密度（kg/m3）
27.2
27.4
27.6
27.8
0
100
200
300
400
500
深度（m）
Ⅳ-11
密度
声速
1440
1442
1444
1446
1448
声速（m/s）

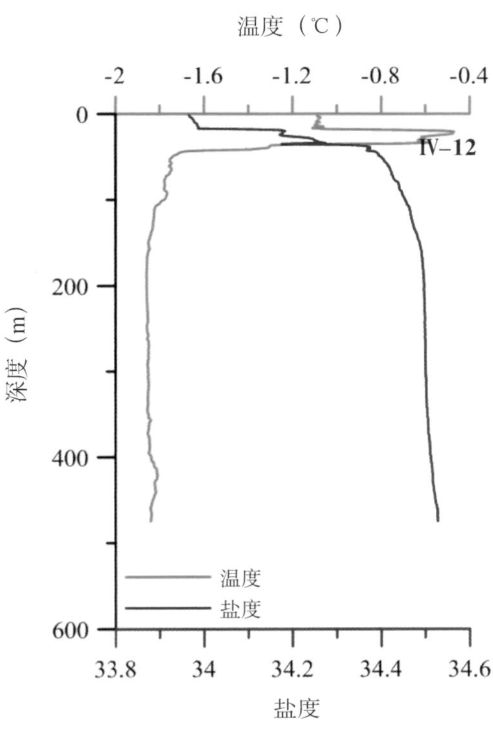
温度（℃）
-2
-1.6
-1.2
-0.8
-0.4
0
200
400
600
深度（m）
Ⅳ-12
温度
盐度
33.8
34
34.2
34.4
34.6
盐度

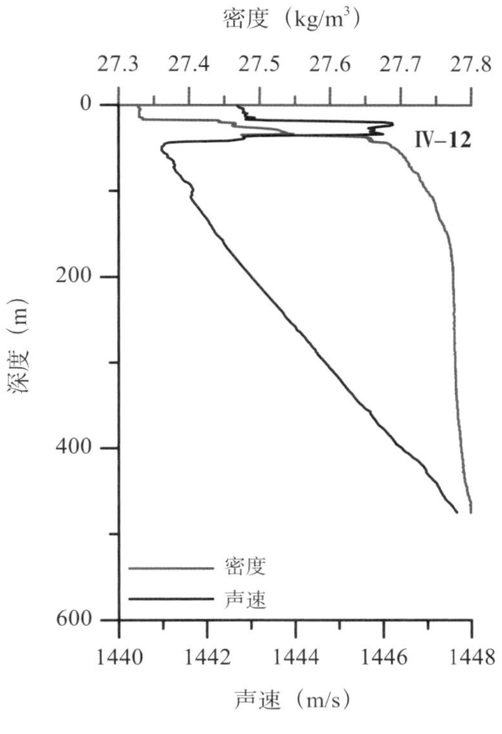
密度（kg/m³）
27.3
27.4
27.5
27.6
27.7
27.8
0
200
400
600
深度（m）
Ⅳ-12
密度
声速
1440
1442
1444
1446
1448
声速（m/s）

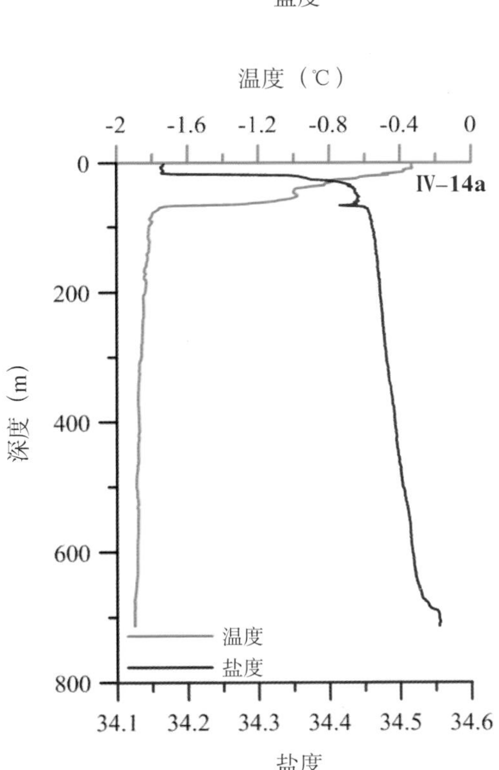
温度（℃）
-2
-1.6
-1.2
-0.8
-0.4
0
0
200
400
600
800
深度（m）
Ⅳ-14a
温度
盐度
34.1
34.2
34.3
34.4
34.5
34.6
盐度

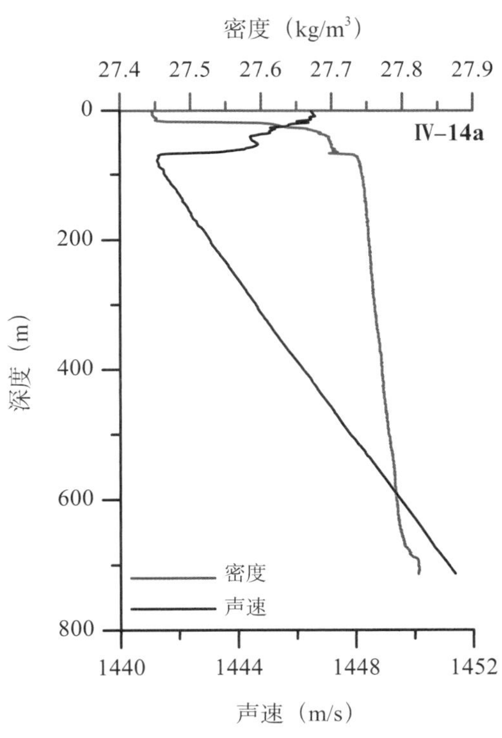
密度（kg/m³）
27.4
27.5
27.6
27.7
27.8
27.9
0
200
400
600
800
深度（m）
Ⅳ-14a
密度
声速
1440
1444
1448
1452
声速（m/s）

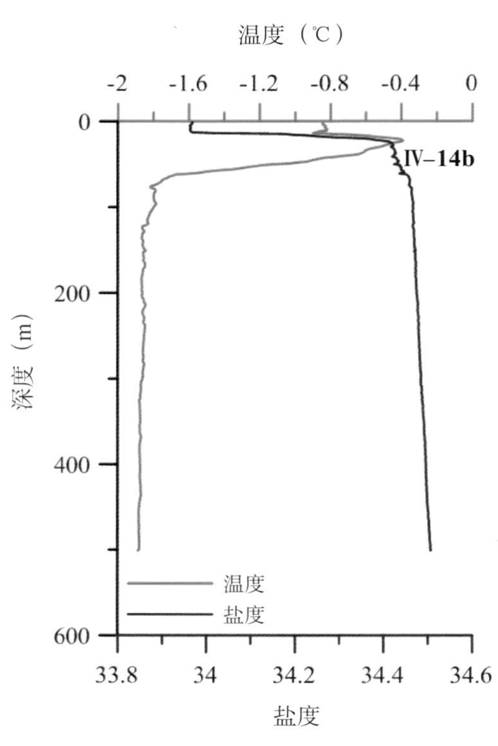
温度（℃）
-2 -1.6 -1.2 -0.8 -0.4 0
0
200
400
600
深度（m）
IV-14b
温度
盐度
33.8 34 34.2 34.4 34.6
盐度

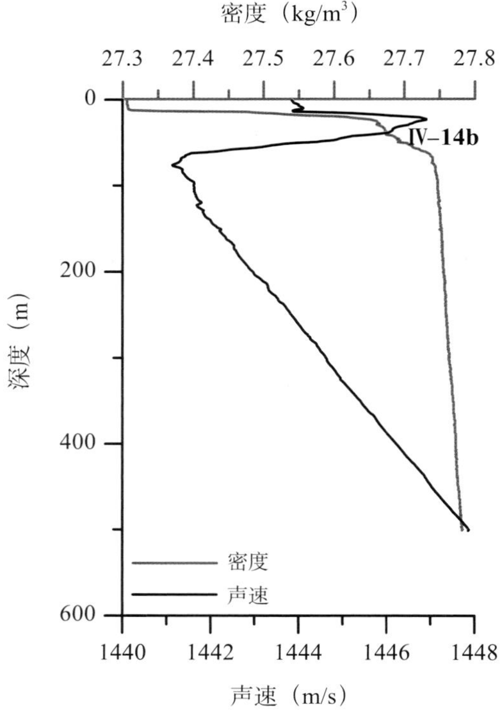
密度（kg/m³）
27.3 27.4 27.5 27.6 27.7 27.8
0
200
400
600
深度（m）
IV-14b
密度
声速
1440 1442 1444 1446 1448
声速（m/s）

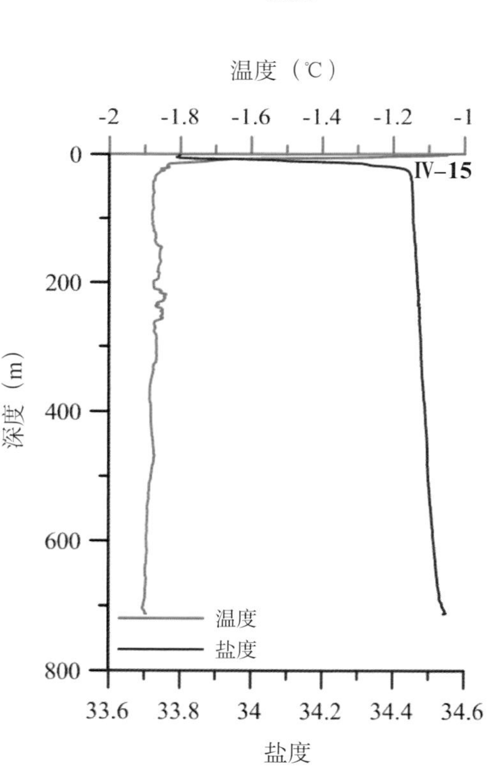
温度（℃）
-2 -1.8 -1.6 -1.4 -1.2 -1
0
200
400
600
800
深度（m）
IV-15
温度
盐度
33.6 33.8 34 34.2 34.4 34.6
盐度

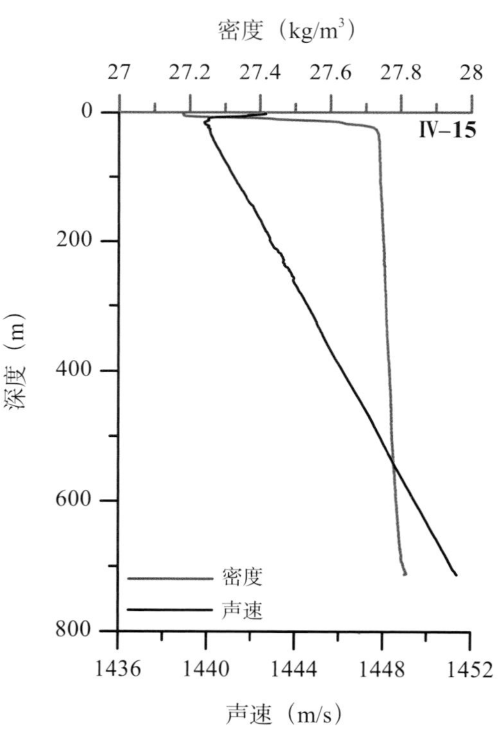
密度（kg/m³）
27 27.2 27.4 27.6 27.8 28
0
200
400
600
800
深度（m）
IV-15
密度
声速
1436 1440 1444 1448 1452
声速（m/s）

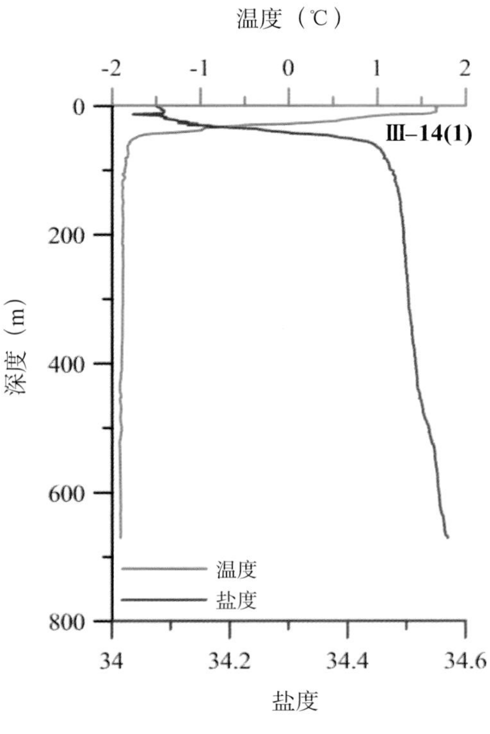
温度（℃）
-2
-1
0
1
2
0
200
400
600
800
深度（m）
Ⅲ-14(1)
温度
盐度
34
34.2
34.4
34.6
盐度

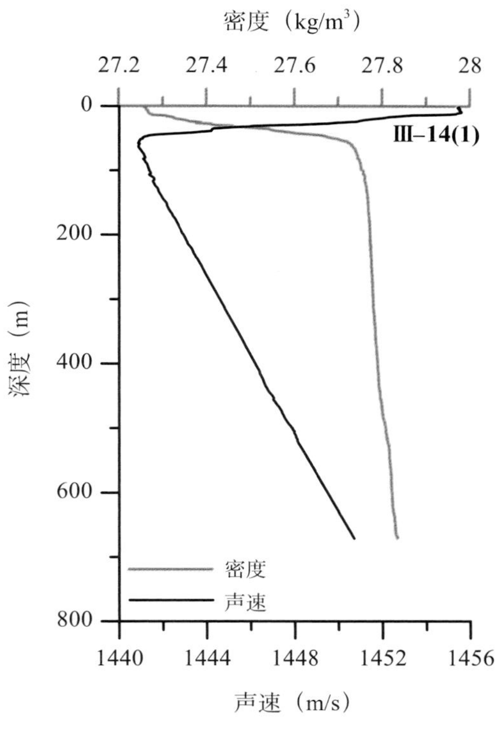
密度（kg/m³）
27.2
27.4
27.6
27.8
28
0
200
400
600
800
深度（m）
Ⅲ-14(1)
密度
声速
1440
1444
1448
1452
1456
声速（m/s）

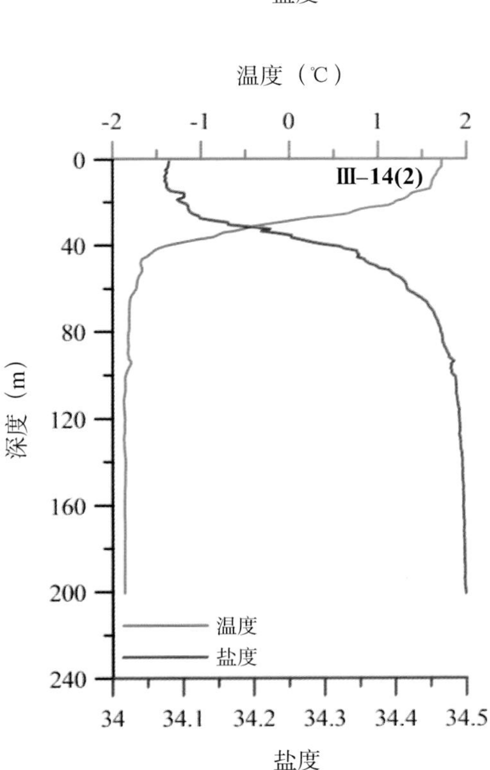
温度（℃）
-2
-1
0
1
2
0
40
80
120
160
200
240
深度（m）
Ⅲ-14(2)
温度
盐度
34
34.1
34.2
34.3
34.4
34.5
盐度

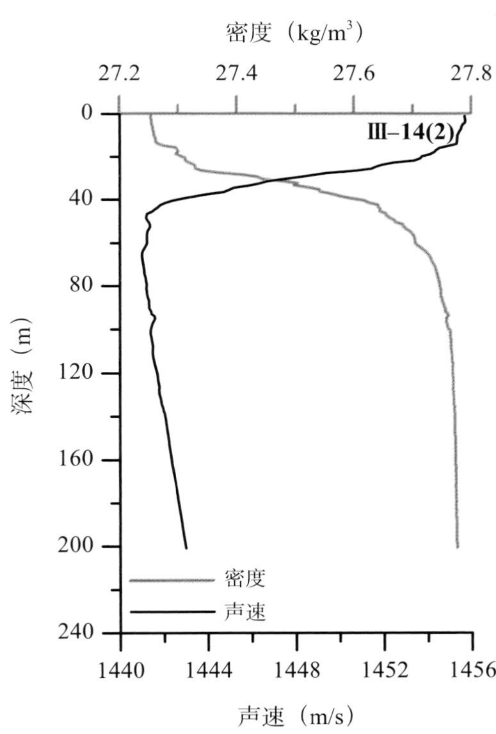
密度（kg/m³）
27.2
27.4
27.6
27.8
0
40
80
120
160
200
240
深度（m）
Ⅲ-14(2)
密度
声速
1440
1444
1448
1452
1456
声速（m/s）

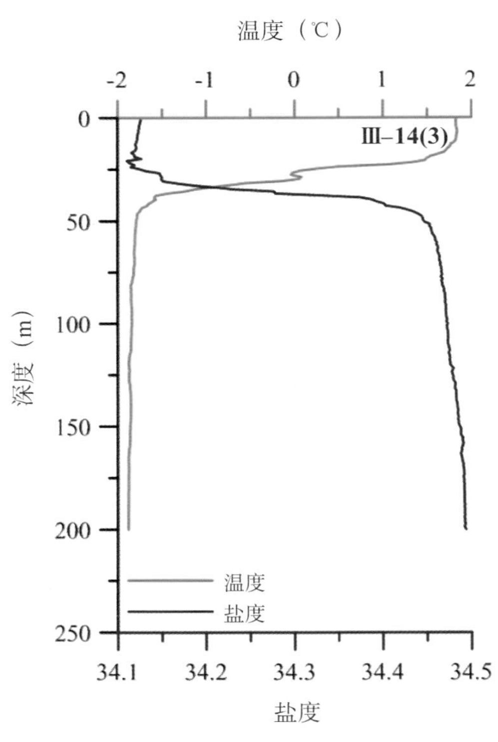
温度（℃）
-2 -1 0 1 2
Ⅲ-14(3)
深度（m）
0 50 100 150 200 250
温度
盐度
34.1 34.2 34.3 34.4 34.5
盐度

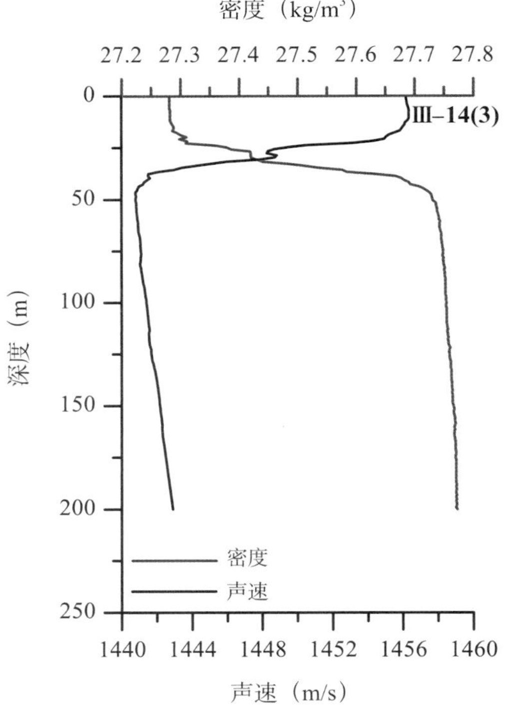
密度（kg/m³）
27.2 27.3 27.4 27.5 27.6 27.7 27.8
Ⅲ-14(3)
深度（m）
0 50 100 150 200 250
密度
声速
1440 1444 1448 1452 1456 1460
声速（m/s）

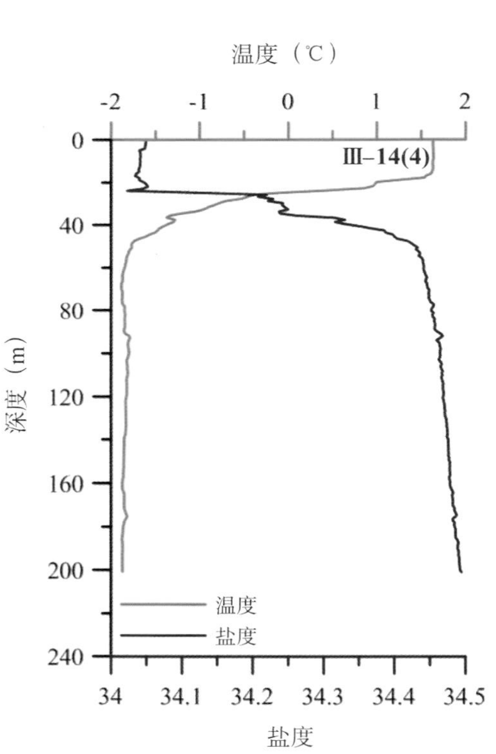
温度（℃）
-2 -1 0 1 2
Ⅲ-14(4)
深度（m）
0 40 80 120 160 200 240
温度
盐度
34 34.1 34.2 34.3 34.4 34.5
盐度

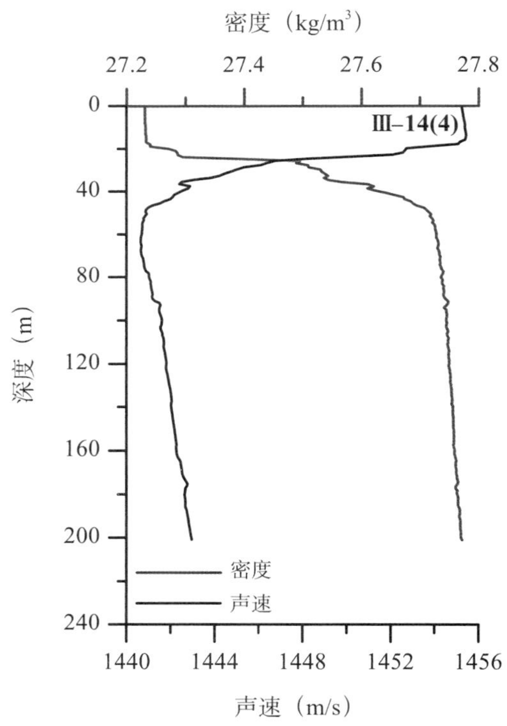
密度（kg/m³）
27.2 27.4 27.6 27.8
Ⅲ-14(4)
深度（m）
0 40 80 120 160 200 240
密度
声速
1440 1444 1448 1452 1456
声速（m/s）

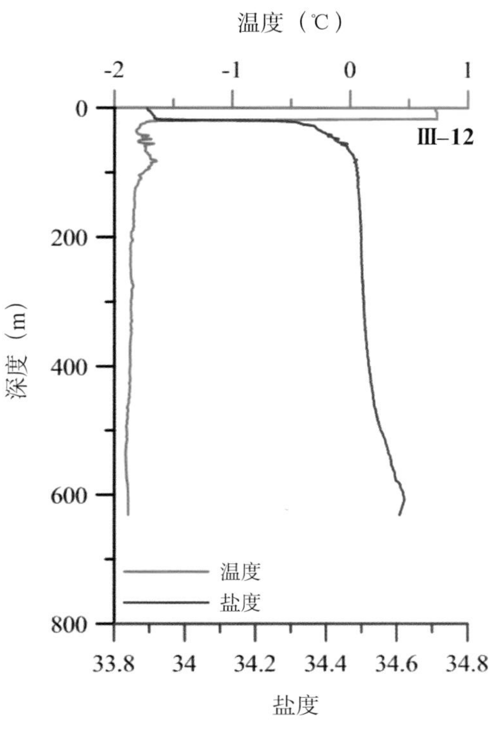
温度（℃）
-2
-1
0
1
0
200
400
600
800
深度（m）
III–12
温度
盐度
33.8
34
34.2
34.4
34.6
34.8
盐度

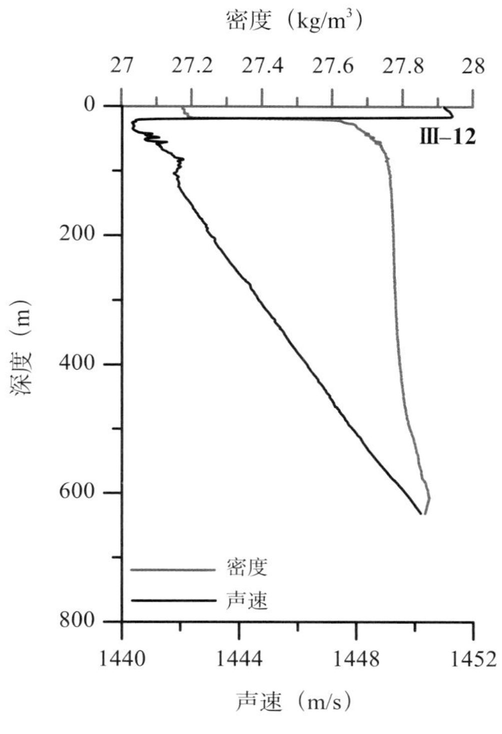
密度（kg/m³）
27
27.2
27.4
27.6
27.8
28
0
200
400
600
800
深度（m）
III–12
密度
声速
1440
1444
1448
1452
声速（m/s）

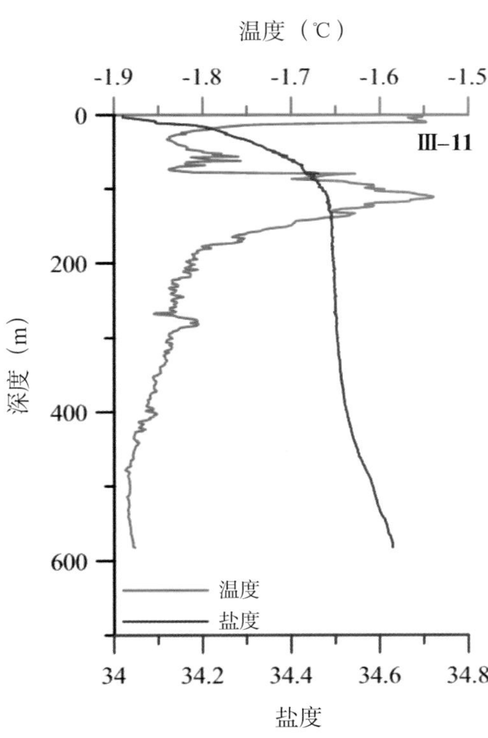
温度（℃）
-1.9
-1.8
-1.7
-1.6
-1.5
0
200
400
600
深度（m）
III–11
温度
盐度
34
34.2
34.4
34.6
34.8
盐度

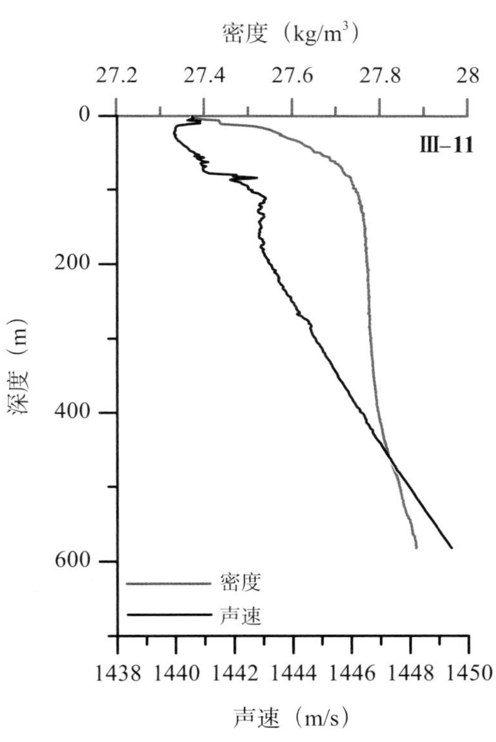
密度（kg/m³）
27.2
27.4
27.6
27.8
28
0
200
400
600
深度（m）
III–11
密度
声速
1438
1440
1442
1444
1446
1448
1450
声速（m/s）

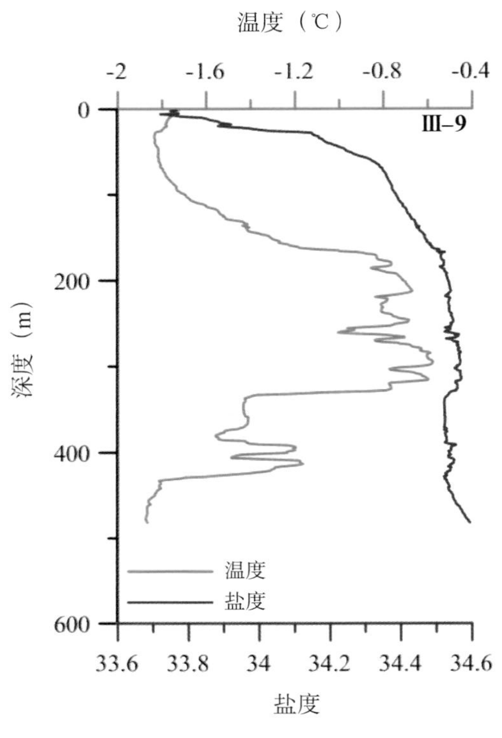
温度（℃）
-2
-1.6
-1.2
-0.8
-0.4
0
200
400
600
Ⅲ-9
深度（m）
温度
盐度
33.6
33.8
34
34.2
34.4
34.6
盐度

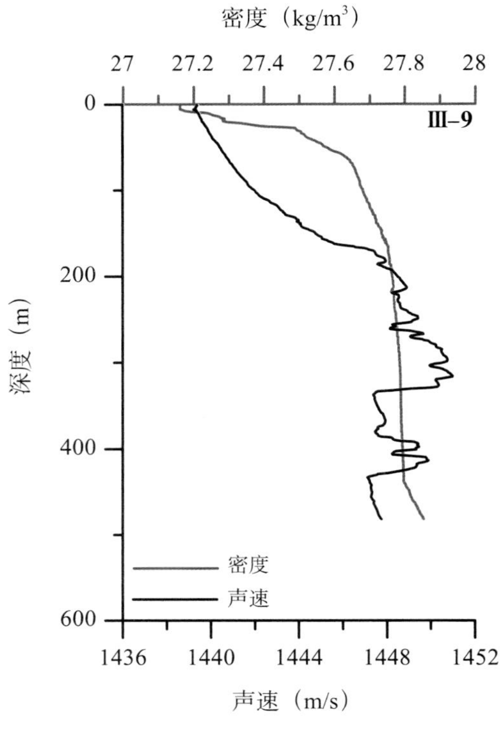
密度（kg/m³）
27
27.2
27.4
27.6
27.8
28
0
200
400
600
Ⅲ-9
深度（m）
密度
声速
1436
1440
1444
1448
1452
声速（m/s）

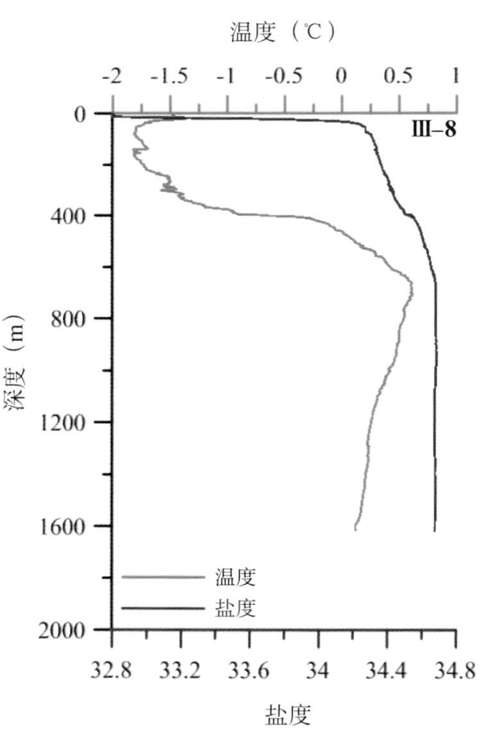
温度（℃）
-2
-1.5
-1
-0.5
0
0.5
1
0
400
800
1200
1600
2000
Ⅲ-8
深度（m）
温度
盐度
32.8
33.2
33.6
34
34.4
34.8
盐度

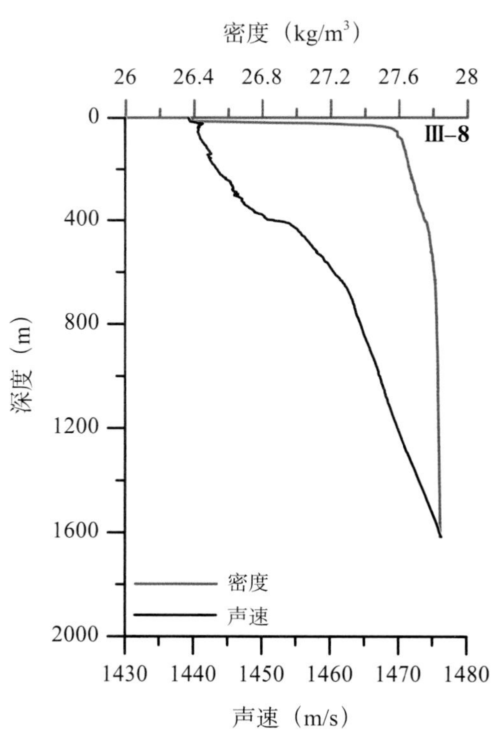
密度（kg/m³）
26
26.4
26.8
27.2
27.6
28
0
400
800
1200
1600
2000
Ⅲ-8
深度（m）
密度
声速
1430
1440
1450
1460
1470
1480
声速（m/s）

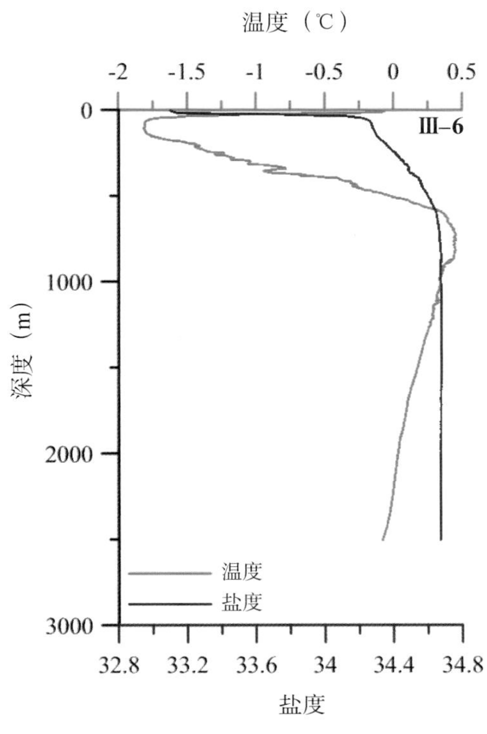
温度（℃）
-2
-1.5
-1
-0.5
0
0.5
III–6
0
1000
2000
3000
深度（m）
温度
盐度
32.8
33.2
33.6
34
34.4
34.8
盐度

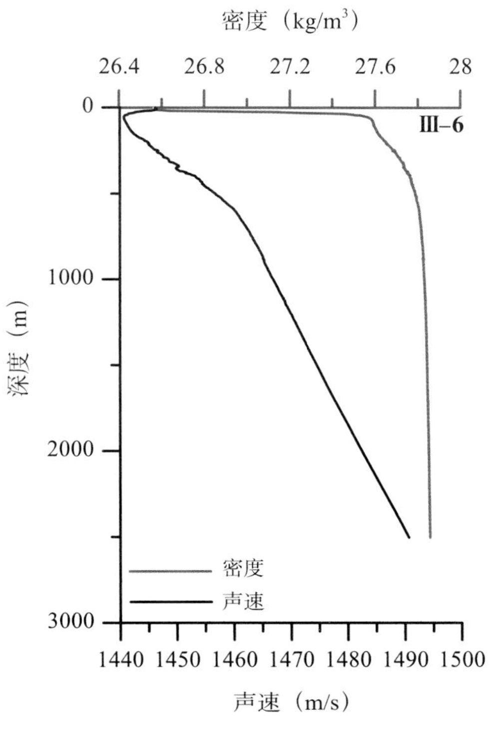
密度（kg/m³）
26.4
26.8
27.2
27.6
28
III–6
0
1000
2000
3000
深度（m）
密度
声速
1440
1450
1460
1470
1480
1490
1500
声速（m/s）

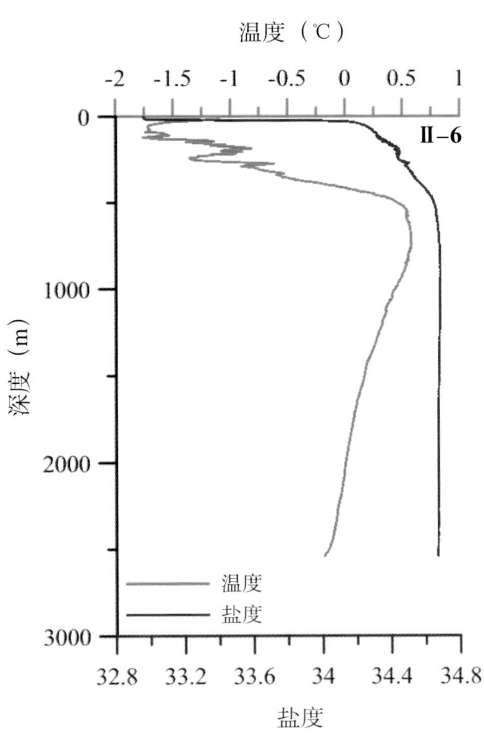
温度（℃）
-2
-1.5
-1
-0.5
0
0.5
1
II–6
0
1000
2000
3000
深度（m）
温度
盐度
32.8
33.2
33.6
34
34.4
34.8
盐度

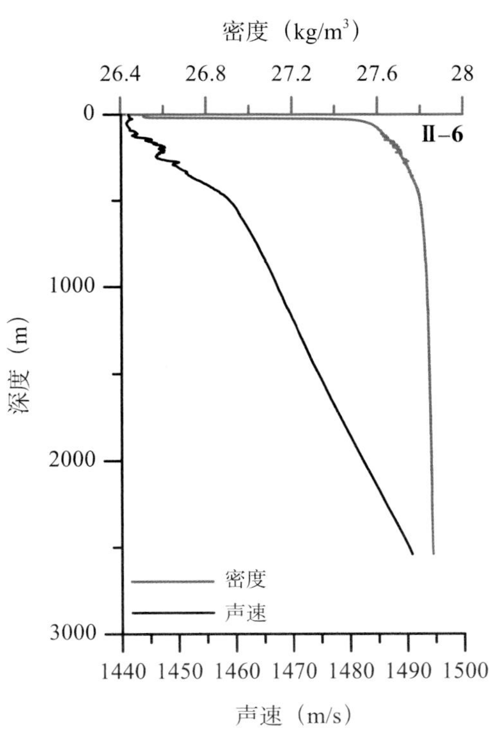
密度（kg/m³）
26.4
26.8
27.2
27.6
28
II–6
0
1000
2000
3000
深度（m）
密度
声速
1440
1450
1460
1470
1480
1490
1500
声速（m/s）

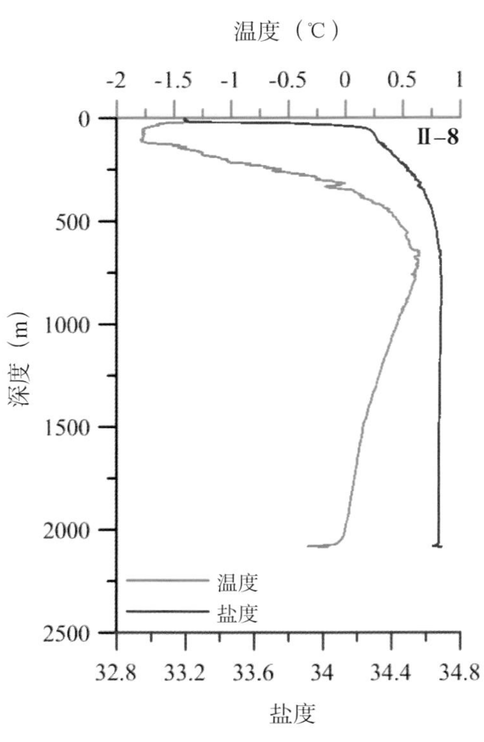
温度（℃）
-2 -1.5 -1 -0.5 0 0.5 1
Ⅱ-8
0
500
1000
1500
2000
2500
深度（m）
温度
盐度
32.8 33.2 33.6 34 34.4 34.8
盐度

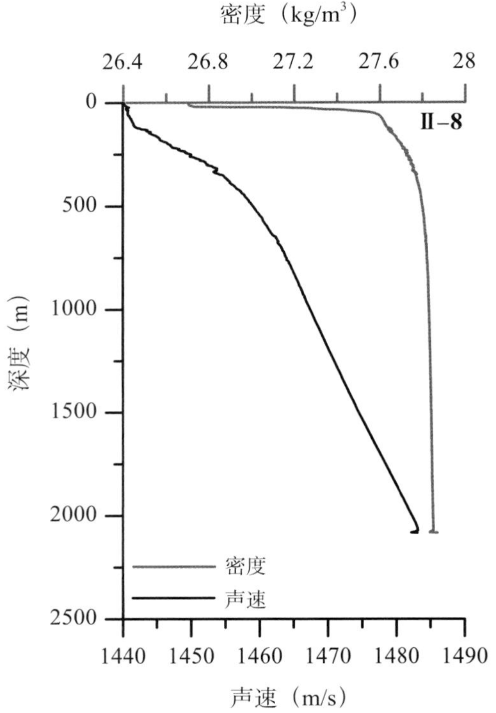
密度（kg/m³）
26.4 26.8 27.2 27.6 28
Ⅱ-8
0
500
1000
1500
2000
2500
深度（m）
密度
声速
1440 1450 1460 1470 1480 1490
声速（m/s）

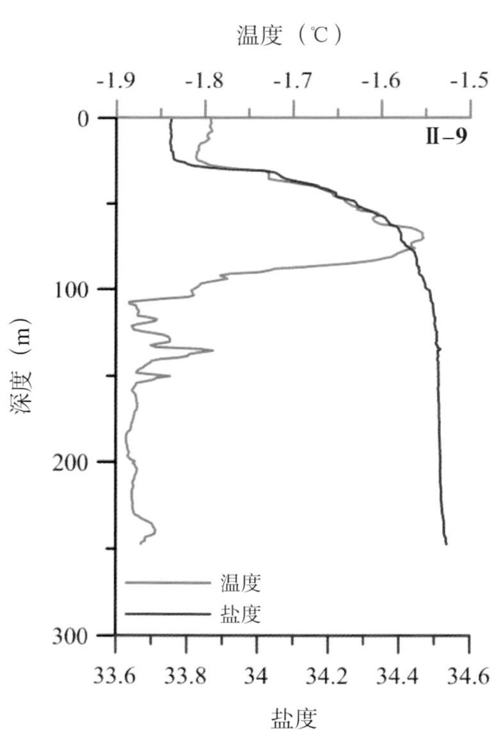
温度（℃）
-1.9 -1.8 -1.7 -1.6 -1.5
Ⅱ-9
0
100
200
300
深度（m）
温度
盐度
33.6 33.8 34 34.2 34.4 34.6
盐度

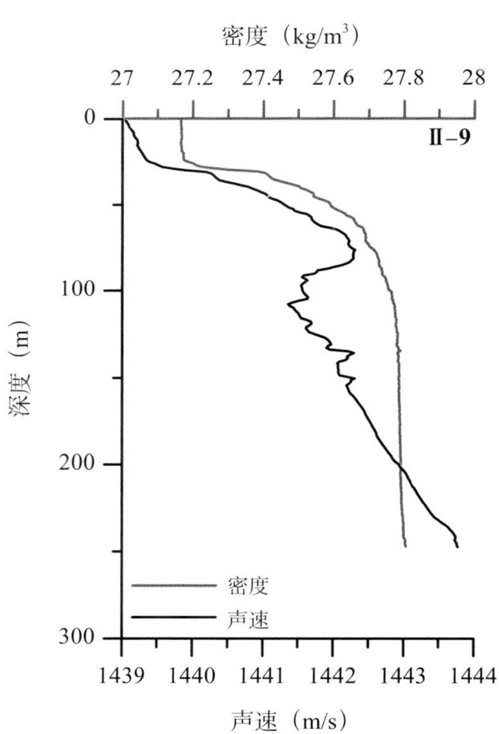
密度（kg/m³）
27 27.2 27.4 27.6 27.8 28
Ⅱ-9
0
100
200
300
深度（m）
密度
声速
1439 1440 1441 1442 1443 1444
声速（m/s）

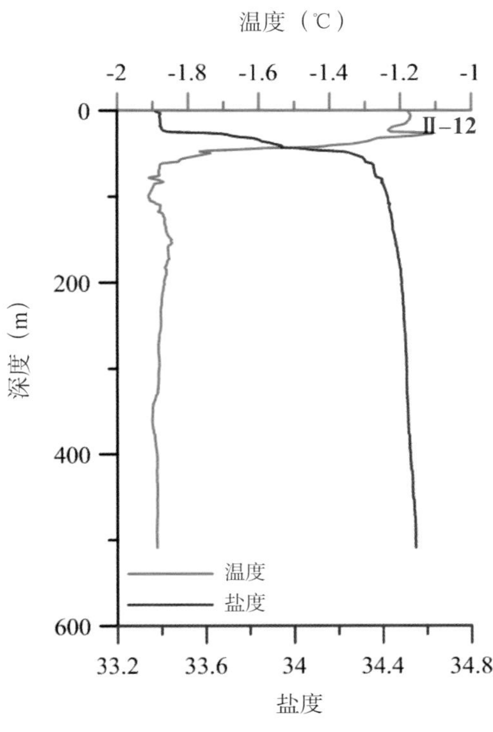
温度（℃）
-2
-1.8
-1.6
-1.4
-1.2
-1
Ⅱ-12
0
200
400
600
深度（m）
温度
盐度
33.2
33.6
34
34.4
34.8
盐度

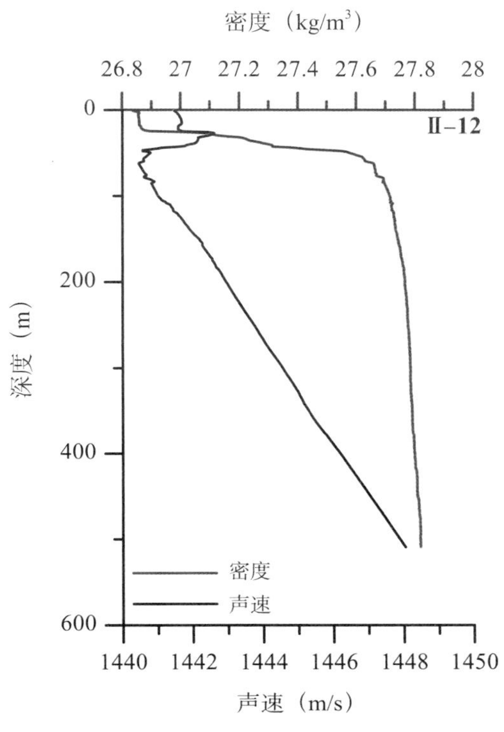
密度（kg/m³）
26.8
27
27.2
27.4
27.6
27.8
28
Ⅱ-12
0
200
400
600
深度（m）
密度
声速
1440
1442
1444
1446
1448
1450
声速（m/s）

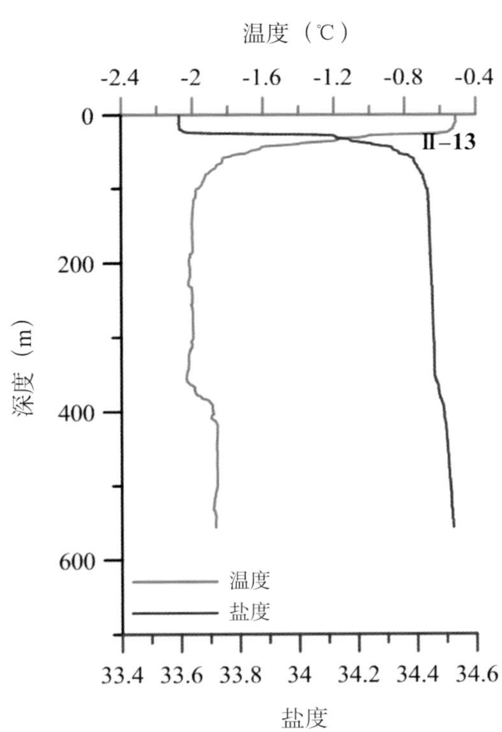
温度（℃）
-2.4
-2
-1.6
-1.2
-0.8
-0.4
Ⅱ-13
0
200
400
600
深度（m）
温度
盐度
33.4
33.6
33.8
34
34.2
34.4
34.6
盐度

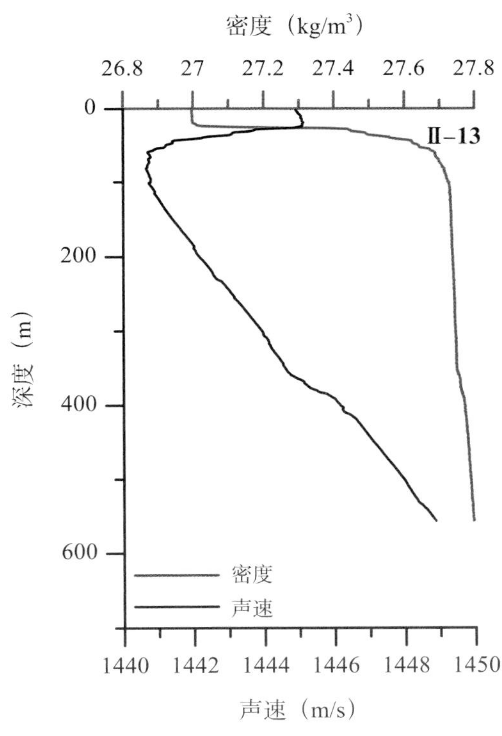
密度（kg/m³）
26.8
27
27.2
27.4
27.6
27.8
Ⅱ-13
0
200
400
600
深度（m）
密度
声速
1440
1442
1444
1446
1448
1450
声速（m/s）

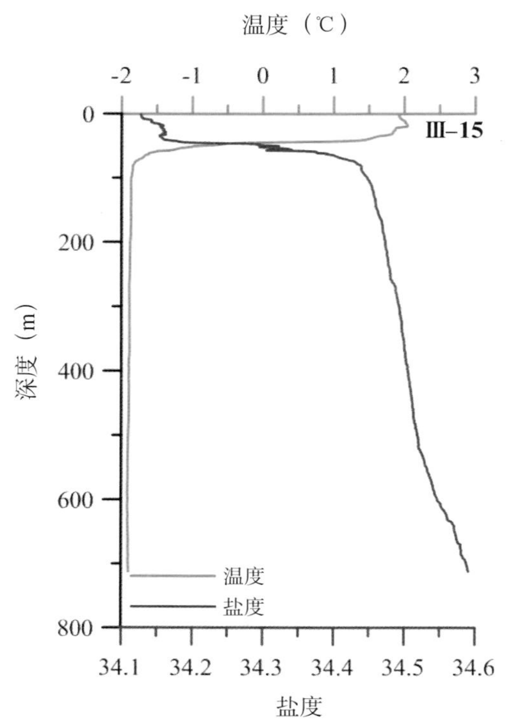

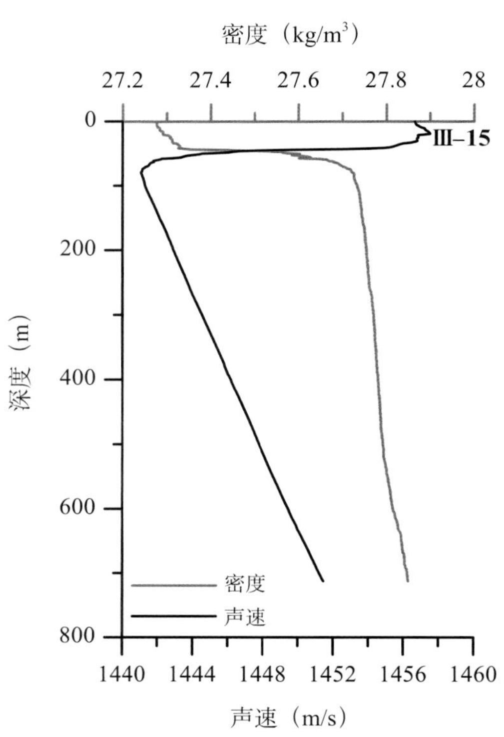

图12.2　CTD 测量要素温度、盐度、密度、声速剖面分布图

第三节　航次断面图

本航次站位布设较为规则，可以构成 3 条横跨深水海盆、陆坡、陆架的经向断面，依次为Ⅱ、Ⅲ、Ⅳ断面。这些断面上全深度和 500 m 以上的温度、盐度、密度、声速断面分布如图 12.3 至图 12.5 所示。

（1）断面Ⅱ温度、盐度、密度、声速分布图

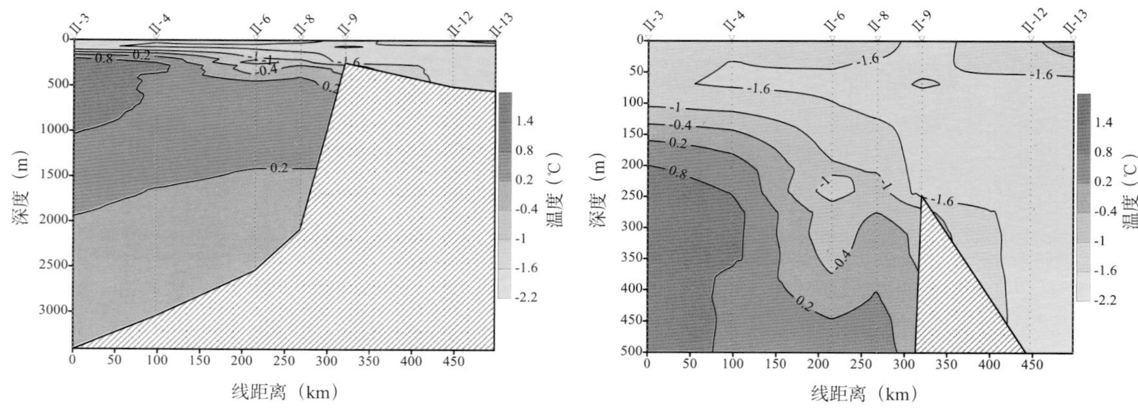

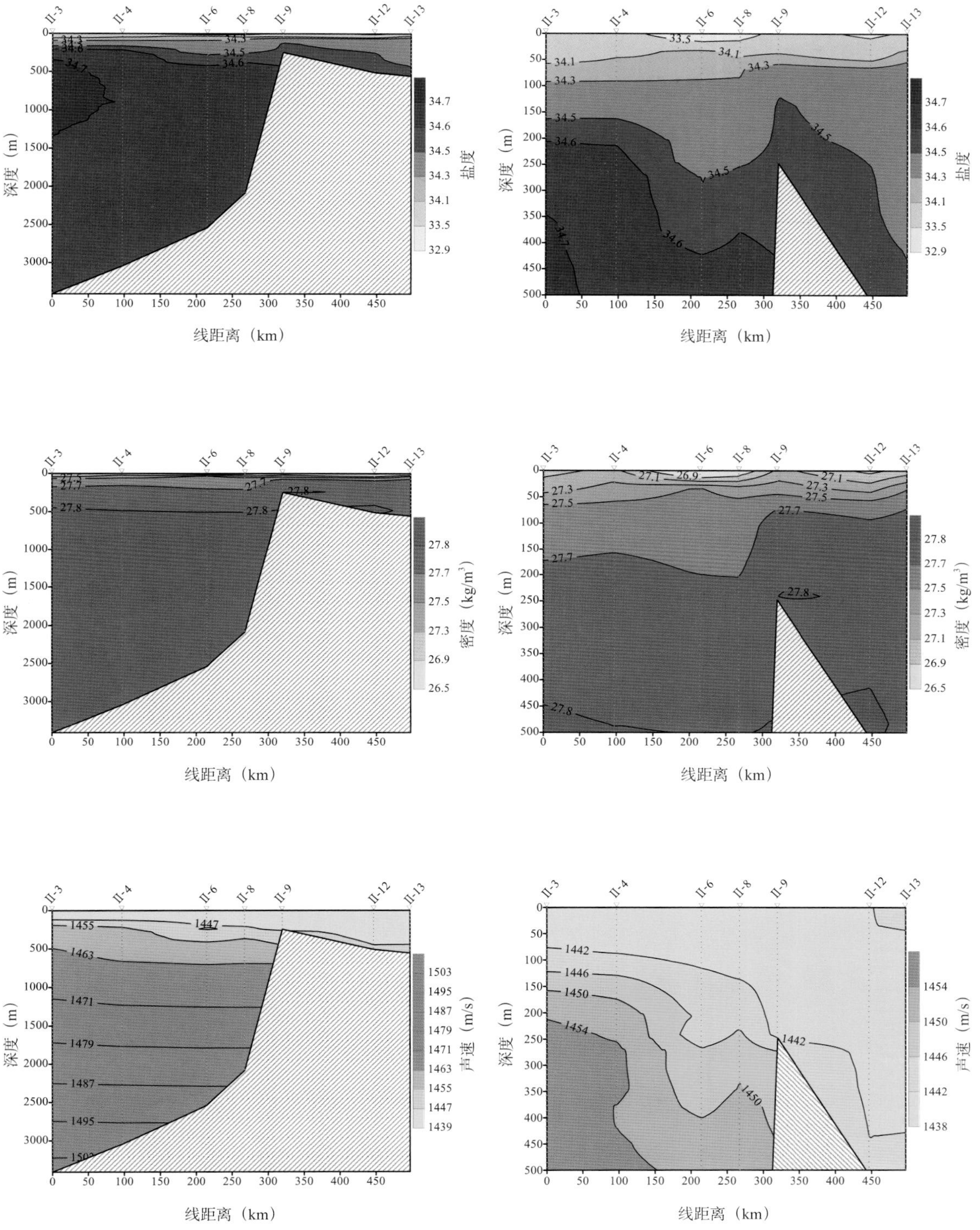

图12.3 断面Ⅱ温度、盐度、密度、声速分布图

（3）断面Ⅲ温度、盐度、密度、声速分布图

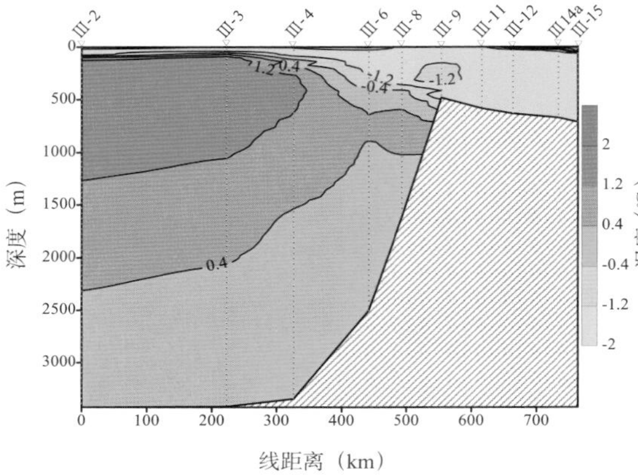

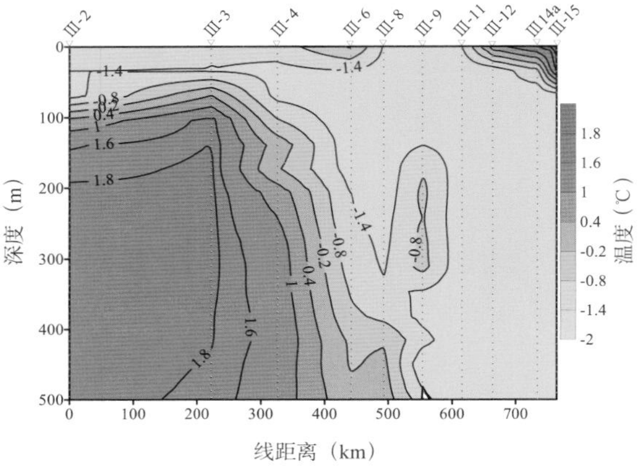

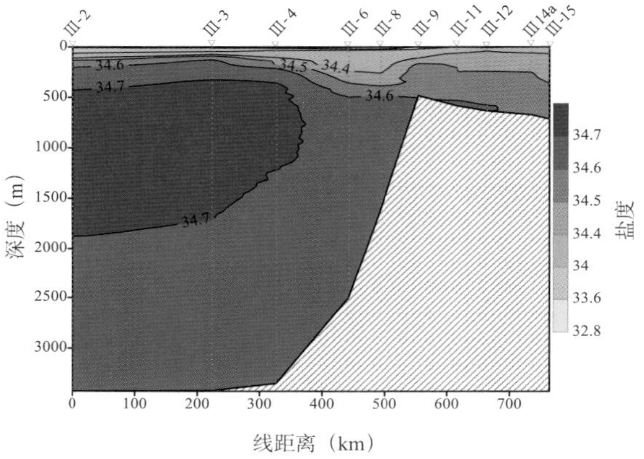

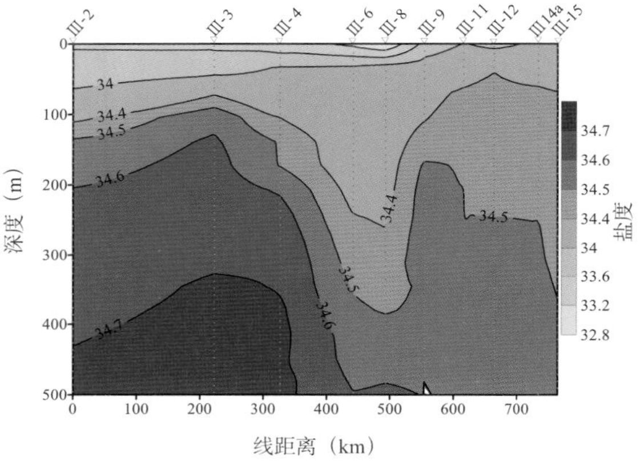

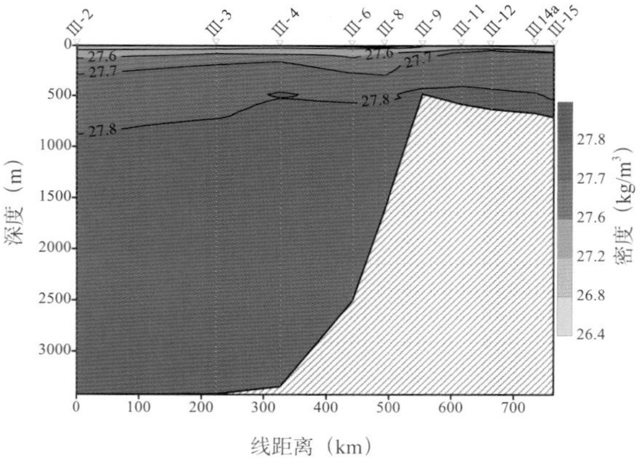

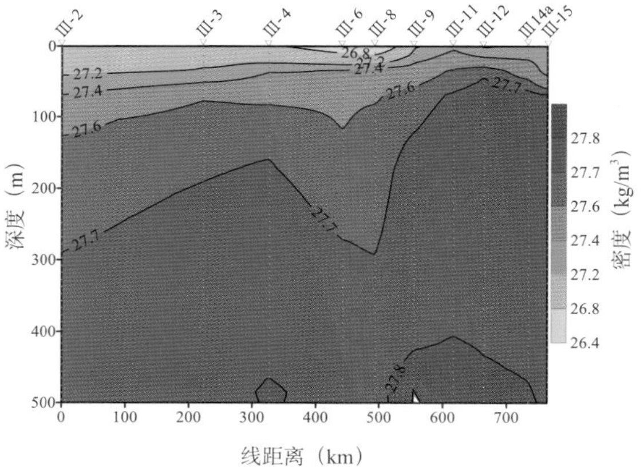

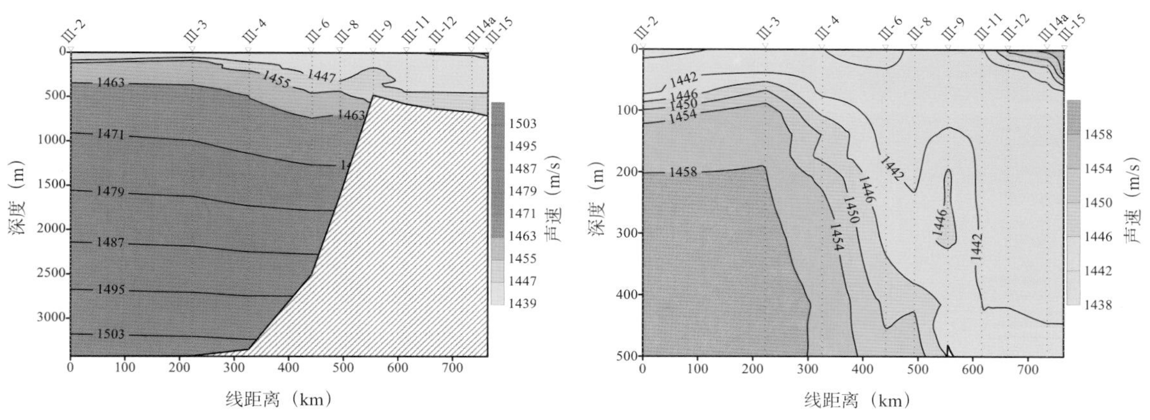

图12.4　断面Ⅲ温度、盐度、密度、声速分布图

（4）断面Ⅳ温度、盐度、密度、声速分布图

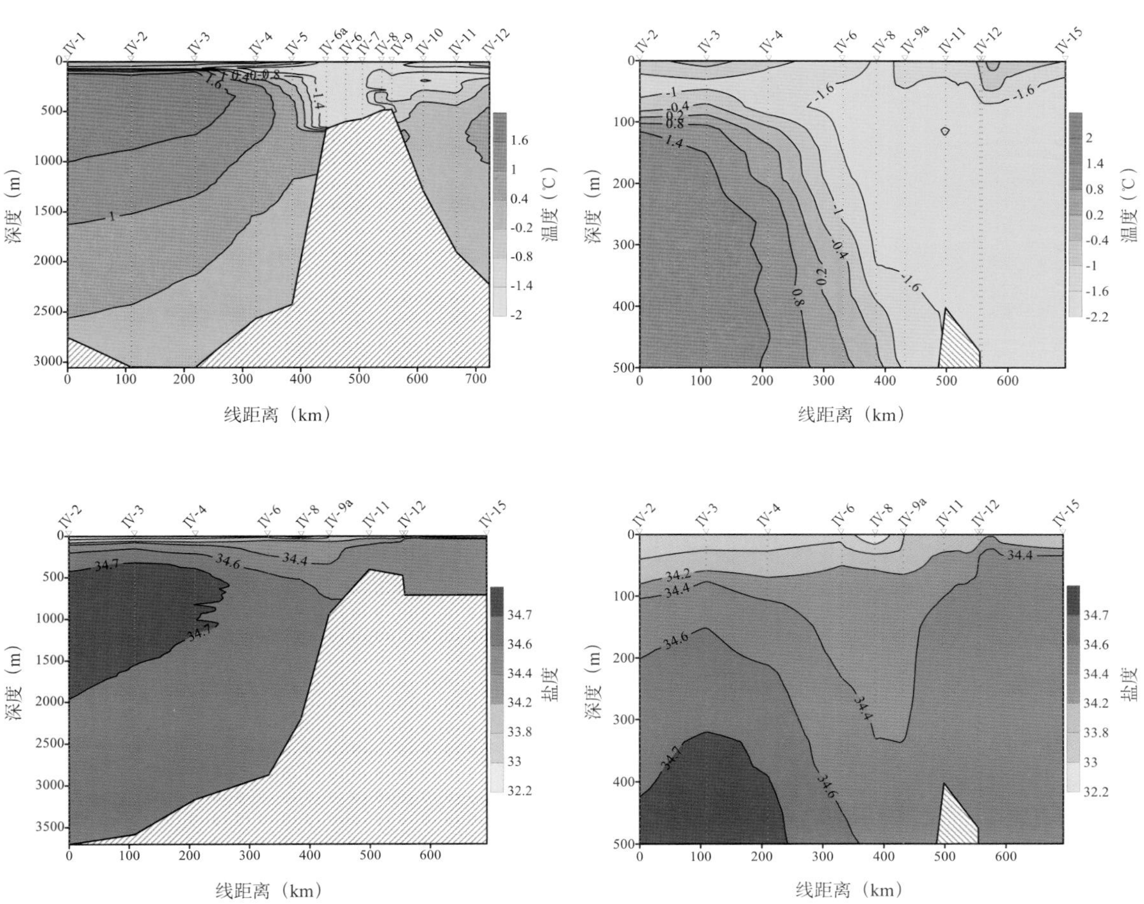

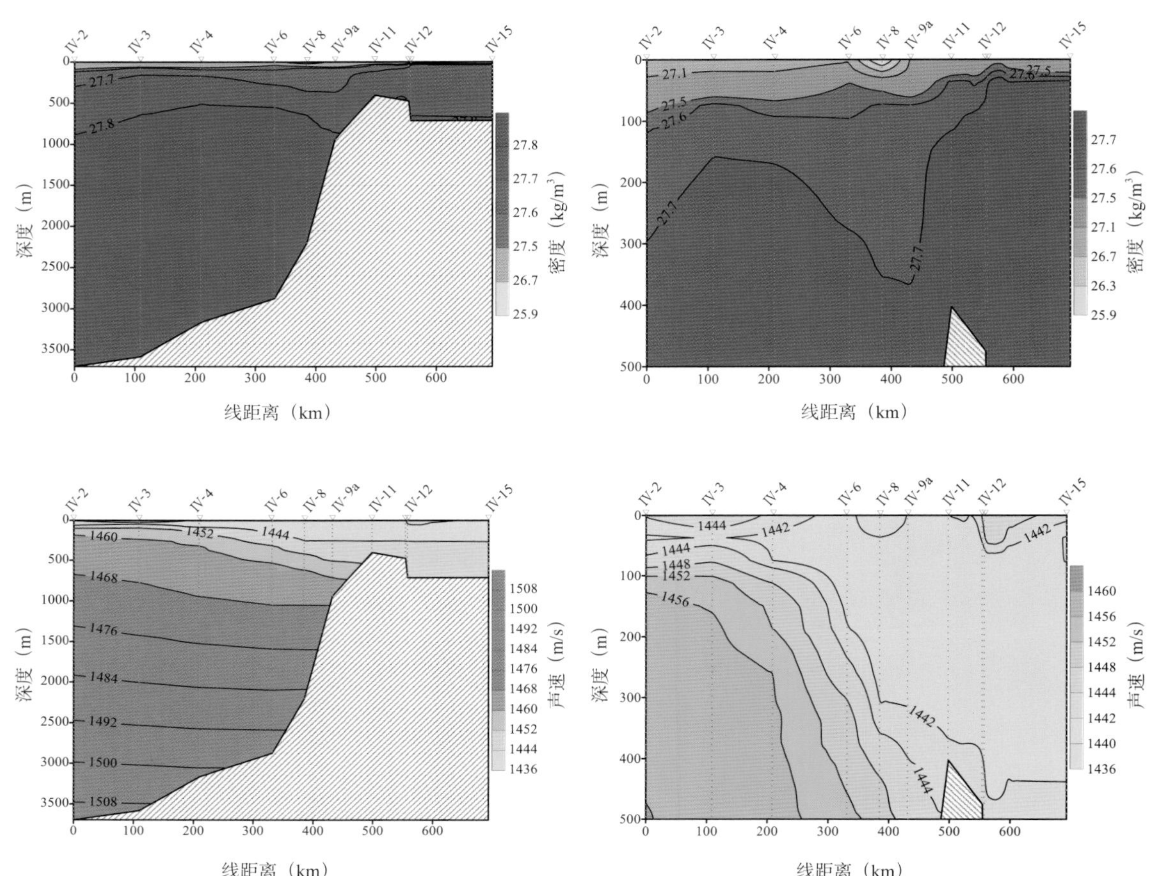

图12.5　断面Ⅳ温度、盐度、密度、声速分布图

第四节 航次大面剖面图

本航次 5 条平行的断面和其他站位可以构成南极半岛附近海域的大面观测，10 m 层、50 m 层、100 m 层、500 m 层上的温度、盐度、密度、声速分布情况如图 12.6 至图 12.9 所示。

（1）10 m 层温度、盐度、密度、声速分布图（等值线间隔依次为 0.5，0.2，0.2，2）

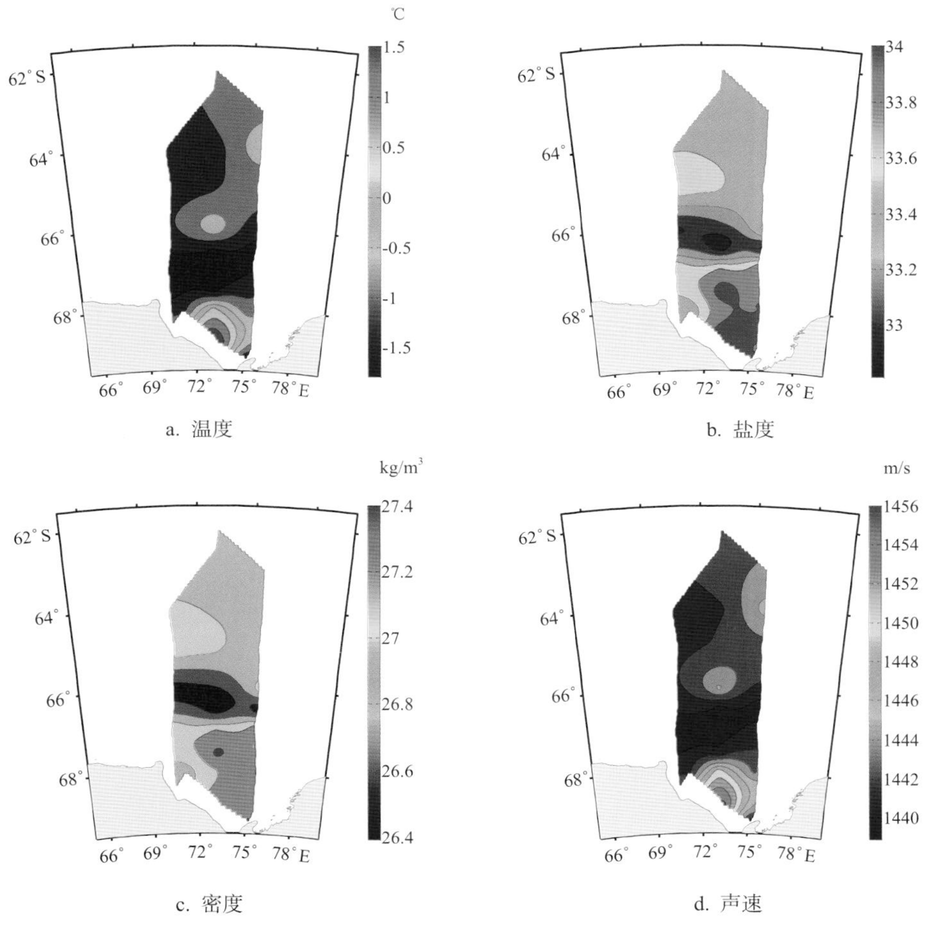

a. 温度 b. 盐度

c. 密度 d. 声速

图12.6 10 m层温度、盐度、密度、声速分布图

（2）50 m 层温度、盐度、密度、声速分布图（等值线间隔依次为 0.2，0.1，0.1，1）

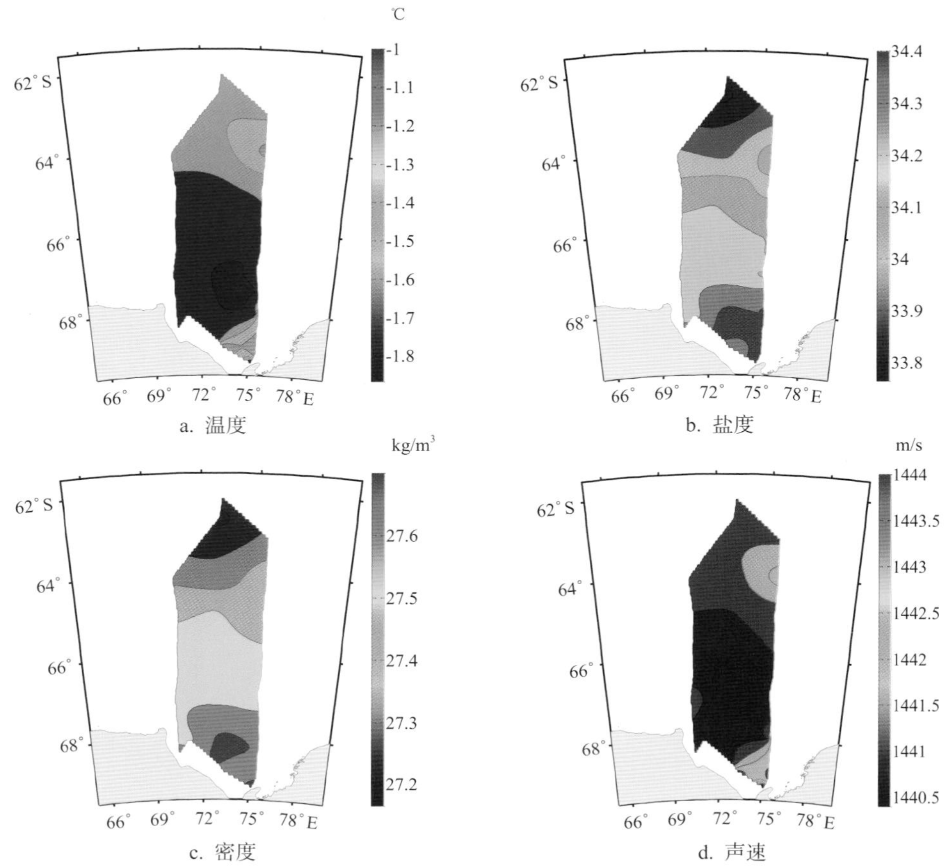

a. 温度　b. 盐度
c. 密度　d. 声速

图12.7　50 m层温度、盐度、密度、声速分布图

（3）100 m 层温度、盐度、密度、声速分布图（等值线间隔依次为 0.5，0.05，0.02，1）

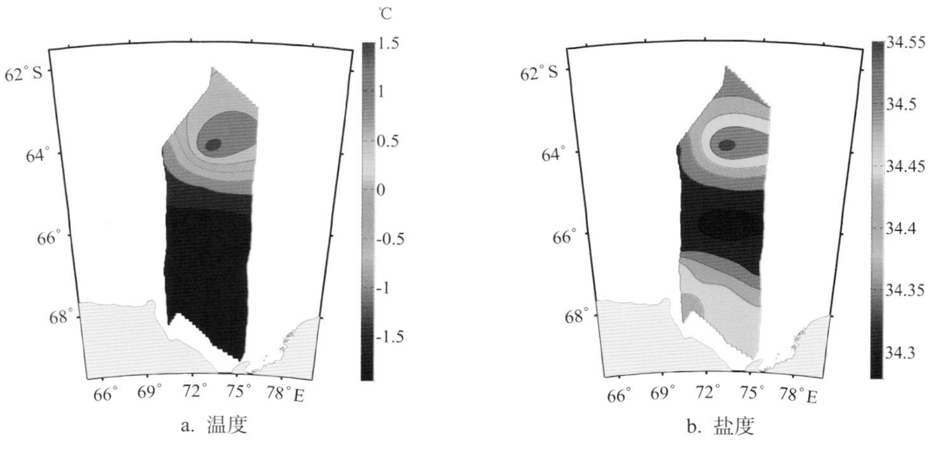

a. 温度　b. 盐度

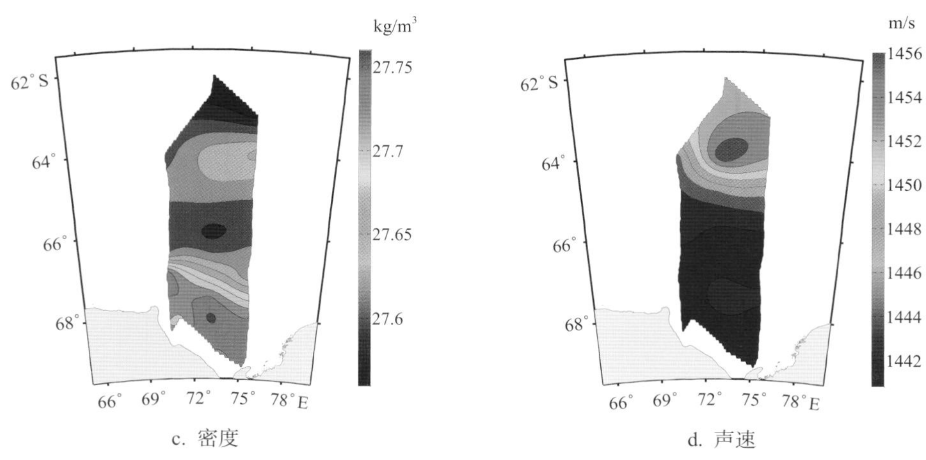

c. 密度　　d. 声速

图12.8　100 m层温度、盐度、密度、声速分布图

（4）500 m 层温度、盐度、密度、声速分布图（等值线间隔依次为 0.5，0.05，0.02，1）

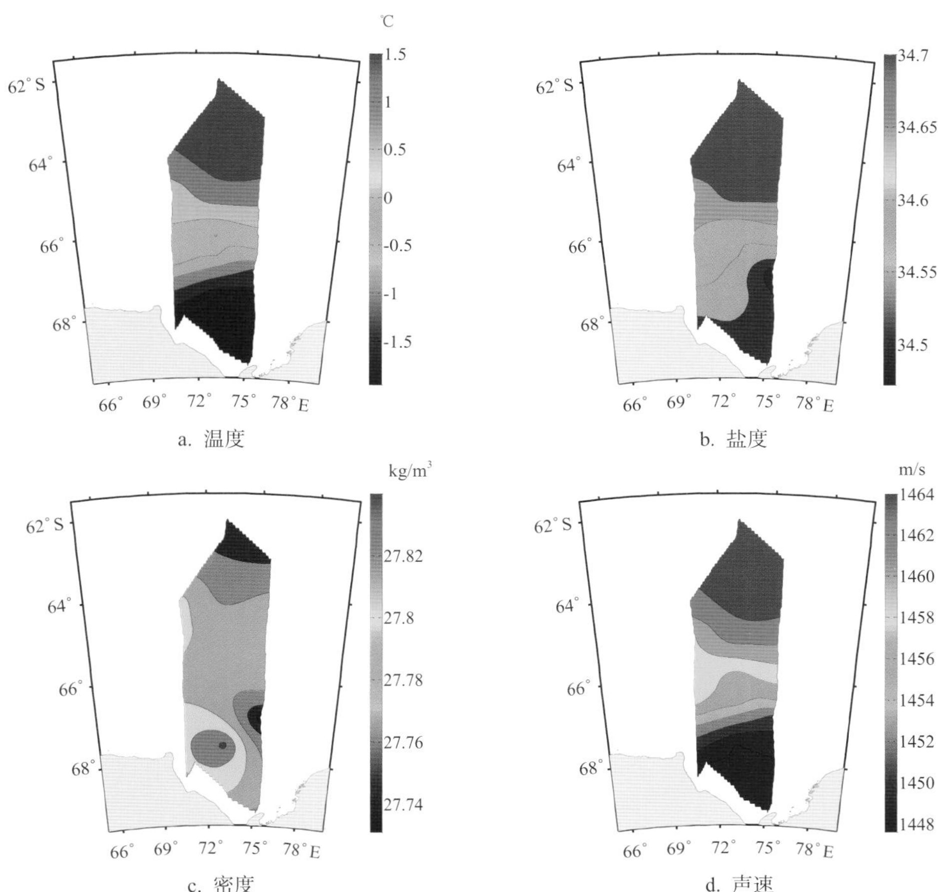

a. 温度　　b. 盐度

c. 密度　　d. 声速

图12.9　500 m层温度、盐度、密度、声速分布图